社会心理学家
经典作品

Christopher Peterson

[美] 克里斯托弗·彼得森 著

侯玉波 王非 等译

打开
积极心理学
之门

A Primer
in Positive Psychology

机械工业出版社
CHINA MACHINE PRESS

图书在版编目（CIP）数据

打开积极心理学之门 / （美）克里斯托弗·彼得森 (Christopher Peterson) 著；侯玉波等译. -- 北京：机械工业出版社，2025. 5. -- ISBN 978-7-111-77759-5

Ⅰ . B848

中国国家版本馆 CIP 数据核字第 20254NP171 号

机械工业出版社（北京市百万庄大街 22 号　邮政编码 100037）
策划编辑：向睿洋　　　　　　　　　　　责任编辑：向睿洋　彭　箫
责任校对：刘　雪　马荣华　景　飞　　　责任印制：刘　媛
三河市宏达印刷有限公司印刷
2025 年 8 月第 1 版第 1 次印刷
170mm×230mm · 25.5 印张 · 1 插页 · 361 千字
标准书号：ISBN 978-7-111-77759-5
定价：99.00 元

电话服务　　　　　　　　　　　网络服务
客服电话：010-88361066　　　　机 工 官 网：www.cmpbook.com
　　　　　010-88379833　　　　机 工 官 博：weibo.com/cmp1952
　　　　　010-68326294　　　　金 书 网：www.golden-book.com
封底无防伪标均为盗版　　　　机工教育服务网：www.cmpedu.com

A Primer in
Positive
PSYCHOLOGY

译者序

　　如果你能够静下心来读完这本书，我相信你的生活信念会因此而改变，就像塞缪尔·理查森曾经说过的："如果人类的心灵一直忙于把每件不如意的事情往悲观的方向想，则不需要敌人的出现，自己就先溃败了。"我们生活中很多积极的心理元素是我们能够幸福生活的基础，抓住这些元素，生活就会更加美好、更加充实、更加健康！积极心理学是继人本主义之后心理学领域的又一次革命，它继承了人本主义心理学对人的积极因素的强调，并进一步把它推广到每一个普通人的身上，从而使得我们每一个人都能从中获益。

　　本书的作者克里斯托弗·彼得森教授是当今世界最著名的心理学家之一，他和这一领域的其他先驱契克森米哈赖、迪纳、贾米森、瓦利恩特和塞利格曼等人一起建构起了积极心理学的理论体系。这一体系把人类的幸福和健康看作心理学的目的，而要达到这样的目的，人类必须发挥自己的长处，这些长处包括积极思维、兴趣能力、价值观和性格优势等。同时，他们也强调积极的人际关系和教育等因素在我们追求幸福中的作用。

改革开放以来，中国的经济得到了突飞猛进的发展，GDP 总量在世界上已经名列前茅，中国已经成为世界上有影响力的大国。大国该有什么样的心态呢？积极心理学也许能给我们提供指导。处在转型时期的中国，各种社会问题也会不断地显现出来，如果我们不能调整好自己的心态，用一种积极的态度去看待这些问题，而只关注社会的阴暗面，那我们就永远无法很好地解决这些问题。通俗一点说就是只要我们的心态阳光一点，我们就会更幸福。

清华大学心理学系已经主办三届中国国际积极心理学大会，这三次会议的成功举办极大地推动了积极心理学在中国的研究、应用和普及推广，这本书的出版也是为了促进积极心理学在中国的传播。由于时间紧迫，我动员了北京大学心理学系文化心理学和社会心理学方向的十几名研究生参与本书的翻译，他们是杨畅、余芝兰、洪帅、王宝玉、罗林、王非、刘柯柯、李廷睿、吕聪、魏志霞、彭唯和许海明等人，我进行了翻译统稿，翻译中出现的瑕疵请大家批评指正。

最后还要感谢首届中国国际积极心理学大会的召开，积极推动中国幸福和谐社会的建设；感谢彭凯平教授和王登峰教授，和他们一起工作的愉悦只有亲历者才能体会；感谢机械工业出版社心理学编辑的努力，是他们使得读者能够在较短的时间内读到本书，为我们打开了积极心理学之门！

侯玉波

A Primer in
Positive
PSYCHOLOGY

前　言

　　积极心理学作为一个界定清晰的理论观点始于 1998 年，但相关理论和研究却多到可以写一本适合大学生一学期用的书，本书正是这样一本书。我从 2005 年开始写这本书，写的过程中我始终想着我的学生，他们以前也许学习过心理学，也许没有。但无论怎样，我希望所有这些材料都是易于理解、生动有趣且能够增长见闻的。

　　在撰写这样一个新领域的时候，我把普通心理学的观点作为出发点。积极心理学是心理学，心理学是科学，我尽量对这门关于美好生活的科学做出公正的评价，探讨的内容包含了从快乐和幸福到工作和爱情，我们知道什么，又是怎样知道的，还有什么是我们依然不知道的。

　　我写这本书的时候也考虑到了一般的读者，他们促进了积极心理学的流行，也许和那些心理学学生相比，他们的想法更容易被积极心理学的观点所引导，普通公众需要在心理学家所知和不知之间找到平衡。积极心理学充满着令人兴奋的东西，它不需要去讲那些早已建立起来的理论。

　　我是谁？在接下来的章节中，我的一些个人特征将会展现，但更正式的说法是，我是一个生育高峰期出生的长在美国中西部的人，我上的是伊利诺伊大学，然后去了科罗拉多大学，最后去了宾夕法尼亚大学。从1986年起，我在密歇根大学当心理学教授，在那里我为超过20 000名学生教各种各样的课程，包括心理学导论、心理病理学、研究方法，当然还有积极心理学。我是临床心理学项目的前主任，但我现在把自己看成一个积极心理学家。在我的职业生涯中，我把大部分的精力用来关注抑郁、绝望和消沉。而现在，作为一个心理学家，我不同以往地开始研究愉悦、性格和目标。

有人说物理学家的研究是基于前人的基础，社会学家往往喜欢对前辈的理论进行批判性研究，而我却不同，作为积极心理学指导委员会的一员，我可以站在一些优秀学者的身旁，和他们并肩作战，因为正是他们在最开始的时候促使积极心理学的孕育成形。这些人包括：契克森米哈赖、迪纳、贾米森、瓦利恩特和塞利格曼。

激发了我能量的积极心理学的研究也得益于大量的资助，包括迈尔森基金会、坦普尔顿基金会、安娜堡／阳光岛信托基金会、大西洋慈善基金和美国教育部。其中很多我在这提到的研究都始于与帕克和塞利格曼合作的项目。

这本书写得极为顺利，很大一部分是因为我与牛津大学出版社的合作，特别感谢出版商琼·博塞特和编辑珍妮弗·拉帕波特以及坚定的积极心理学支持者们，最后是我自己的写作。还要感谢丽莎·克丽斯蒂很仔细地修改了一些比较粗糙的章节，并且给予了每一章许多有用的建议。考拉皮特、迪纳、帕克、珀斯特、萨格维、瓦利恩特等人给我提出了很多有用的建议，感谢所有帮助过我的人。

A Primer in
Positive
PSYCHOLOGY

目　录

X

A Primer in
Positive
PSYCHOLOGY

第 1 章

什么是积极心理学

教育的首要任务是教给年轻人从正确的事情中寻找乐趣。

——柏拉图（公元前约 400 年）

　　如果可以的话，与你的父母谈谈你出生那天的情景。不是时间、地点或者过程，而是他们第一次看见你时的感受和心情。我想那是一种夹杂着恐惧和希望的情感，恐惧的是不知道你是否健康、安全，不知道他们能不能照顾好你；希望的是你能快乐，过一种充实幸福的人生，希望你能有天赋和能力，并且很好地发挥这一切，希望将来有一天，你可以建立自己的家庭，融入社会这个大家庭。

　　现在来想象你生命的最后时刻，无论这一刻会在何时出现。假设你还有时间回顾你的一生，什么是你最满意的事情？什么是你最后悔的事情？我想你的思绪应该与你父母在你降临之时所想的是相近的。你的生活是否美好充实？你是否无论艰难险阻都竭尽全力？在你的生活中是否有相亲相爱的人？你是否在交际中尝试改变或者做得更好？我猜想，你后悔没有多吃一些菲多利玉米片，没有在工作中做更多的尝试，没有看（哪怕是重播第 10 遍的）电视剧《法律与秩序》。我猜想，你希望在你的一生中走更多的捷径，因为你一直以来总是把自己的需求置于他人的需求之上，也或许是因为你从来没有认真思考过人生的意义。

　　积极心理学（positive psychology）是一门研究如何正确把握人生的科学，关注从出生到死亡的所有人生阶段。积极心理学可以算作心理学领域的一门新开辟的领域，因为这个领域重点关注的是那些可以提升生命价值的事件。每个人的一生都会有巅峰和低谷，而积极心理学并不否认低谷。虽然与其他心理学分支相比，积极心理学把挫折看得更加微小，但是也承认挫折的重要性：生命中美好的一面与糟糕的一面同等重要，因此需要得到心理学界同等程度的重视。积极心理学认为生活的核心并不只是避免麻烦、防止困扰，因而更加关注人生中那些风景美好的一面。积极心理学所研究的是那些发生在生活正常轨道上的事件。

　　在这本书中，我将介绍积极心理学和积极心理学家所发现的美好生活以及如何实现这种生活。你们中的一些人读这本书是因为这是你们课程所需的，另一些人阅读这本书则是因为你们对此好奇，想了解更多。无论是何种情况，我还要再告诉你们一件事：你们将从这本书中发现精神食粮，以及将你的生活变得更美好的行动计划。

积极心理学：短暂的历史，长久的过去

你可能已经学习了心理学。如果是这样，那么也许你知道以下这句简短的、出自赫尔曼·艾宾浩斯的话语："心理学有着长久的过去，却只有很短的一段历史。"这句话的意思是说，心理学成为有规范的学科只有100多年的时间，但是它所研究的事件却是源自几个世纪之前的哲学、神学以及人们每天的生活。我们是如何认识这个世界的？我们是怎样思考和感觉的？为什么会有这样的思考和感觉？学习的本质是什么？这些对于人类个体来说意味着什么？

我借用这段文字描述积极心理学，这个名称在1998年被正式命名，⊖首创者之一是我的同事马丁·塞利格曼，当时他是美国心理学学会的主席。他打算开创这一领域的原因之一是他意识到在第二次世界大战以后心理学更多关注人类有偏差的方面并致力于如何纠正偏差。心理病理学的这一方面已经得到了认同。在理解、治疗和预防疾病方面，心理学都取得了巨大的进步。被广泛接受的经典手册，如《精神障碍诊断与统计手册》（DSM，美国精神疾病协会推荐，1994）、《国际疾病分类应用指导手册》(ICD，世界卫生组织推荐，1990）这些书目中，有疾病的详细描述以及家庭诊断方法。有超过十几种的疾病，在过去被认定为无法医治，而现在我们已经掌握了有效的治疗

⊖ 如果需要精确说明这一历史，需要解释的是积极心理学这一名词在塞利格曼提出之前很早就已经有了。亚伯拉罕·马斯洛，20世纪人本主义心理学界的代表人物之一，已经使用了这一名词概括他所强调的创造力和自我实现。虽然后来他说自己所做的是健康发展心理学的范畴。他将其他心理学范畴——所谓"常规心理学"——称为地板心理学。在俄罗斯，也有同样的研究领域称为 acmeology（概括地说，就是高端心理学；Rean，2000），在南非，也有一个叫作 psychofortology 的领域（概括地说，就是关于力量的心理学）。积极心理学同样也有一些分支，比如积极组织研究和积极青年发展，这些在本书的后面都会提到。

方法，无论从心理方面还是药理方面。

但是这种发展也带来了一些负面影响。大部分科学心理学家都不重视研究如何使人们做正确的事情，并且那些杰出的心理学家、优秀的演讲者和知名专家们很少谈到生活中美好的一面。更重要的是，这样的发展使得心理学的内在假设显示出的是人类天性的病态模型。由于残酷的环境或者坏的基因，人类变得有缺陷并且脆弱，如果不能预防的话，至少也要可以治愈。这种世界观融入了美国的常规文化之中，人们变成了一个自定义为牺牲品的民族，英雄们被称为幸存者，或者有些时候什么都不是。

积极心理学认为，现在已经到了矫正这种不平衡的时候，需要向病态模型提出挑战了。我们需要将同等程度的关注放在优势和弱点上：一方面修补坏的世界，另一方面塑造好的事物；一方面帮助那些有疾病的人，另一方面充实那些健康个体的生活。心理学家致力于提升人类的潜质，因此需要从不同的角度去思考，需要在关注病态模型之外，寻找更多的途径。

过去心理学对人类问题的关注当然是可以理解的，这一历史不会也不需要被摒弃。那些经历问题的个体需要科学引导下的解决方法。积极心理学家只不过认为，过去60年的研究范围是不完整的，基于这一简单的假设，我们需要全方位地转换角度。

积极心理学的一个最重要的基本假设就是，人类善良美好的一面与病态的一面同样真实存在着。积极心理学家认为，这些话题并不是次要的、派生出的、虚幻的、附带发生的或者其他猜想出来的内容。值得庆幸的是，这一话题在过去60年间已经产生了雏形，从过去到现在，有很多好的心理学研究可以被称为积极心理学。

积极心理学的悠久历史，在西方至少可以延伸到雅典哲学家，在东方可以延伸到孔子和老子。这些智者的书籍里涉及的问题有一些可以概括到积极心理学的范畴下。什么是美好的生活？美德本身是不是对它的奖励？快乐是什么？追求快乐的过程应该是直接的，还是要通过完成其他的追求而实现？他人和社会在其中扮演了怎样的角色？

之后，但依然是很多世纪之前，我们迎来了信仰和宗教领袖的时期，耶稣、佛陀、穆罕默德、托马斯·阿奎那，以及其他很多人都在关注美好生活的意义及其价值。如果我们把这些人对世界的理解加以整合概括的话，会发现他们提倡的是为他人服务，为整个人类服务，为更高的理念和信仰服务，而这些理念和信仰有着各种各样的名称。今天的积极心理学同样强调生命的意义，这种意义在精神生活和长远的追求中得以实现。基于这样的观点，积极心理学把信仰心理学置于核心的位置，而它在以往的惩罚观念里是不被重视的。

在心理学中，积极心理学的前提早在 1998 年之前就已经初现雏形。早期的心理学家关注的是天才并致力于提高普通人的生活质量。很多心理学家将积极心理学作为人本主义心理学的研究因素，如罗杰斯（Rogers，1951）、马斯洛（Maslow，1970）；在教育心理学中也有涉及，如尼尔（Neill，1960）；之前的研究中也常常关注于幸福感，或者叫作积极促进，代表人物有阿尔巴（Albee，1982）和考恩（Cowen，1994）；在工作领域有班杜拉（Bandura，1989）等研究的人事代理和效能感。另外还有对天赋的研究（Winner，2000），对一般智力的研究（Gardner，1983；Sternberg，1985），以及对心理疾病患者在病态之余的生活质量的研究（Levitt，Hogan，& Bucosky，1990）。

如今的积极心理学并不是为了迎合最初的理论假设，或者为了显示研究的科学性而宣称是研究快乐和幸福的学科。当下的积极心理学关注的是独立于已有研究和理论的学术性范畴，希望通过关于自我意识的争论使生活更有意义，从而在心理学领域中获得自身价值。至少，在某个时期，可以使得所有的心理学家都承认，对美好生活的研究与对疾病的研究一样重要。

积极心理学的常见问题

并不是没有人批评积极心理学。首先，作为积极心理学家，我们很欢迎批评的声音，因为这代表着受人关注，更重要的是，我们可以从中学到很多。以下是一些常见问题的回答，是我过去一些年在讲演和写作中所涉及的。一些是公众提出的，另一些是我的同事提出的。

我的经验告诉我，每个人都觉得这个领域很有趣并且是心理学家应该关注的。尽管牺牲品的心态在不断扩散，但是每一天人们似乎都明白，为了提高人类的生活水平，仅仅避免问题的发生是不够的。与之相反的是，学界似乎总是怀疑积极心理学。怀疑的重点在于社会学家总是认为人类的天性是有缺陷的，脆弱的，而且比普通人更加相信这一点。由此出发，积极心理学只能被视为无价值的研究，也许就是人类通往地狱途中的一次危险的尝试。社会学家对美好生活的真实性存在怀疑，当然也就会对人类实现这一目标的能力产生怀疑。我们当然会关注自我报告的弊端，但是同时也要指出，当致力于研究什么是社会赞许时，社会赞许本身就不再是麻烦的因素。

积极心理学只是快乐心理学吗

当积极心理学出现在大众媒体的视野里时，似乎所有人在排版时都插上了一幅哈维·贝尔的插画：古板的笑面人[○]带着他独有的骄傲笑吟吟地看着读者（如《美国新闻与世界报道》，2001年9月3日版；《新闻周刊》，2002年9月16日版；《美国周末》，2003年3月9日版；《时代周刊》，2005年9月17日版；《今日心理学》，2005年2月版）。这样的插画很容易误导读者，使得人们认为积极心理学是研究快乐的科学，更准确地说，是研究肤浅的快乐表象的科学。

在其他条件相同时，微笑的确是表示快乐的，并且人们愿意看到微笑。但是微笑并不是证明生活价值的绝对依据。当我们高度投入到让人开心的活动中，当我们发自内心地表达想法，或者当我们做了什么光荣的事情时，我

　　○　这个故事并不十分有名。它是由一位马萨诸塞州的插画设计者 Harvey Ball 在 1964 年为一家保险公司画的，并得到 45 美元的报酬。这家保险公司和 Harvey Ball 本人都没有申请这幅画的版权，可能正因为如此，这幅画才如此流行。

们可能微笑也可能不笑，并且在那一时刻，我们可能感觉愉快也可能并没有感觉。而这些都是积极心理学研究的重点，它们已经超出了快乐心理学的范畴。

为了给本书的后续章节做铺垫，我需要指出，愉悦和快乐都是积极心理学十分关注的话题，但是这种关注比描述一张笑脸要复杂得多。积极心理学家研究积极的特质和性格，包括友善、好奇心、团队协作能力，以及价值、兴趣、天赋和能力。同时我们还研究可以促进幸福生活的社会因素，例如友谊、婚姻、家庭、教育等。

我始终认为，微笑的含义并不相同。研究者们在这一方面已经有了很多发现，不同类型的微笑中，一些比另一些更加真诚。一种被称为杜氏微笑[⊖]的表情会表现在人的整张脸上，不能造假，由此可以认为是真诚的。与此相对的那种短暂的浅浅的笑意，只需要动用几块肌肉。

积极心理学与人本主义心理学的关系

在积极心理学早期的探索中，塞利格曼和契克森米哈赖[⊜]（2000）简单说明了这一学科与人本主义心理学的差异。这在 1960～1970 年的那段时期是心理学的热点之一，直至今日也依然引人注目。总体上说，**人本主义**（humanism）偏重教条主义，认为人类的需求和价值超越于物质资料之上，由此可得，对于人类的研究不能仅仅局限于物质层面。人本主义认为科学心理学家过于关注行为的原因，从而忽视了很重要的一点，即人类本身，好像人类简单得就像相互碰撞的球，行为的正确与否仅仅取决于另一个球给了它怎样的撞击。

    ⊖ Guillaume-Benjamin Duchenne（1806—1875）是一位法国神经心理学家，开创了描述和测量面部表情的方法。他是法国著名神经心理学家 Jean Charcot（1825—1893）的老师，Charcot 关于歇斯底里症的研究在当时颇有争议，而如今已被广泛接受。研究证实歇斯底里症是一种心理疾病而不是生理问题。Charcot 又是西格蒙德·弗洛伊德（1856—1939）的老师，而弗洛伊德在很多领域都做出了巨大贡献。

    ⊜ 发音为 "cheeks-sent-me-high"。

著名的人本主义心理学家包括马斯洛（1970）和罗杰斯（1951）。他们都强调人类发挥自身潜质的力量，即**自我实现**（self-actualization）。自我实现会被各种各样的情境所阻挠，一旦这些情境产生变化，个体的某些潜质就可能不能被发挥出来。

主宰 20 世纪心理学界的思想之一就是将心理分析或者行为分析具体化，这是一种对人类天性不同方式的思考。人本主义心理学强调人类行为的目的、他们为了目标努力奋斗的意识、他们本身所做选择的重要性，以及这些行为的合理性。心理学的关注点就是寻找机械因素之外的行为原因，探索关于存在和含义的本质的问题。

人本主义心理学通常与另一个观点相重合：**存在主义**（existentialism）。存在主义的核心观点是，个体的经历是最重要的。了解一个人就是去了解他内心的主观世界。除此之外，别无他路。

存在主义学者将人们视为他们自身选择的产物，而这些选择都是自由取舍的。用他们的话讲，就是存在产生本质，而对本质的解读就是去了解一个人的个性特征。存在主义学者认为没有固定的人类天性，只不过是人们通过不同的选择将自己塑造成一个独特的个体。

人本主义和存在主义的观点对心理学的启发作用有如下几点：

- 个体的意义
- 个体的复杂组织
- 人天生所具有的变化的能力
- 意识存在的意义
- 人类活动的自律天性

这些内容暗示着所谓"科学的"心理学通常有些急功近利，因为它并不去探讨人类最重要的问题。

人本主义和存在主义理论认为心理学家需要更加关注个人视角中的世界，而由此提到另一种智力活动：**现象学**（phenomenology），试图描述个体的意识体验。直白地讲，现象学就是心理学中认知心理学分支的表象的集合（H. Gardner，1985），虽然二者都关注思维和思考过程，却完全不相似。认知心理学家着眼于描述思维过程并试图用某种理论来解释所有人的思维。而相反地，现象学家以具体个人的经历为起点，然后试图解释这些现象。

在这样的背景下，为什么塞利格曼和契克森米哈赖说积极心理学是不同的呢？他们有两点依据。首先，积极心理学将生活中的美好和不好都视为正常的，而人本主义心理学家通常（但也不都是）认为人们的本性是好的。其次，积极心理学十分认同科学方法，而人本主义心理学家通常（但也不都是）怀疑科学是否能够反映事实。

由于上述二者存在着差异，我个人更认同塞利格曼和契克森米哈赖的说法，但是随着积极心理学家逐步形成了仔细检查各种观点的习惯，将人本主义全盘否定似乎也并不正确。当然，大多数存在主义学者都承认，每个人都有变好和变坏的潜力，这与积极心理学家是一致的。如果认为美好的生活仅仅是一种选择未免太遥不可及，外界环境筑起了一道道围墙，如瘟疫、贫困和偏见，而积极心理学家所认同的是，选择的概念本身和选择意愿是完全不同的事情。

从数十年前到如今，人本主义心理学家都同积极心理学家一样认同科学。但问题的关键是什么才是真正的科学。我之前定义过科学方法的广义范围：用事例推导出理论。有用的事例有很多来源，每一种都有其前因和结果，而科学不可以把其中的某些凌驾于其他之上。科学心理学家可以通过严格控制的实验发现很多，也可以通过对典型个体的案例分析，通过对大众群体的访谈和观察，通过对历史资料的研究得到同样的发现。

前面提及的心理学的碰撞球概念如今在心理学的各个领域中都几乎不被心理学家认同，多少有些讽刺的意味。像人本主义心理学家一样，积极心理学家相信通过与人们交流那些生活中重要的事物可以了解他们本身。

总之，积极心理学和人本主义心理学是近亲，在某些情况下，它们是相同的，而在另一些情况下，它们是有区别的。通过争论之后双方都会有所发现，而没有争论就没有创新。在任何情况下，科学都是关于一些典型的，从人本主义的角度讲反映了生活的美好，从积极心理学的角度讲反映了基本假设的研究。

积极心理学比假期学校的老师所讲的多哪些内容呢

一些积极心理学的研究结果（有时候也是人本主义心理学的研究结果）在大众看来似乎是常识。因此，人们对这些研究并不重视。金钱买不到快乐。这似乎是生活中众所周知的道理。"我知道这些，"怀疑者们说，并将话题转到另一个维度，"积极心理学还能告诉我们一些不属于我们已经知道的、关于美好生活的和如何实现美好生活的常识吗？"

我确信你知道 1986 年罗伯特·富尔格姆写的《受用一生的信条》，以及这本书的各种各样的副本。看起来，似乎积极心理学所讲的所有内容我们都可以通过其他方式掌握，只不过是时间的问题，比如我们可以通过幼儿园学到，通过假期学校学到，通过祖母口中的故事学到，或者通过利兹·麦克奎尔的节目学到。我怎样反驳这种批评呢？

我要说的是，这种观点从一开始就错了。常识和显而易见的事物通常都是在事实之后提出的。假设我提出了与事实相反的观点，积极心理学发现我们不需要关心他人的想法和行为，"那些到死的时候拥有最多玩具的人是胜利者"，追求生活的意义是傻子的行为。"我已经知道这些了。"那些批评者又会这么说。显然，我们需要证据来梳理那些我们看似很熟悉却又相互矛盾的信息。

你在阅读这本书的同时，可以评价一下积极心理学的哪些发现是意料之外的。即使那些意料之内的结论，我也希望你再深究一步："即使是这样，那将会怎么样呢？"心理学家用过多的努力去追求违反直觉的结果，例如：未被发觉的影响人们的判断和行为的因素；我们的记忆，甚至是那些生动形象的记忆，也有可能是虚构的；人们的理性是有限的。这些出人意料的发现通常都凸显出人类的某些短处，就像在说："看我们有多愚蠢。"这样的研究对于矫正常识是重要的，但是并不需要这样的研究引导人们感到绝望和脆弱。因此，我们有必要在科学探索的旅途中来一次休整。

记住积极心理学的基本前提：人类的优点和长处与缺点和脆弱一样真实。过于关注那些违反直觉的方面会使我们忽视人类做得好的方面，从而导致看待人类的角度出现偏差。人类活动中的奇迹没有得到心理学家足够的关注。比如，绝大多数的汽车司机在高速公路上行驶的绝大多数时间里都没有发生交通事故，而这些正常行驶的速度都在每小时 110 公里以上。绝大多数人都可以通过自己的努力戒烟而不需要求助于专业人士。绝大多数孩子都可以学会掌握语言而不需要额外的帮助。绝大多数人在经历创伤性事件后都可以自愈外伤。

在第 4 章中，我描述了一项研究，这项研究发现人们没有能力预测在面对重要的生活事件时会持续多久的快乐或者悲伤。年轻的男孩女孩在被自己的交往对象甩掉之后，通常会持续几个月处于悲伤之中，甚至是几年。但是大多数人的悲伤时期都要比这短得多，之后则会回归到正常生活之中。这是一项有趣并且重要的研究发现，尤其是在人们不能正确预期自己的情感时，但是这也不能说明人们对真实情况一无所知。这一研究结果也并不意味着某些人因为分手而感觉到快乐。那样的话，就成了违反直觉的结果了！

我们认为历史悠久的文化对幸福生活的诠释较多。但是为什么这些没有成为案例呢？通常，积极心理学的研究结果都没有什么惊奇，但是事情总是会有个例。思考一下在美国各个时期都流行的一句话"你所需要的全部就是长相加上无尽的钞票"，人们相信这样就可以得到快乐。这也许对帕里斯·希尔顿有用（只是也许），但是研究的结果却发现对我们中的大多数人而言，这不是一条通往幸福生活的道路（见第 4 章）。积极心理学需要从司空见惯的智慧常识之中寻找真理，而科学方法对此责无旁贷。

积极心理学不考虑受苦的问题吗

研究人类问题的心理学家目的很明确：他们要减少人们受苦的程度。这种目的背后的推论即是说幸福是随时可以拥有的。实际上，在那些研究问题解决的心理学家看来，对那些快乐的、健康的、有天赋的人的研究可能会被视为有罪恶感的奢侈想法。而从积极心理学家的眼光看，存在一个并非想当然的，或者说，一个被更好地理解的幸福，心理学家可以去帮助所有的人，包括有问题的和没有问题的。

在第 4 章中，我讲了一些我自己最近的研究、发现，那些经过思考的目标可以激起持久的幸福感。这个研究也进一步证明了幸福的目标可以减轻抑郁。

在积极心理学家中，有一部分从事社会心理学研究，这是心理学的另一个分支，关注于研究社会问题，如偏见和争端；也有一部分是临床心理学家，他们关注生活中的外显问题并研究如何治疗。所有的积极心理学家都关注同一个核心问题：美好的生活。但是，受苦和幸福都是人类生活中的状态，所有的心理学家都应该重视这两者。

实际上，受苦与幸福之间的关系也需要研究。那些与苦难的命运做斗争的人，我们可以从他们身上学到什么呢？在第 6 章中，我介绍了一些研究说明，至少有一部分经历过危机和创伤的人对生命中最重要的事情有了更深刻的理解。此外还有一个意料之内的结果，那些经历过恶劣的生活事件并调整和适应过来的人们对生活的评价更加客观（见第 4 章）。

心理学家谢丽·泰勒描述了一项研究，开始时是为了调查在被确诊为乳腺癌之后个体的抑郁情况。这是一种可怕的、严重的生活事件。研究中她所遇到的问题是，她没有确认癌症病人伴有严重抑郁的充分数据。大部分病人在面对确诊这一事实时都采用了一种被泰勒称为"向下比较"的社会比较策略[⊖]，即她们去想那些比她们自己还惨的人，"是啊，我有乳腺癌，但是如果……就更悲惨了，毕竟，我还更年轻……如果可以做乳房肿瘤切除手术就好于做整个乳房的切除手术，如果只切除一侧的乳房就好于两个都切除……我可以忍受化疗的副作用，这总好于……我有一个支持我的家庭"，

⊖ 这个研究说明，向下比较的社会比较策略比面对面地同他人比较有效多了（Taylor & Lobel，1989）。

等等。以传统眼光来看的心理学家会说这些女人在否认，但她们确实是面对现实的、头脑清楚的、清醒的。她们唯一否认的就是她们是抑郁的，而泰勒（1989）的研究证实了积极心理学的一个前提：积极是人类天性中的一部分。

　　这并不是说我们应该给孩子们设置一些创伤性的事件，希望他们从中受益。我想起了约翰尼·喀什给自己儿子起名叫苏，希望他变得坚强。但这并不是说一旦人们经受过苦难，我们就认为他们的美好生活中有瑕疵和局限。

生活难道不是悲剧吗

　　尽管我已经说了很多，但是还是有人觉得，积极心理学忽略了一个非常"明显的"观点，那就是人生本来就是悲剧。我们生下来，然后死去。幸福是短暂的，而生活更多时候是粗野和残忍的。看看人类的历史（或者昨天的新闻报道）：战争、疾病、大量的天灾。如果争论的对手坚守他的哲学阵地，任何回答都是不好的。但是为什么每个人都这样做呢？也许对生活的悲观思想给那些希望永不失望或者觉得悲观论更明智的人提供了一种额外的安慰。"现实的"是那些持有悲观论的人经常说的一句话。

　　我不赞同这种观点，但是也不会抨击它，除非是那些还把悲观分等级的人。即使所有的事物都是惨淡的，也会有些事比另一些更加惨淡。我们喜欢某些结果，追求某些目标，渴望某些情绪状态。那么我们是把这些喜欢的内容贴上"积极"的标签还是"不太惨淡"的标签？这是语义学的问题。

快乐的人愚蠢吗

　　我们的文化常识中将快乐和愚蠢联系到一起形成刻板印象。我们想讽刺别人的希望不切实际时，就将他们叫作"盲目乐观的人"（见第 5 章）。如果我们想说别人的快乐是幼稚的，就叫他们"微笑的傻瓜"。我们谈论着在灾难来临时却视而不见地作乐。聪明的人是阿尔伯特·哈伯德对悲观主义者的定义：一个很少处于乐观状态的人。或者借鉴《魔鬼辞典》中的描述：乐观主义者，名词，相信一切事物都是美好的，包括那些丑陋的事物。所有的一切都是美好的，尤其是那些不好的，所有错误的都是正确的。他们很固执地相信广告，很接受那些咧开嘴模仿出来的微笑。作为一种盲目的信仰，反例是不被允许的，即一种智力上的混乱，无法医治，可遗传，但幸运的是不会传染。

我们从科学史上还可以找到相似的观点。认为悲观的人更智慧，在第4章中我有详细说明。

这种刻板印象的形成一部分是源于前面提到的人生是悲剧的观点，认为人生被厄运和黑暗笼罩着。弗洛伊德对此有一定的责任，他强调人们的活动源于对性和侵犯的无意识，任何积极的或快乐的事物都是防御性的，好的情况是一种升华，坏的情况就是一种错觉。

而结果却恰恰相反，研究者们比较"快乐的"和"不快乐的"人时，无论是他们自己的研究还是其他了解他们的人所做的更客观的研究，都发现那些快乐的人通常更优秀。他们在学校和工作中都更成功，与他人的关系更融洽，寿命也更长。

在第4章中，我们会具体讲述这些研究的细节，积极心理学家发现积极情绪可以使智力得到提高。在积极状态下，人们更灵活也更具创造性。

那IQ呢？结果是含糊不清的。但研究显示，IQ与生活满意度之间有弱相关。但这是一种正相关，而不是负的。而任何情况下，"愚蠢"（如果这是一种IQ分数低的反映的话）都与快乐无关，当然也就不存在强的正相关了。

我们知道，那些朝气蓬勃的人有时会在错误的时间向我们展示他们的快乐从而惹恼我们。是不是大家都有这样的经历？在得知一些可怕的消息之后，我们会冲向那些安慰我们振作起来、要向好的方向看的人。在那个时刻，没有什么好的方向，他们的安慰和建议都是不受欢迎的。这些人可能愚蠢也可能不是，但是他们却是感觉迟钝的。我认为，并不是所有的快乐的人都这么迟钝。

积极心理学是奢侈的吗

　　另一种我常听到的论调认为，积极心理学是一种奢侈品，只有社会中那些特权阶层才可能享受。积极心理学家可能没有在意这一点。当这一学科领域在 20 世纪 90 年代诞生时，塞利格曼和契克森米哈赖（2000）推测只有在繁荣和平的社会中才可以享受快乐，而积极心理学家改变了这种观点。在最初，即使是 20 世纪 90 年代的美国，也并不是所有地方都是非常繁荣的。但这是否代表着只有富人才关心自我实现或者只有白种人才关注自己的特长呢？美国从南北分裂变成由民主党和共和党组成的统一国家，这与我们心理的快乐并没有什么直接关系。

　　2001 年 9 月 11 日的恐怖事件改变了我们的想法。美国不再那么繁荣，我们不是身处和平之境，但是，对积极心理学的关注却多了起来。我们曾经认为，"9·11"事件之后美国人会因受挫从而变得阴暗，直到他们再次感到安全时才会开始追求美好生活。但是这些并没有发生，而我们现在意识到了美好生活的核心包括你如何从困境中站起来。

　　我们应该更仔细地研究历史。从好的方面说，那些经历过第二次世界大战的硝烟、成功坚持过来的人们被称为 20 世纪的杰出一代。面对恐怖，他们本可以屈服，但是坚持包容这一切。合约国团结一致不仅是为了抵抗法西斯，而且是为了迎接史无前例的新纪元。

　　"9·11"事件之后，我们又开始面对新的形势，已有研究显示，美国人正在经历这些。我们的研究发现，在"9·11"事件之后，人们更愿意表现出信任、希望和宽容。这些改变是否可以影响这一代人以至后代人，我们正在关注这些。但是，我们已经改变了人们最初的想法，使得积极心理学变得可行。正如之前提到的，危机是对心态的考验。

积极心理学有价值吗

　　积极心理学的目标是描述和解释，而并非开药方。其前提假设是以下问题都是应该被研究的：积极体验、积极特质、自主的制度。一旦这些研究开始，就要专注其中并不带任何感情色彩。通往美好生活的路径是本质问题，实际上，事物是否看上去积极也同样是本质问题。

我个人对乐观的研究发现，积极思考可以带来很多益处（幸福感、健康、实现个人目标）。但是有一点却是消极的：乐观思考与对风险的低估有相关关系。每个人都应该时刻保持乐观吗？如果你是一个飞行员，或者飞机控制员，正在决定是否在暴风雨中起飞，你绝不能乐观。这时候就需要警惕和冷静，或者说悲观（见第5章）。

积极心理学的任务是提供那些与研究现象可能相关的客观事实，使得人们和社会可以了解在什么情况下追求怎样的目标。并非所有消息都是乐观的，但是它们都是有价值的，因为这些消息都与美好生活相关。

积极心理学之外的心理学都是消极的吗

另一个有问题的方面是这种伞形结构本身，即积极心理学，因为很多心理学家听说他们作为毕生事业的研究被称为消极心理学。这种自动化的分类是不幸的，而积极心理学家并没有恶意。我倾向于用一般化的心理学来描述那些关注人类问题的心理学领域。需要强调的是，一般化的心理学是重要的和必要的，而且也是我自己的事业追求中的一大部分。

一个人被称为积极心理学家，并非说明这个人研究的只局限于积极心理学，也不是说积极心理学家是一个"积极的"（快乐、天才、美德）人，更不是说其他心理学家都是"消极的"人。毕竟，社会心理学家可能很社会化，也可能不；而人格心理学家可能表现得才华横溢，也可能并非如此。

关于文化

积极心理学并非只是西方的学术尝试。所以，在华盛顿举行的 2002 年积极心理学高级会议上强调了国际化的趋势。而对美好生活的学术研究在全世界都是有极大需求的。我的研究小组已经在探讨为何我们设定了有文化界限的特质研究，像旧规阿米什人的 gelassenheit、韩国人的 kuy guyluk、中国人的好学心。[⊖]

此中，积极心理学家需要尝试从全球化角度定义文化经验，这种定义有助于现实社会中的美好生活。我记得我的一个在韩国长大的朋友兼同学朴兰淑的一段话，当时我跟塞利格曼一起给美国大学生做研究，我们要学生写一段话感谢高中生活或初中生活中的一位老师（见第 2 章）。我对自己设计出的这个感恩形式很得意，它超越了那些预先印制好的贺卡上的甜腻信息，朴很有礼貌地举手问我："你的意思是你的学生之前从未这么做过吗？"很显然，在韩国，每个学生每年都要写一段这种感谢老师的话。[⊖]由此看来，文化因素还会在其他很多地方带来差异。

这是一种范式的转变吗

让我们把目光从这些带有怀疑性质的问答中转换到另一个夸大其词的问题上来。积极心理学是不是一种对于心理科学的巨大创新，以至于开创了一条不同的研究道路呢？这种说法可以用哲学家托马斯·库恩关于**范式转变**（paradigm shift）的说法来形容，他用这个词来形容一个学科中的那些根本性的转变。根据库恩的说法，科学的进步是由一系列根本性革命组成的，在这些革命中，前瞻性的思想占了主导地位并引领了一部分科学活动：理论、

⊖　这些词语的大意是，在德国、韩国和中国，人们在面对危机时所表现出的状态；承担起对他人的道德上的关注；在学习中将头脑和意识结合在一起。这些都可以被翻译为英语，都可以被说英语的人理解接受，但都没有一对一的翻译。

⊖　在韩国和其他亚洲国家，流行孔子的教育思想，学者是最受尊敬的社会角色之一，人们给予老师很高的评价。与此同时，在美国，当老师是好的，但绝没有在韩国那么好。比如，在韩国婚礼的主持可以是任何人，但被选中的人总是新郎或新娘的老师。教师节在韩国被视为全国的盛典，在韩国总统进行换届选举时，新总统总是回到家乡去拜访他的高中或初中老师以示感谢。我猜想如果美国的教师们受到这样的礼遇，人们再也不会听到有人说教书是一个濒临消亡的职业，或者是某个人在找到自己一生中真正想做的事情之前可能会暂时从事的职业。

研究和应用。由这样的革新所带来的进步叫作常规的科学，而这种革新则承担了转变主流范式的作用。

偶尔，一种新的思考事物的方法就是通过库恩所说的科学的革命产生的，旧的范式消失了，新的方法开始流行。爱因斯坦的理论代替了牛顿的理论，而后者则代替了哥白尼的理论。达尔文（1859）在生物界则提出了类似的进化论等。

我们先抛开库恩所讲的自然科学的这条标准，认为在社会科学中（包括心理学）并不符合这一原则，因为没有哪些旧的观点是被替代或抛弃了的。社会科学家总是在生产新的观点并指责旧的观点，就像马克斯·威特海默创建格式塔心理学或者约翰·沃特森创建行为主义那样。实际上，社会科学在出现新观点之后只是变得更加多元化，并不是说新生事物的出现就宣判了原有事物的死亡。

这种自我宣传的范式转变的革新有时候比较具有讽刺意味。从我个人的经验看，那些标榜范式转变的文章真正做到的范式转变的革新程度，要远少于那些文章中所宣扬的。

现在我们就可以回答前面的问题了，答案是：否。积极心理学是对研究问题的重新聚焦，而并不是革新。实际上，积极心理学的优势在于使用以往的心理学研究范式解决新领域中关于美好生活的问题，我们也相信这些方法的有效性。

那些不好的同伴呢

这个问题是，被卷入到一些流行的事物之中是因为事物本身也是流行的。积极心理学现在很流行，我有的时候都不知道自己是在引领潮流还是在追逐潮流。

至少在美国，很长时间以来，一些流行心理学书籍和杂志，还有近期出现的音像制品、DVD 和网站等，从心理学中借鉴了很少的一些知识，然后将它们放大成生活中最主要的东西。从好的方面说，流行心理学成功地使心理学被普及，这其中很大一部分要归功于大众。但有时候，这些流行的心理学知识通过漫画等形式传播，除了娱乐性之外并没有起到什么好的作用。当世界上最知名的心理学家是乔伊丝·布拉泽斯博士、菲尔博士时，就有些不对劲了，更不用说露丝博士或劳拉博士。据我所知，他们从未接受过心理健康专业的训练，而是像鲍伯·纽哈特和凯尔西·格拉姆一样，仅仅扮演了心理学家的角色。这就像将贾奇·朱迪错认成泽迪斯·瑟古德·马歇尔，或者将布兰妮·斯皮尔斯错认成玛利亚·凯达斯。

积极心理学的坏同伴包括所有口误的人，我并不是说"使之流行化"，而是说那些通过我们的严格实验所得到的结论和数据从他们的口中传达之后，则变成了对大众来说模棱两可的事物的简单实例。去巴诺书店和博德斯书店的心理学专区看看，你就会有这样的体会。还有那些叫作五种（或七种、九种）保持快乐（或者职业成功、好身材、打好高尔夫）的简单办法的书。

坏同伴不是通过利益关系而来的名称或者侵权之类的定义。毕竟，我希望你买这本书，我会欣然兑现可能收到的任何版税支票。但是我同样希望你在看这本书时不光看它说了些什么，还要看它没有说什么。在本章的前面，我提到了精神食粮和尝试性的行为规划，这些可能对你有用，也可能没用，这种差别取决于你是否保持努力。

积极心理学的坏同伴并非出于坏的动机。我猜这些流行读物想给大家带来好处，它们唯一的问题在于在应用的过程中将科学性忽略了。因此，积极心理学并非形态学上的运动，或者长期的宗教信仰，它也不是致富的窍门或者鼓舞人心的演说家口中的颂歌。我们的世界上已经有足够多那样的东西了。积极心理学希望挖掘那些能够给心灵提供愉悦感的事物。我对奥普拉·温弗里和托尼·罗宾斯以及他们对人类情况的描述印象深刻，但是如果将某个事物称为积极心理学，我们就需要强调其内部机制中所运用的心理科学工具，以及想法和事实之间的匹配性。

坏同伴对积极心理学的威胁在于（或者至少是不利之处）将研究结论无

限夸大，夸大到无法给出支持性证据的程度，并忽略了人们本来所面对的真正问题。更可怕的是，那些伶牙俐齿的流行界人士将变得不快乐的风险简单地解释为一种选择和意愿（这当然是指不愿意买书了）的关系。社会学家很早之前就知道要避免对受害者的不公平的指责，积极心理学家在这一方面也要保持良好传统。

你需要为了变得积极而变得快乐吗

这个问题并不是对所有积极心理学家来说都是问题，但是我却经常听同事和朋友跟我说到这个问题，因为我有那么一点不爱说话。我分享我的抱怨，我流泪的时候比我微笑时还要多。我在这个领域所做的努力是不是仅仅因为我没有得到它呢？或者换句话说，是不是一个阴沉的家伙就需要比其他人更关心积极心理学呢？

我想答案有很多种。就像刚说过的，积极心理学并不全是兴高采烈的，而"真正的"幸福远不止积极的情感。我敢说，我自己是快乐的，因为我喜爱我的工作并且忠于我的家人和朋友。作为一名教师，我每天接触的都是这个世界上最棒最聪明的年轻人，我在工作中忘记自我，又可以在每天早晨对着镜子看见自己，并且对自己的现状感到非常满意——虽然一杯咖啡对这种情绪状态起到不小的作用。

相信积极心理学的研究能够激励我们是非常重要的。

还有什么吗

虽然积极心理学依然是一个新的领域，但是已经涉及心理学很多其他的分支，比如社会心理学、人格心理学、应用临床心理学和组织管理心理学。不知道为什么，积极心理学在发展心理学、社区心理学或者文化心理学中还并不流行，而这些领域很明显应该对美好生活感兴趣。从数据显示来看，在"硬件"（自然科学）心理学领域，如认知心理学和生理心理学方面，积极心理学仅仅开了一个头。因此，积极心理学与上述学科之间还有一大段空白。

　　还有些人眨着眼睛对我说，积极心理学还没有涉及人类性欲方面。可能这种想法的带头者是一群故作正经的女士，或者是开始走下坡路的中年人，或者对在当前的政治气氛中合作研究"好的"性高潮（好像还有其他的类型似的）有些暧昧的态度。但是或许我们并不需要单独开辟一个分支用于研究这个话题。从《印度爱经》（*Kama Sutra*）到亚历克丝·康福特的《性爱圣经》（*The Joy of Sex*），性从没有因为觉得"已经很好了"从而真的"已经很好了"。

积极心理学的支柱

　　把性先放在一边，在积极心理学的框架下，个体可以找到描述和理解美好生活的计划。我们可以将其分成三个相关的话题：

　　（1）积极的主观体验（快乐、愉悦、满意、实现感）。
　　（2）积极的个人特质（性格优点、天赋、兴趣、价值观）。
　　（3）积极的社会关系（家庭、学校、单位、社交圈、社会圈）。

　　这里提到一个理论：积极的社会关系可以促进积极的个人特质的发展和表现，从而进一步促进积极的主观体验。

　　"促进"这个词语避免了严格的因果关系。人们即使没有积极的个人特质也可以感到快乐，人们也可以在缺乏积极社会关系的情况下依然保有积极的个人特质。南非种族隔离的消亡标志着人们可以做与历史相悖的但是正确的事情。告密者的事例说明，员工并不一定总是遵从于工作场所的规矩。而那些出自无名学校的优秀学生则说明，智力上的好奇心有时可能来自教育中的平庸之才。

　　当体验、特质和关系相一致时，情况总是简单的。而实际上，在生活中做得好通常是这三者结合的产物。这也是为什么我将在本书中分开讲述它们的原因。

第3章和第4章讲述第一个部分：积极的主观体验；第5～9章讲述第二个部分：积极的个人特质；从第10章起讲述最后一个部分：通过人际关系（友谊和爱情）建立社会关系，而第11章则在更宏观的角度探讨这个话题。最后一章展望一下积极心理学的未来。在下一章中，我将讨论一些如何在生活中应用积极心理学观点的方法。

可能你已经知道了，心理学书籍通常有一个指导性的目录、一个学习手册、一些练习和应用程序。这是一种很好的教学方法，因为这些补充材料可以提高学习和掌握知识的程度。我不知道这是不是典型的，但是在积极心理学的案例中，练习和应用的确非常重要，仅仅凭在考试前吹一夜的冷风是不可行的。

实际上，对积极心理学在哲学层次上的理解需要体验式学习。那些教导我们要养成好习惯的人，从亚里士多德到如今的人们，都说这需要理论和实践并用。理论是重要的，因为我们需要给自己的行为贴上标签，为与人相处制订计划。实践也是很重要的，因为我们通过实践才了解到抽象信息与现实之间的关系，而如果这种现实是我们自己的生活，那就更好了。

本书的每一章都包含一个与本章所学内容有关的建议大家做的练习。我希望你们认真去做。这并不是最全面的示范，可能有时并不能真正发挥出让大家更好地理解理论的作用。我也希望你们可以对此有所反馈。

我也提供了进一步阅读的材料，有学术性的也有科普性的。此外我还推荐了一些电影以供纸质材料外的讨论。最后，由于我花费了一生中大量的时间听音乐，就像做心理学研究一样，我列举了一些与章节内容相关的流行歌曲。教授积极心理学的老师可以在每节课的开始播放这些曲子（这是比敲击桌子或者试图打断学生的闲聊更好的方式）。我就我的经验做以上建议。我生于1950年，我觉得20世纪最伟大的诗人是约翰·列侬和史莫基·罗宾逊。我非常欢迎读者们对这一时代提出你们的建议。

—练习———

写下你自己的遗产

　　在本章开始，我让你想象自己在临终的时候回顾一生总结自己。现在向前规划你的人生，你希望自己过怎样的生活，希望你身边最亲密的人如何看待你。他们会记住你的哪些成就，哪些性格优点？总之，什么是你的遗产？

　　这并不是需要谦虚或者轻率完成的问题，而且这也不是可以发挥美好想象的问题。希望和梦想必须要我们去行动才能实现，看看你都写了些什么？问问自己是否已经为此做好了规划以便通过行动去实现。更重要的是，你是否根据自己的实际情况写下了这个计划？

　　心理学家霍华德·加德纳研究了专业记者对"好工作"的描述，比如专业成就和道德修养等。新闻界有显著的道德规范，但是大部分人承认，这种规范是近些年才编制出来的。一个原因是大量金钱操控了新闻界，记者需要抢先报道新闻事件，而现在这种竞争中还夹杂着金钱关系，而后者可以践踏道德价值。

　　加德纳访谈了一些年轻记者。他们都知道道德在他们的职业中的重要地位，没有一个人对如何正确发掘一则新闻有困惑。但是他们却抱怨说无法在职业早期做"好工作"。当他们职场发展稳定后，例如有了自己的署名权、自己的办公室、较好的薪水和宽松的花销限制时，他们将可以把工作做好。

　　我是在一个心理学大会上听加德纳描述这个研究的。在场的每一个人都嘲笑那些年轻记者的愚蠢。但是当我们意识到这也同样适用于我们的职业生涯以及我们每日的生活时，我们停止了嘲笑。"好工作"并不是在我们想要这么做时就开始了，它是通过长期培养良好的才能和习惯而得到的生活的最终状态，而其中包含着道德意识。

　　像很多做学术的人一样，我在年轻的时候延期了很多让我快乐的小事，像读小说、学做饭、学摄影、去健身房等。我想着等我有时间的时候，我就可以做这些了，比如当我毕业了，有工作了，得到终身教职的时候。幸运的是，我已经意识到如果我不再采取行动的话，我将一直没有时间下去。所以，我的人生后半章开始了。

通过这件事，我想提醒你好好思考你的遗产并将它实现。

把你写的东西放起来，但别扔掉它。一年或五年之后再读一遍，你在通往目标的道路上前进了吗？如果你又有了新的想法，可以重新写一遍，因为这毕竟是你的遗产。

这是我的一个学生写的：

他是一个好人。

他是一个好丈夫，他深爱着他的妻子。像所有的夫妻一样，他们有分歧，但不论怎么样，他关注那些好的方向。

他是一个好父亲，他的孩子是最重要的，而他总是耐心的，支持他们并且保持公正。他们从不怀疑他的爱，因为他们没有理由怀疑。

他是一个好职员。他的工作做得很出色，并不是因为他喜欢，而是因为这是正确的事情。当他退休的时候，他的朋友、同事和上司都对他流露出感激。

他是一个好公民。他总是帮助别人，作为一个年轻人，他利用周末参与与低收入人群的爱心交流项目。之后，他在社区中更加积极，只要可以，他就向遇到困难的青年人伸出援手。

总之，他是一个热爱生命的人，因此生命也热爱他。

第 2 章

从积极心理学中学习
不做旁观者

倘若我会去学习，那么我只会去寻求那些教
我如何能够好好地死去和好好地活着的知识。

——米歇尔·德·蒙田

（Michel De Montaigne，1580）

积极心理学自 20 世纪 90 年代兴起，[○] 我了解其短暂的历史和在过去的几年里它所发生的变化。最早的一些积极心理学课程是宾夕法尼亚大学的马丁·塞利格曼教授为大学生和研究生开设的小学期课程。2000 年 9 月，在离开密歇根大学之后，我加入了他的阵营，在接下来的 3 年里与他一同教授积极心理学的课程。开始时这些课程以典型的讨论课的形式呈现，即安排学生阅读，在课堂上进行讨论，课后完成论文。

但是塞利格曼（2004）偶然发现了这些课程的其他教授方法，即认真地介绍。我们通常所见的课程都是以学生这样的自我介绍开始："我叫珍妮弗，第 1 年医学院的预科课程没及格，搞得我的 GPA 一塌糊涂，这是我第 2 年学习心理学。我在新泽西的切里希尔长大，这门课程刚好与我的时间表相符，所以我选了这门课。"教师基本会说一些差不多的开场白，包括在哪里完成的学业，现在的学术兴趣是什么。

这样的介绍对于学生来说再熟悉不过了，也显得过于老套。但是塞利格曼以一种不一样的介绍方式，以"妮可的故事"作为开场白，开始了他的第一堂积极心理学课。这是关于他与 5 岁的女儿在某天下午的一次对话。

在过去的许多年里，塞利格曼自称是一个不开心的人，总是很着急，被工作牵着走，以致都不能停下来聊聊天。他的妻子曼迪和孩子都非常可爱，总是很高兴，与别人相处融洽，使得塞利格曼成了这个"充满幸福阳光的家庭中飘浮着的一朵雨云"。

一天下午，他像往常一样在花园里认真地除草。小妮可在一旁帮忙，她把杂草扔向天空，唱着，跳着。也许这对于你和很多人来说是一种不错的除草方式，但是这却使塞利格曼抓狂，他向女儿大声喊叫。妮可走开了，但过了一会儿又走了回来。

[○] 积极心理学教学任务是由 Randy Ernst 发起的，研究者已经收集了一些有用的资料（讲义、阅读书目、练习）。关于积极心理学教学的一些重要讨论，参见 Baylis（2004）与 Fineburg（2004）。

"爸爸，我想跟你聊聊。"

"好的，妮可。"

"爸爸，你还记不记得我 5 岁的生日？从 3 岁到 5 岁，我是个爱发牢骚的家伙，我每天都在发牢骚，但是在我 5 岁生日那天，我决定再也不发牢骚了。这是我做过的最困难的事情。但是我想如果我能停止发牢骚，你也能不再是一个常常不开心的人。"

在那一刻，塞利格曼意识到了一些东西。首先是一项个人的领悟：养育孩子并不是纠正他们的弱点和错误，而是要认同和培养他们的力量。在妮可事件里，这些力量包括她用以改善自己弱点的像大人一样的意志，以及要求她脾气暴躁的爸爸也能拥有这样意志力的能力。

另外就是专业上的有关积极心理学的领悟：心理学很少提及这些值得注意的力量。它们源于何处？它们怎样才能得到促进？将妮可描述成不爱发牢骚的人，这离她的本质有十万八千里远，用这个人有哪些缺点和短处来描述一个人，这忽略了一半作为人的存在，也就是好的那一半、使生活更具价值的那一半。故事的最终，花园的杂草被清除干净了，塞利格曼变得比以前更少发脾气了。即使长到了十几岁，妮可仍然是一个开心的女孩。

塞利格曼在他的第一堂积极心理学课上讲述妮可的故事，是为了使这个课程有一个区别于以往的新面貌，这个课程与他花费毕生精力研究和教授的东西——抑郁、失望和失调看起来很不一样。通过这个故事，他不仅认真地介绍了所要教授的课程，也介绍了他自己和他的家庭。这里有一个对孩子十分关注、接受她的意见的父亲，有一个决心做一个更好的人的孩子，这是个关于人处在最佳状态的故事。多么好的一种形式，即使塞利格曼故态复萌，又变得急躁，学生也会记得妮可的故事，并且知道他们的老师并非只是认真审慎而不能坐下来聊一聊的人。

在我们所教授的每一次积极心理学课程中，我们都要求学生讲一个类似的体现了他们最好状态的生活事件。讲述一小段在众多事件中表现出来的谦虚和美德，我们将这个要求作为开端。我们对事件中的成就和具体表现并不关心，我们所感兴趣的是个性中的力量。作为教师，我们都会在课上讲述自己的故事。我的故事是这样的：

> 我在另外一所大学里的一个朋友，要开始教授一门新的课程，在备课过程中她发现学校图书馆没有任何与课程相关的电影或者视频资料。我们都知道，在课堂上播放这种视频资料能够使课程更贴近生活。她该怎么办？而我所在的学校有很多视频资源，于是我帮助了她。我到图书馆查找了很多在公开领域发表的相关录像带。我买来了空白录像带，向一个在密歇根工作的同事借来了她所在实验室的拷贝机，并向她解释了我的用途。她说可以让我用一节课的时间。于是我坐下来开始拷贝录影带，一做就是四个小时。每隔一段时间，我的同事走过我的身边，都会发现我还坐在那里。最后她终于忍不住了，对我说："这永远都做不完，你为什么不让你的学生来替你做这个？毕竟，你的朋友也不会知道那不是你亲自做的。""确实，"我说，"但是，我自己知道。"
>
> 这是我最棒的时刻，我为自己的行为感到自豪。注意，我并不是每一天都是这样，没有人会把我当作德雷莎修女。但那是很不错的一天，虽然有点枯燥、无聊。当按错了按钮，之前已经完成的部分需要再重新做时，我也沮丧极了。不过那确实是非常好的一天。

这个故事还有一个关于那个斥责我浪费时间的密歇根同事的后记。有好几次，我不得不离开她的实验室去洗手间，回来后发现拷贝机并没有因为我离开前按了暂停键而停止拷贝。开始我以为拷贝步骤对我来说已经成了自动的行为，是在无意识地进行了。但是后来我发现新录影带上所贴标签的字迹和我自己的不一样。我的同事趁休息的空当来帮过忙。虽然我知道了，但是没跟她提一个字。根据我自己的经验，我想她自己知道她做了什么，这已经足够了。

在一个15～20个学生的课堂，这样的介绍需要花费几个小时，也许会拖延课程进度，但是我们相信这些时间花得值。像之前提过的，学生们在这个过程中形成了在接下来的课程中和自此之后如何考虑彼此的框架。在这里要向来自新泽西州的读者道歉，知道珍妮弗能够反对社会潮流，对一个在初中被开除的同学友善以待，这比得知她在新泽西长大、化学考试不及格要好得多。

我们还发现需要告知学生要适当地倾听，如何仔细地倾听别人在说什么，根据说话者所传达的内容，不要不赞同或者不屑一顾，要做出反馈。一次课上我没有事先说明这些就开始讲我的故事，一个学生对我说："我认为你这样浪费时间真是太糟糕了。你是个教授，而且那么忙。"我尽量礼貌地回答："我这样做，我的时间才是有意义的。"

对于我们来说，积极心理学已经成为一门具有表现力的课程，不仅仅涉及读和写，还有说和听。

在这种认真地介绍的过程中，一些有强力的事情在发生着。在至少 1/3 的介绍中，都有一个听故事的人被感动得潸然泪下。不管有没有眼泪，强大的联结被建立了起来。没有人坐在教室角落，在那里做一道难解的习题。不用催促，学生的棒球帽和太阳镜都被自动摘下。也没有手机铃声会突然响起来。学生在讲述自己故事的时候，甚至都不会去用那些令人讨厌的"就像""你知道"这些对话中常用到的打断语，因为他们是在发自内心地讲述，而不只是在打发时间。在积极的活动里，每个人都能了解到积极心理学的原理，这确实是激动人心的事情。

与典型的课堂不同，例如物理化学课，证实原理的授课方式是有效的，但是心理学教师怎么可能在课堂上试图证实心理学原理。就算这些原理总的来说是行得通的，但如果停下来计算一些统计上的平均数，其效力也不能被学生理解。即便这样做了，结果也通常让人泄气。

积极心理学似乎很不一样，我们认识到可以布置很多练习，包括课堂内的和课堂外的，这些练习能够很好地阐释我们每周关注的主题。随着积极心理学课程的发展，我们收集、试验、改进了不同的练习活动。其中有些很好的练习都是由学生提出来的。

怀疑论者也许会担心这个领域太新了以致难以启发学生们的参与，但是我有不同的想法。我赞同社会心理学家库尔特·勒温（Kurt Lewin，1947）几十年前所说的：理解心理学现象最好的方式就是实践并改变它。从这个角度讲，参与研究并不是仅仅跟在基础研究之后，而是对该领域研究的一种补充。

冷漠——我们的敌人

有一个正在进行的项目（Linley & Joseph，2004b），是在费城郊区一所高中里由正规老师教授的九年级学生的积极心理学课程。我的同事安吉拉·达克乌斯、汤姆·杰拉西、简·吉勒姆、凯伦·瑞维克、巴里·施瓦茨、马丁·塞利格曼、特雷西·斯蒂恩和我已经将许多类似的练习汇集在一起，并整合到课程当中。与我们将积极心理学视为一门修辞艺术的观点保持一致，这些课程属于语言艺术课程的范畴，而不是社会科学。我们的最终目的是评估这门课程对学生幸福感和所取得成就方面的影响，同时我们也会比较那些没有参加课程学习的学生。这个项目被冠以个性教育的头衔，但是我们希望，它不仅仅是一个口号，而是要严格考察学生在了解了心理学关于美好生活的观念后获得的长期结果。

我们认为一个人最充分地了解美好生活的方式是融入其中，所以这些九年级学生每周课堂外的练习活动就显得十分重要。还记得我前面提到的，理解一种心理学现象最好的方法就是实践并改变它。我们已经了解到，如果你真的想要理解一些东西，要在青少年当中实践并改变它。

参与我们项目的九年级学生是十分聪明伶俐的，他们所在的学校也是一所非常好的中学。在这里鼓励批判性思维，学生也被赋予更多的自主权。这些是好事，但是同时也有着威胁着整个课程基本原则的不利的一面。实际上，积极心理学中有针对任何练习、适用于任何群体的一般性的课程。

如果一个人是抱着玩世不恭的态度或者并非用心地在学习这门课程，那么当然不会收到好的效果，至少在我们的研究中有一部分学生确实是这样的。他们通过教育打磨出来的批判性思维以自动的批评形式表现出来。他们是怀疑的，看起来害怕尝试新的东西，即便这些东西表面看起来毫无新意。

巴里·施瓦茨将积极心理学面临的这个障碍描述为"cool"，虽然"cool"已经不是青少年专用的一个词，但它仍然是一个有着怀疑倾向的描述，习惯于指出别人想法的错误之处而不是其正确的地方，缺乏热情，不做任何让自己可能遭到嘲弄的事。这描述了多数大学生的状况，甚至在好学校里更是如此。而青少年思维的独特性又使状况更加明显了。

我们都经历过青春期。如果你们跟我一样，一定有这样一些痛苦的记忆：总是被"他们"审查和评判，即使我们不能够说出他们到底是谁。青春期是智力、情绪迅速发展的一个时期，它引发了青少年前所未有的剧烈的自我觉察。经历了这些改变，青少年们认为没有人可以理解自己也就不足为奇了。虽然所有的成年人理所当然是理解的，因为他们也都曾经亲自经历了这一过程。当我们是青少年的时候，我们相信我们的同龄人更团结，相处起来有更少的麻烦，因为他们所谈论的自己的怀疑和不安全感并不比我们多。维克多·雷米甚至给这种现象起了个名字，他将其称为"特殊的错觉"并且把它归因于冷漠（coolness）。

我们为九年级学生所设计的许多练习活动就包括了使他们对同龄人、老师和父母敞开心扉。他们的长期目标是什么呢？他们怎么评价自己和他人呢？我们还让他们同年长的人聊天（例如，那些超过 30 岁的人）。这些活动使学生得到了极大的自我觉识。他们都是很好的学生，他们会按照我们的要求去做，但是情绪上仍然有一定的抵触。总之，学生们太冷漠了，以至于不去尝试那些可能令他们开心的东西。

在一个夏季的任务报告会上，我同一个九年级学生进行了一次不愉快的交谈。他讲了 30 分钟我想要给他洗脑的邪恶意图，而我只是耐心地坐在那里听他说。他最后总结道："如果我不愿意，你不可能令我变得开心。"我脱口而出："好，那你就像你想要的那样悲惨下去吧。"说完后我立即觉得尴尬，但是不得不承认，这令我感觉很好。

我们把这叫作青春期焦虑或者青少年飙狂（sturm und drang），但是我想这是一种过度解释。我认为孩子（和大多数的成年人）希望幸福是自动产生的，而不用刻意去创造。作为一个临床心理学家，在为一对夫妇做治疗的时候，我也发现了类似的情绪：

> "告诉你的丈夫你想要什么，告诉他什么能让你开心。"
>
> "我不想那么做。"
>
> "为什么？"
>
> "那样的话他做什么就都不是真的了。"
>
> "但是也许他并不知道你真正想要的是什么。"
>
> "他应该知道。"
>
> "为什么？"
>
> "他就是应该知道。"

如果我们能够像我们的伴侣希望的那样会读心术，那么离婚率一定会变得更低（第10章）。但我们不会。忠于婚姻却并不开心的夫妻最终总会尝试一些夫妻治疗练习中的标准，也通常会取得很好的效果。他们会怀疑自发的东西到底有没有，故意给予的爱是不是并没有自然产生的爱真诚，这样的猜疑需要一个逐渐消除的过程。

对此，我有不同的观点。爱（或者说幸福）并不是只有通过"幸运和坚强"才能得到，反而是需要努力才能得到的，需要你深思熟虑，互相持续地沟通，以及一些看起来可能笨拙的行为。幸福，作为积极心理学的构念，并不是为那些柔弱的人而创造的。我喜欢弗洛姆（1956）的一段话："我们的理想并不是陷入爱河，而是在爱中停留。爱与幸福并不是一项只要重力在我们这边就会发生的自由落体运动。"

我们为一些成年人也提供了相应的课程，目的在于使他们学会过一种更充实的生活。与青少年相比，他们更渴望学习，当他们实践所学到的东西时，肯花费更多的工夫，详细计划并非常认真地对待。他们从不担心会过分冷漠。他们中的许多人终日不得安宁，闷闷不乐，他们深知生活中缺失了某些东西，并希望可以尝试改变。

于是，这就存在一个悖论。我们有充分的理由希望积极心理学的学习对那些已经很幸福的人是最有效的，⊖积极心理学关心的应该是普通人生活价值的实现，这是塞利格曼最初的假设之一。但是对于一些人来说，要他们从已经习惯了的日常生活中跳出来去尝试新东西，他们还是会感到些许不快的。

几个例子

请注意，并不是所有积极心理学的练习活动都像预想的那样有效，那些失败的案例不被鼓励，但是值得借鉴，它们和那些成功的案例一样，都使我们受益匪浅。下面就是一个失败的案例。

感谢信和宽恕信

美国社会似乎缺乏感谢的仪式：对帮助过我们的人表示感谢的正式方式。想想所有对我们特别好的人：父母、朋友、老师、教练、队友、老板等，他们从来没有听到过你表达的感谢。这个活动让我们给这些人中的一位写一封感谢信，用准确的语言描述为什么你要感谢他。如果可能的话，亲自将信寄给他并让他当着你的面阅读这封感谢信。如果做不到这样的话，就发一封邮件或者传真，之后打个电话确认他收到了。

下面是我的一位同事写给他最喜爱的大学老师的一封信：

⊖ 该假设的基础是心理治疗师们相信心理治疗对那些最少被困扰的患者最为有效（Schofield，1964）。虽然进步的空间已经很小了，但是阻碍、甚至会绊倒我们的障碍也很少，也没有更多技巧和有用的东西可以学习。

亲爱的卡特夫人：

　　那是1979年的事了，时至今日我仍然记得你第一次走进教室教授南方文学的情景，你迟到了十分钟。你坐下来，点了一根烟，从壶里倒了一些咖啡，然后对迟到表示抱歉，你说你找不到自己的车钥匙了。之后你在面前的一叠纸当中又找不到讲义。我想："这个课程真糟糕。我看我不得不去楼下的莎士比亚研究课上，看能不能转过去上那门课。"不过这个念头立即消失了。你开始讲述研究伟大文学作品的巨大乐趣所在，这门课程你已经教授了七年之久，却并未对其感到厌倦。你等不及要听听我们对威廉·福克纳、哈伯·李和尤多拉·韦尔蒂的印象。你的热情十分有感染力，这激起了我的兴趣。接着你又说你不会浪费我们的时间在每本书的框架和人物塑造上。就算对于一部作品来说这些都是很重要的元素，但是你宁愿将重点放在更普遍的主题，即人类情绪、思想和经验上。这才是文学作品最有价值的部分。最后，你让我们说出自己的想法，说出自己喜欢或者讨厌的一个作家的作品，并解释为什么；作为一个老师，下次你是否有必要选择这个作家更具代表性的作品。

　　接下来的几年，我选了你的另外两门课。我总是被你拥有的知识的深度和广度所折服。显然，你喜欢做一名教师，也有很多东西可以教给学生。我非常欣赏你在工作时间的"开门政策"。你说："如果我在那儿，就进来。如果我不在那儿，去别的地方。"我喜欢你的幽默和直接，喜欢你要求我在我的写作上下工夫的方法，你从来不会过分严厉，总是适当地对我的论文加以点评，这使我想做得更好。

　　毕业前，我特意约你会面，表达了我的感激之情。你迟到了，我笑了。我已经喜欢上了你的这些特点，甚至不能想象你要是改掉了这些毛病会是个什么样子。当你终于来到了办公室，我对你所有的支持和指导表示了感谢。同时，感谢你加深了我对文学的热爱并对我继续学习的鼓励。我说完这些之后，你亲切地接受了我的感激，然后就开始看桌上堆积如山的论文。你为我写了一封推荐信并希望在以后找工作的时候可以用到，而我没有要你这么做，这深深地感动了我。

　　我在校友的时事通讯上看到了你在 2004 年退休的消息。你一定拥有丰富并卓越的职业生涯。我没能参加你的退休聚会，但是从一个朋友那里听说，你惟妙惟肖地扮演了杜鲁门·卡波特来使大家开心。我多么希望我也在那儿，但是我只能寄出这封信来代替想要给你的拥抱和对你的祝贺。再次感谢你，为所有的事情。你是个天才教师，你也是个完美的学者。我知道强烈思念你的人并不只有我一个。最重要的还有，你是个好人。

以以往的经验来看，像这样的感谢信基本百分之百是会起作用的，收信人往往很感动，甚至会感动得流泪，寄信人也很满足。这些信有寄给父母、朋友或者配偶的，也有寄给老师或者老板、兄弟姐妹的（有趣的是，大学生们很少会寄给他们的男朋友或女朋友。也许是这种感谢过于明显，或者因为这是青春期冷漠的延续）。唯一让我们踌躇的是如果给妈妈写了感谢信，之后爸爸是否就会感到自己似乎被忽略了。这并没有真正发生过，其实当妈妈受到感谢的时候爸爸也通常是很高兴的。

　　在第 4 章里，有我们对这一项活动和其他积极心理学活动的比较正式的评估，证据表明，寄出一封感谢信确实会令人产生好的感觉（幸福）。尽管如此，这种由感谢信带来的幸福感在几周之后很快就会消失，当你想到它的时候既不惊讶也不失望。寄一封感谢信是一件戏剧性的事，但绝非一件改变人生的事，当然，除非你坚持每周寄出一封，那样你就改变了自己的生活，说不定还会期待永远的改变直到你没有人可以寄了。我们都知道，习惯感激的人一定比不这样做的人更开心。

　　受这个感谢信活动的启发，我又设计了一个类似的活动，它涉及另外一种积极情绪：宽恕。宽恕能让我们消解仇恨，从烦恼的过去中走出来。确实，宽恕被认为是美德之首，那些宽容的人比不宽容或者展示出其他积极力量的人显得更加沉静。宽恕是一件很难的事情，即便它有着这么多的优点，但是仍然有人有强有力的理由不去那么做，这也是应该被尊重的。

于是，当我要求学生们写一封宽恕信的时候，我告诉他们先试验性地写一封，只有他们真的想寄出去并且其宽恕是真心的，再寄出这封信。其他方面要求就与感谢信相似了：

> 想想曾经错怪过你，虽然你想原谅却从没说出口的人。写一封宽恕信给他们中的一个人，用准确的词语描述为什么你原谅了他，你希望在将来你们之间会怎样。
>
> 另外，这个人曾经道过歉吗？你是怎么回应的？
>
> 除非你真心地想要寄出这封信同时你的宽恕也是认真的，否则不要这么做。无论如何，请将你的信带到课堂上来与大家一起讨论。

这项活动彻底地失败了，因为几乎所有的学生都认为寄出这样一封信给一个从来没有要求原谅的人，会使他产生很不好的情绪，而并不会让他有好的感觉。从反馈中我们得知，学生们认为在许多例子当中，他们自己虽然是促成伤害的人（如，难过地分手），但原谅另一方就表示着被原谅的人只是无辜的受害者，而这个伤害并非他们共同造成。在20名寄出了宽恕信的学生中，有一名学生报告说，她已经得到了原谅。

这项不成功的活动虽然没提供有用的信息，但是它却引发了一番关于宽恕本质的激烈的讨论。得到的一致观点是，"宽恕是一项最好始于道歉的舞蹈艺术"。于是，一个更成功的活动，即让我的学生写一封道歉信应运而生，这项活动我还没有试验，但是打算在以后的课堂上施行。

我的一个学生提出了一个明智的意见，就是道歉有好的道歉和坏的道歉。来看一个典型的道歉，一个公众人物做了令人不快的事情后，做出的道歉就不怎么好："我对被冒犯的每一个人表示道歉。"这种表面上的道歉听起来很好也很真诚，但是它暗含了一个几乎可以抵消这个道歉的信息："但是你原本不应该被冒犯。"相比较而言，一个好的道歉可能以更简单的形式呈现："对不起。"综上，一个好的道歉绝不会包括例如年轻时的轻率、法律的限制，或者衣橱坏了等这样的借口。道歉是否能被接受，道歉者能否被原谅，要取决于接受道歉的人。

我的同事凯伦·瑞维克逐渐将宽恕信的活动发展成为让恶意消失的活动。你可以想象它的形式，让恶意消失是一项内部活动。你不能够，至少不应该，告诉谁你再也不会惹他生气了。你只能这样告诉自己，如果你是认真的，那么之后你就会表现得不一样。

娱乐和仁慈

积极心理学的一个可靠的发现就是为他人的福利终究要比为自己的快乐更令人满足（见第 4 章）。为了说明这一点，塞利格曼设计了一项被他称作"娱乐和仁慈"的活动，这项活动通常都是很成功的，即使是短时间的实施。最后学生们必然会在一生中不断地重复这堂课，最终变得无私。

这项练习活动一般以简短的讨论开始，如对大多数人认为是令人愉快的事情（娱乐），像是跟朋友聚会，看电影，或者吃一个热的软糖圣代，还有多数人认为是对他人有帮助的事情（仁慈），例如帮助年长的邻居铲雪，给年幼的家庭成员辅导功课，或者为家里做扫除。哪类的事情学生更爱做呢？说到这里，每个同学都在吃吃地笑，因为很显然娱乐更令人开心。

不管怎样，学生们被要求在下个星期继续进行任意一项娱乐活动和一项仁慈的活动（同时，在要求学生们做这项活动时，一定要明确告诉他们不应该做任何危险的、违法的或者利用他人的事情。我们知道，有些娱乐活动是会演变成坏的事情的）。抛硬币决定先做哪一件，然后花同样的时间在每一项活动上。之后要求学生们写一篇报告来比较他们对每项活动的感受。

　　除了一些例外的情况，这项活动基本都会为生活提供一定的指导。一时的娱乐是令人开心的，但它带来的快乐是短暂的。相比而言，仁慈所带来的愉悦则更持久的。有一个学生给我们讲述了她通过电话给她的侄子辅导代数的事情。她自己并不是个数学能手，所以这件事对她来说极其困难。她甚至不能确定她到底有没有帮上忙，但是无论如何，为侄子付出了时间和关心，她感到棒极了。"我跨出了一大步，那天我感觉自己更成熟了，其他事情也不会使我厌烦了。"

　　塞利格曼喜欢重复一个就读于享有声望的宾夕法尼亚大学沃顿商学院的学生的故事，这个学生认为这项活动改变了他的人生：

　　　　我不那么喜欢我的经济学和会计的课程，甚至可以说我恨它们。但是我常常跟自己说我是在沃顿读书，毕业后我可以找到一个工资不菲的好工作，那样的话我就可以做我想做的事，买我想买的东西，这是多么好的一件事。那时候我就会很开心。我从来没有意识到就在当下我也可以变得开心，没有意识到我过分强调了"高价"的愉快，而究其内里，是我的自私在作怪。帮助别人的时候我感觉非常好。

　　我要求你们进行这些活动都是抱着试验的性质，试验的部分目的是希望可以公平地判断一项活动所带来的结果到底意味着什么。我们真的能够以明显的课程形式来呈现娱乐和仁慈的活动吗？从学生给我们的反馈中所得到的结论是否会产生偏差？即使只花费五分钟进入我们的积极心理学课堂，学生也知道这和在花花公子大厦是不一样的。也许我们的学生暗地里都是享乐主义者，但是他们都足够聪明，不会让老师看出这一点。

　　我之所以认为我们可以看到这些结果的表面价值，其原因如下：首先，不管我们赞同与否，我们的学生从来不会羞于发表他们的观点，这是一个明显的趋势。我总是能够听到一些大学生的政治观点遭到了老师的打压这样的故事，我想知道如果让这些能够被吓住的学生们了解我所相信的东西他们会是怎样的反应。

其次，更严格的研究显示，仁慈是一个长期的过程。在第 10 章当中，我描述了一项关于仁慈地给予和志愿行为的纵向研究，给予者（如果不是接受者的话）确实得到了好处。

最后，娱乐的一个特征就是它转瞬即逝，因为负责一定经验的心理器官是受适应性原则控制的（见第 3 章）。行为学家认为，我们不断地重复那些能够产生奖赏的行为，这是经验事实，在他们眼中，所有的行为都失去了它们的活力，虽然有些时候反应是很快的。许多年前，我在玩一种叫作任天堂的游戏的时候，在里面扮演宇宙侵略者长达 8 个小时，最后搞到自己痉挛。第二天，我又玩了 3 个小时。第三天我只玩了 1 个小时。之后就再也没有玩过了。前几周，我在壁橱的下面发现了任天堂游戏，它已经在那里放了几十年了。我只是摇了摇头。所以如果我们的娱乐与仁慈的活动能够教你们如何去适应愉快，那么它就是有效且有价值的（见第 3 章）。

我意识到我们需要对娱乐与仁慈这项活动进行更严格的评估。同时，我们会亲自实施它，并希望接到你诚实的反馈。

虽然这项活动以 X 对 Y 的形式出现，但是这仅仅意味着两种活动纯粹形式上的比较。在现实生活中，不需要对娱乐和服务与他人做出严格的区分和选择。在第 4 章中，我会介绍充实生活的概念，并提到至少有些行为是博爱的也是令人愉快的。

时间的礼物

还记得在这一章的前面部分关于我的最佳状态的故事吗？我已经把这个故事放入了一项我称之为"时间的礼物"的活动当中。我们能够给予那些我们所爱的人最有价值的礼物是什么？

在我的积极心理学课堂上，我以欧·亨利（O. Henry, 1906）的短篇小说《麦琪的礼物》来介绍这项活动。《麦琪的礼物》讲的是一对年轻的夫妇为了给对方准备礼物而牺牲了自己最重要的东西。[⊖] 社会学家们对是否存在这样无私的行为展开了讨论，他们怀疑是否存在着只利于他人而不掺杂个人利益的行为。我发现讨论十分激烈，因为在现实世界中找不到这样的例子。当然，我们可以站在自己的角度来讲，例如在纳粹统治时期的欧洲，基督徒们保护着犹太人，却使他们自己面临着死亡的风险，其实他们以某种不明显的方式对自己进行奖励。但是是否像科学一样谨慎地下这样的结论：他们只是搞定了他们所面对的事情。

我们中的大部分人不会为了一个陌生人将自己置于危险当中。但是我们都有一件礼物可以给予，它是无比珍贵的，因为它是不能再生的。这件礼物就是我们自己的时间。想想我们最好的老师或者最要好的朋友，一般来说，他们都付出了自己的时间。他们给了我什么并不重要，重要的是他们是怎么做的。的确如此，几年前，我曾亲手写下一封感谢信，直到我写这一部分内容我才意识到我是多么地感激这位亲爱的朋友，那时她把她的很多时间给了我：

> 我是多么感激，你从来不会因太过繁忙而说没有时间，即使你的课程分数已经岌岌可危，我们的友情在危机中也从来没有被搁置……人们都说只有旁观者才能看清事情的本相，但是在我的眼中并不是时刻都充满了你的好，那些都是你本来就拥有的——你的生活方式，你所给予的东西。我是多么感激能有这样一种美好的生活。

这项活动最后的一个部分是思考"黄金时光"（quality time）这个雅致的表达法，它用来描述匆忙的父母花在子女身上的每天的那 15 分钟。没有不尊重的意思，我认为，"黄金时光"这个词是一个矛盾的修辞，简短的会

⊖　如果你没有读过这个故事，下面是这个故事的概要。有一对夫妇，在圣诞节快要到来的时候，他们都想为对方准备一件礼物，但是又都没有钱去买礼物。丈夫所拥有的最值钱的东西就是他的怀表，而妻子最宝贵的东西是她美丽的长发。为了给妻子一个惊喜，丈夫卖掉了他的怀表买了把梳子给妻子，而妻子则卖掉了自己的长发给丈夫买了一个表链。一个悲惨的故事？并不是吧。

面，无论多么真实，都不能被尽可能多地长时间与孩子待在一起代替。

这个活动描述起来很简单：

> 想一个你所关心的人。你能够为这个人做什么，不需要别的，只需要你付出时间，并且这件事也确实需要占用你的时间。当然，送金钱或者东西作为礼物，也是友好的行为，但是在这个活动中，就像前面说的一样，时间才是重点。准备一项需要时间的礼物，不管是需要与他们一同做些什么，或者是你自己为他们做些什么都好。需要多少时间就用多少时间去把事情做到最好，不要寻找任何捷径。甚至你会考虑摘下自己的手表。无论如何，不要告诉接受你礼物的人你花费了多少时间。让礼物自己说话。

这项活动取得了成功。如果它能够按照指导去实施的话，那么大多数人都会觉得做这种善举是很棒的一件事。但是这并不够，真正的敌人是时间自己：有些人没有足够的时间来分予他人。或者在生活的一方面给予了时间，而另一方面却不得不把时间找回来，以致要痛苦地度过。我的一个同事将时间礼物给了她的一个孩子，花了一下午和她的大女儿在没有表的房间里看一本绘画书。但是忽视了小女儿让她感到自责。也许她需要花一些时间来和她们两个一起做些什么，但是这样一来她又会觉得忽视了自己的丈夫，如此这般，一发而不可收。

我们不能凭空创造出时间。我还记得我曾经对一个朋友抱怨说我有太多的事情要做。"所以，"朋友像一个心理学家一样说，"你的时间管理有问题。""不，"我反驳道，"我的时间管理得很好。我的问题是，时间不够！"假设这是这项活动真正的重点所在，那么它意味着我们需要小心地做出选择，即如何来利用我们的资源，因为我们无法透支时间。

三件好事

让人们停下来并反思一下那些他们最为感激的事情，一些研究已经讨论了这一举动的作用。虽然不同的研究具体的干预措施不同，但是都得到了相同的结论：时不时地数数你所拥有的祝福会让你感到更幸福，对生活更满足。

我们将这项活动称为"三件好事"，是因为在活动中每一天结束时要人们写下三件做得很好的事情。我们用这样的指导语进行了试验，发现例如让人们每天写下十件好事情效果远没有写三件的好。还有，让他们每天早上数一下他们得到的祝福也并没有让他们在晚上做这件事来得有效。当欧文·伯林建议我们睡不着时用数祝福来代替数羊，他一定已经领悟到了什么。

我们还要求人们简单地解释一下为什么每件事是好的，我们的基本原理很简单，那就是即便列举出了它们，人们或许也并不能对那些好的事件特别留心（见第 5 章）。对于大多数人来说，"能力是不需要评价的"，这表示我们通常认为好事情是我们的应得之物。所以我们对它们并不会想太多，于是就错过那些感激的心情。要求一个解释会使人们进行深入的思考。

下面是这项活动的指导语：

> 在每天快要结束的时候，晚饭后睡觉前的这段时间中，写下这一天中三件进展顺利的事。每天晚上都这样做，坚持一星期。这三件好事可以是很小的（"今天我的丈夫在回家的路上买了我最爱的冰激凌作为甜点"），也可以是相对比较重要的（"我的姐姐生了一个十分健康的男宝宝"）。在你所列举的每件积极事件之后，回答这样一个问题："为什么这件好事会发生？"举个例子，你或许会推测你的丈夫之所以买了冰激凌是因为"他十分有心"或者"因为他在上班时我打电话让他在回来的路上买的"。当问到为什么你的姐姐会生了一个健康的男宝宝，你也许会解释"是因为她很幸运"或者"她在怀孕期间一切都做得很好"。

在对这项活动的研究中，我们发现在 6 个月的随访过程中，历数一个人的祝福，他的幸福感增加了，抑郁的症状减少了。更好的是，在那些持续这项活动达一星期的被试身上看到了长期的效应。显然这很容易做到，因为在研究中有 60% 的被试都报告说他们在 6 个月之后仍然坚持数着自己得到的祝福。有些被试告诉我们，他们已经在婚姻中将这项活动纳入了例行事项，在每天结束时与自己的另一半分享他们的祝福。如果你愉快地入睡，那么你就有可能愉快地醒来。如果你睡在一个开心的人身旁，这也是很好的，不是吗？

成为一名好队友

这个活动强调的是成为一名好队友的重要性和它所带来的满足感，还有更普遍的社会责任与公民身份所带来的满足感。至少在现代美国社会，我们都被鼓励成为一名领导者而不是追随者，跟随自己的心。忠诚和团队合作也许会被贴上一致和顺从的标签，不服从命令的人就会被边缘化。如此一来，给社会带来的结果，最坏的情况是整个社会表面充满了"坑洞"，而最好的情况则是社会的内核不知不觉地空了。作为一个人，我们都更希望可以独自前进而不是为了一个共同的理由去工作，尽管有充分的证据表明发展良好的社会福利不仅仅会使群体受益，置于群体中的个人也会同样获利。

我们要如何避免这些倾向，从而建立一个良好的公民身份？做到这一点的一个方法就是鼓励年轻人加入群体当中。这些早期经验，例如并非必须作为一个领导者而是做一个跟随者，为毕生的公民参与行为搭建了舞台。

公民身份和团队合作是十分抽象的概念，但是作为一个老师，我会尽量以准确有趣的方式来解释它们，并让学生们思考他们最棒的队友或者最喜欢的团队成员。这些人做了什么让你们对他们印象如此深刻？他们的例子当中是否有可以学习的地方？

或者我让他们考虑迈克尔·乔丹，我们这一代最伟大的运动员，在 20 世纪 90 年代赢得六个职业篮球冠军头衔。尽管如此，国际篮球协会和耐克市场部声称，乔丹并不是靠他一个人赢得了这些头衔，而是作为与他的终极伙伴皮蓬所组成的团队的一员来赢得这些的。在整个 20 世纪 90 年代，皮蓬的篮球技术一直遭到异议，因为没有乔丹的皮蓬从来没有赢过一场比赛。但是事后发现，没有了皮蓬，乔丹也很少能够打赢。

我们中很少能有人像乔丹一样，但是向往成为皮蓬却并不牵强。于是，我要求学生去实施这样一项活动：

> 选择一个你所属的但你并不是领导者的团队，决心在下个月成为一名最好的团队成员。团队的特点会提供给你应该如何去做的标准，但是你要考虑到成为一名出色的队友要求你：
>
> - 承担责任，包括直接和间接的
> - 不抱怨，不捣乱，不嫉妒
> - 比自己分内的多做一些
> - 自主而不要被催促着工作
> - 不吝惜你的夸奖[⊖]
> - 协助领导者（当然还有整个团队）完成目标
>
> 记录下你都做了什么，以及它们带给你的感受。

当学生发现自己与团队或者团队领导观念不一致时，就正是学习的时候。这项活动并不需要盲从者、愚蠢的被试和错误的行为。作为一个优秀的团队成员，在时机恰当的时候也要学会提出异议。这时考虑"礼让"的概念

⊖ 一个类似的活动叫作"让别人发光"。我们在生活中所做的很多事情都是要与他人建立联系的，当完成了一件事，我们往往会得到表扬和喝彩。但是 Leary 与 Forsyth（1987）的研究告诉我们不要这样做，因为他们的研究结论发现在同一个项目组，对于功劳，被试自己给自己的评定总是要大于他人所给的评定，这就导致所有人贡献量（按照被试自己的评定）的总和总是大于100%。无论怎么从数学上来挑战，这当然都是不可能的。在"让别人发光"的活动中，不管你自己的意见，在一个团队任务或项目结束后你要把荣誉归为你的同事。让他们做最后的报告或呈现，公开感谢他们，尽可能多地称赞他们，说你自己只是搭顺风车（在一些案例中，也可能确实如此）。换句话说就是，退后并让他们发光。父母在凸显子女上十分在行，老师也一样在让自己的学生更突出上面已经达到了一定成熟的程度。我想这项活动在生活中的其他方面也是值得一试的。

（谈话或者发表不同观点时的礼貌）和一个新鲜的政治术语：忠诚的反对。

这项活动在学生中效果很好，他们报告说，首先考虑团队的利益和如何能够达成团队目标，不仅新奇而且令人精神鼓舞。一些学生选择了讨论课小组作为他们的团队，并尽力使讨论小组成为一个优秀的团队。另外一些学生则选择在他们的兼职中自愿做出了并不受欢迎的职位转换。我的一个学生原本是啦啦队的领导，但是她（自己承认是不情愿的）将其职位交给了一个低年级的队员。

在许多案例中，我的学生们得到了队友的认可和感谢，但是在很少一部分里却不是这样。即使如此，大多数学生认为就算他们的努力被忽视了，也没有什么大不了，因为团队的成功、团结和士气已经是对他们最清楚的回报了。正像啦啦队长说的，"我在啦啦队的新领导的身上看到了我所喜爱的柯尔斯滕·邓斯特的影子，这真是太棒了"。

甜蜜和尖刻：用和善克服官僚习气

现代社会所带来的一个显著的改变就是居民迁移率的增加。我们的前辈都是在一个固定的地方出生然后就一直住在那里，而现在的人们却常常流动。举个例子，在现代美国社会，多达 30% 的成年人在 5 年内从一个州搬去了另一个州。特别是那些青年人和受过大学教育的人迁移得更频繁，即便多数迁移只是在同一个城市或一个州内。我在上大学的时候，每年九月我都会搬一次家，以至于在 1968～1976 年间我换了 8 个不同的地方。

搬迁可以算是一种冒险，但也有不利的一面。你需要切断原来住处的电、天然气并处理垃圾，需要在新的地方重新开始这些。你需要更换你的驾照，更改存款账户。买新的答录机卡，更改本地和长途电话号码，买一个新手机，更改你的网络供应商。停掉这个地址的信件，之后续约。噢，杂志是不能自动续约的，你需要分别联系经销商们。是的，在此之后，如果出现了什么差错，这些你都要重新再来一次。

即使你不常常搬家，你也需要不断地与行政机构打交道，交通部门、学校注册处或者是特尔港的失物招领办公室。我希望你可以一直活得很健康，永远都不需要用到医疗保险、医疗补助、社会保险、生活援助、退休金、遗嘱、遗产税这些东西，否则你就要与官僚机构一直打交道到死。

塞利格曼设计的这项积极心理学的活动或许能够帮到你。下次你要处理官方文件的时候，先深呼吸，然后决心要开心一点。不管你是要与一个行政的办事人员面对面还是要通电话（20分钟后通过自动的电话帮助系统办理），问问接电话的人这一天过得怎么样，孟买的天气如何，并对他的耐心表示惊讶。对他说，在这样一个能够帮助到人的职位上工作感觉一定很棒。就像在客栈中帕特里克·史维茨对在他保护下的酒吧骗子的建议一样："态度好一点……好一点……好一点。"好好对待行政办事人员，或许他就能很好地接待你。

当你用甜蜜而不是尖刻的语言时，你也许可以更成功地得到你想要的东西。行政办事人员毕竟是个人，他们处在很容易就被顾客的愤怒所影响的接待的末端。如果你能够更和善一点，也许你会让这个人更高兴，我们知道，好的情绪能够促进帮助行为。就算没有帮助，至少你也能感觉好一些。

你可以把这项活动作为一个实验真的去完成它。在每次会面前抛一枚硬币，正面：态度和善；背面：嘲笑办事人员。在数次之后，记录下所有的结果，做一个总结。

告诫大家，有两种情况必须要表现得和善。第一种，一些人（特别是在电话里）是计时的，这表示他们可以拖长解决你的要求或者争议的时间。这种情况你能够立即分辨出来，那么在这种情况下，你就需要以一种简单友好的方式来对待。确实，简单地说明你要办的事情是对计时电话接线员最友好的方式。第二种，有些人可能会因为你的好态度而表现得很亲切，以至于你们两个聊起了其他的东西，完全忘了会面的目的。举个例子，上次我更换长途电话供应商时，与AT&T的弗雷德聊起了费城的阿伦·艾弗森，聊得十分起劲，直接导致我忘了问什么时候开始服务，而他也忘了告诉我。当我收到下个月的电话账单时我才意识到这一点，在上半个月，我的话费每分钟接近 10 美元，我的天哪。

另外一点异议，你是不是在骗人？这个问题在任何一项我所讲的积极心理学活动中都可能被问到，也可以是对我所描述这些活动中所暗示的"人们对寻求幸福的需求是自发的而不是深思熟虑后才产生的"，提出的质疑（忽略那些"我们觉得幸福是我们应有的"，而去做的努力）。所有的东西都是平等的，我们希望自己是真实的，但是当我们真实的自己，至少在那个时刻是一个愤怒的、怨恨的自己时，冲突就产生了。如果压抑这些不良情绪让自己友善一点岂不就变得虚伪了？

很明显，并没有一个简单的答案。但是给一个顾客服务代理打电话，并不是表现最正直的自己的最佳时机。我想在这种情况下，友善应该看作社交技巧的一部分，按照这个社交脚本来做，并不会像利用一些手段来骗人那样让你成为一个骗子。

在酒鬼中有这样一种说法："在真正能做到之前，假装你可以做到。"改变一个人内在的最好方式之一是改变他的外在。从做骗子开始怎么能变成一个真实的人呢？如果在与官僚人员打交道时能发自内心地高兴，那将是多么美妙的一件事。但是直到你能够例行公事地做这件事之前，你都要假装开心，这真的那么罪恶吗？

—练习———

度过美好的一天

这一章包括了很多积极心理学的练习活动，另外还有教你为自己量身打造一项活动的内容。我特别希望你们做这项活动并且告诉我它具体是怎么做的。

"度过美好的一天"是我们常常听到的一个聊天的话题，它的前提假设是我们真的是如此希望的。要度过美好的一天，我们应该做些什么呢？不同的人会有不同的答案，因此这项活动有两个步骤。首先，你需要确定什么能使你的一天成为美好的一天。在这里你需要细心地观察你自己的一天，都发生了哪些好的事情和不好的事情，来看看你是否能够定义这些事情的相关特征。其次，假设你可以定义它们，你要如何在未来的日子里最大化那些好的因素、最小化那些扰乱你的因素呢？

有一个简单的假设，是关于什么能够让你的一天更美好。我想引起你们的注意，因为这与书中所记录的大部分的积极心理学研究的前提并不一致。好的生活往往以心理状态、特征和习惯，还有这些状态、特征和习惯的直接表现，即社会和制度设置的形式来体现。

但是达到好的生活还有其他途径，那就是我们每天的活动、我们的具体行为。不管所处的地位、所拥有的特质、习惯和外界的设施是怎样的，这些全都影响着我们做什么，也正是它们影响了我们的幸福和健康。但是在这个活动中，我假设你们都做了具体的行动。如果你能够决定，例如，美好的一天是这样度过的：跟妈妈通电话（或者不这样做），或者去运动，或者写日记，之后你就要学着让以后的日子更多地像这一天一样。

我们也许根本不用停下来想，究竟是什么组成了美好的一天，这使得这项活动独特而不落俗套，即使我们在摘要中进行了反思，从具体意义上讲，我们的答案或许并不正确。所以，整理出一个记事本或者一叠纸或者创建一个工作表记录下你一天中所做的事情吧。有些人觉得每个小时都记录一下所做的事情很容易，另外一些人则喜欢只记录一天中重要的事情。无论如何，在一天要结束的时候，写下对这一天的总的评价：

10= 这是我生命中最好的一天

9= 这是十分突出的一天

8= 这是极好的一天

7= 这是很好的一天

6= 这是不错的一天

5= 这是普通的一天

4= 这是低于平均水平的一天

3= 这是不好的一天

2= 这是糟糕的一天

1= 这是我生命中最糟的一天

这样做两周，能坚持一个月则更好。在你完成之前不要回顾之前的记录，但是可以回头看看这些天和这些周的状态。比较在好日子里和坏日子里你都做了（或者没做）哪些事情。每个完成这项练习的人都报告说整体的形式很明显，甚至在一些案例中，他们都为此感到惊讶。我发现在我自己的例子当中，在好日子里，我搞定了那些一直困扰着我的事情，有工作中的（例如，为一个申请法学院的学生寄推荐信），也有家庭里的（例如，打扫卧室）。请注意，这些活动并没有让我开心不已，但是它们确实让这一天变得美好了起来。相对而言，在坏日子里，我什么都没有完成，不管还有什么事情已经在进行中或者有多少有价值的工作已经开始着手去做。

于是我决定，每天都要完成一些事，这个策略对于那些只要经常去做就能完成的活动来说很奏效。但是我已经写了这本书几个月了，当然我不可能在一天内完成它。而我一天可以写 500 字，几乎每天都在写，这确实是我正在做的，这样我就可以拥有很多很多的好日子，也包括今天。

恐怕你们自己的好日子的模式会跟我的一样，是任务导向的，但是这些活动的关键是：找到你们自己的模式，并且在此基础上实施自己的策略。一旦你找到了，改变你典型的一天。晚餐时喝一点酒会让你觉得这一天更好，但是你没有理由去想一次喝两升酒会让以后的日子也相应变得更好。相似地，睡一个好觉会让一天更好，但是那不表示你的一生都应该在睡觉中度过。

祝大家都有美好的一天！

A Primer in
Positive
PSYCHOLOGY

第 3 章

愉悦和积极的体验

他把生命看作快乐的时光而非眼泪流成的
河谷；

他享受工作的乐趣而非把它看作生活的全部；

他一定是一个处处留心的人，一个有觉悟的
人，一个有品位的人，一个对快乐敏感的人，一
个可以避开纵情酒色和浅尝辄止而让生活活跃起
来的人。

考虑一下对"心理上的美好生活"这一概念的描述，并猜测一下是谁首先提出来的。不是亚里士多德，不是孔子，不是马斯洛，不是塞利格曼和契克森米哈赖。

休·赫夫纳（Hugh Hefner）在 1956 年把"心理上的美好生活"作为他的花花公子哲学的一部分来阐述。很多读者可能认为花花公子很愚蠢，因为他沉迷于裸体的年轻女性。但是探讨他们的这些主张仍然是我们开始本章论述的一条重要道路，因为他们对许多积极体验的论述正是当今许多积极心理学家所研究的问题，如高兴、欢乐、警觉和愉悦。我们所讲的使生活活跃起来，意思是让生活充满热情、兴趣、健康和生命力，而生活的重心是围绕面包还是其他什么东西并不是重点。

一些人可能会认为有必要探讨一下休·赫夫纳的快乐准则，因为他强调所谓的沉迷感，而我们大多数人对这种感觉所持的态度都是很矛盾的。我们大多数人都会认为有一些快乐本就是错误的，而有小部分人甚至认为所有的快乐都是错误的。几个世纪之前界定的七种原罪有一个共同的核心就是快乐，即使沉浸在羞愧和内疚之中也是如此。[⊖]

在本章中，我将探讨快乐以及相关的积极体验，同时请记下你在良好心理状态下的道德情境。积极心理学常被批评只表面上关注快乐情绪，这也是为什么我花这么大的篇幅来讲积极心理学不仅仅是快乐主义或者快乐论（见第 1 章），它的范围要广泛得多。快乐还是应该要研究的，尽管在这个过程中，我们要时刻警惕这种研究是否会导致对自私的认可和对浅薄的赞扬。

我首先讨论感知到的愉悦，进而讨论积极情绪，它比即刻的良好情绪更复杂并且延续的时间更长，但是仍然有较明显的开头和结尾。然后探讨积极情绪体验的稳定倾向（被称作积极情感）。结尾的时候探讨一下与这些话题

⊖　七种原罪分别是暴怒、嫉妒、饕餮、贪婪、淫欲、傲慢和懒惰，有一本书专门探讨了它们与白雪公主的七个小矮人之间的关系。曾经一度还出现过第八种原罪：冷漠，或者对自己心灵责任的忽视，但是后来由于西方世界变得愈加世俗而把这一原罪束之高阁了（Jackson，1986）。至少在如此颂扬名望和自尊的现代社会，骄傲可能也慢慢变成道德的垃圾堆吧。

相关的其他的积极主观情绪状态，流动的或者沉浸的，它们之间有共同的地方，但是仍然没有定论。

愉悦

愉悦（pleasure）包含一系列积极的主观心理状态，这些状态范围很广，可能是由香水或者抚摸带来的身体的直观快感，亦可能是由贝多芬的第九交响曲或《非常嫌疑犯》带来的高级的心灵愉悦，还可能是自己钟爱的政客候选人或足球队取得了胜利带来的成功的快乐。愉悦可以是强烈的、激动的、突然的，这种愉悦我们称为欣喜或狂喜；愉悦也可以是安静的、柔和的、弥散的，这种愉悦我们称为满足或者宁静。这种感官上的体验可以与凝视着太平洋上的缓缓日落形成对比。无论如何，愉悦这种感觉是很棒的，当它来临的时候，大多数人都会深深体会到它并且力图维持或强化它。

罗茨注意到，原始的、直观的愉悦往往在皮肤表面[○]围绕着身体的孔而产生，比如口、鼻、生殖器和肛门，这些快感的产生往往都包含着身体内外的物质交换过程。并且罗茨观察到，这些孔在身体上的位置多是模棱两可的，是体内器官呢还是体外器官？有可能这种愉悦感的产生是监控和指导个体和外界环境进行物质交换的一种方式。因此，这种愉悦感对维持生存可能有重要意义。

而更高层次的愉悦就难以用功能性的观点来解释了。为什么我们会欣赏音乐或日落的美？为什么我们喜欢猜谜或游戏？正如心理学家芭芭拉·弗雷德里克森所提出的："积极情绪的好处在哪里？"在其他的积极心理学家以及弗雷德里克森自己的著作中都或多或少给出了答案，他们认为，积极情绪很

○ 另一种观点把愉悦的产生与远距离的感觉，如视觉和听觉联系起来（Kubovy，1999）。它们通过光影和声音的形式来让人们产生愉悦和和谐的感觉，但是称它们为视觉愉悦和听觉愉悦却不太合适。无论如何，最重要的一点是我们在现实的世界中经历到的愉悦感觉往往都是复合的，同时有几种感觉系统参与，有时还会包含复杂的认知过程。

有可能传递出安全的信息，并且为各种心理技能的构建和强化提供机会，而这些心理技能无疑会对以后的生活产生积极的影响。

几十年前，动物行为学家（研究自然环境中的动物的生物学家）对许多种年幼哺乳动物的玩耍行为做了理论化阐释，就已经预示了上述假设的出现。年幼的动物在它们杂乱的玩耍中所反复练习直至熟练的物种行为，正是日后它们成年以后用于捕食、逃跑以及确立统治地位的基础。尽管我们一直被教导要客观地做研究，不要把人类的动机和情感强加到动物身上，但是当我们看到小猫或小狗们在一起嬉戏玩耍时，很难下结论说它们在这个过程中没有享受"快乐"，并且有充分的理由认为我们也从观察它们的玩耍中得到了快乐。

在过去的研究中，除了有少数心理学家忽略了对快乐的研究，其余大多数重视快乐的心理学家都认识到了快乐在我们物种的生物演化过程中的重要作用。因此，如果积极心理学是研究什么使生活更值得继续下去的话，那么对快乐的研究便是研究什么使生活变得可能。想象一下我们的祖先面对的重要生存任务：食物、交配、养育后代。这些活动提供的愉悦使祖先们愿意在短期内做这些事情，而这些事情在长远来看不仅对个人而且对整个物种的生存与繁荣都具有重要意义，这绝不仅仅是巧合（见第 10 章）。

这并不是说快乐只是生物学层面上的。我们的肉体在进化，同时我们适应未来的能力也在进化，这意味着人类以社会存在作为本质的同时，也参与建构着一种共享的文化，这种文化通过社会化的过程逐代传递。在我们的文化中，不必惊讶于把快乐看作一种生物功能，它与生、死等其他生物功能是一样的。当然，这一说法在不同的文化群体间可能会有差别，不过对同一现象存在不同的文化注解也是很必要的。一方面，有古希腊的斯多葛派和禁欲主义学派对快乐持完全怀疑的态度，并且极力主张放弃快乐；另一方面，也有古希腊的享乐主义学派和伊壁鸠鲁学派，20 世纪 60 年代美国的嬉皮士及后代，以及罗宾·里奇在"名流和富人的生活方式"中宣扬的超越巅峰的快乐寻觅者。

　　快乐是人类生命中如此美丽的一部分，但是有一小部分人，如快感缺乏患者，却缺乏体验快乐的能力，越来越多的研究者也正在对这部分人进行研究。尽管到目前为止我们对这种疾病的机制还不是很了解，[⊖]但是有一点可以确定，与其他正常人相比，不能体验快乐的人由于无法获得任何回报而失去了参与许多活动的机会。

　　在语义上，快乐的反义词是痛苦，但是在心理意义上，快乐的反面却包含了一系列丰富的感情，包括痛苦、焦虑、内疚、羞愧和厌烦，甚至还包括快乐本身。尽管事实可能如此，但为了与积极心理学的基本假设保持一致，快乐在这里不只是指它的反面的缺失。因此，当积极心理学家提到快乐的时候，他们指的是专用的术语，快乐本身。

　　下面是一些关于快乐的了解。对于开创者来说，快乐就是拥有经验的数量和质量。也就是说，快乐按等级高低分为许多种类。人们常常批评心理学家让被试把世界上所有的东西都做七点评定。在有些情况下，人们很难对没有明显区别的事物做出区分，但是很少有人会对评定某一经历的愉悦程度感到困难。这是一种理解快乐的方式。

　　快乐是多维度的。尽管有些人可以对快乐进行简要地总结，但是我们往往同时经历着正性和负性的感觉。又苦又甜就是用来形容一种既好又坏的味觉，也可以用来比喻许多我们的体验。实际上，正性体验和负性体验的相互作用有时候会产生一种高阶的体验，这种高阶体验可能非常正性，也可能非常负性。正如为什么有时候悲伤的歌曲听起来特别有吸引力，而甜蜜的滋味却令人沮丧。

　　愉悦可以由刺激的增加或减少而产生。吃了一个牛肉饼和排光了膀胱里的液体，两者都能产生愉悦感，但是种类不同。后一种愉悦又可称为"舒服"，当缺乏的时候更值得注意。如果你年纪足够大的话，可能还会记得，在那些空调还不普及的湿热的夏季，当你走进一间空调房的时候那种很棒的

⊖　研究表明，快感缺乏症（anhedonia）在家庭内部传递，有可能是受基因影响的疾病，它的生理基础可能位于大脑的左侧前额叶附近，并涉及神经传递素多巴胺的不足。

感觉。现在我们都对空调习以为常了（除非它坏掉了），那种感觉也从明显的愉悦变成仅仅是一种舒服了。

尽管我们往往关注此时此刻的愉悦，但是我们也体验着过去（回忆）和未来（希望）带给我们的愉悦。那么是否可以牵强地说，我们体验到的大部分愉悦之感并不来源于此时此刻而是源于对过去的回忆和对未来的期望？性高潮⊖的时间只有短短的几秒，但是有多少人每天花费大量时间来想象性呢？

当我们在想象过去的愉悦时，我们的记忆主要受高峰时的感觉及结束时的感觉影响，这就是心理学家丹尼尔·卡尼曼提出的**峰－终理论**（peak-end theory）。这一理论反映的就是我们对过去愉悦的回忆并不忠实于事实的原貌。

实验者对被试在许多简单场景下进行了研究，愉悦的场景如看一部喜剧电影，令人讨厌的场景如正经历一场痛苦的手术。当这种体验正在进行的时候，要求被试评定他当即的愉悦和不愉悦程度；在体验结束以后，也要求被试做一个简要的总体评定。许多实验得到的较一致的结果支持了峰－终理论：人们对过去体验的总体评定主要反映了体验过程中感受最强的时刻以及体验结束的时刻，而忽略掉了整个体验（愉悦的或令人讨厌的）持续了多久。卡尼曼（1999）称这种现象为**过程忽略**（duration neglect），这也是心理学对积极体验的研究中反复提到的一个话题。

峰－终理论让我想起了另外一系列研究，即人们如何感知实体空间以及如何在其中进行导航。地标是关键。当我们想起我们所处的城市时，我们想到的是城市中的特色建筑、街道和纪念碑。它们看起来总是特别显眼，尽管事实并非完全如此。人们也常用地标来估计距离。如果 A 点和 B 之间没有任何地标，而 C 和 D 点之间有无数的地标，尽管两段距离事实上是相等的，我们还是会认为 AB 的距离比 CD 的距离短得多。积极体验的高峰时刻与结

⊖　有一些被量化的有趣的事实：男女的性高潮都伴随着几乎频率相等的规律的肌肉收缩，每秒 0.8 次。男性的高潮一般持续 5～10 秒，而女性的高潮持续的时间要稍长一点并且变化性也多一点，一般 10～30 秒。

束时刻可以看作积极体验的地标，由此决定了我们对积极体验的记忆。

其他一些实验也证实了峰 - 终理论。卡尼曼等人（1993）做了一个实验，条件一是让一部分被试把他们的手放在冰冷的水中（感觉不好但是没有危险）持续 60 秒钟，条件二是让另一部分被试先完全重复条件一，再让他们的手完全浸入水中持续 30 秒钟。在这额外的 30 秒内，水的温度升高了 1 摄氏度，使被试的感觉稍微好一点，但被试是不知道水温发生了变化的。几分钟之后，要求全部被试评定他们的总体感觉，结果是条件二（90 秒冷水）的被试评定他们的不愉悦的感觉要少于条件一（60 秒冷水）的被试，只是因为条件二结尾的时候感觉稍好一点。

卡尼曼（1999）称这种结果"令人泄气"，因为它表明人们对过去经历的回顾性评价是错误的。但是，正如卡尼曼一样，只有当人们相信真正的快乐确实存在于某些特定的时刻，并且总体的快乐等于这些时刻快乐的总和的时候，人们的回顾性评价才会有错误。正如我们将要在第 4 章讨论的，这是一种被称为自下而上的方法，当人们已经产生了很多快乐感觉的时候，似乎没有理由去费劲地考虑愉悦和快乐意味着什么。人们生活在此刻，同时也生活在过去和现在。快乐以不同的心理表现形式存在于所有这些暂时存在的领域中。这并不令人泄气，反而很有趣。

这些发现的实际意义是：我们应该给我们的快乐建立高峰点和好的结尾，这样的话当我们过后回忆起它的时候，记忆就"有所侧重"了。如果这些特征在记忆中占重要地位，那么它们理应比其他事物，如整个体验延续的时间长度，获得更多的注意。设想一下用峰 - 终理论如何来计划一次旅行或者一顿晚餐。[⊖] 按常识来讲，如果不考虑它们的峰值与结尾的话，一次 20 分钟

⊖　如第 2 章所讲，人们可能会反对这一策略，认为它是伪造的，愉悦应该只存在于它发生的那时那地，而不应该存在于过后人们的记忆中。如果一个人从来没有在旅行中拍过照片，从来没有买过纪念品，或者从来没有向朋友描述过昨天的快乐经历，那么对这样的人，我可以退让。简而言之，我不会对任何人退让，因为这种人不存在。人们总会对一些事情的记忆比其他事情更愉快，只因为这些事情有非常愉快的时刻。何不把生活中的事件都计划一下，同时考虑到高峰体验和结尾呢？

的旅行或 60 秒钟的晚餐很可能不那么令人愉悦。不过在性的方面，"过程忽略"就有不同的、反常的定义了。

现在让我们从对愉悦的记忆转到对愉悦的期望。研究表明，我们并不能完全准确地预测未来的愉悦。这一结果具有非常重要的现实意义，因为我们往往根据对未来愉悦的预期来决定当时当下的行为。实际上，经济学家已经为这种预期创建了一个专门的术语叫作"期望效用"，而我称之为"预期快乐"。不论如何，人们都是通过比较不同选择之间的预期心理报酬来做出选择的。我应该买什么样的汽车呢？我应该选择哪个长途电话服务提供商呢？我应该去哪里上学？我应该从事什么职业？我应该做什么工作？我应该嫁给谁？要做出这些决定，几乎全都依据某一选择会让我们未来感觉如何，而这样的决定可能被认为是不可靠的。

在回顾关于预期快乐的文献的时候，乔治·勒文施泰因和戴维·施卡德写道：

> 人们对未来感觉的预期大多数都是准确的。人们知道当他们丢掉工作、被爱人拒绝或者没有通过考试的时候会感觉很不好；当得到新工作的第一天去上班的时候会感觉很紧张；当刚刚慢跑完会感觉到很"刺激"。

记住这一点：人们对未来的快乐并不是一无所知的，同时也要意识到人们在预测未来的感觉时会出现系统误差。

有些情况下，这些误差反映了心理因素对人们没有意识到的快乐的影响。例如，**曝光效应**（mere exposure effect）就是指我们往往会对经常接触到的东西产生好感，即使这种接触是下意识的（发生在意识水平以下）。下面是一个经典的例子，心理学家罗伯特·扎乔克（Robert Zajonc[○]，1968）给被试在屏幕上快速呈现一些抽象的刺激，这种速度下被试是不能有意识地知觉到刺激的。然而在过后询问被试对一些刺激的喜爱程度时，被试给那些

[○]　发音为 zy-unce，音同 science。

之前在意识以下呈现过的刺激更高的评定。因此，熟悉可促成喜爱而非厌恶，尽管这种过程并没有被我们意识到。

禀赋效应（endowment effect）是指人们倾向于喜爱那些分配给自己的东西，尽管一开始并不是特别想要它或者认为它有价值。研究发现，那些直接得到一个小物品（如咖啡杯或圆珠笔）的被试，与那些有权选择得到一个物品还是一些现金的被试相比，当把这一物品卖回给实验者的时候，往往出价更高。没人能预测这种现象，因为从客观的角度来看，这种现象愚蠢极了。

这些影响表明人们对未来的快乐的预测有可能是错误的，同时也表明人们对已经拥有的东西和熟悉的东西更加喜爱，这样也许更好。在第 4 章中，我会重点说明大部分人在大部分时间里都是快乐的，并且有可能这种经历正促成了研究者们观察到的典型的生活满意度。

人们在预测未来的快乐的时候，最典型的一种错误就是和"美好的感觉会持续多久"有关，这是"过程忽略"的又一个例子。在第 1 章中，我已经提到过这种现象。丹尼尔·吉尔伯特、蒂莫西·威尔逊和他们的同事对人们在生活中发生重大事件的前后状况进行过一系列研究，诸如恋爱关系破裂，获得（或失去）大学的教职，在州长选举中有一个非常喜欢的候选人，申请一个喜欢的工作，等等。每个研究的细节都反映了被试对事件的关注焦点，不过一般来说，实验者都要求被试预测一下当一个或好或坏的结果悬而未决的时候，他们会是什么感觉，并预测这种感觉会持续多久。当事件发生以后，他们的真实反映被记录下来，这样也就可以与之前的预测相对比。

各实验的结果很明确，并且很一致。尽管被试猜对了好的结果比不好的结果能令他们更快乐，但是他们都对自己的反应做了过高的估计。坏情绪的持续时间并没有他们预测的那么长，好情绪同样如此。想象一下过去的一年里你自己生活中发生的好事和坏事，哪些事情仍然让你记忆犹新并且影响着你现在的情绪，哪些事情又被搁置到一边去了？

过程忽略现象有可能发生是因为人们没有承认另一种证据充分的现象：适应。当我们反复经历同一种产生快乐的刺激时，我们体验到的快乐便会急剧减少。尽管有时候适应的结果让我们吃惊，但是**适应**（adapation）对我们来说还是一种比较熟悉的经历。可能我们都希望快乐的感觉没有适应过程。⊖不过对快乐的适应是很广泛的现象，学者们称我们生活在"**享乐跑步机**"（hedonic treadmill）上，意思是说我们不停地适应各种变化的环境，最后常常返回到一个中立的状态。

最常被引用的关于适应的研究之一就是二十几年前菲利普·布里克曼、丹·科茨和罗尼·简诺夫 - 布尔曼做的调查研究，当时这些心理学家都在伊利诺伊州埃文斯顿的西北大学，伊利诺伊州已经开始卖彩票。研究者们采访了 22 位彩票获奖者，他们中的每一位在过去的一年里都至少得到过 5 万美元，最多的获得过 10 万美元。研究者要求这些获奖者们对他们过去、现在和将来的（预期）幸福程度做出从 0（一点也不幸福）到 5（非常幸福）的评定，同时要求他们对参加一些世俗活动（如朋友聊天、听笑话、看杂志）时的幸福程度进行 0～5 的评定。布里克曼和他的同事还对 58 位没有赢得彩票但与中奖者为邻的人进行了采访。结果表明，与没中奖的人相比，中奖者现在的幸福程度（4.00～3.82）及将来的幸福程度（4.20～4.14）都几乎没有高出多少，但是在日常活动中，中奖者却比没中奖者感受到更少的快乐（3.33～3.82）。

研究者还采访了 29 位在当年遭受过重大事故并且四肢永久残疾的人。他们对当前生活的满意度评定为 2.96，比中奖者稍低（4.00），但是可能并没有人们想象的那么低。他们预期未来的幸福和在日常活动中体验到的幸福却比中奖者稍高（未来的幸福 4.32～4.20，日常幸福 3.48～3.33）。

这些结果意味着适应在好事和坏事中都会发生。⊜如果产生快乐的刺激

⊖ 证据并不是很充分，但是弗雷德里克和洛温斯坦（1999）推断至少有一部分人对少数几种快乐感觉会产生不适应，并以做整容手术和看色情图片为例来说明，我确信 Hugh Hefner 会对此做出证明。

⊜ 让我登上科学肥皂盒待一会儿。这一研究往往在大众媒体上进行报道，显示了残疾人和彩票中奖者对生活的满意度相当，但这并不是真实数据的结果。真实的结果很有争议，我们不应该掩盖那些脊髓损伤的人所面对的困难以及这些困难对生活满意度造成的影响。脊髓损伤可带来的常见影响之一便是重度抑郁。而抑郁的原因可能不是疾病而是疾病引起的失业。

总是具有同样的作用，如果蜜月永远不会结束，如果我们只需要购买一盒游戏机的磁盘，那么是不是就很好呢？

有两种答案似乎是合理的。第一，适应可以保护我们免受那些能使我们产生感情的外界刺激的打击。快乐和痛苦一样可以使人分心，而生存智慧还是好的。这些体验是简短的、缓和的，使我们能回到生活的常态中去。第二，适应使我们对环境中的变化特别敏感，在这里易于发现生存行为。实际上，我们的许多感知系统都有适应功能，并不仅仅是那些产生快乐和痛苦的系统。比如说，我们都能很快地适应室内的光照水平、噪声水平等。

你当然知道，适应并不能永久地改变我们体验特定快乐的能力。如果是那样的话，我们在整个生命中只愿意吃一片饼干，读一首诗，看一次日落。显然，只要已经过去了足够长的时间，我们还会想要更多。这里的"足够多"当然因人因快乐的种类而异，不过一般说来，把不同种类的快乐分散到不同的时间里会扩大快乐的感受，而把它们聚在一起则不会。

下面以对快乐的另一点评论来结尾。弗雷德里克和洛温斯坦讲过一个笑话："性就像比萨。当它好的时候确实很好，当它不好的时候仍然很好。"它的意思是说许多体验在本质上就是很快乐的，不管之前发生过什么，体验到它的时候感觉就是很好。适应的过程当然会影响我们对快乐的体验，但是并没有达到要抛弃它的程度。卡尼曼（1999）观察到早餐几乎总是令人很愉悦，不管它有多常规，但是刮胡子的切口却总是那么令人不快，即使我们一次又一次地在脸上留下切口。

积极情绪

心理学家已经区分出了一系列的积极情绪，包括诸如前面讨论过的愉悦感觉和感情、情绪等。不同的研究者有不同的分类法，但是他们基本都赞同一点，即情绪随它们持续的时间、与特定刺激或情境的联系、复杂度的不同而不同。也就是说，心理过程的程度与情绪体验有关。快乐往往很简单，会与特定的刺激或者说特定的感觉系统联系在一起，糖果是甜的这点谁都不用学。

心理学家们认为情绪是更复杂的，因为它不仅涉及主观的感觉，还包括生理唤醒、思维和行为的典型模式。情绪这个词与意向是同源的，它传达出一种意思是，情绪穿过我们并且有可能驱动我们。情绪有开始和结尾，不过它比那些转瞬即逝的感觉要持续得久一点。

人们对情绪的科学价值的认识一直被自然学家查尔斯·达尔文的观点所主导。在 1872 年的《人类和动物的情绪表达》一书中，达尔文把人类和动物对事件的情绪反应相类比。例如，在受到威胁时，狗、猫、猴子和人类都会露出牙齿。达尔文认为，情绪可以增加人们生存下去的概率，因为情绪是对所处环境的恰当反应。比如说，恐惧总是伴随着逃避危险而出现。当遇到危险的时候，与冷漠相比，害怕肯定是更合适的反应，因此在危险的情况下我们会感到害怕。综上所述，害怕不仅是一种情绪反应，而且反映了交感神经系统的唤起、与危险有关的想法的出现（"危险来了！"）和特定行为倾向的产生，即打架还是逃走。

这一思路仍然主导着许多心理学家对情绪的认识和研究方式，使理论学者和研究者们都关注于消极情绪如恐惧、悲伤、厌恶、愤怒，以及唤起这些情绪的危险和这些情绪产生的反应。沿袭这一传统的理论家同时还继承了达尔文的另一观点，即重视人们如何通过面部表情来传达情绪。⊖人类是社会性动物，向他人传递信息的能力具有明显的生存优势。研究发现，人们可以辨认其他民族的人表达基本情绪的面部表情图片。尽管不同文化之间用来描述情绪的词语有很大差别，但面部表情却具有跨文化一致性。

积极情绪是什么情况呢？理论学家在把基本情绪进行归类的时候往往

⊖　另一些理论学家的观点恰好相反，他们认为面部表情决定了情绪。当要求人们做出微笑或皱眉的表情时，他们实际上也报告了与表情相符合的情绪。Larsen 和 Kasimatis、Frey（1992）设计了一个精巧的实验，在被试没有察觉的情况下慢慢改变他们的面部表情。实验者把高尔夫球座粘在被试的前额上，要求他们嘴里含着钢笔的同时移动高尔夫球座。他们报告的情绪比控制组的被试更悲伤。

会包含一两种积极的情绪，比如高兴或者吃惊、好奇，但是他们还是主要关注消极的情绪。忽略积极情绪的一部分原因是心理学一般问题的研究取向，"情绪问题"毕竟是"心理障碍"的代名词（见第1章）。另一个比较特殊的原因是，情绪研究者往往试图去解释情绪本身，而他们一般从研究消极情绪开始，如恐惧和愤怒，积极情绪就被排除在外了，结果就是理论研究和现实情况并不能很好地结合。

一种典型的情绪定义是把情绪与特定的行为倾向联系在一起，用术语"特定行为倾向"来表示，恐惧使我们想逃跑，愤怒使我们想攻击别人，厌恶使我们想吐。相比之下，积极情绪却没有和特定的行为倾向相联系。像高兴这样的积极情绪可能会使我们活跃起来，但是方式却比较模糊和弥散。

另一个不同点是，消极情绪往往出现在有生命危险的情境下，而积极情绪显然不是这样。若分析情绪的进化意义，那么就很难为积极情绪找到生存的价值了。

还有一个不同点就是，到目前为止研究者们并没有区分出不同积极情绪的生理机制。同样，情绪的一种典型定义是情绪与特定的生理模式相联系，而在这点上，积极情绪又不符合定义。[○]如此说来，和许多正性情绪相联系的面部表情与那些传递各种消极情绪的面部表情是不相同的。"露齿而笑"仿佛是在传达一种积极情绪，不过究竟是哪一种呢？

最后，西方世界一直以来都不信任情绪，回想一下至少从亚里士多德时代起就反对情绪，这意味着我们经常忽略情绪有可能具有积极的作用，而不

　○　Richard Davidson（1984，1992，1993，1999）正在进行的一个研究显示，大脑的左半球与积极情绪有关，而右半球与消极情绪有关。因此，左半球的损伤会导致抑郁、恐惧和悲观，右半球的损伤会产生冷漠或者欣快异常（Derryberry & Tucker，1992）。在另外一个有趣的研究中，Hatta、Nakaseko 和 Yamamoto（1992）让实验被试分别用左手和右手握住完全相同的物体，并让他们报告情绪状态。结果发现，右手握物体的被试比用左手握物体的被试报告了更积极的情绪。这是否意味着如果你用右手握住你爱人的左手（或者反过来），那么你们中一个人会比另一个人感觉更幸福？

是伴随它出现的诱惑性的感觉。

心理学对积极情绪的兴趣已经被心理学家芭芭拉·弗雷德里克森新近的理论所激发。她并没有试图把积极情绪嵌入到消极情绪的框架里去，而是主张应该独立地看待积极情绪，如高兴、兴趣、满足和爱。积极情绪不仅具有不同的感觉，而且也有不同的作用。正如大家都强调的那样，消极情绪唤起我们对危险的注意。当我们体验消极情绪的时候，可选择的反应模式范围很窄，我们匆忙地行动起来以应对消极情绪传达的危险。相比之下，积极情绪传达安全的信息，我们对它的内在的反应并没缩小我们的选择范围而是扩大了选择范围。因此积极情绪的进化意义并不体现在此时此刻，而是体现在未来。积极情绪的体验可能是有好处的，它使我们参与活动从而增强了我们的行为和认知能力。

与预期相一致的是，参与积极情绪体验的实验被试显现出了认知能力的变化，如更广泛的注意力范围、更强的工作记忆、更流畅的言语能力，以及增强公开信息的能力。在一个呈现实验中，弗里德里克森和布兰尼根给大学生被试呈现一些简短的电影片段，目的是用来使被试产生情绪：娱乐、满足、生气或焦虑。之后用一个总体－局部的视觉处理任务来对被试进行测试，这一任务要求被试对一些抽象刺激进行匹配，他们可以关注局部特征（小细节）或者总体特征（大模型），如图 3-1 所示。结果表明，诱导的积极情绪可产生广泛的注意力（即对大模型的广泛注意）。在第二个实验中，被试经历过同样的情绪诱导过程后，研究者发现在接下来的 20 个开放性问题的回答中，积极情绪体验者的答案更多样。

积极情绪可消除消极情绪带来的心理影响。在一个实验中，要求大学生被试就"为什么你是一个好朋友"这个主题准备一个一分钟的简短演讲，并告知他们演讲会被录下来然后由同伴们来评价。同时他们的心跳速率、末梢血管收缩、血压的值被心理物理设备记录下来，这些指标都是焦虑和交感神经系统唤醒的指标。在这一准备时间过后，让被试看四个视频片段中的一个：其中有两个是产生积极情绪的（高兴或满足）；一个产生悲伤情绪；另一个产生中性情绪。[⊖] 有趣的是，没有一个视频片段对交感神经的唤起起作用。然而，在演讲准备练习过后，与看过悲伤视频和中性情绪视频的被试相比，那些看过唤起积极情绪视频（两部中的任何一部）的被试其心脏血管恢复到常态的时间更短。换句话说，积极情绪体验消除了被试的焦虑。

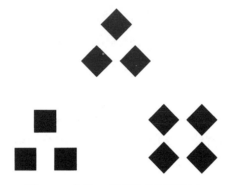

图 3-1　总体 – 局部特征匹配任务

注：要求被试把上面的图形与下面两个图形中的一个进行匹配。被试可以重点关注局部
　　细节（单个图形的形状特征），那么就会把上面的图形与下面图形中右侧那个进行匹
　　配。被试也可以重点关注整体形状（三个独立图形的排列特征），那么就会把上面的
　　图形与下面图形中左侧那个进行匹配。正如文章中解释的那样，体验积极情绪的个
　　体更倾向于按总体特征进行分类。

在类似这样的实验室实验中，研究者为寻求可能的原因，使用了最强有力的策略。每一个被试看到的视频片段是随机分配的，这就说明，除了所看的视频不同之外，四种条件下的被试再无别的差异。因此，观测到的心脏血管复原时间的差异就是观看视频片段造成的。

实验室实验的一个基本问题就是实验结果可否应用于实验室之外。在这个案例中，结果似乎是可推广的，因为弗雷德里克森的实验结果与那些应对"真实"情境的实验的结果一致性很高，这些实验证明了积极情绪体验对缓解紧张的益处。实际上，在一个世纪以前，弗洛伊德已谈论过黑色幽默现象以及人们如何在悲惨的情境下利用幽默来支撑精神。弗雷德里克森的研究把

⊖　呈现给被试视频片段为：（a）高兴（小狗玩花朵）；（b）满足（海浪慢慢拍打在沙
　　滩上）；（c）悲伤（小男孩为爸爸的死在哭泣）；（d）中性（抽象地呈现彩色图形）；
　　Frederickson & Levenson，1998。

这一应对策略的生理机制阐述清楚了。

弗雷德里克森（2001，2004）押头韵地称她的方法为**拓宽-建立理论**（broaden-and-build theory），并且引起了积极心理学学科内外的注意。拓宽－建立理论是值得注意的，因为它对积极情绪给予了明确的关注，并且对于我们为什么会做哪些看上去是没有负面情绪的事情给出了内部原因。同时，弗雷德里克森的工作在学术圈里是值得尊重的，因为她采用实验室实验和心理物理测量法。

最后，尽管弗雷德里克森本人没有从事情绪干预工作，但是拓宽－建立理论为这方面的人员提供了一个现成的基本原理。实际上，各种各样的想做些消除情绪以外的事情的实践者都在利用拓宽－建立理论。

对于我们这些在学校里或者在昨天上班的时候被告知不要玩得太过分的人来说，拓宽－建立理论可能触动了我们的神经。毕竟这是一件很严肃的事。不管怎样，作为一个老师，我尽量多些幽默以使学生们在我的课堂上能感到快乐。我知道可能有些同事在背后瞧不起我，认为我力图营造的欢乐课堂气氛肯定是很愚蠢的。拓宽－建立理论给了我最后的胜利，欢乐的课堂产生欢乐的学生，他们不需要去掌握把生活作为严肃的事情所需要的各种技巧。

我对拓展－建立理论还存在几个疑问，希望在未来几年里能得到回答。第一，到目前为止在所有的实验室研究中，不同的积极情绪都被看作是相同的，或者至少认为在拓展和建立的潜力方面，它们是相同的。但是，可以对不同的积极情绪做出区分吗？比如激活程度更高一点的积极情绪（如高兴）和更安静一点的积极情绪（如满足）。它们可以建立不同的资源吗？或者通过不同的过程建立相同的资源？

第二，对于我们大多数人来说，那些感觉很好却和拓展－建立原则相违背的情绪该怎么解释呢？比如说淫欲。性爱的过程让人感觉很好，但是性冲动会使我们的注意力范围变窄，使各种技能受到限制，有时候甚至程度很严重。骄傲同样如此。难道七宗原罪是拓宽－建立理论的七个重要的特例？

　　第三，在实验室条件下，拓宽－建立理论几乎被完全验证了，其假设是只要给定合适的情境，积极情绪就会产生：只要给被试看合适的视频片段就可以了。在实验室以外，我们可产生的情绪就显然很不一样了。在有些情况下，我们可以通过变换 MP3 或 iPod 里的音乐来调整情绪，不过在另外一些情况下，我们常常体验到这些情绪而非那些情绪，这时拓宽－建立理论就需要和人格理论相结合来解释这些较稳定的个体差异。在下一部分中，我会介绍一些和拓宽－建立理论吻合得很好的人格研究。

积极情感

　　如许多人类的基本特质一样，热情存在于很多人身上而不被他人看到。对少数一些人来说，热情是融入血液里的一股抑制不住的生命力量。它有潮起潮落，但是它潜藏的快乐能力是属于那些具有绿色眼睛或者长长腰肢的人的……对大多数人来说并不是这样……那些不热情的人缺乏活力……他们要靠别人的热情而高兴起来；由舞蹈和药物来唤起；靠音乐来启动。他们不能靠自己的意愿来让自己活跃起来。

　　　　　　　　　　——凯·蕾菲·杰米森（Kay Redfield Jamison,2004）

　　情绪（mood）一词往往是指一种减淡了的情感，例如"我有情绪去做这件事"，不过情绪还有一个更独立的含义，它强调情绪对一般幸福感的指示作用。我们说到某个人很成熟或者脾气不好，快乐或者暴躁，脾气好或者易怒的时候，我们常常把这些词应用到他的整个人格特征上。用心理学术语来说，在这个意义上，情绪是特质类的特征，而**情感**（emotion）是状态类的特征。情绪往往不与特定的物体或者意义联系在一起，也不会位于意识的前部和中央。然而，情绪比情感持续的时间更长，并且它为我们的所想、所感、所做涂上一种基本的色彩。

在心理学里，描述坏情绪的词要多于描述好情绪的词。不过像强烈的兴趣（zest）、活力（vitality）、兴高采烈（ebullience）、热情（enthusiasm）和兴奋（exuberance）这些词都是用来描述特别好的情绪。好的情绪不仅会充满你的思想，而且会带动你的整个身体，它给我们春天般轻盈的脚步和闪烁的眼神。在好的情绪状态下，我们感到活泼有生气，并且对所有的活动都有热情。对于那些长期处于积极情绪中的人，我们称他们精力旺盛，有活力，机警灵活，热情自信，劲头十足，活得很快乐。他们有生活乐趣。这类积极情绪不能同下面的情绪混淆，如极度活跃、神经能量、紧张、狂躁。不过，好的情绪能让人感到高兴，并带来有价值的生命活动。

目前我们熟悉的本书框架为：几十年前心理学家研究情绪的时候，他们主要关注坏情绪，如易怒、无聊、一般性焦虑（aka neuroticism）、慢性抑郁（aka dysthymia）等。不过，转折点是保罗·米尔的建议：“临床学家和理论学家都应该认真思考这种可能性，即带着更多快乐脑浆出生的人要多于其他类型的人，而且这一变量也带有临床实践意义。”

米尔把这种体验快乐情绪的能力称为**“享乐能力”**（hedonic capacity），并且认为这是一种与基因相关的稳定的个体差异。他又进一步假设享乐能力是与人格特质中的外向性（乐于助人、他人指向）有关的。最后，他强调享乐能力与负性情绪体验（如愤怒和焦虑）显著不同，不管是惯常的还是暂时的。

后续的实验支持米尔关于享乐能力的大部分理论假设，现在我们把享乐能力看成**积极情感**（positive affectivity），即个体体验积极情绪（如高兴、兴趣、警觉）的程度。PANAS（Positive and Negative Affect Schedule）简单量表的制定使这方面的研究成为可能。给被试呈现描述积极情绪（如受鼓舞的）和消极情绪（如羞愧的）的词语，要求他们根据自己的状况来对词语进行评定。指导语是可以变化的：可以要求他们对现在的状态进行评定，对过去几天的状态评定，或者对一般的状态评定。不管怎样，对积极情绪词和消极情绪词的评定一般都会彼此区分开。

积极情感的计分和消极情感的计分是独立进行的，也就是说被试在两个维度上的得分互不影响。实验证明，积极情感和消极情感跨周、月、年甚至十年都是高度稳定的。脾气暴躁的老年人在中年时可能也是易怒的，在青年时是任性的，在蹒跚学步时是烦躁的，在婴儿时是执拗的。

另一种考察稳定性的方式是把不同情境下的积极情感评分相比较，结果也会发现大量的重合。独自一个人时情绪很好的人，与他人在一起时情绪同样会很好，反过来也是如此。积极情感的另一个有趣的特点是，不仅个体积极情感分数的平均值跨时间和情景一致，而且它的变化性也是如此。也就是说，如果一些人积极情感的波动范围比其他人要大，那么这一波动范围的不同也是具有跨时间和情景一致性的。换句话说，他们的情绪更不稳定、更情绪化。

如米尔所说，积极情感更容易在外向性的人中观察到，男性女性都是如此。一般说来，积极情感高的个体社会活动性也强。他们有更多的朋友，认识更多的人，更多地参与到各种社会组织中去。而消极情感与这些社会行为指标之间没有相关。

积极情感高的个体比积极情感低的个体更容易走进婚姻殿堂，而且非常开心，也更容易喜欢自己的工作。这样简单地陈述，使问题看起来就像鸡与蛋的故事，不清楚到底谁是原因谁是结果。不过，有些研究对个体进行长期跟踪观察，结果发现积极情感可以预测婚姻与职业的满意度，但是不能反映它们。

那些把自己描述为虔诚的、超越世俗的人往往在积极情感上得分较高。由于能提供更多信息的纵向研究还没有实施，因此我们不知道到底是积极情感可以让人变得虔诚，还是信仰带来的使命感、社会交流引发积极情感（见第11章）。

米尔提出的积极情感的基因基础假设怎么样呢？心理学家通过对比同卵双生子（它们的基因完全相同）和异卵双生子（它们的基因与一般的兄弟姐妹没有区别，重合度在50%左右）的特征来揭示基因的影响。根据同卵双生子之间的相似性（都高、都中等、都低）大于异卵双生子的传说，我们可以支持基因影响的假设。进一步的研究还做了分开抚养（在不同的环境下成长）和一起抚养（在相同的环境下成长）的双胞胎的对比。

同卵双生子的相似度超出异卵双生子的相似度的程度被量化为遗传性（heritability）的问题：由基因造成的变异占总变异的比例。若一个群体的特征变异越多地归结于基因，那么遗传性就越强（见图 3-2）。比如，智力就具有中等的遗传性，也就是说人们的 IQ 不同，反映了他们基因的不同。正如我们认为的那样，身高和体重具有很高的遗传性。

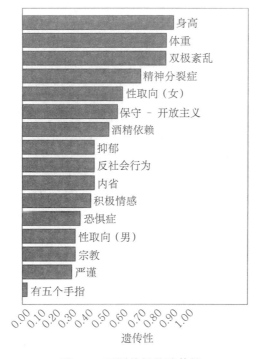

图 3-2　不同特征的遗传性

注：本数据的来源有多种，但主要来源于 Bouchard（2004）。在一个群体中，遗传性是指在一个特征的变异中由基因造成的变异的比例。遗传性的估计量从 0.00（完全没有基因影响）到 1.00（完全受基因影响）。人们手指的个数基本是个零遗传性的特征，因为手指个数的变异几乎完全受事故和伤害的影响，这些都是与基因无关的因素。

不要把遗传性等同于一般的遗传的概念。我并没有说智力是可以遗传的，直接从父母传给子女，我也没有说身高和体重可以直接遗传。遗传性是个更抽象的概念，它针对群体而非个人。它指一个群体中某种特征的变异，而不是某个特定的人具有的该种特征的水平高低。遗传性大于零并不是说明基因可解释所有的特征变异，它并不能排除环境和学习的影响。

双生子的研究证明，积极情绪是可遗传的（受基因影响），遗传性比智力稍低但是与大多数人格特质相当。这一结果很有趣，[○]并且对我们如何创造美好的生活很有启发。

人们每天都会听到基因影响这个词，并认为这是"不可避免"的，但这并不是统计数据所表达的真正含义。可遗传并不意味着不可改变、永远固定的观念，也不代表不会被生活中的事件所改变。正如前面已提到过的，智力是可遗传的，但是智力也会随着健康、营养、受教育机会的增加而升高，反之也会降低。抑郁比积极情绪更容易遗传，不过它也很容易被治愈。实际上，政治态度比积极情绪更容易遗传，不过它也更易改变，有时是公开地改变。

因此，积极情绪的中等遗传性说明我们不会长久地固定于一种情绪。当今世界情感研究的领导者大卫·沃森写道："基因和生物学的基础并不能让我们认命，我们仍然可以自由地增加积极情绪。"沃森推测说如果想改善惯常的情绪，那么应该更多地留意我们的行为而非思想。我们应该承认，朝向目标努力的过程比达到目标更能带给我们快乐，而关于情绪的知识和情绪的工作原理只会给我们提供帮助而已。

心流

通过积极心理学我认识了许多有趣的人，其中心理学家契克森米哈赖是

○ 高的遗传性并不一定意味着该特征在某个物种中具有进化历史的基础（Rowe & Osgood，1984）。进化往往会缩小一个物种内的变异，因此，在那些适合长远生存的生活方式上，物种内的成员会变得彼此相似。当变异确实存在时，理论学者必须弄明白是为什么，有几种可能的答案（Tooby & Cosmides，1990）。其中一种认为群体的幸福感是由群体内不同个体间的特征变异而组成的，差异多样化可以增强对不同环境适应的灵活性从而增加整个物种的适应性（Buss，1991）。另一种可能的解释是，人格特点（至少是位于正常范围内的特点）与生存无关，故不会被再次选择。第三种可能性认为人格的变异是由其他生物学特征引起的，例如神经系统的结构和功能。自然选择产生了这些额外的特征，我们所说的人格不过是进化过程中的一环而已（Gould，1991）。

我最喜欢的人之一，他 1935 年出生在匈牙利，在战乱中的欧洲长大，于 20 世纪 50 年代末移居美国。他去了芝加哥大学并在那里任教了很多年，1999 年转去克莱蒙研究学院（Claremont Graduate School）。

毫不夸张地说，他是我见过的最具创造力和最多产的人之一。我记起几年前遇见几位积极心理学同行，我们有一年没有见过面了，大家一起坐下来交流各自的研究成果。每个人都介绍了自己的三个或四个项目，契克森米哈赖却介绍了七八个，当时来讲是非常特别的。后来他即席谈到他做的项目是按照合同要求来写成书，而其余的人报告的研究项目或者是关键词，将来可能会成为某杂志的一篇 15 页的文章。

当我同其他心理学家谈起契克森米哈赖的时候，有些人不知道我在谈谁。他们当然见到过契克森米哈赖的名字，不过他们不知道该如何发音，所以他们认不出契克森米哈赖。我试着说"你们知道的，那个提出'心流'的家伙"，他们便立即知道我说的是谁。**心流**（flow）是他的专属词汇，来描述那种伴随高度集中注意力的活动而出现的心理状态。

他在研究极具创造力的画家时第一次对心流产生了兴趣。当这些艺术家在专注地创作一幅画时，会忘掉饥饿、疲劳和不舒服。然而一旦画作完成了，他们便失掉了对它的兴趣转而投入另一个项目中。契克森米哈赖被作品背后的**内部动机**（intrinsic motivation）深深吸引住了。当画家在作画时，他们不是在画头脑中的外部作品，也不会考虑任何外部奖赏。

虽然当时其他的许多研究者对内部动机和内在满足感（与胜任行为联系在一起）很感兴趣，却没人关注那些由内部动机驱动的技术活动带来的主观现象。因此，契克森米哈赖以采访那些把追求快乐当作从事活动的主要目的的人为开端，开始了对心流的研究。在众多人中，他访谈了象棋手、攀岩者和舞蹈家。结果发现了一种在不同的活动中高度相似的特征，这一特征就是我们现在所说的心流状态。

在心流状态中，对沉醉其间的个人来说时间过得非常快。注意力集中在所做的事情本身上，作为社会角色的自我意义丧失了。心流的后果使人充满活力。不要把心流与感官快乐混为一谈。实际上，心流状态中是没有感情、没有意识的。人们把心流描述得非常愉悦，不过这是事后的综合判断，在活动过程中愉悦的感觉并没有显现出来。

下面是芝加哥公牛队的职业篮球队员本·戈登对打球过程中"处于巅峰状态"的描述：

> 你失去了对时间的感知，不知道现在是第几节比赛。你听不到观众的叫喊声。你不知道自己得了多少分。你什么也不去想，只是打球。所有的动作都像是本能的。当这种感觉开始渐渐消失的时候，你感觉糟透了。我对自己说，加油，你会更棒的。不过这正是那种感觉要消失的时候，所有的动作都不再是本能的了。

心流可被描述为全力以赴去工作时的体验，这也是为什么这一概念放在积极心理学中来研究。心流当然随着人类的出现就存在了，不过借助契克森米哈赖的智慧它才被提出来，契克森米哈赖阐述了它的现象，研究了它产生的条件和结果。与积极心理学中的其他概念不同的是，研究者采用体验抽样的方法，如寻呼技术（beeper technique）对心流进行过广泛的研究，这一方法就是让被试随身携带一个寻呼机，然后随机抽取时间段让被试描述此刻正在做的事情及此刻的感觉怎么样。

通过这种范式的多个研究，心理学家发现，当技巧与挑战处于最佳平衡状态的时候心流最有可能产生。换句话说，心流代表了人与环境融为一体。幸运的是，人人都可以有心流的经历。唯一关键的是面对的挑战能满足个人的技巧。挑战太多或技巧太少便会破坏这个过程。不幸的是，任务的挑战也必须随技巧的改善而变化。我们都知道大多任务在一开始很吸引人而后就慢慢丧失了吸引力，除非它带来的挑战能跟得上技术的进步。

我们在各种各样的活动中都能体验到心流，如工作或玩耍时，不过在那些自愿进行的活动中更能体验到心流。例如，对大多数孩子来说，家庭作业最能在挑战与技能之间取得平衡，不过因为家庭作业往往都被认为是强制性的，所以它很少能让人产生心流状态。实际上，青少年很少在任何学校活动中获得心流。美国青少年的其他活动，看电视或与朋友玩耍等，也往往不能产生心流，因为它们没有满足产生心流的条件。

因此，到目前为止，通过研究我们还有回答不了的问题：尽管人们知道心流的状态是令人愉快的，为什么人们却不经常去从事那些能产生心流的活动呢？为什么我们还要乱翻垃圾小说而不去仔细阅读经典名著呢？为什么我们随意地与朋友聊天而不去讨论一些重要事件呢？为什么我们总是选择最容易的一条道路而不是具有挑战性的呢？

由那些诸如电子游戏、电视真人秀、闲话聊天等活动带来的体验，即所谓的垃圾心流或虚假心流，可以为我们提供一个可能的解释。它们有一些心流的元素（投入、全神贯注），不过它们不具有挑战性，当然也就不会使我们感到备受鼓舞或十分满足（保佑那些因《幸存者》的再度上演而备受激励的人吧，我相信你肯定是个例外）。人一旦被那些带来虚假心流的活动所诱惑，就会对那些更困难一点但是最终会带来真正心流体验的活动失去兴趣。

由于某些尚不明确的原因，人们在经历心流体验的频率方面存在个体差异[⊖]，而且在年轻时代有过更多心流体验的个体会显现出长期的满意结果，比如在创造性领域取得成功，他们可能也会更健康。

这一现象被称为心理资本的建立，或许我们可以把心流的研究与积极情绪的研究结合起来探讨心流的后续影响，即积极情绪，以便了解以后能产生良好结果的心理资本是如何创建的。

心流引起了许多实践者的注意，有日产和沃尔沃的产品设计者，有教授蒙台梭利课程的老师，有建筑师，还有足球教练吉米·约翰逊。有一些干预手段是重新塑造环境使它们能够产生心流，或者至少让它们不再成为妨碍因素。另外一些干预手段是帮助个体去寻找心流，他的技能是什么？如何有挑

⊖ 易于体验到心流的倾向性可通过家庭来培养，即创造复杂的环境，同时提供挑战（以高技能活动的形式）和支持。早起的学校经验是另一个因素，它可使孩子们确认并发展自己的兴趣和技能。

战性地利用这些技能？

　　有四种心流的原则被应用在心理治疗中，从而重新组织个体的日常生活来产生更多的心流。许多心理问题产生的共同原因都是生活的程序化，惯例一旦形成，那么人们往往就陷在里面了。对比一下看电视和做志愿工作。你不会听到有人说："该死！我越来越爱看电视了！我迫不及待地想要完善一下我的技术。"不过如志愿工作一样，有些事情需要长期培养出来的一系列技能。如果一个抑郁或焦虑的病人花在帮助他人上的时间多于看电视的时间，那么如果他的症状减轻了你会感到奇怪吗？

　　我认为对于心理障碍尤其是抑郁的人来说，开始一样有挑战性的工作还是非常困难的，所以仅仅提供挑战的机会是不够的。我们还应该教给病人们如何提高应变才能去迎接挑战。

　　临床上被公认的准则认为，处于忙碌状态的抑郁病人，比如上班或者维持一段亲密关系，在他们忙碌的过程中不会被疾病困扰。如果这一准则有用的话，那我们就值得花精力去探讨如何把它标准化为一条干预策略。

　　契克森米哈赖和其他人对心流的探讨多以艺术创造和攀岩等为例，这让人们觉得心流在独自进行的活动中更容易产生。但是心流的概念并没有把它局限于独处的时刻，而且，其他许多熟悉的心流例子都是非常社会化的，例如良好的交谈、演奏交响曲、集体运动、在工作中与他人相协调等。共同分享的心流需要更 多 的 研 究， 同 样 契 克 森 米 哈 赖（1975/2000）描述为微流（microflow）的现象也需要进一步研究，这一现象是指持续很短的可产生心流的活动，它对注意力的恢复可能有好处。涂鸦就是一个例子（见图3-3）。

图3-3　契克森米哈赖2004年
1月7日的涂鸦

练习

品　味

　　品味（savoring）指我们对快乐的觉察和维持它的精细尝试。洛约拉大学心理学家弗雷德·布莱恩特讨论了心理学家对品味知道多少，把它和应对心理学进行对照。

　　在应对过程中，我们经历了糟糕的事件，产生了焦虑、悲哀之类的负性感觉，试图以各种方式"处理"这些感觉。我们可能试图改变事件自身或者它的后果，要么可能试图改变自己来减少事件的负性影响（见第 9 章）。

　　一个糟糕的工作评价会让我们任何人烦恼。我们会问什么是危急关头，它可能是维持我们的生计，获得我们同事的尊重，以及我们的胜任力。应对的一种方式是向我们的工作领导询问建议：怎样才能在未来做得更好，我们将努力导向这个方向。或者我们可能寻找另一份工作。我们可能认为这份工作对我们不重要，我们应该花更多的时间在家庭和朋友上。我们可能每个工作日开始花 5 分钟时间冥想。也许我们会向上天祈求帮助，或者我们可能用酒精和毒品转移自己工作中的烦扰，当然这在长期不是一个有效的策略，但在短期它可能有效。这些都是应对的方式。

　　反过来，设想一下我们收到了出色的工作评价，伴随着很高的赞赏和加薪，我们的姓名永远地刻在办公室大厅的本月最佳雇员栏上。我们如何应对这个事件、它的后果以及产生的良好感觉？我想你会笑话这个问题，因为应对不是一个恰当的词，为什么我们要最小化或消除快乐的东西。

　　答案是我们有些人有效应对了生活中的胜利和快乐。我们可能忽略多年前学习的谚语，提醒我们骄者必败，从而让我们停止快乐。我们可能担心他人会怨恨我们。我们可能认定我们幸运或主管仁慈。我们可能担心自己现在有了一个不可能维持的标准。

不是每个人都会很快地消除好事的。布莱恩特（2003）认为我们习惯性的品味是一个相对稳定的特征，能够通过一个调查来有效测量。调查询问人们通过设想未来的快乐事件，享受现在的快乐和回忆过去的快乐等策略能否经常获得快乐。相对于这些对积极事件应对的担心，有习惯性品味的人确实更快乐，一般对生活更满意（见第 4 章）、更乐观（见第 5 章）、更少抑郁。

结论说明品味是一件好事情。那么对于我们一些在品味维度分数低的人，如何才能提高这种有用的心理机能呢？我们根据布莱恩特提升品位具体技术讨论设计了下列练习。

在教室里，我们介绍了这个练习案例，这个案例源自乔先生如何阅读远方孩子的来信。

> "当逗留在文章中时，我找到了静谧的时刻。我阅读来信，让词语缓缓地流过我的心，像长时间的温水澡。我慢慢地读每一个词。有时候它们是那么深情，我控制不住泪水。有时它们对身边的世界富有洞察力，令我高兴。我阅读时，几乎觉得孩子聚集在房间里。"

我们分析乔先生做了什么来增强信件中的快乐。我们的学生辨别这些策略，他们之前并没有接受过任何这方面的暗示。这儿没有多重任务。他花时间读这些信，他做这些事情时没有分心。他辨别自己如何感受，让这些感受涌现。尽管他没有明显说出，我们猜测他把信件放在一个特殊地方，多次重复阅读。我们也猜测他向妻子谈论这些信，他们两人分享他们的自豪，他们养育了如此出色的孩子。

这很显然，也是以正确的方式去阅读一封受欢迎的信件、一封期待中的电子邮件或者一张意外的生日卡片。但是我们不要忽略了这种看似很显然的方式，不要一边快速浏览爱人的来信一边从邮箱走到起居室，不要在阅读信件的同时看账单和垃圾邮件，不要把信件快速地扔进回收站里。我们可能在阅读信件的时候打开了电视，或者狼吞虎咽地吃剩饭，或者接着电话："有什么新鲜事吗？""没什么，还是那些破事。"

我们要求同学们暂时停下来，注意下次出现的美好事情，令人愉悦的事情。它可能是一封信，或者是对自己工作的赞赏，也可能是写的文章得到了一个好分数、一顿大餐、一段谈话或一段冒险的经历。不管怎么样，我们要求同学们去品味这些事情，并且提供了以下的策略：

- 与他人分享：你可以找他人分享你的体验。如果这实现不了，你就告诉他们你有多珍视这一时刻。
- 构建记忆：为这一事情留下些精神上的相片甚至一个纪念品，用来在以后的日子里与他人一起回忆它。
- 自我祝贺：不要害怕骄傲。告诉自己你给别人留下了深刻的印象，并且你为这一刻的到来已等待了许久。
- 使感觉敏锐：把注意力放在体验的某一特定元素上，暂时封闭其他元素。
- 全神贯注：让自己完全沉浸于快乐中，试着不要去想其他事情。

这撰写本章之前的几个月里，我为密歇根大学的一批心理学本科生做了一个简短的演讲，这些学生只靠他们的学术成就来得到认可。我给他们提出一个挑战，用尽可能多的技术来品味自己获得的荣誉。许多人都有朋友和父母陪伴。这样很好，至少在典礼期间有人坐在他们身边。对那些独自一人的同学，我建议他们给父母打个电话或者以古老的方式给他们写封信，描述一下现在发生了什么。他们可以把自己做的项目的副本带回家里看，也可以给自己打一个五分的高分。对别人吹牛是没意思的，毕竟你是你头脑中唯一存在的人。我甚至要求他们专注于我的谈话（非常简短）和这些年来做过的颇有收获的研究所获得的赞赏。我告诉他们尤其不要去想因为参加这个典礼而错过的足球比赛，或者没写完的学期论文，或者在这个该死的教授讲完品味之前我的停车计时器已跑了多少。简而言之，我告诉他们不要扫兴，因为他们只能破坏自己的兴致。

要求人们做这些练习的经历表明，不管人们的积极情感水平是高还是低，这些练习都无一例外地达到了预期。我们每个人都可以得到快乐及强化快乐的能力。真正的问题在于把品味变成一种习惯，而不是把它看作一次性的练习。为了达到这个目的，我建议你们提前对快乐以及自己对快乐的反应做出预期。我提出了一个预期假设，虽然还没有正式地被验证，不过它看起来确实是个值得做的实验。不要把快乐堆积起来而要及时感受它们，每次享受一种快乐，并按照正确的方式去品味它。

想象一下婚礼和蜜月：确认爱情，亲戚朋友聚会，漂亮的伴娘穿上实在难看的裙子但是她们不能抱怨，礼物，可口的食物，喝酒，豪华轿车，加勒比海度假区的三天时光，以及（如果你提前做好了准备）一些亲密接触的时刻。接着，蜜月就结束了。

如果说以这样的形式开始婚姻是很糟糕的，那会不会被认为是异端说法？因为这种方式把许多美好的事物结合在一起，违反了品味快乐的原则，让每种事物看起来都比它本身更美好。

我怀疑没有人愿意请我做婚礼策划，所以下面我还是提一个比较谦逊的建议吧，下次交换礼物的时候，不管是圣诞节、生日、结婚纪念日，还是退休庆祝会，只送出一份礼物，也只接受一份礼物，然后好好品味它。

如果这个建议也不够谦逊的话，那试试下面这个吧。下次你去一个上好的餐厅吃饭的时候，不要把开胃小吃、主食、酒、甜点都点最棒的，只选择一种最棒的，并让它成为整顿饭的焦点来细细品味。且不说其他，起码你的钱包和腰身会感到很高兴的，而且你自己可能也会感觉如此。

幸　福

快乐总是招之即来，但幸福却不是。

——梅森·库利（Mason Cooley，1990)

　　幸福之所以是积极心理学关注的课题，是因为它是人们共同关注的话题。《独立宣言》中宣称：所有人都有权享受生活，享受自由，以及追求幸福。我们告诉我们的孩子、朋友和我们自己，人生最重要的莫过于对自己所做出的选择和所走过的路感到满意。幸福被哲学家们称为没有理由的理由，也是不需要理由的理由。

　　尽管如此，请允许我通过描述两个许多年前的研究来诠释一下幸福。每一项研究都告诉我们，幸福对于健康满意的生活具有重要且长期的影响。

　　第一项研究是要观察密尔斯学院（加州奥克兰一所私立女子学校）的一些毕业纪念照片。和其他许多高中和大学一样，密尔斯学院每年都会出版一本高年级毕业生照片的纪念册。如果你和我一样，对高中或者大学的照片感到有些畏惧（有谁想觉得自己老了呢），却又觉得其实这根本就无所谓。请再考虑一下。

　　加利福尼亚大学伯克利分校的心理学家李安妮·哈克和达切尔·凯尔特纳（2001）分析了1958年和1960年纪念册中的114张照片。其中只有3个年轻女性没有笑，但是笑了的也有很大的差异。在第1章中我们曾经提到真正的微笑：以眼睛周围肌肉收缩（说是褶皱可能更恰当）的程度作为指标所表达出来的一种真诚的幸福。对这些纪念照上的笑容采用10点计分，平均分是3.8分。

　　研究者选择这些女性作为研究对象是因为她们参与到了一项"重要生活事件"的长期研究项目当中。研究者想知道这些女性是否已经结婚，是否对她们的婚姻感到满意。研究的结果表明，在毕业纪念照中这些笑容能够预测以上两个结果。那些在年轻的时候表现出积极情绪（幸福）的女性（很有可能在她们生活的其他方面也表现出这种积极情绪）在中年的时候会有更好的婚姻。

　　怀疑者可能想知道这些结果是不是一些混淆因素造成的，比如外表的吸引力。就算不说外表吸引力通常情况下并不是人们获得幸福的关键因素，漂亮的外表也无法解释这个样本中的结果。哈克和凯尔特纳评价了照片中的吸引力水平，而这些评分不仅与笑容评分相独立，而且也不能够预测谁会拥有更加幸福的婚姻。

那么，这些照片到底告诉了我们什么？至少我们可以说，如果你仔细看看她们所表现出来的快乐，那么你就能够知道谁会有更幸福的生活。

第二个研究分析了来自一所美国基督教会"美国圣母院修道院"的修女们写的自传中与情绪相关的内容。1930 年，女修道院长要求每一名修女写一篇关于她们童年、所在学校、宗教体验以及为何加入修道院的自传回忆。这些回忆仅有几百字，就和你申请高校时所写的个人陈述一样。或许和之前对毕业纪念照的态度一样，你可能对编造自己的个人陈述感到很苦恼，但是转念又觉得这其实无所谓。我再一次建议你，不要这么想。

修女们所写的简短回忆无疑在写的时候被人阅读，但很快就被搁置一旁，尘封几十年。与此同时，修道院的虔诚信徒们将自己奉献给科学研究，帮助研究者破解阿尔茨海默病的谜团。她们将自己的生活、记录和大脑向研究者开放（修女们统一在死后接受尸检，而尸检是诊断阿尔茨海默病最可靠的方式）。基督教修女是非常好的研究对象。从医学和心理学的角度出发，她们的生活是非常稳定的：收入、饮食、教育、卫生保健情况、生活习惯以及很多方面。心理学对健康的影响可以在不受其他因素干扰的条件下表现出来。

肯塔基大学德博拉·丹纳、大卫·斯诺登和华莱士·弗瑞森（2001）三人阅读了 180 名在 1917 年前出生的修女的文章，并且对于这些文章的情绪内容进行打分。打分的依据很简单，就是分别记录出现过积极情绪词汇和消极情绪词汇的句子的个数。这里有一些例子。第一个例子中的句子大部分是描述性的，而且在情绪上来看是中性的，第二个则充满了幸福感。

修女 1：我出生于 1909 年 9 月 26 日，是七个孩子中的老大。我有
　　　　四个妹妹和两个弟弟。我曾在修女院生活，在圣母院教授
　　　　化学和拉丁语。享受着上帝的仁慈，我想要竭尽我所能为

> 教会服务，传播主的旨意，追寻神圣之路。
>
> 修女2：承蒙上帝的恩赐，主让我的人生开始的时候非常顺利……
> 过去的一年我作为报考者在圣母院学校学习。这段日子是
> 非常快乐的。现在我热切地期盼着穿上姐妹们的短祭袍，
> 并享受与圣爱同在的生活。

在20世纪90年代，大约有40%的修女死去了，研究者调查60多年前她们写的这些文章中所带有的情绪化内容是否与寿命有关联。积极情绪内容（幸福）与寿命有非常显著的相关性，而负面情绪内容则没有。那些更快乐的修女（在写自传中占前25%的修女）平均比那些不太快乐的修女（在后25%的修女）要多活10年！在这种情况下，我们知道，一个人是否吸烟会产生大约7年左右寿命上的差异，尽管这已经是相当长的一段时间了，但是很明显没有"幸福"的效果好！

那么，你能从一个人的个人陈述中知道些什么呢？如果你仔细观察他们所表达的幸福感的话，就可以预测一个人是否会活得长一些。

这些研究都不是那么细致，所以我们并不清楚那些看上去很幸福的年轻女士们最终得到长寿而满意的生活的具体过程。可以说，这些结果并不是什么魔法，而是她们在每天的日常生活中，由一个个笑容、一句句话语，一点一滴积累而成的。那些不幸福的女士们则是因为没有这样的积累过程，使得幸福生活最终离她们远去。

当然，可能幸福与这些生活中的结局并没有直接的关系，可能只是某个第三变量的副产品而已。生活的结局可能是由基因决定的，因为基因在很大程度上能够左右一个人的生活轨迹。但是按照科学游戏的规则，寻找证据的重担现在落到怀疑者的肩上了。他们必须用自己的证据来表明他们对这些现象所给出的解释是更合理的。所以，除非找到其他的根据，否则我现在就会坚持相信研究者对密尔斯学院的调查和对修女研究结果的解释。我得到的结论就是，幸福不仅仅会影响你此时此地的感觉，同样也会对未来产生重要的影响。总而言之，这两个研究为这些没有理由的理由找到了一些理由。

幸福的意义

　　幸福很重要，但是幸福的意义是什么？人们总是倾向于将幸福与某一时刻的快乐等同起来，比如将幸福与吃巧克力和接受爱抚时的快感相提并论。在第 3 章中我们曾经说过，快乐当然是幸福的一部分，但是千年前的哲学家们曾经非常仔细地思考幸福的意义，并最终肯定幸福的含义要远远超出那些转瞬即逝的感受。他们通常会为我们提出一些最根本的原则，遵循这些原则就会得到幸福。

　　享乐主义原则（将快乐最大化而让痛苦最小化）在几千年前由阿瑞斯提普斯提出，他详细地阐释了**享乐主义**（hedonism）原则并将最直接的感觉满足作为幸福的最高追求。伊壁鸠鲁进一步阐释了享乐主义的内涵，并将其作为"合乎道德的享乐主义"的基本教条。"合乎道德的享乐主义"认为我们最根本的道德责任就是让我们的快乐体验最大化。早期的基督教哲学家谴责享乐主义，认为享乐主义与人类"弃恶"的追求是不相符的。但是文艺复兴时期的哲学家，比如伊拉斯谟（1466—1536）和托马斯·摩尔（1478—1535）认为上帝的旨意就是让人快乐，只要这种快乐中"人为"的方式不要太多就可以了。

　　不久之后，英国哲学家休谟（1711—1776）和边沁（1748—1832）将享乐主义原则作为"功利主义"的基石。而功利主义也被引入到心理学当中，作为心理分析以及其他除了极端行为主义以外所有心理学理论的基础。如今，享乐主义仍然充满生命力，并且形成了一个新的领域：享乐主义心理学。至少在现代西方社会，追求快乐作为获得满足感的方式被广泛接受。就好像人们经常会说："不要着急，快乐点。"

　　站在享乐主义立场反面的是另一个值得尊重和认同的传统，即由亚里士多德（公元前 384—公元前 322）最早提出的"**福祉论**"（eudaimonia）。福祉论强调人们要对自己的内在自我（恶魔）保持真诚。真正的幸福包括认同自己的美德并培养它们，并与道德和谐共存。亚里士多德认为享乐主义者所倡导的感官快乐是庸俗的。约翰·密尔（1806—1873）、伯特兰·罗素（1872—1970）也提出了相似的观点。与福祉论相似的观点同样也是许多当代心理学理论的基石。比如罗杰斯（1951）的"功能完善人"概念、马斯洛（1970）的自我实现概念，里夫和辛格（1996）的心理幸福感概念，底斯申和瑞安（2000）的自我决定理论。福祉论所强调的是人们都应该充分发挥自己的能力，并且将这些能力应用到伟大的目标上，简单来说就是为了他人或者人类的幸福而努力。同样地，在当代社会，对于有意义生活的追求同样被广泛接受为获得满足的途径。人们常会说："尽你所能"或者"做有意义的事"。

正如前面所说的，不同的心理学传统已经涉及这些关于获得满足感的基本原则。通常情况下，这些传统都是在与其他传统彼此独立的情况下发展的，只是有些时候，不同阵营的人会彼此否认对方对于"幸福"这个词的理解，并且把"幸福"定义为自己所理解的含义，因此在这种争论中幸福的含义变得更加广泛。有些时候，不同阵营的争论公开化了，有些研究者公开挑战以往将快乐和福祉作为通往幸福生活的主要因素的观点。

而我们自己最近的研究表明，福祉可以超越快乐成为生活满意度的预测指标。我们用了不同的样本、不同的方法，最终都发现凡是以福祉作为最终目标的人都比那些单纯追求快乐的人对自己的生活更加满意。这些结果很具有说服力，因为无论是在成年人的哪个年龄阶段，无论是男是女，无论是美国人、加拿大人还是其他国家的人，结果都是一样的。那些"死后留下最多玩具的人"[⊖]可能是赢了，但是他们不会像那些一生热心助人的人死时那样幸福。

这并不是说享乐主义就与生活满意感一点关系都没有，只是说在同等条件下享乐主义比福祉论对于长期幸福的贡献要小一些。但是，人们并不是总

⊖ 语出《星际迷航：下一代》。这句话原本是讽刺20世纪80年代占社会主导的消费主义文化价值取向的。这里的引用具有讽刺单纯追求快乐的"享乐主义"价值观的意味。——译者注

要在两者之间做出选择。事实上，我相信完整的生活既要有单纯的快乐也要有崇高的追求，而且这两种追求应该能够共同促进人们对生活的满意程度。整体有时要比部分之和更大，有时反而要比部分之和小。凡是既没有享乐主义追求也没有福祉主义追求的人都在很大程度上对他们的生活感到不满。

所以，对生活感到满意的底线就是至少要有一种追求。塞利格曼（2002）在描述他的朋友莱恩的时候阐明了这个观点。用第 3 章的表述方式来说，莱恩对于积极情绪敏感性极低，他几乎不怎么笑，也不会开玩笑。尽管莱恩对于他人还是很敏感的，但他还是表现得让人感觉很冷淡。莱恩拥有自己成功的事业，而且经济上也很富裕。他同样有各种各样的嗜好，比如打桥牌、看体育比赛等。他也有一些朋友。更何况，从塞利格曼的描述来看，莱恩相貌英俊，为人也很谦和。

莱恩其实过得挺好的。但可惜的是，他被一个问题长期困扰着：他很难得到女同胞们的青睐。莱恩并不是一个擅长搞笑的人，而又有谁愿意和一个永远表现得像是过得不怎么样的人在一起呢？当然也有可能是这些女同胞们觉得她们无法改变莱恩冷酷的外表，是因为她们自己没有吸引力。事实情况是，只有美国的女性才觉得莱恩没有吸引力。欧洲的女性因为对于什么样的男人更有吸引力的观念不同，因此看到了莱恩冷酷外表下令人称赞的真实性格。最终莱恩娶了一位欧洲女士。顺便说一句，他们生活得非常幸福。

我们能从莱恩的故事当中学到什么呢？肯定不是说莱恩需要心理治疗或者吃药。莱恩没有任何地方需要我们去"修补"。他只不过对于积极情绪的敏感性比较低，因此他表现得并不像一个快乐的享乐主义者。对于他来说，享乐并不是追求。他有其他的途径，而且在这条途径上他最终获得了幸福。

一般来说，所有人当中有一半的人是在积极情绪敏感性平均水平之下的。除了你可能经常听到来自别人的唠叨，说你应该高兴点，开心点，多笑笑以外，你的生活还是很幸福的。我曾经就是被人唠叨的对象。对福祉的理解和研究让我将自己武装起来，使我不至于因为没有在路肩石上跳上跳下就觉得自己有毛病。

实现幸福可能并不是只有享乐主义和福祉论两个途径。这里我们再讨论一下另一个方向：**投入**（engagement）的追求。记得契克森米哈赖在对"心流"的描述中强调心流是一种伴随有对活动深入投入的心理状态（见第3章）。心流与享乐主义有所不同，其中的积极情绪体验是最前端和最中心的。在任意给定时间里，心流和快乐甚至可能是不相容的。尽管对于福祉生活的追求可能会在某些时候让个体体验到心流，比如那些志愿在收容所和施粥所工作的人，但并不是所有能够产生心流的活动都符合福祉论对幸福的定义，比如与某些更伟大的目标相联系（比如说打桥牌或者拼词游戏也能产生心流）。同时，也不是所有有意义的活动都包含了流畅体验中所必需的那种"投入"感。

塞利格曼（2005年1月21日，私人交流）跟我说，还有一种达到幸福的可能的途径就是追求**胜利**（victory）。就是要赢得所有重要的事情，不管是真正的竞争（体育或者游戏）还是比喻意义上的竞争（比如工作和爱情）。我至今并不认为追求胜利的生活是我们所讨论的享乐主义的生活，或者是追求福祉的生活，当然也不是投入的生活。可能这种追求并没有得到广泛的认可或者说并不为人所赞赏，甚至可能这条道路与其他的道路并没有显著的区别。但无法否认的是，有一些人不停地竞争并在自己的记分卡上给自己及自己的幸福打分。对于胜利的追求是否与生活满意感相联系，以及这种追求到底比其他的追求更重要还是更不重要的问题，我们仍然在探索当中。

无论我们最终发现什么，幸福及对幸福的追求都会是非常复杂的。塞利格曼、斯坦恩、帕克和彼得森（2005）充分意识到这一点，认为幸福应该被指定为积极心理学当中的一个研究领域，正如认知或者动机是主流心理学当中的研究领域一样。我们是不能研究幸福本身的，我们能做的只是研究其特定的表现，并从特定的角度来定义它，然后采用相应的方法去测量。

幸福的解释和测量

积极心理学者们不仅关心幸福在抽象水平上的定义，同时也关心如何用具体的语言去把握它从而使得我们可以去研究它。我们怎么知道一个人就比另一个人幸福呢？我们又怎么知道这一群人比另一群人更幸福呢？我们如何知道一个人的幸福是在增长、降低还是保持稳定呢？

根据塞利格曼和罗兹曼（2003）对于解释幸福方法的讨论，我们认为在思考如何测量幸福的时候，做一些概念上的区分是很有用的。塞利格曼和罗兹曼区分了三种传统的幸福理论，每一种都有其对幸福独特的测量方法。

幸福的传统理论

第一个理论其实在前文当中已经提到过了，就是享乐主义。这种理论认为幸福最重要的就是在中心意识中体验最原始的感受。幸福的生活就是快乐最大化、痛苦最小化。从这个角度出发，幸福就是人在一生当中所有这些具体感受的总和。卡尼曼（1999）认为这种对幸福的理解是一种自下而上的方法。当然，还有一些细节需要补充。一个人一生当中快乐和痛苦的模式也很重要。"就算是有同样数量的快乐体验，也可以有两种完全不同的生活。一种生活是每况愈下（无忧无虑的童年、轻松的青春、躁动的成年、悲惨的晚年），另一种则是渐入佳境（悲惨的童年、躁动的青春、轻松的成年、无忧无虑的晚年）。"

想想电影《高中四分卫》和《菜鸟大反攻》[一]。

再想想那句老笑话："林肯夫人，除了这次意外，您觉得这出戏怎么样？"[二]

或者想想卡尼曼和他的同事所做的研究结论（见第 3 章）：我们对快乐事

[一] 引自电影《菜鸟大反攻》（*Revenge of the Nerds*，1984）。——译者注
[二] 美国总统林肯在剧院被谋杀。在本文当中这句话的含义是，之前的生活很幸福，但是突然间丧失了所有的幸福，来说明幸福可以是从有到没有的。——译者注

件的记忆最关键的就是这件事是怎么结束的。

　　从自下而上的角度来看待幸福及其所需要的条件，在方法学上对我们有两点启示。首先，测量幸福最好的方式就是在当下，也就是实时测量。积极心理学者所偏爱的方法就是**经验取样法**（experience sampling method，ESM）。这个方法在之前的章节中略有提到。研究者给每一个研究参与者一个电子设备，其大小和一个烟盒差不多。参与者随身携带这个电子设备，在随机决定的某些间歇时间里，它就会发出"哔哔"信号！之后参与者要回答一些问题，描述他们所在的地方，他们正在做的事情，他们当前的感觉以及他们在想什么。当前技术水平含量最高的经验取样研究中，参与者通过在很小的键盘上做反应。当然，一般来说，铅笔和纸就足够了。

　　例如，哈洛和康托尔（1994）采用经验取样法来检验大学生对于学术活动的关注如何影响到他们的社会活动。这个现象通常以一个学生向他的朋友寻求对学术追求的肯定。如果做得太多、太频繁，个体可能会报告有更低的生活满意感，因为并不是所有的朋友都能够提供所希望的那种肯定。事实上，甚至有些学生会变得更加沮丧。

　　ESM避免了记忆的问题。参与者不需要回忆他们平日里都做些什么，他们只需要报告此时此刻发生了什么。这种方法的即时性允许研究者总结参与者的日常思考、感觉和行为。ESM方法的另一个好处是可以将参与者当时所处的环境考虑到研究当中。心理的思考过程在很大程度上受到行为发生所处环境的影响。ESM让研究者可以了解参与者当时所处的环境（尽管在游泳池、夜店、教堂或者有警察四处搜捕贩毒活动的时候BB机是不能用的）。

　　其次，在自下而上的方法中，应该向参与者询问他们对于自己生活轨迹和模式的总体概括，这是很重要的。如果不这样做的话，我们就会只见树木不见森林，忽略非常重要的暂时性快乐的顺序。举一个极端的例子：著名哲学家维特根斯坦的一生。尽管他有出众的才华，但他仍是一个非常具有自我批判精神的人，而且总是处于焦虑之中。但就在他人生的最后时刻，在剑桥大学病床上奄奄一息的时候，他最后的一句话是："告诉他们，我的一生非常完美。"

第二个幸福理论是**渴望理论**（desire theory）。这个理论认为幸福就是得到你想要的东西，不管这个东西是不是会带来快乐。同样，根据这个观点来确认幸福存在的最好方法是直接向人询问，因为一个人想要的事物应该让其自身来定义。渴望理论和享乐主义的相似点在于，都认为人们渴望更多的快乐和更少的痛苦，但当人们并不在意痛苦，或者被痛苦本身所吸引的时候（不管什么原因），两个理论就不同了。此外，快乐和痛苦并不能涵盖所有人们的渴望。

哲学家罗伯特·诺锡克（1974）曾经提出一个思想实验。试想人们发明了一种"体验机器"，这种机器可以让人终其一生都安全地沉浸在一个箱子里。你的大脑和一个设备相连，这个设备通过刺激你大脑相应的区域来让你体验到任何你想要的体验。这些体验是如此真实、充满紧张感、长期的、令人愉悦（当然是你想要愉悦的话）的，以至于与"真实"都无法区分。似乎发明这样一台体验机是令人向往的，而且我敢假设微软的人正热情高涨地想要制造这样一台机器。但是根据诺锡克的观点，人们会拒绝这些虚幻的体验，因为他们想要凭借自己真实的行动和性格来亲身体验。这就好像在《黑客帝国》当中的"起义者"们。他们拒绝电脑给他们虚拟的那个看似真实的虚拟世界。对于我们的渴望来说，很重要的一点就是要有一个真实的生活，而不是通过大脑化学物质所创造的幻觉。

我们想要的东西会不会让别人的愿望显得很肤浅和无足轻重？第三个解释幸福的途径就是**客观清单理论**（objective list theory）。根据这个理论，世界上有一些具有真正价值的事物，而获得幸福就必须要实现其中的一些。比如没有疾病困扰、物质上的满足、自己的事业、友谊、孩子、教育、知识等。我们可以认为土匪和强盗都是不择手段地去追求快感，而且得到了他们所想要的一切（淫乱、毒瘾等）。尽管他们满足了享乐主义和渴望理论的基本标准，但我想我们大部分人都不会说这帮家伙是真的"幸福"。

客观清单理论在方法学上给我们的启示是，我们需要弄清楚一个人是否获得了这些真正有价值的东西。而问题当然就是要弄清楚到底哪些东西是有价值的。我相信对于什么是有价值的这个问题，比起相对主义者所说的完全没有统一标准来说，还是有一定一致性的。当然对于任何一个人而言，什么是客观上"好的"，还是有一些灰色地带，而且也可能存在比较难以权衡把握的问题。

比如教育在美国各个领域当中都被认为是很重要的，在其他地方同样如此。我以前曾经是一所一流的学术、体育学校的教职人员，我经常会听到学生运动员关于如何在学习生活（拿到学位）和体育运动（具有丰厚利润的职业生涯）之间做出取舍的争论。一个还不够精英档次的运动员并没有客观上的冲突，而总是以自身的学业为重，因为职业生涯对他们来说只能算是白日梦。但是对于那些具有高超运动技能并已经参与到赚钱运动当中的运动员来说，又是怎样的呢？

几年前，我的一个学生问我如果他翘掉期末考试会有什么后果。我知道他是密歇根大学狼獾队（wolverines）的橄榄球明星。于是我查了一下他的成绩，发现如果他参加考试的话，只要稍微努力一点点就可以通过，并拿到学分。这样他就可以拿到学位并让他的妈妈开心一下（这是他告诉我的）。但如果他不参加考试的话，他是没有机会拿到学分的。

他为什么会想要缺席考试呢？他的确有一个无法回避的冲突：他要在期末考试那天参加橄榄球大联盟的测试。如果他参加了这个测试并正常发挥的话，他就可以改善生活，在未来的几年里增加百万美元的收入。一般人都想这样会让他的妈妈感到高兴。那么在这里到底什么是更有价值的事情呢？拿到大学学位还是在经济上支撑起自己和整个家庭？他所能做的就是二择一。从这个例子我想要说明的问题是，客观清单理论并不是一个能让我们简单解释幸福的理论，它同样需要我们回到个体本人，了解他对于自己的感受和希望的整体评价。

这个故事可能有点不太寻常，所以不能说给彻底否定了客观清单理论。那么让我们仔细想想下面我将会提到的一种现象，这种现象不仅仅发生在美国，也发生在整个世界范围内。在客观清单中，无论以什么标准，在近几十年当中客观物质条件似乎都在不断地增长。识字率在提高；寿命预期更长了；信息更充分了；确保安全和舒适的物质条件也更加丰富了。但是自我报告的幸福似乎并没有与客观上事物的增长同步增长。根据调查结果，今日美国人并不比四五十年前的美国人更幸福。格雷格·伊斯特布鲁克（2003）称这种现象是"进步的悖论"，大卫·迈尔斯（2000）在讨论我们是否在不断积累物质财富的时候丢失了精神寄托时也得到了同样的结论。

　　也有可能这并不是一个悖论：在报告自己的幸福感的时候，人们仅仅是报告一个相对情况，而不是一个绝对化的判断。也就是说我们不应该认为幸福是不断增长的。接下来我会简单地说几句，幸福绝不仅仅是个体如何对问卷问题进行反应，更多的是一种进行中的状态。因为一些尚不太清楚的原因，严重的抑郁症在过去的半个世纪里显著增多，不仅仅是在美国，在其他工业化国家当中同样如此。现今的青年人比起他们的父辈、爷爷辈的人，有将近 10 倍或更多的可能性经历过严重的抑郁。请不要忘记，这些青年人的父亲、爷爷不仅仅是没有现在这么好的物质条件，而且他们都是经历过大萧条、第二次世界大战的人。临床上的抑郁并不仅仅是一个人对问卷调查进行反应那么简单。

　　客观清单理论要求，当一个人所说的幸福与他们认为有价值的事情相冲突的时候，不要理会他说了什么，重要的是看他们有什么。但是当面对着严重抑郁的情况，他们有什么也是没有意义的。

　　最好的理论可能就是能够在某种程度上将三个对幸福有不同解释的理论综合在一起。对幸福的测量可能需要依靠一系列的测量手段，一些测量可能由个体完成，而其他的则需要依赖客观的观察者。尽管埃德·迪纳和其同事正在努力建立一个这样的测量体系，并鼓励使用这套体系来评价整个美国国民的心理幸福感，但目前为止还没有这样一系列非常明确的测量方法。

　　与此同时，研究者经常通过调查、访谈的方法来测量，并且直接用所获得的材料作为有价值的分析材料。这种将幸福作为一种主观体验的测量方法的优点在于它迎合了我们大部分人对于幸福的看法，即幸福是一种个人体验而且是独一无二、与众不同的。我们可能会对很多人所追求的幸福感到惊讶，例如做一个集邮者，作为芝加哥垒球队的球迷或者州际货车司机。但是我们能够理解幸福是他们个人的追求，谁又能说他们不幸福呢？如果他们否认我们对于幸福的理解的话，我们一定会反对的。

接下来的专业术语是该领域研究者们经常使用的。"**生活质量**"（quality of life）是对一种良好生活的全面性的标签，它包括了对情绪、体验、评价、预期以及成就的衡量。"**主观幸福感**"（subjective well-being）则是一个更加具体的概念。它通常被定义为相对高水平的积极情感、相对低水平的消极情感，以及人们对自己生活是否美满的一个整体性判断。后面所说的对生活整体上的判断一般被定义为"**生活满意度**"（life satisfaction）。

这些词汇在研究文献当中经常被换用。而在更加大众化的报告中，"**幸福**"（happiness）则是上面提到的这些词汇在日常生活中的同义词。研究者更倾向于测量生活满意度，是因为这个指标在相对稳定的同时，也对生活环境的变化有足够的敏感性。但是，不断增长的趋势是将所有这些概念都当作"主观幸福感"或者"幸福"测量。实证研究的结果表明，不管用什么样的标签、术语来测量，都会有很大程度上的一致性。

研究者们偏爱自我报告调查和访谈还有其他的原因：测量起来更加简单直接，而且相当经济实惠⊖。研究者仅仅需要问参与者一堆标准化的问题来确定他们到底是不是幸福的。通常情况下会指明一个时间段，即现在、过去的4周里或者"一般来说"。在这本书中所描述的有关幸福的研究采用的都是这种测量方法。

尽管这种方法很流行，但还是有来自两个方面的反对意见。自我报告并不总是万无一失的，即便是报告主观体验也是如此。尽管积极心理学家并不

⊖ 尽管 ESM 是测量幸福的一种很好的方法，但作为一种研究手段实在是有些太过昂贵。BB 机每一个就要花费将近 100 美元（这还不包括电池），而有些设备还会被研究参与者弄丢或者损坏。

是不由自主地不相信人们所说的关于自己的内容，他们同样也不是将所有的自陈报告看成是完美无缺的。由于测评环境不同，某些人可能会有意无意地隐藏他们的回答。这里举一些极端的例子。在一个人身伤害法律诉讼中，原告一定会不厌其烦地强调自己所遭受的痛苦和折磨，而闭口不谈有什么好的感觉。一个跟老板商量涨工资的员工，肯定会不停地说他有多么热爱他的工作。更细微的地方是，在美国，人们都很看重快乐，研究参与者即使没有明显地夸大自己幸福的动机，也可能最后无意地夸大了自己的幸福程度。毕竟这是一种社会赞许性的行为。

一些年以前，我的一个学生总是让我摇头。每当我在谈话开始时问她最近如何的时候，她总是非常热情地说"棒极了""好得不能再好了"。其实，这说明她是一个"低维持"（low maintenance）的人，她从不需要他人安慰。但我还是很了解她的，所以我并不总是相信她的话。当她病了的时候，或者和男朋友吵架了，或者在工作上遇到了困难，她仍能做得很好，虽然不比其他情境下更好，但是绝不会更糟。所以我从来都不会绝对相信她的自我报告。

她是故意撒谎吗？我认为不是的。这是她的做事方式。我相信，夜深人静之时，当她独自一人时，她的体验会有某种改变。但是她永远不会把这些感受告诉任何人，至少不会告诉我。

那么面对主观报告，研究者该何去何从？如果说我的学生是一个非常典型的人的话，那情况可能就不妙了。因为如果人人都如我学生这样，那么我们所研究的个人对幸福的报告就是对于社会脚本的研究，而不是对于深层心理特征的研究了。

施瓦茨和斯特拉克（1999）曾经写了一篇关于人们在回答表面上是测量幸福或者整体生活满意度的问卷的时候到底怎么做的文章。他们认为，通常情况下人们都不是原原本本地反省某些我们通常称之为幸福的稳定的事情。相反，他们在那个特定的时间做出判断，这个判断和其他判断一样，是受到许多其他因素影响的心理过程。而这些影响因素对于研究者来说是非常麻烦的。

施瓦茨和斯特拉克还认为，在同等条件下，人们会根据当前的感觉来判断整体的生活满意度。因为一时的胜利而欢欣鼓舞，或者因为近期经历的一次挫折而备受打击，人们可能根据这两种不同的当前体验相应地对他们的生活做出或好或坏的报告。更一般地来讲，施瓦茨和斯特拉克认为，幸福判断只建立在当前出现在个体头脑中的信息之上，这些信息是由判断任务所诱发的，而且此时此刻突显的内容会更容易操纵。所以如果有一个调查询问青年人约会次数，然后紧接着询问他们对自己的整体生活满意度的话，正相关一定是很高的。那些认为自己约会很多的人，会因为这些信息进入了他们意识的前端和中心，从而在接下来的报告中认为他们有一个非常好的生活。相反的情况同样成立：那些提醒自己其实并没有很多约会的人，生活满意度可能就不高。如果调查的两个问题的顺序颠倒一下的话，也就是说首先不提醒个人他们自己约会次数的话，两项指标的相关可能就会小很多了（当然无论如何还应该是正相关的）。

我是在2005年1月份来写本章的草稿的，当时媒体报道中充满了印度洋海啸所带来的可怕灾难。屋外地上尽是黑乎乎的积雪，我的嗓子很痛，我的冬季学期课程还没准备好（90分钟之后就要开始了！）。尽管如此，我还是觉得我的生活是不错的。对我来说非常明显的事情是我生活在安娜堡，而不是苏门答腊岛。如果没有大海啸，我的整体判断可能会糟糕一些，而这恰好反映了我刚才提到的一堆乱糟糟的事情。

此外，根据施瓦茨和斯特拉克的观点，人们在回答关于生活满意度的问题的时候会采取"相对判断"。不知道大家还记不记得滑稽通俗喜剧里的笑话：

"你妻子怎么样？"

"和什么比？"

这个笑话可能并不那么好笑，但是这里的确表达了一个深刻的道理：我们总是在比较中做出判断。从幸福感的角度来说，我们有很多可以比较的候选人。我们可以把我们的生活与过去的、现在的、将来的比较。我们甚至可以将我们的生活与"什么不是我们的生活"相比，也就是所谓的反事实假设思考。这就好像在第 1 章中所提到的向下比较，与癌症患者进行比较。这些影响判断的因素并没有使我们对幸福的评价过程变得很不稳定，但毕竟它们一起出现，还是会让我们对幸福的解释产生偏差（如果我们忽视这些因素的话）。

亚洲人比其他地方的人更倾向于报告低水平的生活满意度，这是一个非常稳定的现象，同样可以有很多的解释。最简单的解释可能就是亚洲的社会规范中要求人们要站在同辈人的角度来考虑问题。日本有句谚语：立着的钉子一定会被打下去（在美国，立着的钉子会有更多的出镜机会！）。可能亚洲人在回答问卷的时候并不想说他们的生活比其他人更好，因此他们就采用了中间水平的评分来评价自己的幸福。

这个解释并不会让我们的结果变得毫无意义。如果这个社会规范真的在发挥作用，它一定不是只在人们回答问卷的时候起作用。亚洲人整体上在进行幸福的比较的时候可能有更多的自我控制，包括对幸福的表达甚至是对幸福的体验的控制。

施瓦茨和斯特拉克（1999）还描述了许多有关影响幸福判断的其他因素的研究。这些因素看上去很微不足道却产生了非常明显的影响。因此，如果一个研究者将一个幸福的一般性问题与其他有关生活的问题放在同一张纸上，那么对生活问题的答案一定会影响对幸福问题的答案，反之亦然。人们会按照规范在一个持续的对话中提供"新的信息"。如果我们问某人他对婚姻的满意度，然后问他们对于生活整体的满意度，他可能会将后面的这个问题当作是："除了你的婚姻，你的生活怎么样？"如果这两个问题是在一套调查问卷中不同位置，看起来就好像是不同的问卷（因为两套问题的格式不同），那么回答可能就不会有同样程度的互相影响了。

施瓦茨和斯特拉克得到的结论是，幸福的总体性测量在这些影响因素

存在的情况下是无效的。你可能也会有这种怀疑。两位学者因此推荐采用
ESM 方法，直接测量当前的幸福以及不断累积的反应。

我很重视这两位学者的观点，但是并不全盘接受他们的结论。首先，两
位学者的批评是假设人都是很笨的，甚至是对于生活满意度、幸福感这种如
此重要的、直白的话题都处理不好。正如在第 1 章中所说的，对人的本性的
负面看法是一种哲学立场，并不是从数据中得来结论。诚然，人们的判断可
能会被词语、格式的编排所影响，但是这种操作的有效性还是有争议的。

其次，如果采用自我报告测量生活整体满意度和幸福感的做法真的如此
不堪，为什么所得到的分数却会有相当高的信度和稳定性呢？为什么他们会
与这么多客观的生活指标相关联（比如在毕业纪念照以及修女研究当中的结
果）？为什么这些分数非常明显地具有遗传性（被基因影响）？

最后，就算是有很多证据表明整体性的判断是受到自下而上过程影响
的，同样有证据表明特定的判断也受到自上而下过程的影响。施瓦茨和斯特
拉克认为一个人对整体幸福的判断可能是由他当前的感觉决定的。这是有道
理的，但一个人当前的感受也可能是由其整体幸福感决定的。我与一些同事
一起做了一项针对大学生乐观性以及他们对当前生活看法的研究。乐观的学
生认为他们的日常生活中充满了挑战和机遇，相反，悲观的学生认为他们的
生活充满了麻烦和挫折。帮邻居照看一只猫，对于乐观的人来说可能是一件
很有意思的事情，而对于悲观的人来说可能简直就是一场灾难。

无论如何，幸福的自我报告测量方法虽然有缺点，但绝不是一无是
处的。

"你怎么测量你的幸福？"

"和什么比？"

能够证明自我报告对于生活满意度的调查结果有效性的方法就是与
ESM 结果进行对比，看一致性有多少。从结果来看，一致性是相当高的。
判断一个测量方法的充分性的最好方法可能就是看看它的结果到底能让我们

得到什么。这些结果是一致的、合理的、有趣的吗？接下来我会介绍一些研究结果，而你将会做评判。

幸福的自我报告测量

心理学对于幸福的兴趣可以追溯到 100 年以前。最早的自我报告测量是调查中的一个单向题目。这些问卷调查的某些题目是针对生活整体来提问的，而其他题目则是要求人们从生活的某个具体方面来描述他们的幸福，这些题目被称为“领域特殊测量”，比如从工作、健康、家庭、休闲活动等角度。一般性和特殊性的测量结果一般来说是一致的。那些对生活的某一个方面感到满意的人也会对其他方面感到满意，并且对生活总体上感到满意。但是，这种一致性并不是非常高，否则就是完全没有用的题目了。因此，我们可以讨论一下生活不同方面的满意度对整体生活满意度在贡献上的区别。

帕克和许布纳（2005）曾经在美国和韩国的青少年中进行过一项相关研究。在两个国家中，与家人的生活满意度与整体生活满意度有很强的相关。这倒没什么新鲜的。但是在美国，对自己的满意度与整体生活满意度的相关比韩国人要更高，而韩国青年人的学校满意度对整体生活满意度的贡献度要比美国青年人更高。从文化价值观的角度以及文化主流的角度来说，这个结果是说得通的。

沿着这条思路，迪纳和卢卡斯（2000）报告了一项针对特殊领域生活满意度与生活整体满意度的跨国对比研究。在美国，对于整体满意度的最好的预测指标是一个人如何看待他认为最满意的领域的。一个人可能会对自己工作、婚姻、身体健康感到不满意。但如果这个人的孩子很出色，那么他的生活整体上还是很幸福的。但是在日本却发现了不同的模式。一个人对于他最不满意的领域的态度能够预测整体满意度。也就是说，即使工作、婚姻、健康都不错，但是如果孩子很糟糕，那么整个生活就是很糟糕的。

虽然共同性是存在的，但是当然也会有例外，毕竟我们每一个人都有自己如何衡量生活满意度的小算盘。有些人感受到的可能就是整体是部分之和，有些人可能觉得整体大于部分之和（日本模式）或者小于部分之和（美国模式）。

当前的研究对一般幸福、生活满意度以及快乐的测量方法有很多种。其中最受欢迎的测量方法就是"生活满意度量表"。量表中包括 5 个条目，每个条目分为 7 个级别，从 1（强烈不同意）到 7（强烈同意）。结果从 5 分到 35 分。

- 在大部分方面，生活与我的理想状态很接近。
- 我的生活条件非常优越。
- 我对生活感到很满意。
- 目前为止，我已经得到了对我的生活来说非常重要的东西。
- 如果再活一次的话，我不会试图改变任何东西。

如果你回答了这些问题（请不要想你最近的约会频率）并算出总分，这里有一个对分数大概性的解释：31～35= 非常满意，26～30= 很满意，21～25= 基本满意，20= 中性，15～19= 不太满意，10～14= 很不满意，5～9= 极不满意。

还有专门针对儿童和青少年的幸福感问卷，甚至还有对幼儿的测量方法，即让他们指出相应的图案来表达相应的感觉。

如果不考虑具体的测量方法，每一种方法都要给所反映的幸福、满意的程度加上一个量化的分数。这些就是心理学家所说的对个体差异的测量。这当中的关键词是"差异"。那些在个体之间没有太大变化的测量对于此类研究没有太大的帮助。

为了评价一个测量方法对于个体差异测量的充分性，心理学家要查看每种测量的"**内部一致性**"（internal consistency）或者说"信度"（表面上测量相同概念的不同题目是不是得到了相类似的回答）以及稳定性或者说"**重测信度**"（test-retest reliability）（同一个人在不同时间做同一份问卷是否得分一致）。经过这两项指标的衡量，对幸福和主观幸福感的测量都有不错的结果，和其他诸如创造性、价值观、政治态度以及外向性和尽责性等基本人格特质的测量有同样好的一致性和稳定性。

　　但更关键也更棘手的是这些测量方法的"**效度**"（validity）。这个问题我在讨论自我报告受到其他因素影响的时候已经涉及过了。幸福测量真的测到了心理学家想要的东西了吗？如果真有对幸福的客观测量的话，我们就可以将调查结果与这个客观标准进行比对，看是否一致就可以了。这样我们就知道调查中的问题是否有效了。

　　在医学领域，检测疾病的时候，对症状的自我报告可以与实验室当中的检验报告进行对比，来确定是否存在特定的细菌。如果这种对比是可能的话，我们会称之为"**硬性诊断检验**"（hard diagnostic test）。尽管稍微反思一下你就会知道，就算在医学领域也没有这种绝对化的"硬性"检验，因为即使最好的检验也不是完美的。失误或者误差是不可避免的。在心理学当中，事情变得更加困难，因为基本找不到所谓的"硬性检验"。

　　我所怀疑的是，对于大部分心理特征而言，硬性诊断检验可能在原则上根本就不存在。就算存在，这种检验也可能是将心理特征与某些客观测量的生物特征、身体特征进行比对。假设某人大肆宣扬激素检测或者特定的神经成像模式就是对幸福的硬性指标，然后再假设大部分情况下自我报告的结果与前面两种检验是一致的。但仍然有可能会有例外。某些人可能满足了硬性标准的要求，但是仍然声称他们很不幸福，而其他一些人可能没有达到硬性标准却认为自己很幸福。我们能说他们错了吗？就好像我们对那些相信自己得了癌症或者艾滋病的人在实验室检测中却没有发现病情的人那样？更普遍的观点是：心理特征最好是测量其自身意义所达到的水平，因为它们不能够被简化为另一种水准。

在缺乏硬性诊断检验来核实测量方法的时候，心理学研究者为了评价效度而必须做的事情是很费劲儿的。他们必须在进行测量的同时还采用其他测量方法来寻找整体模式。在理论上预期的联系存在吗？同样重要但经常被忽略的一点是：理论上认为不存在的联系是不是真的不存在？这可能需要花费很多年、用几百个研究才能够得到对于特定测量方法相对有效性的基本判断。测量方法背后的理论也必须是合理的，因为它决定了判断效度的基本条件。

对幸福和快乐的测量已经做了很多了，基本上可以让我们承认它是具有中等效度的。不同的测验之间都有不错的一致性。与其他变量之间的关系模式（接下来我会讲到）也是大致一致的。事实上，结果所具有的一致性使得测量即便出现了出人意料的结果，也不能否定测量方法本身，而只是纠正了我们对幸福的一些直觉和理论。

谁快乐

到目前为止，在幸福的研究当中令人印象最深刻、也相当一致的结果是：人群当中的大多数人都是相当快乐的。虽然差异是很令人感兴趣的，[⊖]但这也不能抹杀大多数人的快乐，不管他们是美国的百万富翁还是加尔各答流浪街头的人。

因为主观幸福感研究是从对一般性的群体进行调查开始的，所以这就使得该领域与其他心理学分支的研究相区别，因为很多其他领域的心理学研究都依赖于大学里的大学生。幸福研究所涉及的人群种类要宽泛得多，因此研究者对于谁更快乐有很多的了解。

给定一组潜在的研究参与者，研究过程很简单：采用幸福感或者生活

⊖　例如，富裕国家公民的平均幸福度要高于贫穷国家的公民，这个研究结果不应该和我所报告另一个研究相混淆：即在一个国家内，收入与个体的幸福之间的联系很小。亚洲各国人的快乐水平比我们根据他们的富裕程度所预期的快乐水平要低，但是南美的人却是更加快乐的。

满意度的测验，再加上一些其他的问题，施测之后看看两者之间的关系如何。采用不同测量方法的不同研究，共同点不仅仅在于与幸福相关的因素（生活满意度、主观幸福感），还有那些与幸福不相关的因素。表 4-1 概括了根据阿盖尔、迪纳（1984，1994），徐、卢卡斯和史密斯（1999），迈尔斯（1993），迈尔斯和迪纳（1995）和威尔逊（1967）等人所总结的这方面的一致性结果。

我将这些结果按照其他因素与幸福测量之间的关系强弱进行了组织（见表 4-1）。

表 4-1　与幸福以及生活满意度的积极相关

较低关联	中等程度关联	较高关联
年龄	朋友的数量	感恩
性别	已婚	乐观性
教育	宗教信仰	工作
社会阶层	娱乐活动的水平	性生活的频率
收入	身体健康状况	体验积极情绪的时间百分比
有孩子	尽责性	幸福测量的重测信度
种族（多数和少数）	外向性	同卵双生子的幸福度
治理	神经质	自尊
外表吸引力	内控性	

相关系数（correlation coefficient，通常缩写为 r）是对于两个变量关系在图形当中都落在一条直线上的程度的量化指标。正相关从 0 到 1，描述的情况是在一个散点图当中，一个变量的一个较高的数值与另一个变量的较高数值相关联。负相关从 0 到 -1，描述的情况是在散点图当中，一个变量的高数值与另一个变量的低数值相关联。相关的程度越高（与 0 越远），两个变量之间的关系就越强。0 相关表示没有关联，在散点图中就好像是霰弹枪打出来的子弹孔的样子。

相关系数的大小并没有直观性的意义。我们很容易就能够明白相关系数 0 和相关系数 +1、-1 的意义。但是在实际当中，研究者很少能够遇到如此明确的结果。相反，心理学变量之间的相关，最强的一般就是 0.3。很多年以来，研究者对于这个程度的相关是否有意义有很激烈的争论。[⊖]

几十年前，沃尔特·米契尔（1968）出版了一本非常具有影响力的抨击人格研究的书，这本书中假设当时的人格研究的相关只有 0.3 左右，并认为这个值实在是太小了。这个论点时不时地还会出现。但是当前学者认为 0.3 的相关是应当引起重视的。这个问题的关键更多的是一个知觉的问题：0.3 的相关看上去并不像那么强的相关是因为较之于与 1 的距离，0.3 与 0 更接近。

假设你面对的是一个非常严重的病情，最终会造成 65% 的死亡率。而现在有一种治疗方法可以将死亡率降低到 35%。你想不想接受这个治疗呢？你当然会接受的，而且治愈的可能性也并不是说与绝望或者奇迹差不多。关键的一点是，如果你将这个假设的例子当作是接受治疗（或者不接受）和从疾病当中恢复之间的相关。最后的相关正好是 0.3。或者考虑下面这些以相关系数表达的大家比较熟悉的相关：

- 阿司匹林与降低的因心脏病死亡的风险：$r = 0.03$
- 化疗与乳腺癌存活率：$r = 0.03$
- 吸烟与肺癌：$r = 0.08$
- 使用抗组胺剂与降低后的鼻充血：$r = 0.11$
- 大学成绩与工作绩效：$r = 0.16$

我们都很重视这些关系。如果我们有突发心脏病的风险，我们每天都会吃一片阿司匹林。如果得了乳腺癌，我们就会去找比较激进的治疗方法。如

⊖　对两个变量之间的相关水平设置上限是测量手段的易误性（比完美的信度要低）。此外，大部分的心理现象都是很复杂的，受很多因素的影响，而且这些影响因素彼此之间都是独立的。这些独立性的影响因素越多，相关就越低（Ahadi & Diener, 1989）。考虑到幸福是与基因、人格、文化、特定生活环境相联系的，而这些因素又是彼此相互独立的。没有任何一个因素能够单独与幸福有很高的相关，否则就等于否定其他因素的影响了。

果抽烟，我们知道我们应该停下来。如果我们总是鼻充血，我们一定会去找抗组胺剂。如果我们雇用了一个大学毕业生，我们也想要知道他的平均成绩。正如迈尔斯等人归纳的，接近 0.3 的相关应该让研究者感到高兴，而不是感到气馁。

在描述相关系数的大小的时候，研究者经常采用下面的"说法"作为标签。"低相关"是说从 0 到 ±0.2；"中等相关"是接近 ±0.3；"高相关"是超过 ±0.5。我这里再重复一遍，中等程度的相关通常情况下与在社会科学中得到的一样稳健。

表 4-1 中我就是按照低、中、高相关来进行组织的。这里让我再为读者总结一下。首先，类似年龄、性别、种族、教育和收入等人口统计学变量通常情况下都是人们生活状况的非常重要的决定因素。这些因素都与幸福有一定的相关但是相关水平都比较低。想要弄明白这些发现的意义就要意识到：所有人都是可以获得幸福的。

其次，比人口统计学因素与幸福的相关更高的是社会因素，或者说是人际因素：朋友的数量、婚姻、外向性、感恩。其他更高的相关因素包括宗教、休闲活动、工作（并不是收入本身）。后面这些因素的效果通常使得人们获得与他人的联系。

其他人是很重要的，所以很有可能就没有所谓的"快乐的隐士"（见第 10 章）。为了支持这个结论，迪纳和塞利格曼（2002）将快乐的人与非常快乐的人相比较（这个比较与表 4-1 中的幸福与不幸福的人的比较不太相同）。迪纳和塞利格曼发现所有在表 4-1 中体现的中等相关的因素，大部分都在幸福量表中得到了高分，只有一个例外：与他人的良好人际关系。在非常幸福的人当中，所有的人都与他人有非常亲密的关系。心理学研究当中一般很少能发现对于某些事情的"必要"或者"充分"条件。但是从迪纳和塞利格曼的研究来看，好的社会人际关系似乎是高幸福感的必要条件。

最后，乐观性、外向性、尽责性、自尊、内控性（相信你能够控制发生在你身上的事情）这些人格特质都与幸福有中等或高水平的相关。一个可能的原因是这些相关反映了一种特定的讨论、表达自我的方式，研究者称之为"共同方法因素"。幸福的人将其他积极性格归因于自己，而不幸福的人则不是。我怀疑这个说法只能够解释部分的结果，但是这样的结果在用其他方法（除了自我报告法以外的方法，比如观察者评价）测量人格的时候仍然能够得到。这说明这些结果还是能说明幸福是个人与他们的看法的结果。

在表 4-1 中的各种相关还有其他一些限定条件需要说明。其中的很多因素彼此之间是相关联的。比如说，要想弄清楚宗教（通过去教堂的次数来测量）与幸福的关系，必须记住身体健康可能会和两者之间的相关有关：患有严重疾病的人是不能去教堂的。低收入水平的人会受到更少的教育，同时接受医院治疗的机会也少，参与娱乐活动的机会也少。可见，各种因素之间都是相关联的。

在这些关系当中，如果用线性（严格的直线）关系来表示的话，它们的相关是比较小的。可是如果仔细观察的话，会发现其中的一些相关还是很强的。比如收入与幸福的关系，在整体上的联系是比较弱的，但在收入的低端两者的关系是非常高的。这很能说明一些问题：人只有在满足了一些基本要求的基础上才有可能幸福。但是一旦基本需要得到了满足，收入就不再那么重要了。

那又如何？幸福的结果

解释在表 4-1 中所列出的各种相关时一个很重要的问题是：在社会科学研究中，相关关系并不等于因果关系。就是说，两个变量之间可能是相关联的，但不一定一个是因另一个是果。

尽管如此，当我们看到表 4-1 中那么多的相关，我们还是很想要用因果的关系来去解释它们。在某些情况下，我们希望能够得到结论说是这些因素作为原因产生了幸福；还有些情况下，我们希望说是幸福作为原因引起了这些因素的变化。在一定程度上，常识可以帮我们理清这些不同的解释。幸福不可能是变老的原因；但幸福可以引出婚姻、友谊、健康，反过来的情况也是可能的。也有可能这些因素就是社会科学家们所说的 **"第三变量"**（third variables），即没有测量到的变量对于已经测量到的变量之间的关联有一定的影响，混淆了对研究结果的解释。[⊖]

柳博米尔斯基和迪纳（2005）为了解决这个"先有鸡还是先有蛋"的问题，回顾了两种特定的幸福研究：纵向研究（在不同时间进行测量）和操纵了积极情绪从而确保研究结果的实验研究。这些研究肯定了幸福是产生各种与之相关联结果的原因的推论。

他们总结后认为，幸福的个体在成功后，在生活的许多方面都能够体验到成功，这包括：

- 婚姻
- 收入
- 精神健康
- 友谊
- 工作绩效工作
- 心理健康

在这本书的后面几个章节中，我会描述许多在他们总结中的个别研究。我们有足够的理由相信，幸福不仅仅是好生活的一个标签，而且也可能是拥有好生活的众多原因中的一种。

但是，有的研究结果与刚刚说的结论正好相反，我想对此做出几点评论。我的同事阿洛伊和艾布拉姆森（1979），当他们还是宾夕法尼亚大学研究生的时候，做了一系列实验室研究来探索什么造成了 **"抑郁的现实主义"**（depressive realism）。他们招募了一群大学生，一部分有轻微的抑郁情况，

⊖ 这是我最喜欢用的关于第三变量的例子。在几十年中，荷兰鹤的数量与该国的人口出生率一直有正相关（Georgia Skeptic，1993）。也就说，有更多的鹤意味着有更多的婴儿；鹤更少，则婴儿更少。那么，是不是鹤带来的婴儿呢？当然不是。作为一个航海国家，荷兰受到主要天气模式的很大的影响，而这很有可能就是潜在的第三变量——不仅仅影响了在港湾城市鹤的数量，还影响了城市中所居住的渔民的数量。

其他人则是正常的。研究者给这些参与者一些简单的任务。每个研究者的面前是一个按钮，一盏会亮的绿灯。在一种实验条件下，灯光闪烁与研究者是否按钮没有关系，当然，参与者并不知道这个，研究者也不会告诉他。

研究结果很有意思：相对于不抑郁的学生来说，抑郁的学生能够更加精确地理解某种关系的缺失。换句话说，抑郁的参与者更容易正确地说他们所做的事情其实是无关紧要的。而不抑郁的参与者则提出了更加复杂但是不正确的假设："当我按两次按钮的时候灯才闪，第一次闪2秒，第二次闪5秒。"

这些结果吸引了很多学者的目光，是因为这与以往对于抑郁者的研究理论是不符的：抑郁的人应该更加不理性而且与现实脱离。阿洛伊和艾布拉姆森（1979）以"更悲伤但更加聪明"为题发表了他们的研究，他们的结论也被广泛地传播，事实上他们的研究结果被过度推广，且早已超越了他们实验程序的具体细节。

在这种情况下，推广的结论就是：幸福的人是比较笨的。如果想要了解真实的世界，我们不应该信任那些幸福的人的话。这些结论与我之前探讨的幸福有各种好处的结论是不相符的。

对这样的冲突有没有解决方案？我不会对阿洛伊和艾布拉姆森（1979）的基本研究成果进行争辩，但是我们可以质问他们的结果到底可以推广多远。认为研究涉及"智慧"并不一定就说明真的如此。事实上，没有任何理论将智慧这个复杂的现象还原到察觉按钮和灯闪关系的觉察能力上。

抑郁的人更加容易考虑他们自身无能的可能性。这个结论应该是更加贴近数据本身的。因此，当抑郁的个体发现在他们所处的情境中，他们的无能恰好是正确答案的时候，他们当然会比不抑郁的人更加准确。虽然这个研究结果很具有启发性，⊖但是我们不能忽略产生这个结果的一些必要条件。就

⊖ 采用阿洛伊和艾布拉姆森的研究范式的进一步研究发现，抑郁的现实主义在更加极端的抑郁症患者当中并没有出现（Dobson & Pusch，1995）。此外，当有很明显的抑郁现实主义的时候，个体能够更加精确地觉察到可预测事件（noncontingencies）而不是不可测事件（contingencies）（Carson，2001）。换句话说，当正确答案是"我能够控制正在发生的事情"的时候，不抑郁的个体是更加现实的。

算是停了的表也会在一天当中正确地报时两次。如果只看这些情况的话，我们可能得出的结论就是：停了的表比那些始终快几秒或者慢几秒的表还要可信。

　　总而言之，悲伤与对现实更加真实的知觉的证据是有约束性条件的，而且不可能推翻幸福是与很多生活方面中好的结果高度相联系的结论。

增加幸福

　　既然幸福有这么好的结果，那么我们可不可以主动地增加自己的幸福呢？遗憾的是，研究者们更多持有的是一种悲观倾向。研究者指出：享乐适应的存在决定了干预所能达到的效果是有限的。有些学者指出幸福是具有遗传性的，从基因上就给幸福设定了一个**界点**（set-point），而个体是不能够获得比这个界点更多的幸福的。例如，莱克肯和特立根进行了一项有关双生子幸福的研究并发现了这种遗传性。在发表他们研究结果的时候，他们涉及如何增加幸福的话题，但给出的是一个非常令人悲观的结论⊖：试图要增加幸福和试图要变得更高是一样毫无意义的。

　　请允许我暂时撇开认为幸福的某些成分（积极易感性）是比其他部分更具有遗传性的观点不谈；请允许我暂时不谈享乐适应其实不是一个生物学事实而只是一个能够解释懒惰的比喻；请允许我只是简单地重复一下在第 3 章中的观点：高遗传性并不意味着不可变性。

　　柳博米尔斯基、谢尔登和施卡德给出了下面这个公式来表示决定幸福的基本因素：

$$幸福 = 界点 + 生活情境 + 意志活动$$

　　⊖　在之后不久的出版物中，莱克肯（2000）改变了这个结论，而且相信幸福是可以改变的，但这是因为人们一般都生活在基因设定的上限之下。他将抑郁、恐惧、害羞、愤怒、怨恨称作幸福的"贼"。如果我们能够有效地挡住这些贼的话，幸福就一定会增加。

　　我曾经提到过"界点"这个概念,而这个概念对每一个特定的人严格来说是一个常量。表 4-1 中列出了许多与幸福相关的生活环境因素。意志活动是公式中比较有意思的一个部分。强调意志的作用反映了我在第 1 章中所表述的积极心理学结合了人文学科的方法,承认意志和选择在决定人生幸福上的价值。虽然幸福不仅仅是意志的产物,但是意志至少能够引导我们去做更多的事情,因此会产生更多的幸福。[⊖]

　　这是我在第 2 章中提到的"获得快乐"练习的前提:首先要确定那些让人快乐的情境和环境,假设对我们大部分人来说"好日子"就是指幸福的一天,然后有意地创造这些情境。至少表 4-1 中的那些是我们可以选择追求的东西。

　　所以我们可以交朋友,可以花更多的时间与他们在一起(见第 10 章)。我们可以找到那些让我们投入的休闲活动,而且可以找到让我们能够全力以赴的工作(见第 11 章)。如果我们有意愿的话,可以选择信仰宗教(见第 11 章)。我们可以改善自己的健康(见第 9 章)。我们可以体验更多的快乐(见第 3 章)。我们可以找咨询师帮我们消除焦虑或者抑郁(见第 9 章)。我们可以变得更加乐观一点(见第 5 章)。

　　如果这些可能性看起来令人感到有些太难了,那么我们这里介绍一些简单的活动:什么都不做。不要因为你的吸引力或者你接受过多少教育而感到烦恼。如果你能够支付日常的生活费用,那么就不要为你的薪水感到苦恼。不要因为变老而感到苦恼。

　　虽然现在对增加幸福的科学研究相对比较少,但是当科学工作者偶尔尝试做这方面的研究时,结果也是相当不错的。有意思的是,为了增进幸福所做的干预所取得的成就很少受到大众的关注;相反,幸福的遗传性却受到了大众媒体的关注。无论如何,我会以我在宾夕法尼亚大学所做的研究作为本

　　⊖　对生活满意感的长期研究表明某些生活事件,像男性失业、女性离婚都对幸福有长期的影响,即使一个人找到了另一个工作或者伴侣(Lucas,Clark,Georgellis,& Diener,2003,2004)。界点理论观点的支持者会说界点被这些事件重新设定了,但是目前为止我们只能认为是没有固定界点的。

章的结尾。这个研究想要弄清楚幸福是否可以保持一种长期的增长。

我们的研究值得注意的地方是，我们使用了50年里心理咨询研究当中有关如何回答干预有效性问题的经验。几十年前，心理治疗是没什么太大作用的，甚至是有害的。那个时候的问题是研究方法相对落后，因此无法给事物一个非常可观的测验。很多年过去后，研究者增加了许多新的方法以及对方法的改进，例如参与者的正式诊断、比较组、安慰剂效应、被试的随机分配、对结果的"客观"测量、追踪研究、对效应强度的计算。因为有了这些新的方法，我们可以相当肯定地说心理治疗是有效的。

幸福的干预研究并不需要同样经历50年这么漫长的过程。这是因为在这个过程中，应用于降低焦虑和抑郁的方法上的进步，同样可应用到增加幸福的研究当中。

我们对于增加幸福的兴趣来自我们教授积极心理学课程中的体验。在课程当中，我们发现"练习"对学生的满意度和充实感有非常大的影响作用（见第2章）。虽然这个现象很有意思，但毕竟对我们来说只能是具有启发性的意义，并不是确定性的。所以我们进行了更多严格的测验。首先，我们收集了几个世纪里有关干预的信息，从释迦牟尼到托尼·罗宾斯（1992），他们都宣称可以增加幸福。当有可能的时候，我们将这些信息提取成为可以重复的，可以传授的形式。哪些真的有效，哪些只是利用了一个人对效果的预期而不是有真正内在效应的安慰剂？

作为初测，我们关注五种练习方法，每一个需要一个星期。概括来说，这些练习是：

- 感恩拜访（给感激的人写一封信，见第2章）。
- 三件好事（在这一周的每一天，都写下三件进行得很顺利的事情并解释为什么，见第2章）。
- 全力以赴（写一个故事，在这个故事中你尽到了最大的努力，在一周的时间里每天都回顾这个故事的内容，见第6章）。

- 识别代表性优势（通过在线性格优势测评并记录得分最高的几项，在接下来的一周里更多地运用这些优势，见第 6 章）。
- 用全新的方法来使用性格力量（在网上测量自己的性格力量，记录下你的最高分数，在接下来的一周用更加新颖的方式来使用你的这些力量，见第 6 章）。

我们是在一个叫作"幸福练习"的网络连接上来招募参与者的。我们告诉他们只会被安排在一个情境中，而这个情境可能会，也可能不会对他们产生影响。我们也告诉他们可能会受到一种安慰剂练习。每一个练习需要一周时间。在练习开始之前和之后以及研究结束 6 个月之后，参与者都要完成幸福和抑郁的测量。所有这些都是在网上操作的。

我们创造了一种看上去有效的安慰剂控制练习：让参与者在一周当中详细地写下他们的早期记忆。我们不认为这样做能够使人们更加幸福。但是想到一般人对于心理治疗的偏见以及心理治疗对于童年事件的兴趣，我们认为参与者应该会很乐意接受这样的工作，尤其是当心理学家让他们这么去做的时候。

参与者被随机分配到六个条件中（五个练习组和一个安慰剂组）。我们使用的这种随机分配和安慰剂控制设计被认为是回答药物或者心理治疗效果问题最好的方法。而在这项研究中，这种设计也给我们提供了很多关于促进幸福的很多清晰的答案。

第一，相对于前测，安慰剂练习增加了幸福（并降低了抑郁），但是只有在锻炼完成后极短的一段时间里才会这样。第二，感恩拜访产生了对幸福的最大的整体效应。但是这个效应在一个月之后就消失了。正如在第 2 章所提到的，这个结果并不令人惊讶。第三，"三件好事"和"使用性格力量"两个锻炼有持续比较长久的效应，在 6 个月之后仍然显著。第四，尤其是那些在第一个星期之后仍然持续进行这些练习的人更是报告了这种长期效应。第五，这些效应的大小用统计学家的语言来说是"中等的"，至少同心理治疗和药物治疗减少心理问题的程度是一样的。

在这些研究结果中我想要强调的一点是：持续地进行练习会产生持续的效果。这也印证了我们从通过节食来减肥中所得到的经验：减轻体重并不是真正的挑战，因为任何节食行为都会降低体重。真正的挑战在于维持所削减的体重。一个人所使用的节食清单越稀奇古怪，那么他越难以一生坚持这样的食谱。想要变得更幸福也是同样的道理。为了获得长期的效果，这些做法必须被整合到一个人的生活当中去。而计算一个人的祝福（感恩拜访）以及用新的方法来使用自己的人格力量似乎可以实现这一点。让我们再回到柳博米尔斯基等人（2005）的幸福公式上。我们研究的结果说明，"意志活动"这一项应该扩展成"持续的意志活动"。并且持久的意志活动只有在一个人的活动与一个人的生活环境相匹配的时候才有可能实现。

虽然 6 个月后仍然幸福算不上"以后永远幸福"，但是我们的研究结果说明在童话故事之外，天长地久的幸福也是可能的。一个没有回答的重要问题就是：进行幸福干预是不是越多越好呢？考虑到有些练习只对某些个体有效，如果将所有这些练习都布置给同样的人，有意义吗？如果这样做是有意义的，有没有最优的排列方式？

___练习_____

你的幸福是什么样的

在这一章中，我描述了四种可以达到幸福的途径：通过快乐，通过投入，通过意义，通过胜利。这里有一个测量这四种可能途径的问卷。

指导语：所有的问题都是人们期望达到的一种境界，但是请从最能够描述你当前生活方式的角度来作答。

1. 我的生活是为了一个更加高尚　　　□ 很大程度上像我
   的目的　　　　　　　　　　　　　□ 有些像我
   □ 绝对像我　　　　　　　　　　　□ 只有一点像我

☐ 完全不像我

2. 生命如此短暂，没有时间把享
受它所能带来的快乐放在次要
地位
☐ 绝对像我
☐ 很大程度上像我
☐ 有些像我
☐ 只有一点像我
☐ 完全不像我

3. 我总是想要寻找那种能够挑战
我能力的环境
☐ 绝对像我
☐ 很大程度上像我
☐ 有些像我
☐ 只有一点像我
☐ 完全不像我

4. 我给自己的生活打分
☐ 绝对像我
☐ 很大程度上像我
☐ 有些像我
☐ 只有一点像我
☐ 完全不像我

5. 无论是在工作还是在玩，我总是
深陷其中，甚至觉察不到自我
☐ 绝对像我
☐ 很大程度上像我
☐ 有些像我

☐ 只有一点像我
☐ 完全不像我

6. 我总是沉浸在我所做的事情当中
☐ 绝对像我
☐ 很大程度上像我
☐ 有些像我
☐ 只有一点像我
☐ 完全不像我

7. 我很少被周围发生的事情所干扰
☐ 绝对像我
☐ 很大程度上像我
☐ 有些像我
☐ 只有一点像我
☐ 完全不像我

8. 我有责任让世界变得更美好
☐ 绝对像我
☐ 很大程度上像我
☐ 有些像我
☐ 只有一点像我
☐ 完全不像我

9. 我的生活是有最终意义的
☐ 绝对像我
☐ 很大程度上像我
☐ 有些像我
☐ 只有一点像我
☐ 完全不像我

10. 无论我正在做什么，赢对我

都是很重要的

□ 绝对像我

□ 很大程度上像我

□ 有些像我

□ 只有一点像我

□ 完全不像我

11. 在选择做什么的时候，我总是考虑这件事情是否会让我感到快乐

□ 绝对像我

□ 很大程度上像我

□ 有些像我

□ 只有一点像我

□ 完全不像我

12. 我做的事情对于社会来说很重要

□ 绝对像我

□ 很大程度上像我

□ 有些像我

□ 只有一点像我

□ 完全不像我

13. 我想比别人更成功

□ 绝对像我

□ 很大程度上像我

□ 有些像我

□ 只有一点像我

□ 完全不像我

14. 我同意这句话："生活是短暂的，所以想吃什么就吃什么！"

□ 绝对像我

□ 很大程度上像我

□ 有些像我

□ 只有一点像我

□ 完全不像我

15. 我喜欢做让我感到有刺激性的事情

□ 绝对像我

□ 很大程度上像我

□ 有些像我

□ 只有一点像我

□ 完全不像我

16. 我喜欢竞争

□ 绝对像我

□ 很大程度上像我

□ 有些像我

□ 只有一点像我

□ 完全不像我

　　计分：给"绝对像我"计 5 分，"很大程度上像我"计 4 分，依此类推，"完全不像我"计 1 分。追求快乐取向的得分是 2、11、14 和 15 题

的总分；投入取向的得分是 3、5、6 和 7 题的总分；追求意义取向的得分是 1、8、9、和 12 题的总分；胜利取向的得分是 4、10、13 和 16 题的总分。

解释：四个总分当中得分最高的是哪个（见图 4-1），哪个就是你的主导取向。你的分数的结构是什么样的？也就是说，你是不是在四个取向中都得了高分（>15）？如果是这样的话，这说明你可能追求的是一种完整的生活，而且极有可能对生活高度地满意。还是说你的得分都很低（<9）？这说明你的生活比较空虚，很有可能对生活感到不满。你应该考虑在你的生活中做一些不同的事情，任何事情都可以。如果你在一个或者两个取向中得分较高，虽然你很有可能对你的生活感到满意，但是你可能寻找更多的机会来追求你自己的幸福方式。

每一个幸福取向上的得分从原则上来讲应该是从 4 分（完全不像我）到 20 分（绝对像我）。正如图 4-1 所示，我在追求意义和胜利，尤其是在投入的得分上很高，但是我在追求快乐取向上得分很低。

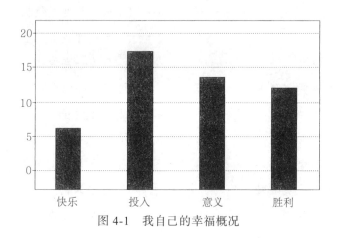

图 4-1　我自己的幸福概况

A Primer in
Positive
PSYCHOLOGY

第 5 章

积极思维[⊖]

困难的是立即做，拖延将使一切都不可能。
——美国海军陆战队的非正式训言

⊖ 本章是 C. Peterson（2000）《乐观主义的未来》（*American Psychologist*，55，44-55）
的更新和细化版本。

现在是从考察我们如何感受转到考察我们如何思维的时候了。从最初开始，**希望**（hope）和**乐观**（optimism）就是积极心理学家感兴趣的话题，并奠定了积极心理学这个新领域的基础。很多年来，我作为一个心理学家，一直关注积极（和消极）思维的后果。让我描述两个我组织的研究。

第一个研究开始于20世纪80年代中期，那时我从弗吉尼亚州罗阿诺克市飞往波士顿，又飞往新罕布什尔州汉诺威市。我的目的地是达特茅斯学院，具体地说就是精神病学家乔治·威兰特（George Vaillant）⊖ 的档案馆。威兰特多年来负责一个独有的调查：哈佛成人发展研究。它开始于20世纪30年代，研究者从基金会获得资助，研究幸福生活的人们。这个研究目标在当时是不同寻常的，积极心理学在近些年才兴起，开始主张支持此类调查。

通过我们共同同事塞利格曼的牵线，我幸运地受乔治·威兰特⊜的邀请，使用研究档案库调查早年的思维方式如何与成年后生活中身体健康水平相联系。此类关系的推测已经很多了，而且身心交互在今天已经是一种老套的众人皆知的东西。但是在20世纪80年代中期，当我坚定地开始航空旅程时，这类关系还不是特别明显，还没有被文献记录下来。然而，如果它们曾被发现的话，哈佛研究档案是最值得关注的地方。

最初的研究者在哈佛大学，他们后来成为教务长，主导着进入他们精英学校的最优秀聪明的年轻人。大约有3%的人可以通过此类测验，随后他们要进一步接受心理和体育测验。学生还会接受关于自己童年的访谈。信息都被仔细地记录下来。

这些学生随后会被跟踪调查，流失率除死亡因素以外几乎为零。尽管有人会哀叹原始样本没能更多样化，例如哈佛大学在20世纪三四十年代没有女学生，人口学分布也不够丰富，多数是美国西北部的白种盎格鲁－撒克逊

　　⊖　英国式的发音是 val-yunt。
　　⊜　毫不奇怪，乔治·威兰特成为积极心理学的领军人物。他的很多贡献在本书中会提到。

人清教徒（统治美国的主流精英阶层），但是毕竟几乎没有其他成年生活发展的前瞻性研究。哈佛研究是一个有关应对、智慧、年龄、心理健康等专题信息的独有资源。

几乎所有被试者在第二次世界大战期间都在美国军队服役。一些早先完成了学业，一些中途中断，随军舰前往欧洲或太平洋。无论如何，多数人在战争结束时还活着。1945 年，每个人都回复了一个问卷，描述自己在战争中遇到的困难经历。

这些是我要分析的文章，因为我可以通过这类写作材料描述作者的乐观程度。我阅读了随机选择的 99 个年轻人的文章寻找关于糟糕事件（如逆境、失败、失望和挫折）的描述，文章一般是几百字，都很真诚、富有表现力，清楚易读。每个人都报告了这类事件，但我关心的是作者如何解释事件的原因。

他这么做是为了指出他内在的缺陷和慢性的普遍因素吗？如果是，那么我记录了他结尾处积极的思考，"我在服役中并不开心，（因为我）……内心讨厌军队。"或者他解释糟糕事件时把它们距离化和例常化，"我在军事进攻时处于危险中，（因为）……我没有分配到一个具体的任务使我拥有一个单一的职务。"如果这样，我把他的文章看作结尾时积极的思考。这种评分可以确定人是否认为未来是某种与消极的过去不同的东西或是残酷的轮回。

很多天，我都单独坐在房间里阅读和编码文章。我除了他们的文章以外，对研究被试一无所知。当然这一点对于威兰特是有益的。他随后将我的分数（经过我在弗吉尼亚州的研究团队校对以后）和他的分数（由个体私人医生每 5 年组织体检得到的健康评分）相结合。

结果是明显的，相当令人兴奋。年轻成人乐观的思维可以预测他 35 年后的幸福生活。年轻人越乐观，他若干年后健康状况很好的可能性越大。乐观和良好健康状况的相关在年轻时不是很明显，在 40 岁时开始出现，在 45 岁时达到最大值（$r = 0.37$）。

　　这项研究是我进入积极心理学后的首次尝试。它使我确信对积极（这里是积极思维）的关注能够为生活提供洞察力，并且乐观（开心的，充满希望的，红光满面的）的人并不是丑角，他们发现了如何过心理健康的生活。

　　我进入积极心理学后的第二次尝试强化了这些结论。这是宾夕法尼亚大学哈罗德·祖罗领衔的一项研究。这项研究开始于 1988 年，那时美国选举中总统种族话题正在升温。如果你还是不清楚的话，那次选举是副总统乔治·布什对决马萨诸塞州议员迈克尔·杜卡基斯。

　　有意思的问题是，总统候选人表现出的乐观是否对选民和选举结果有影响？从这点上，我想到乐观对个体是一种有益的态度。因此这项研究显得有趣，因为它检验乐观在社会中是否可以传染（以一种好的方式）。我们把 20 世纪中主要总统候选人在党派例会上的提名演讲编码为乐观型和消极型，同时也关注负面事件在演讲中的关注程度。从 1900 年（McKinley 对决 Bryan）到 1984 年（Reagan 对决 Mondale）的 22 场选举中，18 次选举都是更少关注消极事件、更乐观的候选人赢得胜利。

　　说实话，在老布什对决杜卡基斯之前，我们也做了同样的编码。根据我们的评分，杜卡基斯会赢，所以结论应该是 23 次选举中 18 次更乐观的选举者会赢得选举。这依旧是一个令人吃惊的例子，吸引了很多人的注意，其中我怀疑也包括策划总统选举的人。我没有内部信息，但是很明显，比尔·克林顿在 1992 年选举中向美国公众发出了乐观的信息⊖："我来自一个叫作'希望'的地方。"1996 年，鲍勃·多尔试图用自己的信息应对："我叫鲍勃·多尔，我是美国最乐观的人。"但是"希望"在克林顿口中说得更多。

　　我们试图根据他们表现出的乐观区分总统候选人，这种企图在随后失败了。每个人都大声宣称自己是乐观主义者，比自己的对手更为乐观。每个人

　　⊖　我现在住在离 Ann Arbor 不远的 Michigan 小镇 Hell 上。我喜欢看到来自这个小镇的总统候选人在政治演说开头宣称："我来自叫 Hell 的地方。"

在演讲说完一系列事情后都以希望结尾。我再次怀疑我们早期研究的结果与这种新的总统选举方式有联系。无论如何，结论是一致的，美国选民更喜欢一个乐观主义者而不是悲观主义者做他们的领导，这个结论和其他关于人们日常生活的研究是一致的。

认知心理学

让我们把对乐观的研究放在更广阔的心理学背景中，多些术语，少点历史。**认知心理学**（cognitive psychology）是研究人们如何获取、保存、转换和使用知识的学科。它主要关注注意、知觉、学习、记忆、判断、决策制定和问题解决的过程。多年以来，心理学对认知的重要性存在摇摆的意见。早期心理学家把心理学定义为对心灵的研究，自然包含了认知努力。但是有影响的行为主义取向摒弃了认知的重要性，让心理学失去了自己的心灵。

认知心理学现在仍存在着，过得很好。因为心理学家无法回避认知的重要性。不可能谈及人类的时候不涉及他们的知识能力。甚至最简单的习惯都有心理特征。认知构成一些我们认为是人独有的特性基础，如语言、个人认同和文化。这些过程帮助我们以多种方式应对世界的需求。

认知在 20 世纪 60 年代拥有显著的位置。它的重新崛起被称为**认知革命**（cognitive revolution）。许多人把现代认知心理学的诞生定在 1967 年，康奈尔大学的心理学家尤里克·奈瑟尔在这一年出版了开创性的《认知心理学》一书。

甚至像奈瑟尔这样杰出的人都不能从零开始创造一个领域。现代认知心理学也是逐渐形成的，它也属于数千年以来西方世界描述心灵的方式。这种方式至少从雅典哲学家开始。许多人相信心灵是由少数独立的成分（如记忆、判断、逻辑）组成的。每种都有它自己的一般定理，而与具体内容和学科无关[⊖]。因此，当心理学家研究学习和记忆时，他们要求研究被试记忆和回忆一系列无意义音节；当他们研究判断时，他们要求对琐碎事情的观点。如果与内容无关的话，为什么不让它更简单一点呢？

这种取向有一个问题：内容确实有影响。认知心理学家今天相信，没有内容无关或内容独立的心理过程。相反，心灵是有许多认知模块组成的，每个模块与一个具体内容相连，服从自身的规则。例如，负责记忆的加工根据回忆信息的类型（脸、气味或叙述序列）不同而不同，同时还和遇到信息的方式和时间有关。

我提供了一个背景，来解释为什么积极思维仅仅现在才被心理学研究者认真关注。无论思维的内容是积极、消极还是中性的都没关系，思维仅仅就是思维，于是研究者经常研究人们对无害（中性）话题是怎么想的。但是，思维内容的一个最重要特征就是，它是否与积极还是消极的主题有关，与愉快还是不愉快的刺激有关，与好还是坏的话题有关。甚至当研究者没有摆脱他们研究认知此类效应的方式时，大量的数据积累已经表明思维的快乐情调是所有认知过程的潜在决定因子。

波莉安娜法则

1978 年，玛格利特·玛特琳和戴维·斯坦总结了如表 5-1 所陈列的发现。正如你所看到的，积极对消极是一种组织思维内容和引导认知过程的普遍方式。积极经常被看成是默认的。很明显，我们处在沃比根湖（Woebegone lake——美国广播虚构的一个小镇）的情况下，每个人都认为自己在平均值以上。

⊖　这里我们发现一个理由，可以解释为什么要求学生研究远离他们最终生活的学术领域，如几何学、拉丁语和逻辑之类的。长期以来人们相信在这类课程中受到的教育，可以增强相关的认知能力，并泛化到生活其他领域。心理学家已经说明这是一个错误的假设，但是这个假设在教育学界仍然被普遍接受。

表 5-1　支持波莉安娜法则的证据

- 人们寻求积极的刺激，逃避消极的刺激
- 人们在识别不愉快或威胁性的刺激时花的时间比快乐和安全的刺激要长
- 人们报告他们遇到的积极刺激比实际遇到的更多
- 人们相信好事件比坏事件更容易发生，即便客观概率是一样的
- 快乐的刺激比不愉快的刺激或中性刺激知觉起来更大
- 人们经常交流好新闻而不是坏新闻
- 在英语中，好词汇比坏词汇有更高的使用频率
- 在英语中，反义词汇中的积极词（如乐观）比消极词（如悲观）更早地进入语言
- 反义词汇中的积极词在语言上更为基本
- 在自由联想（人们要求针对某一个线索立即说出自己想到的词）中，人们更可能对积极词而不是消极词做出反应
- 当大量蹦出一些词语时，积极的词语比消极的词语出现得更早
- 在此类列表中，人们会列出更多积极的词语而不是消极的词语
- 人们学习和回忆积极词比消极词更准确
- 随着时间流逝，记住的事件越来越带有积极性
- 人们将愉快的词语判断为"好"要快于将消极的词语判断为"坏"
- 人们相信他们生活中的多数事件是积极的
- 多数人相信自己在智力、驾驶能力、幽默感、迷人性和乐观性等特征方面高于平均值
- 一般来说，人们对多数个体、团体、话题、事物和事情做积极判断。甚至是蒸馏水，如果没有刺激的化学品的话，多数人对水的味道评为"相当不错"

资料来源：Matlin & Stang，1978

　　玛特琳和斯坦把这种震惊的思维中的积极选择性称为**波莉安娜法则**（Pollyanna Principle），把博赫耳和奥斯古德早期的"波莉安娜假设"提升为心灵的成熟法则。它是否真是一种法则另当别论，重要的是它说明了思维中快乐的主导地位。

对消极的选择性注意

　　积极性在认知中的主导地位不应该和另外一个思维法则混淆：对消极性的选择性注意，经常称为意识。心理学家通常定义**意识**（consciousness）为对自己现在环境和精神生活的觉察。精确的定义是难以获得的，因为觉察毕竟只是意识性的同义词。然而多数理论家同意意识包括具体感觉、知觉、需求、情绪和思想的觉察。**认知**（cognition）相反是一个更专有的术语，包括

我们在任何时刻觉察到的想法，也包括一些我们思维之下的活动，一些可以被意识到，一些不可以。

奥恩斯坦把意识称为心灵的头版。就像报纸，意识包含了对我来说新奇的、令人惊异且有重要意义的东西。在通常清醒的意识下，我们每个人都掌控着自己的经历。当一些显著的事发生时，我们把它放在觉察的前列和中心。但不是每个人都会让它进入意识，通常清醒的意识因此具有选择性注意的特征。白天我们开展的许多任务都是自动的，我们开展时并没有完全觉察到。想一下你驾车驶出一个州际高速公路，你驾驶得相当好，但是你没有注意到周围的每件事。哦，注意！有辆被弃的轿车在路前方。突然你的意识开启了，有个问题必须要解决。你检查了后视镜，打开方向灯，转入紧急停车带。潜在的碰撞避开了。你又返回你刚才想的地方，可能什么也没发生。

解除疑惑是思维的动机，哲学家查尔斯·皮尔斯在一个世纪前写道，意识是在一些疑惑产生后才开启的。许多疑惑产生时是负性和急迫的。丹尼特沿着这层推理，勾勒了意识能力如何从最开始演化而来的。想象一下一个动物关注感觉系统感知的威胁，然后优化配置自己的资源处理这种威胁。自然选择大体上偏好这种方向和配置，不仅仅是表现于具体的刺激，而更是在更普遍的意义上。某些动物拥有临时更新的环境和内部状态信息，因此具有相对于其他动物的生存优势。此类的定期警觉最终会产生对外部和内部世界的常规探索，获取它需要的信息，因为它们可能某一天会有价值。

什么导致现代人类成为一种更容易意识到自己做错或可能做错了什么的动物呢？另一个哲学家吉尔伯特·赖尔（1949）观察到技能不需要评价。我们不会经常停顿下来，有意识地观察事物是否应该那样。同时，对积极信息的注意在无意识的层次上进行，符合波莉安娜法则。也许我们对负性信息的选择性定义可以解释为什么积极心理学不是一门显著的领域，为什么一些人认为生活是个悲剧，多数个体都有缺陷（见第1章）。想一想吧。

在本章剩余的地方，我讨论积极思维：积极和希望，但是保持对我刚描述的思维紧张的注意。如果提积极思维时，我们指的是意识前列和中心的思维。积极思维经常在负性话题中表现自己。为了研究乐观和希望，看到人们如何思考和应对挑战、挫折和失败是很有用的。

什么是乐观

多年以来，乐观是一种思维风格，充其量只有不固定的名声。从伏尔泰（1759）笔下的医生潘哥拉斯胡吹我们生活在所有可能的世界中最好的一个里，到埃莉诺·霍奇曼·波特（1913）笔下的波莉安娜庆祝她和他人遇到的每次不幸，再到现代名流把令人羞愧的新闻转换为绝妙的东西。此类的乐观常会让思考的人停滞不前。天真和否认之类的意思可以说明这种特征。最近，通过积极心理学家的研究，乐观更受重视，尽管还在争议之中。

确实，正如前面提到的哈佛研究表明的，乐观具有明显的好处，悲观具有缺陷。乐观可以用许多方式概念化和测量，与积极心境和良好的士气相联系，与坚持和有效解决问题相联系，与学术、体育、军事、职业、政治成功、受欢迎程度、良好健康相联系，甚至和长寿与摆脱创伤相联系。相反，悲观预示着抑郁、被动、失败、社会困扰、病态和死亡。这些研究都出人意料地一致，在积极心理学和公众中，创造出了如此多的乐观时尚。对在年轻人中如何推崇乐观和在老年人中如何改变悲观的兴趣日益增加。

让我先开始回顾我们从乐观中学到了什么，但我的最终目的是结合积极心理学家的研究兴趣和社会价值讨论它的未来发展。我相信这些未来是密切相关的。乐观作为研究主题在当代美国繁荣起来，人们也对未来充满更多的希望。

这种联合的危险是双面的。首先，一些关于乐观的文献好处，至少有代表性地研究过，可能是有约束条件的。在一些情况下，它可能会有成本，但当代研究者很少寻找这些资格条件。其次，即使它需要限制一定的情景，乐观作为研究主题需要的不仅仅是一时的风尚。一个复杂的乐观可能对个体在尝试各种情景时有更大的益处。它需要心理学家现在对这个主题了解尽可能多，使得在其他时空中获得更多的教益使他们能做得更好。

　　人本主义学家李奥纳·泰格（1979）提供了乐观的一个有用定义：对社会或物质未来的期待相联系的心境或态度，其中评价指标具有社会赞许性，表现在他的优势或快乐。对于这个定义的重要意义，泰格得出一点，就是没有单一或客观的乐观，至少从内容上来看，因为什么被看成乐观取决于个体是否把它看成是想要的。评价预测了乐观，特别是它所产生的情感和情绪。

　　当代取向通常把乐观看成一种认知特征，一个目标，一种期待，或一种因果归因，定义如此之长使得我们记起有关涉及未来、具有强烈感觉的处于疑问的信仰。乐观不仅仅是冰冷的认知，如果我们忘记了渗透在乐观中的情绪，我们就无法理解这个事实：它既能鼓舞他人又能鼓舞自己。人们需要对事情感到乐观。我们不应该对乐观和悲观具有类似自我增强的防御效果感到惊讶。

　　这些研究中，我们会问为什么人们能普遍乐观，也就是，没有对特定期待的希望。尽管与常规的定义不同，自由浮动的乐观还需要检测。一些人准备把自己描述成乐观的，但未能展现与乐观一致的期待。这种现象可能仅仅是一种自我陈述类型，但可能另外反映了乐观的情绪和动机特征，而没有任何认知特征。也可能外向性或正性情绪与乐观的部分认知特征相关。[⊖]

乐观——作为一种人性

　　乐观的讨论具有两层形式。它被看作人性的内生成分，被称赞或批评。早期取向把乐观看作人性，具有绝对的负面性。叔本华和尼采都认为它延长了人类的苦难：最好是面对残酷的现实。积极思维的负性观点在弗洛伊德相关主题的论述之中有所体现。

　　弗洛伊德在《一个幻觉的未来》（1927/1953）中认为，乐观是广泛传播的，却是虚幻的。在弗洛伊德看来，乐观有助于让文明成为可能，特别是

　　⊖　有趣的是这里乐观一词，翻译成中文或韩文，意思不是期待而是快乐。

让来生的宗教信仰形式制度化，因此否认了现实。宗教的乐观对于人们为文明的必要牺牲提供了补偿，成为弗洛伊德定义为人性中一般强迫神经症的核心。

弗洛伊德提出乐观是人性的组成部分，但仅仅由本能和社会化之间的冲突派生而来。弗洛伊德提到一些有学识的人，具体是神经学家，他们不需要乐观的幻觉，尽管大众最好保留这种神经症，相信上帝是在此生和彼生养育他们的慈爱父亲。只有这种信仰和对上帝会惩罚抗拒他的人的恐惧才能让人们遵守法律。根据弗洛伊德的观点，对杀戮的理性禁止对大众是没有强迫力的，只有假定这种禁止来自上帝才会更有说服力。

当心理动力学观念日益流行时，弗洛伊德把乐观等同于幻觉的公式产生了广泛的影响。尽管没有心理健康专家假定极端的悲观主义应该成为健康的标准——这类变换被看作对早期性心理阶段的固着。多数理论家把现实的精确知觉作为良好心理功能的标准，"当人们看到的事物符合实际发生的时候，他们对现实的知觉被看作心理健康"。20 世纪 30～60 年代，整个有影响的心理学家和精神病学家都给出了相似的陈述，如奥尔波特、埃里克森、弗洛姆、马斯洛、门林格尔和罗杰斯等人。

确实，一个人不可能知道未来实际会发生什么，弗洛伊德认为乐观是一种虚幻信念并不完全错误。"现实性检验"成为健康个体的标志，心理治疗师认为让人们面对现实是自己的任务。就现状而言它是合理的，特别是应用到此时此地的现实，但是问题在于只有对未来的最谦卑的期待才能被大众看成现实的，除此之外都会被否定。

在 20 世纪六七十年代，事情发生了变化，研究证据表明多数人对于他们想什么不是严格现实或准确的。认知心理学家用文献证明了人们在加工信息时存在捷径。正如已经描述的，玛特琳和斯坦（1978）调查了几百项研究，表明语言、记忆和思维是选择性积极的。

残酷现实的怀疑者可能会把这些证据看成是说明了广泛传播的积极幻觉而忽略它们，但是他们无法忽视结果说明心理健康的人也存在这种积极偏见。理查德·拉萨鲁斯描述了积极否定，表明它可以和逆境之后的幸福感联系。阿伦·贝克开始发展他有影响力的治疗抑郁的认知取向。其中的一个基石就是认为抑郁是对自我、经历和未来负性观点所导致的认知障碍，换句话就是悲观主义和无助感。

至少在理论发展的早期，贝克受心理健康主流观念的影响仍然根深蒂固，因为他把抑郁者看成是没有逻辑的，非抑郁者理性信息处理器是有逻辑的，尽管这种假设没有好的原因。部分认知疗法是用实验设计检验负性观点，但是程序保证了实验的结果。进而言之，认知治疗师从未试图篡改抑郁者可能给治疗带来积极的观点。不管怎样，贝克（1991）随后修正了自己的理论，声称非抑郁者思考时也不必然是有逻辑的，因为他们也会产生对发生的经历和对未来期待的积极偏见。

阿森尼·格林沃德把人性看成一种集权组织。格林沃德认为，自我可以看成关于个体历史和身份的组织。这个组织的信息控制策略是有偏差的，类似集权政治体制。每个人都在创造和修改自己的个人史。我们每个人讲述的故事都必然是自我中心的：每个人在叙事中都是中心人物。我们每个人都会因为好事情而获得好评，对坏事件回避责任。每个人都会在思维方式上抵制变化，总而言之，自我以最为自我奉承的方式维持自身。它掌握所有的心理机制，玛特琳和斯坦（1978）已用文献进行了说明。

对乐观看法的另一个转折点是谢利·泰勒和乔纳森·布朗对积极错觉研究的文献回顾。他们描述一系列证据表明，除了焦虑和抑郁的人，人们一般会产生倾向积极的偏差。泰勒（1989）在她的书《积极错觉》中陈述了这些观点。她提出认为处于最好的可能状态是幸福感的标志。她区分了作为错觉的乐观和作为幻觉的乐观：错觉对于现实是反应性的，尽管不是情愿的；但幻觉不是。

在泰格的书《乐观：希望生物学》中存在最有力的陈述：乐观是人性的内在特征。她把乐观放在人类物种的生物学中，声称乐观是我们最独特的最具适应性的特征之一，是在演化的过程中选择的，伴随着我们的认知能力和文化的人类特性而发展。

泰格甚至强调乐观促进了人类演化。因为它承有对未来的思维，在人们开始思考前景时第一次出现。一旦人们开始思考前景，他们会想象可怕的后果，包括他们自己的死亡。某种机制会发展起来抵消这些想法可能造成的恐惧和瘫痪，这种机制就是乐观。从这一点看，乐观是我们内在的成分，不是其他心理特征派生而成的。泰格继续把乐观看成轻松思维、轻松学习和令人高兴的，现代演化心理学家把它描述为"心理演化机制"。

乐观——作为一种个体差异

拉扎鲁斯、贝克、泰勒和泰格把乐观看作人性讨论的同时，其他心理学家对个体差异感兴趣，开始把乐观看成人们拥有的具有差异的特征。这两个取向是相容的。我们的人性提供了一个作为基准的乐观，不同的个体会表现得多一点或少一点。我们的经历会进一步影响我们乐观或悲观的程度。

有很多治疗方法把乐观看作个体差异。对于它们前驱的详尽历史在本章框架之外。但我也应该提几位先驱，从艾尔弗雷德·阿德勒的虚构因果论开始，它是根据瓦兴格尔的"如果 - 那么"哲学建立的。库特·勒温（1935，1951）的场理论和乔治·凯利（1955）的个人建构论提供了理解信念：乐观、悲观，任何类型，如何引导行为的有影响框架。朱里安·罗特的社会学习理论和泛化的期待（控制点和信任）合理化了一种取向，这种取向把人格看作对未来的广泛期待。

同样重要的是传统学习的刺激 - 反应（S-R）取向开始衰落，取代的是强调期待的认知取向。根据 S-R 解释，学习包含在特殊情景下对特殊运动反应的获得。这种观点下学习包括形成刺激和反应间的联结。在经验中联系越紧密（接近），学习越可能发生。在行为主义的通知下，学习被认为没有中枢（认知）表征。

一些研究开始质疑学习的 S-R 观点。这类研究发现，在条件作用中加强的联系不符合临近法则，而是符合新异法则：刺激提供新的信息的程度。

S-R 理论强调，只有在刺激和强化物间存在时间临近的情况下，事件才会同时发生。如果反应在强化物后面，没有真正（因果）的关系时，它会被加强。相反，学习的信息观点主张个体能够探测因果关系。把同时的非因果关系和更真实的关系区分开来。

因此，学习本质上包括"什么导致什么"的发现。因为此类学习需要延迟时间，有理由在中枢（认知）的层次上理解。尽管对于这类中枢表征在细节上有不同的观点，新异学习对于心理过程确实是重要的，与随后的动机、认知和情绪联系在一起。这种传统的多数研究者把新异学习表征看作一种期待，以此解释它如何随着情景而泛化和随着时间而投射。正如我简单解释的，把乐观看成个体差异的多数取向采用了这种方式，把乐观看成影响学习涉及的心理过程的泛化期待。

我会简要地介绍现在把乐观看成个体差异的几种流行取向。绝非偶然，每种取向都有一个关联的自陈问卷，可以有效地进行研究。这类乐观来源的相关性因此需要进一步地调查。无论如何测量，乐观通常和一些受赞许的特征联系，例如快乐、坚韧、成就和良好健康。

多数研究是跨组别的，但是显示的相关通常解释为乐观的后果（见第 4 章）。研究者对于个体差异的起源没有关注，而是特别关注于个体差异的假定结果被替代或受决定因子影响的可能性。他们也不关注乐观存在的更大的信念网。同样缺少关注的是乐观为什么有这类广泛相关的原因。确实，乐观是我称为"维克劳构念"（Velcro）的东西。每件事都以不那么明显的原因与它相连。

特质乐观

卡耐基梅隆大学心理学家迈克尔·沙尔和迈阿密大学心理学家查尔斯·卡弗（1992）研究了人格变量。他们区分了一种**特质乐观**（dispositional optimism）：对未来好事情会很多坏事情会很少的整体期待。沙尔和卡弗的重叠观点是根据人们追求目标的标准得来的，可定义为令人向往的价值观。对它们来说，事实上所有的人类活动现实都能够符合目标标准。人们的行为都包含目标的辨认和应用与实现这些目标的行动，它们因此涉及自我调节模型的取向。

当人们发现自己采取的目标实现存在障碍时，他们会进入自我调节。在面对苦难时，人们是否相信目标是可以实现的呢？如果是，他们是乐观的；如果不是，他们就是悲观的。乐观引起接近目标的持续努力，但悲观导致了放弃。

沙尔和卡弗（1985）用简单自陈问卷的方式测量了乐观（对悲观），称为社会取向测验（LOT）。反应者需回答同意与否的代表性题目包括：

1. 在不确定的时候，我总是期待最好。
2. 如果可能出现什么问题，它都会发生（反向计分）。

积极期待通常和负性期待（反向计分）相联系，测量分别测健康、快乐和应对副作用。结果表明特质乐观与令人向往的结果适度联系，具体是活跃的和有效应对。[○]

解释风格

我和我的同事一起根据个体的特质性**解释风格**（explanatory style），即个体如何解释坏事件的原因。当我之前描述成年发展哈佛研究和总统选举研究时，一些人们以一种外接，即外部不稳定的具体原因的方式解释坏事件。这类人能够被描述为乐观的。而那些喜欢内部稳定的整体原因的个体可以被描述为悲观的。

解释风格的概念突现于习得性无助模型的归因再形成概念中。简单地说，最初的无助模型提出在不可控的厌恶事件之后，动物和人变得无助，也

　　○ 记住心理研究中的中度相关是值得认真考虑的（见第 4 章）。

就是被动和无反应性，可能因为它们了解到行动和结果之间没有偶然事件。这种学习表征为一种泛化的期待，未来结果与它们的反应没有联系。反应－结果之间独立的泛化期待导致了随后的无助感。

解释风格随后加入了无助模型中，对人们在不可控之后人类无助性的边际条件有更好的解释。什么时候无助性是普遍的，什么时候它是外部的？人们遇到一个坏事件时会问为什么，他们的因果归因决定了他们对事件的反应。如果它是稳定（长时）的原因，无助性是慢性的。如果它是一般的（整体）原因，无助性是广泛分布的。如果它是内部原因，自尊是受到损害的。

所有事情都一样，人们有解释坏事件的习惯性方式，即解释风格，这种解释风格对于厌恶后的无助性有着远端的影响。解释风格可以由称为归因方式问卷（ASQ）的自陈式问卷测量。问卷让反应者对自身的假设性事件给出导致其发生的一个主要原因。反应者随后对提供的原因以内部性、稳定性和整体性三个维度打分。分数根据坏事件和好事件分别合成。对坏事件的解释风格通常独立于好事件的解释风格。根据坏事件的解释风格和根据好事件的解释风格之间有很高的相关，尽管相关通常是反方向的。

测量解释风格的第二种方式是应用内容分析程序CAVE（content analysis of verbatim explanations），程序可以是书面或口头材料，根据自然发生的因果解释打分。研究者区分了坏事件的各种解释，抽取和呈现出来进行判断，根据ASQ量表进行打分。CAVE技术在事实后能够进行长时研究，书面和口头材料能够从个体生活早期开始定位，对已知的有趣的长时结果进行研究。

记住，反应－结果之间独立的泛化期待是无助性的邻近假设，尽管此类研究传统很少看到中介变量。研究是通过测量解释风格，把它和与无助性相联系的思维结果（抑郁、疾病、学业失败、运动和职业现状）进行相关分析。一贯的，乐观解释风格和好的结果相联系，有个明显的例外：相对于悲观主义者，这些乐观解释风格低估了未来坏事件的可能性。[一]乐观主义者相信能够通过自己的行动，预知此类事件，正如其他研究所表明的，有时候他们是对的。

当解释风格研究获得进展并且理论得到修正时，内部性维度被更少地强调。它与稳定性和整体性有不一致的相关；它的测量更不可靠，有理论基础质疑内部性维度是否对期待有直接的影响。确实，内部性可能会提升自我责备和自我效能，这可以解释它在实证中为什么显得没有效。在无助性再生成的修正中，艾布拉姆森、米塔斯基和阿洛伊仅强调了稳定性和整体性。

关于无助性研究最近最重要的章节在马丁·塞利格曼（1991）《习得性乐观》中，对解释风格做了重新界定。在书中，他描述了自己终生的兴趣：如何从研究人们会做错什么到研究人们会做对什么。对无助性的研究引起了对塞利格曼称之为乐观的兴趣，尽管他们把它称为主导、效率或控制。他的术语随着无助性理论对期待的集中关注而被合理化。但值得再次强调的是，这些期待没有被明白地研究。妮可的故事尽管被看作积极心理学的起源，积极心理学的真正起源可能应该追溯到多年前塞利格曼对解释风格的重新界定。

彼得森、梅尔和塞利格曼（1993）断定关于无助性知晓的每件事（悲观）都告知了我们什么是悲观。但是这个陈述是肤浅的，与我们开始陈述的积极心理学是不协调的。乐观不是悲观简单的缺失，幸福感不是无助性简单的缺失。如果和无助性理论联系过于紧密，对习得性乐观的研究（乐观解释风格）不会具有实质性的内容。

在某种程度上，沙尔和卡弗的取向和我们的取向是一致的。LOT 相关和 ASQ/CAVE 相关惊人地相似。两种构念的测量互相重叠，但它们很少在同一研究中检验。LOT 是对期待的纯粹测量，非常类似词典中对乐观和

　　[一]　甚至心理学家 Lisa Aspinwall 的研究可以把这个例外看成问题。他们的研究表明，当他们把信息看成与自己相关并允许他们使用替代行动时，乐观主义者能够相当准确地应用诊断信息。

悲观的定义。一个乐观期待引出了目标可以实现的信念，尽管关于事情如何发生是中性的。相反，ASQ 测量了知觉到的因果性，因此它也受到了目标如何产生信念的影响。换句话说，乐观解释风格比特质乐观更能影响主动性。

希望

乐观的两种版本——期待和主动性融合成了第三种取向，这是堪萨斯大学心理学家里克·斯奈德关于希望的研究。斯奈德将他的思路来源追溯到埃夫里尔、卡特林和郑（1990）以及斯托兰（1969）的早期工作。其中希望是由人们对可能达到目标的期待所主导的。根据斯奈德的观点，目标－导向期待是由两个独立成分组成。第一个称为主动性，反映了人们对目标能够被实现的决心。第二个称为路径，是个体对能够产生成功计划来达到目标的信念。第二个成分是斯奈德的原创贡献，不同于其他把乐观看作个体差异的构想。

定义的希望可以用简短的自陈量表测量。代表性题目（受测者可以有赞成和不赞成两种选项）包括：

- 我有充沛的精力追寻我的目标（agency）。
- 对于任何问题都有很多解决方式（pathway）。

反应通过平均合成，将分数和目标期待、知觉控制、自尊、积极情绪、应对和成就在一起考察。结果和期待一样，希望是有益处的。

有关乐观的话题

让我们转向乐观的未来，关注一些值得积极心理学家和大众注意的话题。为了讨论构建平台，我先介绍一下两种乐观类型的区别。

具体乐观和普遍乐观

具体乐观（little optimism）指对积极结果的具体期待："今天晚上我会发现一个合适的停车场。"**普遍乐观**（big optimism）指的是更广泛的更不具体的期待："我们国家接近于一个伟大的时刻。"具体乐观和普遍乐观的区别提醒我们，乐观可以描述为不同的抽象层次，它会依赖于水平表现出不同的功能。普遍乐观其趋向可能是生物层次决定的，其内容具有社会文化可接受性。它导致值得向往的结果，是因为它阐述了精力和韧性的一般状态。相反，具体乐观可能是特定学习史的产物，它导致值得向往的结果，是因为它预设了在给定情境下具有适应性的具体行动。

用另一种说法，与乐观联系的机制可能根据关注的乐观类型而变化有关。例如，一个令人吃惊的相关是乐观与良好健康的相关。这种联系似乎反映了多种不同的中介因子，包括免疫抵抗力、缺乏消极情绪和提升健康行为。普遍对具体的区别帮助我们理解在幸福感中涉及哪些路径。普遍乐观借助免疫系统和心境的途径可以更好地预测艾滋病、癌症等严重疾病的发展情况，而具体乐观借助行为和具体生活方式能够更多地影响疾病和创伤性受伤的可能性。

具体乐观和普遍乐观之间的关系是什么？实证都说，两者毫无疑问是相关的。但是有可能一个人是具体乐观者而不是普遍乐观者，反之亦然。也可能存在一些情景：普遍乐观起作用但具体乐观不起作用，反之亦然。两种的决定因素可能是不同的，因此需要不同的策略促进它们。

研究者需要更仔细地考察普遍对具体的区别。表面上看，卡弗和沙尔的特质乐观测量和斯奈德的希望测量处理的是普遍乐观，因为他们要求人们对未来做出一般化的反应。相反，解释风格的测量，特别是 CAVE 技术处理的是更具体的乐观，因为它关注具体事件的特定因果解释。目前研究很少一次包括多个乐观测量，学者更多地对测量方法感兴趣而不是不同测量模式的相关。

重复一下，什么是乐观

除了具体乐观和普遍乐观的区别，还有其他理论话题需要澄清。我重复一下，乐观不只是一种认知特征，它具有内在的情绪和动机成分。研究者经常把情绪和动机看作结果，与乐观分别开来。至少在普遍乐观中，这个假定可能是不恰当的。

如果我们把情绪和动机看成具体乐观的话，我们会问不同的问题。乐观是如何被感受到的？它是快乐、喜悦、轻微的狂想，抑或满足感？乐观的人是否总是处于一种流动状态，从事他没有充分意识到的一种行动（见第3章）？积极心理学家主张积极情绪会拓展人的认知和行为样式（见第3章）。是否普遍乐观也是如此？我知道乐观是与坚持联系在一起的，但是它和良好的目标选择也相联系，这使得它们能够追求最终的成就。正如瑞安、谢尔登、卡瑟和德西（1996）讨论的，假定他们具体的心理构成和情景，不是所有的目标对不同人都有相同的价值。乐观是否因此与目标选择相联系，在此意义上促进了可信赖性。

某些活动可能会满足个体变得乐观的需求，但是最终毫无疑问是垃圾食品的心理等价物。视频游戏、网络、神秘小说、赌博和收集嵌环或火柴纸板，类似于空能量，只是追求消耗时间和精力的活动，因为它们唤醒了乐观，但最终让我们一无所得，无论是在个体意义还是集体意义上。

乐观和悲观

另一个有关的主题是乐观和悲观的关系。它们通常看作是相互排斥的，当时令人惊奇的是有证据表明不是如此。例如，沙尔和卡弗的LOT中乐观和悲观的题目表明存在某种程度的独立。缺少相关被看作方法论上的麻烦，但是有种可能性值得考虑，有些人同时期待好和坏的事情。这些个体可以被描述为具有丰富的快乐期待，同时在问卷中表现相反的不恰当行为。他们生活充实吗？或者他们矛盾和困惑吗？区分乐观和悲观允许考察一种值得注意的问题：乐观的效应是否不仅仅是缺少悲观？

根据这些研究，正如我已经说明的，对坏事件进行归因的解释风格一般独立于对于好事情进行归因的解释风格。前者通常被认作乐观的归因风格，通常因为两者相关更大，但是退一步看这种现象是很有趣的。对坏事件的归因（与此类事件的期待大致相联系）被看作乐观或悲观的，而对好事件的归因却不是。有人会觉得这正好相反，斯奈德（1995）解释了这一点，他把解释风格描述为一种找借口的策略。这种批评是模棱两可的，但是仅仅在内部性和外部性从构念的意义取消时才是如此。

无助性理论家关注一种对坏事件的归因：把坏事件解释为历史的结果：抑郁、失败和疾病。乐观与它们不存在相关，悲观与它们存在相关。解释风格研究引发了对这些问题状态的深入理解。但是这些典型结果测量分数为零时，并不是没有抑郁、失败和疾病。如果我们想要超越对零点的关注，扩展这些发现的意义，提供关于情绪实现、成就和幸福的决定论，我们可能并没有建立牢固的基础。可能以对好事件的归因为根据的解释风格更有关联。不管怎么说，积极的社会科学需求不仅仅需要研究因变量来获得力量，还要研究合适的因变量（见第 1 章）。

正如你知道的，乐观研究在积极心理学中起着指向作用，但是现在可能是积极心理学重塑乐观研究方式的时候了。心理幸福感可能不仅仅看作没有压力和冲突，就像健康不能仅仅看成没有疾病（见第 9 章）。对幸福感包含什么的讨论促进了很多研究和理论文献，这些需要对乐观的研究了解。我相信普遍乐观可能对幸福感的影响比具体乐观更大。

在习得性无助的典型演示中，遇到厌恶刺激时，不能控制的动物和人相比于可以控制的个体和没有厌恶刺激经历的个体，表现出问题解决时的曲线，而后两者在这方面没有差别。对可控事件的先前经历并没有表现出明显的好处。可能是因为把存在控制看作基本假定，或者用另种方式说，除非有原因，个体总是乐观的。

然而，如果改变测验任务，对可控事件的先前经历确实存在着显著的效应：增强了对困难和难以解决的任务的坚持性。理论家讨论习得性无助任务的相反形式，他们称为"习得性希望""习得性充沛""习得性主宰""习得性相关"和"习得性足智多谋"。结果测量不得不允许展现好处。

为了选择合适的测量，乐观研究者适合关注韧性的研究。我们在这儿看到儿童成长中遇到可怕的事件，他们不仅生存下来，还更加强健。他们的韧性只有在我们选择那些反应强健的测量时才能明显看到。韧性关键依赖于与另一个人的支持关系。乐观在面对逆境时还能保持吗？许多乐观文献都有趣地表现出不合群。研究者甚至没有区分私有和公共（社会交往）的乐观，而这似乎是一个重要的区分。强调的是相当个体性的，但是乐观可能同样是一个人际特征。

乐观的现实基础

一个重要的主题是乐观和现实的关系。如果太不现实的话，乐观是需要成本的。考虑一下非现实乐观，温斯坦（1989）把它描述为人们对疾病和灾难等个人风险的知觉。当要求人们和同辈比较，提供他们未来疾病或受伤的百分数估计时，多数人低估了他们的风险。一般人认为自己在各种灾难风险中是低于平均值的，事实当然不可能。

这种现象很悲哀，因为它使人们忽视基本的健康提升和养护。更一般地说，这种愿望式的乐观会分散人们制订达到目标具体计划的注意力。无情的乐观排斥了慎重、清醒和资源保护，因为这些通常会伴随悲哀，一种对失望和挫折的一般适应性反应。

考虑另一个例子，"约翰·亨利主义"的人格变量。这是一个铁路工人的传说，他赢得了一次气锤对抗比赛，却死于随后的心脏病发作。这种个体差异反映了非裔美国人的信念，相信他们能够通过艰苦工作和决心控制自己生活的所有事件。虽然个体在约翰·亨利主义测验中得分高，但社会经济地位低的个体容易高度紧张。

在没有资源情况下为控制事件而进行的持续奋斗，可能会摧残一个无论如何努力也无法克服客观限制的个体。如果乐观是作为一种社会美德而存在的，世界一定会存在一种允许这种事产生有价值奖赏的因果机理。如果没有，人们就会把自己的努力投入到无法达到的目标，变得疲惫、生病和消沉，或者人们会把自己的内在乐观投入到可达到但不值得向往的目标。

积极社会科学不应该变得只关注心理特征的乐观，而忽视了它怎么被外在情景（包括其他人）影响的。这种危险在缺少乐观时是明显的，那种情况下我们可以轻易认定一个给定信念是错的。但是在普遍乐观的例子中不容易看清楚，甚至这时我们也可以使用历史的优势或手机数据，意识到一些共享的普遍目标是不现实的，如人可以过没有疾病和伤痕的生活。

简单地说，在未来可以随着积极思维改变时，人们应该是乐观的。这种建议塞利格曼（1991）称为"灵活或复杂的乐观"，一种值得练习的心理策略，在反对那些我们无法控制的反应和习惯时候有效：

> 当你判断会更少抑郁、更多成就或更好健康时，你可以选择乐观。但是当你需要清晰的见解和坦白时，你也可以选择不去使用它。学会乐观不会腐蚀你的价值观和判断力。相反，它能解放你……实现你设定的目标……乐观的好处不是不受限制的。悲观在社会和我们自己生活中也起着作用；当悲观的视角有价值时，我们必须有勇气承受悲观。

在具体乐观的特定例子中，人们需要对疑问中的信念做成本－收益分析。

当存在疑问的空间时，人们应该用希望填补。普遍乐观比具体乐观更有希望，具体乐观比普遍乐观更加精确。我认为具体乐观和普遍乐观对很多人都是需要的。心理学家应该考虑如何帮助人们以一种有用的方式区分两者。当然，先决的问题是哪些心理特征需要在个体使用灵活的乐观主义时产生。

培养乐观

尽管我刚表现出了谨慎，还是有充分的理由相信乐观（普遍乐观、具体乐观和在此之间的乐观）是有用的，因为积极期待能够自我实现。我们如何让乐观在年轻人身上打下基础？吉勒姆、瑞弗希、杰科克斯和塞利格曼（1995）创造了一种干预：潘恩坚韧性项目，采用认知行为疗法的策略教育儿童如何更乐观。至今的结果表明，这种训练能够减少随后的抑郁阶段。我再次指出，没有抑郁不是我们唯一关心的结果。我们也想了解如果乐观的儿童在丰富的社会网络和追求奖赏的情况下，是否会快乐和健康、有钱和聪明。

如果普遍乐观确实是人性的一部分，那么我们需要关注一些不同的事情。第一，乐观如何会导向一个方向而不是另一个？我简要说一下，美国的乐观主义与个人主义长时间联系在一起。是否有办法使我们内在的乐观能够包括对大众的关注？对邻居产生的乐观看法能够像对自己的乐观一样呢？

宗教能够给我们一些答案。确实，泰格（1979）争论说，宗教的产生至少部分是因为迎合了人们生物层次具有的乐观需求。和弗洛伊德数十年前做的一样，泰格观察到宗教更应该修正成一种乐观，而不是科学。宗教的论述中表现出了尝试性和概率性。

世俗社会学家对乐观感兴趣，却忽视了乐观和宗教之间的密切联系。塞西和塞利格曼的研究（1993）除外，他们研究了包含宗教文本在内的因果解释。在基督教、犹太教和伊斯兰教的文本中，保守的文章通常更为乐观而不是更为自由。我们能否一般化这个结果，把它和乐观益处的研究同列，断定保守派比改革派更好？可能需要进一步研究。我们只是希望研究者从数据中得出结论。

第二，我们如何防止乐观遭到破坏？这没什么奇怪。各种压力和创伤都会对乐观造成破坏，而乐观会使人们过更无忧虑的生活。我们不想创造一种没有挑战的生活，因为只有人们遇到困难时才会坚持，但是我们希望能把握困难。

社会学习也能对乐观提供帮助。我假定乐观可以通过替代模仿的方式获得，因此我们需要关心我们的儿童对这个世界及其工作机制的理解。父母和儿童的解释风格产生了汇聚效果。这尽管部分因为两者有共享经历和共同遗传特质，它也反映了信念系统通过模仿的大规模传播。大众媒体的信息，混合着其他主题的乐观，能否产生相同的效果？穷人发财的故事作为一种不现实的寓言，暗示任何事都可能好起来。这种故事在晚间新闻中经常和暗藏在各个角落的恐怖故事并列。

第三，我们如何重新激发遭到破坏的乐观？我们知道，阿伦·贝克的认知疗法对与悲观解释风格疗效显著，能够缓解抑郁，防止它的复发。这种需求的研究也可以被另外的结果测量丰富。认知疗法是否仅仅是让人们回到一种非抑郁的状态，还是丰富人们的生活？它能像影响具体乐观一样影响普遍乐观吗？

20 世纪 60 年代开始的人类潜能运动对正常人采用治疗技术，试图使他们变得非凡。这是否成功值得讨论，但是否有和乐观训练类似的等价物？认知行为疗法用于非抑郁个体时会发生什么？超乐观的人会有吗，他们是什么样的？他们是幸福感的化身吗还是像潘格拉斯和波莉安娜式的讽刺？你能通过本章结尾的练习自己找到答案。

乐观和社会

不同文化和不同历史时期在具体乐观方面存在区别吗？答案可能是不，因为我们现在还是关注最普遍的乐观。普遍乐观是可能的，悲观的文明不能长时间存在。确实，社会能够以各种方式满足人们的乐观需求。

> 人类文化中重复出现的主题之一与竞赛有关。竞赛的时候需要花费努力，竞赛或多或少是有趣的活动，但是具有不确定的结果。无数人成为团队成员、拳击手、撞球手、体操选手、滑冰手、赛

跑者、赛马者、潜水者。他们赢的时候会感到快乐，输的时候会泄气……竞赛有很多方面与乐观有关，它们可以成为最普遍的表达方式之一……是非常普遍的……竞赛经常是可选择的……确实没人需要扮演爱好者的角色。

当然我们很多人扮演这种爱好者的角色，甚至是芝加哥俱乐部的爱好者会发现对下个赛季乐观的方式，那时一切当然会有所不同。

确实所有社会都有竞赛，但是不同社会关于感觉和乐观的方式有惊人的差异。正如前面提到的，值得向往的目标在不同人、不同团体、不同文化之间存在着差异。除了对进步的模糊信念和像竞赛之类的人类共同性，在乐观的内容方面存在很大的文化差异。这儿有另外一个被研究者和社会成员关注的有价值话题。一个社会认为最值得向往的目标是什么？社会成员面对这些目标时是如何乐观的？

在美国，多数人最大的目标包括个人选择、个人权益和个人实现。美国人从事各种日常活动来获取他们能够得到的奖赏。在资本主义社会，人们获得物质材料伴随着对金钱的幻想。这代表着一种社会认可的、满足个体积极驱力的方式，从而组织了整个文化。以这种方式满足乐观，不利之处在于造成了贪婪。

在今日美国，我们以一种浅薄的物质主义方式生活（见第7章）。人们甚至把自己变成商品。我们需要被市场化，去保持我们的选择开放，去兑现发生在我们身上的东西，甚至是我们的不幸。"因为这会使我的简历好看。"这是我从我的学生那里听到的越来越多的理由，他们把它作为一种他们追求那些似乎无私和好的活动的理由。难怪人们日益疏离，难怪抑郁在年轻人中呈上升趋势。

只有这种极端的理由是新的。自助书在美国有很长的历史传统，它们向人们许诺只有他们积极地想才会成功。正如乐观不需要与对自私的关注相关联，它不仅仅包括个人能动性、集体能动性，集体乐观也可以看成值得向往的目标与个人乐观相关联。志愿服务或慈善活动的复兴将会促进这种变化，只要人们不再问对他们有什么好处（1988）。

在《积极思考者》一书中，唐纳德·迈耶（1988）通过讨论提倡乐观的有影响力的人物：菲尼亚斯、昆比、玛丽埃迪、戴尔·卡耐基、诺曼·文森特·皮尔和罗纳德·里根，追述了乐观独特的美国式历史。

> 出于文化和政治的原因，积极思考的大众心理学……在人们之间日益流行，能够想象自己生活唯一的问题在自己身上。如果他们能够学会如何管理自己的意识……外部世界就会证明他们的反应是积极的。

迈耶所指的是非常普遍化的乐观，意思充满了丰富性和歧义性。很多其他的学说坚持认为这种美国化乐观的政治化形式沉重，特别是我已经讨论的资本主义、物质主义和个人主义等形式。

其实，乐观和它的好处存在于我们所有人身上，只要我们以一种公允的方式对待它。

练习

在困境中学习乐观

尽管有很多重要的理由变得乐观，要求你变得更有希望，就像告诉你"别担心，快乐点"一样空洞。你还需要做的是把这些建议变成行动。在本章，我提到了阿伦·贝克的认知疗法，教授抑郁者变得更乐观来缓解他们的抑郁。潘恩坚韧性项目同样教授非抑郁的儿童更乐观来防止未来可能的抑郁症。

这些干预都需要经历很长一段的时间才能起效果，而且要和信任的治疗师合作或促进人结成咨商同盟。这样个体能够经过一系列步骤，通过设计和评估积极思维策略的作业任务，来达到完美状态。学习乐观是很困难的，需要经过实践才能达到完美的状态。好消息是恰当的技术有良好的针对性和显著的效果。

下面的练习将向你呈现这些技术。如果你面对失败或失望时会陷入糟糕的循环中，那么你可能想试一下这些技术。很可能挫折后使你陷入一种糟糕情绪的是思考挫折的悲观方式。你会把它带入未来生活，在面临其他情境时士气低落。

你需要打破对挫折的即时反应，以一种乐观的方式考虑它。设想你的老板或老师在大厅遇到你时没有和你打招呼。这当然会使你感觉糟糕，但是然后呢？一个悲观的人可能会这么想：

> 她恨我。
>
> 我活该被恨。
>
> 毕竟我是一个彻底的失败者，她是知道的。
>
> 如果我更聪明的话，这就不会发生在我身上了。
>
> 我从不能支持我自己。
>
> 我会孤独和凄惨地死去。

让我们先不管这是不是现实⊖的评价。让我们假定你在过去工作和学习中表现得足够好。在这件事中，你需要做的是摆脱这种反复乱想。有没有一种不同的更积极的方式让你忽视这种感觉？

> 她过了很糟糕的一天。
>
> 她很忙。

⊖　几年前，我和一个新手治疗师交谈，他描述他的一个新案例。来访者表现的问题是担心她女儿的新男朋友会猥亵她的孙女而产生的焦虑。"你有什么打算？"我问道。"我不确定"，他回答。"你也许能给我一些建议。我首先想帮助她停止担心，可能需要思考暂停技术。那对无法控制想法很有效，不是吗？"我几乎要叫了："别这么想。她可能是对的，你有道德和法律上的义务去弄清真相。她的焦虑是一种危险信号，不是症状。"幸运的是结果一切都好。我提这个谈话是要强调悲观有的时候是恰当的。最有效的思考方式是足够灵活地去认识情景是否需要它。

　　　　她在想一些别的东西。

　　　　我喜欢她，但是这很幼稚！

　　　　她没戴她的厚眼镜，可能没看到我。

　　　　我只是发型有点怪异。

　　　　我是如此帅以致威胁到别人。

　　可能最后一种解释是病理性的，会产生事件之外的灾难，但是你可以认识到如何重新解释模糊的信息，使它们不会造成心理伤害。

　　一种 PRP 技术是在一段时间向你提供良性（乐观）的解释，它被称为困境技术，或者快速灭火技术。它的目的是教你如何快速分散悲观想法。它是一种学习乐观的有力策略，但是仅仅通过实践才能获得。没有人是天生的分散者，你要通过尝试来尽快掌握它。

　　如果你能得到朋友的帮助，你就可以更好地练习困境技术。但你如果有一些可以洗的标记牌的话，你可以自己做。在任何情况下，你要列出一系列需要你快速行动截断自己糟糕反应的事件。我选择在大厅受忽视的例子，因为它曾经让我在一天剩余的时间感到烦恼。把列表给自己的朋友，或在不同的卡片上写下这些事件：

　　　　评价悲观思维的证据："我会被解雇吗？不可能，因为我上周刚涨工资。"

　　　　想一下另外的解释："我的老板不喜欢闲聊的人。"

　　　　把这个想法深入下去："和我一起工作的人不是我的家人，另外我妈妈确实喜欢我。"

　　大声说出你的反应，然后对第二个、第三个事件重复自己的说法。一段时间后，你会更好地使用这种技术，甚至变得得心应手。

　　有几个需要注意的地方。我已经强调了一个："你的悲观反应可能包含着某种真理。如果你的老板或老师板着脸看着你，说：'你是一个彻底的失败者。'提醒自己你妈妈不会这么想可能不是一个正确的反应。相反,你应该寻求更具体的评价。"

发展和使用这种技术时,有个缺陷是你可能会弱化糟糕情景,否认它的重要性。尽管积极思维是为了不让事情更糟,确实世界上有糟糕的事情。你不应该否认它们或者在它们发生时转移它们。

最后,尽管还有很多积极的例子可以让事情往好的方向发展,但乐观不等于回避责任。记住一点,因果信念中的内部性(我的错误)对外部性(他们的错误)和你是否把它们扩展到不同时间段和情景相比并不重要。我的例子中,我通过这样思考来处理大厅中受忽视这件事:"我没有先打招呼。"现在,我大声向我认识的人打招呼,我收到了百分之百的回礼。没有人在大厅忽略我了,因为我不会让他们忽略。

第 6 章

性格优势

幸福是生活的目的，（但是）美德是幸福的
基础。

——托马斯·杰斐逊（1819）

在宾夕法尼亚大学的积极心理学中心，我的非正式头衔是"美德主管"，这个头衔听上去有点奥威尔式的意味。实际上，这个头衔应该按照字面的意思来理解，它指的是我一直在进行的一个研究项目，涉及性格优势与美德，诸如好奇心、幽默、友善、领导力和虔敬这样的积极特质。

这个项目源自迈尔森基金会的代表们提出的一个问题："我们如何才能帮助青年发挥他们的潜力？"要回答这个问题，积极心理学看上去是一个理想的角度，因为这个领域的研究者一直关注于如何促进人们身上最好的部分，而非避免那些最有问题的部分。就像我之前努力解释的那样（见第 1章），过去心理学领域对于人类问题的关注当然是可以理解的，并且在可预见的未来也不会被抛弃，但是，对于那些关注于促进人类潜能的心理学家来说，与那些采取一种疾病模型的前辈不同，他们需要提出一些不一样的问题。在积极心理学家的工具箱中，最关键的部分包括一个用于描述美好生活的词汇库，以及用来考察其各个组成部分的测量方法。

1999 年，宾夕法尼亚大学的塞利格曼主持召开了一次会议，在会上，来自美国各地的青年发展工作者介绍了各种旨在鼓励健康发展的项目。尽管这些独立的项目各具优点，但是很明显，它们对于如何描绘最理想的发展，以及如何评估这些干预项目的效果并没有达成共识。没有可比较的概念与方法，就不可能从这些项目中总结提炼出有效的部分，应用到今后的干预项目中去。一套通用的术语和相关的测量工具是非常有必要的。

因此，迈尔森基金会于 2000 年创建了"行动的价值"协会（The Values in Action Institute，VIA），[○]以提供描述积极青年发展的概念与经验方法。鉴于社会上对于优良性格（good character）这一主题的关注正在逐渐升温，协会决定将目光集中于此处。所谓的"优良性格"到底指的是什么？它应该

○ 因为有时我手头有太多的空余时间，在 VIA 协会命名之后，我在网上冲浪，发现还有其他命名为 VIA 的组织。有许多看起来似乎是本地的民兵团体，非常吓人的公司。有几个是关于促进性格教育的，这些就不那么吓人了。我个人最喜欢的 VIA 组织，除了我们自己的之外，是一个给那些勇斗抢匪的便利店收银员颁奖的组织；也许这些收银员忘记了任何时候他们手头仅有 25 美元现金。

如何被测量？

这些目标从一开始就为 VIA 项目定下了基调；我和塞利格曼召集了一批社会科学家，发展出了**VIA 性格优势分类**（VIA Classification of Character Strengths）。我们依然对积极青年发展抱有浓厚的兴趣，但我们现在相信我们的项目有着更为广泛的应用前景。它不仅可以指导青年发展领域的项目设计和评估，也可以应用到其他任何领域，只要这个领域以最理想的发展为目标。而且，我们相信在 VIA 项目指导之下的研究提供的信息也值得对于美德感兴趣的哲学家认真对待。

曾经有一个时期，心理学家对性格非常感兴趣，包括它意味着什么以及如何能够被培养，但后来这个主题不再受到青睐。首先，心理学家们逐渐达成了共识，个人价值观有可能在无意中渗透到"客观"的研究和理论中去。这使得研究者们尽量避免宣称自己对于美好生活的心理成分感兴趣。

其次，戈登·奥尔波特，20 世纪美国心理学中人格特质理论的代表人物，将"性格"这个词排除在了与人格有关的学术交流之外，他认为性格是一个哲学概念，而非心理学概念。他认为心理学家研究的所谓特质（trait），被假设是一些客观的实体，它们被剥离了道德含义，虽然被认为与"适应"（adjustment）有关，但是并不包含着固有的内在价值。

奥尔波特的观点反映出了一种排除积极主义（postivism）的社会科学，以及对于事实和价值的严格区分。事实是科学的领地，而价值则是哲学的领地，因此，特质是心理学的一部分，性格则不是。尽管奥尔波特当初占据了上风，但是与他同处一个时代的人并不都同意他的观点。特别是约翰·杜威认为，心理学的经验研究方法对于哲学家关于性格和价值的讨论能够有所裨益。

研究优良性格的一些基本问题

为了使我们的 VIA 项目能够开展，有一些重要的问题需要解决。首先是如何界定优良性格。性格究竟应该被定义为一个人没有做什么，还是应该包含着更具主动性的意思？不管我们如何定义，性格究竟是存在程度上的差异，还是有些人有而另一些人没有？性格究竟是一个人的单独特征，还是包含着许多方面？

我们决定将优良性格视为一整套的积极特点，类似于洞察力、团队精神、友善和希望这样的特征。为了表达出优良性格的多元性，我们将它的组成部分称为**性格优势**（character strengths）。我们假设各种性格优势在原则上是有所区别的，一个人可能在某种优势上水平很高，在另外一种优势上则处于较低或中等的水平。我们假设性格优势作为具有一定稳定性和普遍性的个体差异，是类特质的（trait-like）。但是，我们并不假设它们是一成不变的，或者一定是基于不可改变的生物基因特征。与积极心理学的基本前提一致，我们假设优良性格不仅仅意味着将不良性格抵消或最小化，相反，性格优势必须根据其本身进行定义和测量。

其次，因为优良性格和它的组成部分在道德上是被推崇的，所以我们担心我们进入了一个充满价值判断的领域，以致我们的项目从一开始就注定要失败。也许，优良性格不过是一种社会建构，只存在于旁观者的眼中，是一个人自己所特有的喜好或者厌恶的投射而已。一个不那么极端但仍然令人气馁的反对意见是，性格中那些涉及价值观的部分是如此情境化（contextualized），以至于想要总结出一些适用于不同年龄、社会阶层、国家来源和种族的东西是不可能的。为了面对这些正当的挑战，我们提醒自己不要忘记积极心理学所采取的立场：人类的美德和优点与他们的苦恼和弊病一样，都是真实可靠的（见第 1 章）。如果我们希望在面对眼前的问题时不仅仅采取一种令人焦虑的世界观，那么我们同样应该愿意假定性格的优势确实是基于人们的实际行动。

一旦我们接受了性格确实存在于这个世界中，那么接下来就是一个经验性的问题：性格优势是否存在文化界限，或者哪种性格优势存在文化界限？有一部分性格优势当然仅仅在某些环境下才被认可，守时作为一种积极特质，在一个缺乏广泛可用和可靠的手段来守时的文化中是没有意义的。但是在其他一些情况下，存在共同性的价值观和美德的可能性应该被严肃对待。

我们自己关于那些具有广泛影响力的宗教和哲学传统的调查发现，一些特定的核心美德是被广泛赞同的。具体来说，在这些传统之中，对于智慧、勇气、人道、正义、节制和超越这些美德的认可和赞扬几乎是普遍存在的。比斯瓦斯－迪纳通过焦点小组的方法证明，肯尼亚西部无文字社会的马塞人和格陵兰北部的因纽特人认可和称颂相同的核心美德⊖。能够对于普遍看重的性格优势进行非主观的分类，我们因为这种可能性的存在而深受鼓舞。

我们面对的第三个问题是，是否将我们正在得出的分类与心理学或哲学中的某个关于优良性格的理论联系起来。我们发现亚里士多德在《尼各马可伦理学》中关于美德的解释非常有力，同时我们也折服于杰何达关于积极心理健康的专著，以及埃里克森著名的关于心理社会美德的心理成熟度理论（见第 9 章）。同样有趣的是进化论关于"道德性动物"的解释。不过我们不采取任何已有理论作为我们的外在框架，因为这些理论都无法通过硬证据来完整地评估。正如同我已经解释的那样，我们的项目部分是由于经验工具的缺乏所激发的。

因此，我们将这个项目称为一种分类（classification），而非分类学（taxonomy）。技术上的区别在于，分类尝试描述划分一个领域并描述其中的个例，而分类学则是基于一种深刻的理论来解释这些个例之间的关系。也许有一天，积极心理学会发展出一套关于优良性格的理论，来解释我们创建的分类，就如同达尔文理论逐渐被用来解释林奈的动植物分类一样，但这是

⊖ 在力量和美德如何展现方面，不同文化之间存在一些细微的差别。一个马塞长者报告说，勇敢在他的人民中是被认可的，当这种美德表现出来时会被颂扬，而且存在一些旨在培养这种美德的文化仪式。如果一个年轻人独自杀掉了一头狮子，他就被认为是勇敢的。当被问起他自己是否勇敢时，他回答说："我曾经是勇敢的，但我不再需要这样。"当被要求进一步细谈时，他解释说："我的儿子已经杀掉了一头狮子。"显然，在马塞人中，勇敢并不是一种个人的特性，而是属于一个家族。这种解释对于我们这些西方人来说可能有些难以理解，但是它与我们访谈获奖消防员所了解到的东西是一致的（Peterson & Seligman, 2004）。尽管这些消防员因为勇气而被单独挑选出来获奖，但是他们都表示，这个奖项实际上属于他们工作的整个团队，包括那些从未进入燃烧的建筑，但一直通过无线电指挥建筑内的消防员的队长。这样的团队作为一个整体是勇敢的。

未来的目标。

我们关注的第四个问题是分类的条目应该细致到什么程度。我们关于核心美德的确认提示我们仅仅可以采取六种类目，但是这对于我们的测量目标来说太过于抽象了。尽管这些核心美德彼此之间定义了一系列相关的性格优势，但每个系列内部的多样性仍然是存在的。例如，人道美德包括像友善和爱这样的性格优势。我们可以想象一些人具有其中的一种，但不具有另外一种。因此，尽管在概念上有重叠，但这些区分是存在而且重要的。

沿着这条思路，我们发现人们自发地使用诸如好奇、公平和超越性这样比较具体的概念来谈论优良性格的组成部分，而非使用核心美德（如智慧、正义和超越）这样的抽象概念。用来描述优良性格的"自然概念"是性格优势，而非核心美德。最后，许多被我们包括在分类当中的性格优势，其实在已有的研究中都涉及了，因此通过关注这个比较具体的分类，我们能够从中受益。

识别性格优势

在这些问题上选定立场之后，我们开始创建分类的条目。我们回顾了以往涉及优良性格的相关文献，如精神病学、青年发展、性格教育、宗教、哲学、组织研究等，当然也包括心理学，希望鉴别可能的备选优势。我们还考察了一系列文化产品中直接提到的性格优势：流行歌曲、祝福卡、保险杠贴纸、讣告与证词、成语俗语，以及报纸中的个人广告。我们从诺曼·洛克威尔的《星期六晚间邮报》、街头涂鸦、塔罗牌、《口袋妖怪》角色档案以及《哈利·波特》系列书籍中霍格沃茨魔法学校的住宿区中识别出与美德有关的信息。

我们的目标是千方百计地构建一个关于性格优势的完备列表。在众多备选项中，我们通过合并冗余以及应用下述标准来筛选。性格优势应该是：

- 共同的：在不同文化中被广泛认可
- 令人满足的：对于个人满足、满意度和一般意义上的幸福感有所贡献（见第 4 章）

- 道德上有价值的：这种价值基于其本身，而非其可能产生的实际结果
- 不贬低他人：使得见证者受到鼓舞，产生钦佩而非嫉妒
- 具有一个不良的对立面：有明显"消极"的反面
- 类特质的：是一种个体差异，表现出了共同性与稳定性
- 可测量的：能够成功地被研究者作为个体差异来测量
- 有区别的：不与其他性格优势在概念上或经验上重复
- 楷模：在一些个体身上令人惊叹地存在
- 神童：在一些儿童和青年身上出现早慧现象
- 可以选择性地缺失：在一些个体身上缺乏
- 有鼓励性的机制：存在一些社会实践或者仪式，将培养它作为目标

由于篇幅有限，我们无法讨论每种优势如何符合上述标准，但你可以在彼得森和塞利格曼（2004）的研究中找到详细说明。

VIA 性格优势与美德分类

VIA 分类包括了 24 种性格优势，归纳在六种核心美德下。这里给出关于美德和优势的概览。

智慧与知识优势（strengths of wisdom and knowledge）包括与获取和使用信息为美好生活服务有关的积极特质。在心理学语言中，这些属于认知优势。许多这个分类下的优势包括认知的方面，例如，社会智力、公平、希望、幽默和超越性，这也是为什么许多哲学家将与智慧和理性有关的美德视为使其他成为可能的首要美德。但是，在五种性格优势中，认知性特别明显：

- 创造力：想出新颖和多样的方式来做事；包括艺术成就，但不限于此
- 好奇心：对于全部经验保持兴趣；发现所有的话题和主题吸引人；探索和发现
- 热爱学习：掌握新的技术、主题和知识，不管是自学还是正式学习；

很明显与好奇心有关，但除此之外还描述了一种系统性扩充自己知识的倾向

- 开放头脑：彻底地考虑事物，从各个角度来检验它；不急于下结论；面对证据能够改变观点；公平地对待全部证据

- 洞察力：能够为他人提供有智慧的忠告；具有对于自己和他人都有意义的看待世界方式

勇气优势（strengths of courage）包括面对内外阻力努力时达成目标的意志。一些哲学家将美德视为矫正性的，因为它们抵消了人类处境中所固有的一些困难，一些需要抵御的诱惑，或者一些需要被检查或是改变的动机。是否全部的性格优势都是矫正性的可能存在争议，但是下列四种明显属于这个范畴：

- 真实性：说出事实，以诚恳的方式呈现自己；不加矫饰地生存；对自己的感觉和行动负责

- 勇敢：不在威胁、挑战、困难或痛苦面前退缩；为正确的事物辩护，即使存在反对意见；依信念行动，即使不被大多数人支持；包括生理上的勇敢，但不限于此

- 恒心：有始有终；不顾险阻坚持行动；在完成任务中获得愉悦

- 热忱：饱含激情和能量地面对生活；不三心二意或半途而废；将生活视为一场冒险；感到有活力有生气

人道优势（strengths of humanity）包括涉及关心和与他人关系的那些积极特质，这些特质被泰勒等人描述为照料和待人如友的个人特征。这一类的美德与那些被标称为正义优势的美德有些类似，不过人道优势主要用来处理一对一的关系，而正义优势主要与一对多的关系有关。前一种优势是人际间的，而后一种则具有广泛的社会性。这一分类下的三种优势代表了积极的人际间特质：

- 友善：为别人提供帮助、做好事；帮助他人；关心他人
- 爱：珍视与他人的亲密关系，特别是那些相互分享和关心的对象；与他人亲密
- 社会智力：能够意识到自己和他人的动机和感受；知道如何做才能适应不同的社会情境

正义优势（strengths of justice）具有广泛的社会性，与个人和群体或社区之间的最优互动有关。随着团体的规模逐渐缩小，变得更加个人化，正义优势便汇聚成了人道优势。我们依然保持对于这两者的区分，因为正义优势是那些涉及"在其间"（among）的优势，而人道优势则是那些涉及"之间"（between）的优势；不过这种区别更多是程度上的而非类别上的。不管怎样，以下三种积极特质非常符合正义这一类美德：

- 公平：基于正义和公平的观念，对别人一视同仁；不让个人感受干扰到他人的决策；给每个人一个公平的机会
- 领导力：鼓励所处的群体，使其达成目标，并在这一过程中培养出良好的组内关系；组织群体活动并保证它们的实现
- 团队合作：作为群体或团队中的一员工作良好；忠于群体；完成自己分内的工作

节制优势（strengths of temperance）是那些保护我们免于过度的积极特质。哪些种类的过度是我们所关注的？仇恨——宽容和怜悯可以保护我们；自大——谦虚和谦卑可以保护我们；带来长期后果的短期愉悦——审慎可以保护我们；各种使人动摇的极端情绪——自我调适可以保护我们。

值得强调的是，节制优势使得我们的行动减缓，但并不会使它们完全停止。我们可能是非常宽容的，但是在受到打击的时候仍然会自我防卫。谦虚并不需要说谎，只需要自觉地认可我们是谁以及我们的行为。审慎的行动当然仍是一种行动。对于情绪的最优自我调适并不意味着抛开我们的感受，无

论好坏，掌管它们。

- 宽容／怜悯：宽容那些犯错误的人；给他人第二次机会；报复心不重
- 谦虚／谦卑：让成就自己说话；不寻求成为他人关注的焦点；不认为自己比实际上的更特殊
- 审慎：小心地做出选择；不承担不必要的风险；不做可能后悔的事，不说可能后悔的话
- 自我调适：调试一个人的感受和行动；有纪律；控制一个人的欲望和情绪

我也可以将勇气优势中的一部分或者全部包括在这一类美德当中，但是没有这样做，因为勇气使我们以积极的方式行动，不管反面的诱惑如何（如恐惧、怠惰、不真实、疲惫），而节制的关键特点在于直接对抗诱惑。因此，节制优势虽然与勇气优势有关，但它们仍然是不同的。

节制优势在一定程度上是通过一个人对于行为的抑制而定义的，对于观察者来说，缺乏节制可能要比存在节制更容易被观察到。确实，在尝试测量这种优势的时候，我们发现在美国的主流人群中，节制优势很少被认可和称赞。也许在那些受到佛教或者其他强调平衡与和谐的教义影响下的文化中，这些优势会受到更多的称颂。尽管如此，节制优势依然是重要的。它们在几乎所有关于美德的哲学和宗教讨论中都会被提到，并对于美好生活有着一系列的影响。

超越优势（strengths of transcendence）第一眼看上去可能比较庞杂，但共通的主题是允许一个人与更庞大的宇宙形成联系，从而为他们的生活提供意义。这个分类中几乎全部的积极特质都是涉及个人之外的，毕竟性格本身就是社会性的，但是在超越优势中，其范围超过了其他的个人，涉及更庞大的宇宙的一部分或者整体。这一优势分类的原型是灵性，尽管定义各不相同，但都指向了对于生命的超越性（非物质性）方面的信仰和承诺，不管它们被称为共有的、理想的、神圣的还是圣洁的。

分类中的其他优势与这种原型有什么关系？对于美的欣赏将一个人与优秀直接相连。感激将一个人与善良直接相连。希望将一个人与梦想中的未来直接相连。幽默（我们承认这是争议最大的分类条目）将一个人与麻烦和矛盾直接相连，但带来的结果不是恐惧或愤怒，而是愉悦。

- 对于美和优秀的欣赏：注意并欣赏生活中各个领域的美、优秀以及有技巧的表现，从自然到艺术到数学到科学再到日常经验
- 感激：意识到美好的事物并心怀感谢；花时间表达自己的感谢
- 希望：期望未来最好的结果，并努力去达成；相信美好的未来可以实现
- 幽默：喜欢笑与戏弄；为他人带来微笑；看到光明面；能够开玩笑（不一定讲出来）
- 超越性：对于宇宙的更高目的和意义有着一致的信念；知道一个人在人类全景中的位置；具有关于生活意义的信念，这种信念能够塑造一个人的行为，提供慰藉

我要赶快补充一点，还有其他一些积极特质，积极心理学家希望在人群中研究它们，例如雄心、自主性、庄重和耐心，之所以在我们的分类中没有包括它们是因为它们不符合我们的标准。它们可能不像现有的这些条目一样在不同文化中被广泛认可；它们可能融合了几种更加基本的优势；它们可能不存在一个不良的对立面；诸如此类。VIA 分类仅仅是一个描述性的工具。

这个分类的整体价值不在于这 24 种优势具体属于哪一种美德，如果将来有人对于性格优势的组织进行修订、扩展或反驳，我也不会感到惊讶。如果我们发现对于美的欣赏主要适用于那些对于某个领域研究了许多年的专家，那么它可能属于智慧和知识优势。如果感激和幽默主要在两个人之间表现出来（而不是在一个人和更广大的世界之间表现），那么它们可能属于人道

优势。或者，幽默会与活力在一起，被包括在勇气优势当中⊖。我认为希望和超越性仍然会在一起，因为在历史上二者一直紧密相连。

值得注意的是，VIA 分类中的类目与其他两种现代的分类均有所重叠，但方式不同。首先，法国哲学家安德烈·孔特－斯邦威尔调查了古典和现代西方哲学传统中所提到的"那些构成了人类长处和精髓的品质"。包括了礼貌和彬彬有礼（我们没有包括这些，因为它们似乎是其他更为实质性的优势的先决条件），而排除了几种 VIA 优势（例如，对美的欣赏、好奇心和热忱）；尽管如此，二者在本质上还是一致的。

其次，来自盖洛普组织的马库斯·巴金汉姆和唐纳德·克利夫顿通过总结成千上万人关于构成完美工作表现的特质进行的焦点小组访谈，得出了一些"工作场所主题"（见第 8 章）。它们包括了一些文化特异性的优势（例如竞争），以及一些我们认为融合了许多基本优势的优势（例如沟通）；但同样地，在本质上还是一致的。

与天赋的区别

在道德上有价值是对性格优势的一种重要限制条件，因为还存在其他的一些个体差异，虽然被广泛地称颂，对于个体的满足感有所贡献，能够成为一种代表性的特征，但仍然被排除在我们的分类之外。考虑一下智力、准确的音高辨别力，或是运动能力。这些天赋和能力与像勇气和友善这样的性格优势不同，但差别究竟在哪里？

我们已经认真考虑过性格优势和美德之间的区别，以及性格优势和天赋

⊖　作为我们的分类中比较晚加入的项目，幽默之所以被纳入，部分上是因为它的共同性，部分上是因为我们的分类如果不包括它就太严肃了。"过多的严肃，即便在美德方面，也是有些可疑和烦人的……没有幽默的美德对于自己考虑的太多，因此在美德上是有缺陷的"。在哲学家和神学家列举的性格优势当中，幽默很少被外显地提到，尽管它潜藏于许多关于美德的经典论述之下。老子并没有告诉任何人要幽默（不管怎样，这种要求本身也是不可能的），但他自己的表达方式是幽默的。本杰明·富兰克林也是如此。

能力之间的区别[⊖]（见第 8 章）。从表面上看，与优势和美德相比，许多天赋与能力更多的是天生的、不可改变的，而非自愿的。因此，与友善或者谦虚这样的性格优势相比，辨别音高的天赋总是更多地被认为是天生的，但阅读火车时刻表的能力肯定不是这样。而且，如果最终我们发现分类中的性格优势也具有遗传性呢（见第 4 章）？既然所有其他被考察过的个体差异看上去都具有一定的基因基础，那为什么好奇心或者领导力不是这样呢？

可以肯定的是，不会有人发现某个单一的基因编码了某种特定的美德，而且任何关于性格的生物基因学解释都肯定包含着原始的遗传材料与特定的环境和经验之间的互动。但是，既然对于许多天赋和能力已经有了相似的解释，那么性格优势和它们的区别在哪里呢？

我不太情愿地得出了这样的结论：性格优势与天赋和能力的区别在于，它们属于道德领域。这是一个不那么令人满意的结论，因为我们必须放弃更大范围内的社会和文化对于一种性格优势的标示。在努力创建分类的过程中，我担心我所创建的列表仅仅反映了我个人关于美好生活的理解。我认为我已经避免了这个问题。我并没有仅仅收录那些被上层中产阶层、信奉不可知论的新世纪欧裔美国男性学者所珍视的性格优势。

性格优势与其他的精湛技艺相比，还有两点重要的区分。第一个区别是努力和意志在性格优势中扮演的角色。篮球运动员迈克尔·乔丹受人尊敬的原因既在于他的运动能力，也在于他不服输的精神。对于这两者而言，先天的天赋／优势都经过了后天的锻炼和培养；但是，只要我们抛开幻想，就会明白我们永远不会像乔丹那样在空中飞舞，无论我们穿没穿他代言的球鞋。但是我们可以想象，我们有可能带病坚持努力工作，就像 1997 年乔丹在对阵犹他爵士队的季后赛中做到的那样；在那场比赛中，他的体温（42℃）超

⊖ 我们所继承的西方智力传统阻碍了这种区分。例如，古希腊人所说的"美德"（virtue）既包括了性格也包括了天赋，同时"行家里手"（virtuoso）这个词也在天赋领域被保留了下来（很有意思的是，在性格领域里却没有保留）。在文艺复兴时期的佛罗伦萨，身体上的美和道德上的善被认为是同一种个体差异的组成部分，至少对于上层阶级的女性来说是这样，而且我们现在似乎仍然在假定美的就是好的。

过了他的得分（38分）。这段令人铭记的表演代表了天赋与性格优势的融合，但只有后者才是我们在道德上看重的。

这一章并不适合用来讨论自由意志与决定论，因此我只会粗略地谈一下我的一个强烈疑惑：随着积极心理学的逐渐发展，可能会使社会科学家们重新认识到选择在人类行为中所扮演的关键角色。不像一种有技巧的行动那样，一种道德上值得赞扬的行为是被选择的。所有人都可以渴求拥有坚强的性格，但他们却没法同样地渴求美貌或是身体抵抗力。

性格优势和天赋之间的第二个区别在于，后者与前者相比似乎更多地因为它们的有形后果（赞同、财富）而被珍视。一个人如果没有很好地利用诸如高IQ或者音乐能力这样的天赋，就会受到人们的鄙视。看一看迈克尔·乔丹在放弃篮球改打棒球之后所受到的嘲笑吧；想一想当朱迪·加兰德、约翰·贝鲁希、科特·柯本、埃尔维斯·普莱斯里，或者是达利·斯特罗贝里这样的天才受困于毒品问题时，我们所体会到的沮丧吧。相反，我们从未听说过一个人因为没有利用他的智慧或者友善而受到批评。换一种方式来说，天赋和能力可以被浪费，优势和美德则不能。

性格优势的测评

VIA分类与其他关于优良性格的描述不同，它同时还关注于测评；现在我将开始介绍我们在测量方面的工作。一些社会科学家在听到我们的这个目标之后，提出了一些质疑，提醒我注意自我报告法的局限以及社会赞许性（研究被试传达一种关于自己的积极印象的倾向）可能带来的效度问题。我并不排斥这些考量，但是从积极心理学的立场出发，我们值得考量一下它们的前提假设。作为研究者和实践者，我们似乎愿意相信人们关于他们的问题的陈述。除了药物滥用和进食障碍之外（在这两种情况下否认可能是问题的一个组成部分），心理失调的测量都依赖于通过问卷或是访谈的自我报告。为什么不用相同的方式来考察心理健康呢？也许我们接受了消极的自我报告，却没有接受积极的自我报告，因为我们不相信积极的方面真的存在。这正是积极心理学希望我们拒绝的假设（见第 1 章）。

设想人们真的具有道德美德。大多数哲学家都强调，道德行动涉及根据一个正当的生活计划选择美德。用心理学的语言来说，这种分类意味着人们可以反思自己的美德，并向他人谈论它们。这种反思当然有可能有偏差，但是一个人具有美德并不一定没法为自己所评价。此外，性格优势并不会受到社会赞许性的"污染"；它们本身就是受到社会赞许的，特别是在诚实报告的情况下。

考虑一下此前采用自我报告法来测量积极特质的研究。没有一个研究在因素分析中得到了一个单独的测量方法因素。不同的优势分类总是很明显的。外部相关总是合理的。我们自己采用自我报告问卷测量的 VIA 优势也得到了类似的结论。我们承认有可能有一些性格优势比其他一些更不适于自我报告。几乎通过定义就可以知道，像真实性和勇敢这样的优势通常不会被用来描述自己。但是这种考虑并没有排除采用自我报告法来测量其他性格优势的可能性。而且，所有的性格优势都可以通过行为指标来测量。有些人可能不愿意将自己描述为勇敢的，但是她相对来说会更加愿意声称自己采取了某种不受公众欢迎的立场，或者她经受了慢性疾病的折磨却没有抱怨。

作为项目的关键部分，我们委托专业的社会科学家对分类中的 24 种优势进行了文献回顾。这些专家遵从了相同的格式，考虑了性格优势的定义、理论、促进因素和原因、后果，以及相关的变量。每个专家还对以往将每种优势作为个体差异进行测量的研究成果做了总结。再一次说，篇幅不允许我们针对每种优势的测量进行总结，所以这里给出一些主要的结论：

> 在大部分情况下，存在将每种优势作为个体差异进行测量的可靠和有效的方法。这一结果并不令人惊讶，因为这些优势此前已经引起了心理学家的兴趣。
>
> 但是，有一些例外。谦虚和谦卑还没有可靠的测量方法，尽管提名程序已经被用来鉴别谦虚／谦卑的楷模。而且，似乎还没有关

于勇敢的自我报告测量，尽管提名程序也同样被研究者所使用。

在大多数情况下，研究者所采取的评估策略都是自我报告问卷，但是这些现有问卷通常都很长，不适合合并到一套题目之中。

以此作为出发点，我的同事和我开始创建自己的测量工具，使得我们的分类能够在现代西方世界的英语使用者中进行测量：调查和访谈。我们同时还在将我们的调查问卷翻译到世界上其他主要语言群体当中，例如中文、西班牙语、日语和德语，但是我们是从英语版本开始的。我们的第一个目标是创建一个表面效度和信度的测量工具；接下来我们开始考虑同样重要的结构效度问题。

到目前为止，最成熟的测量策略是我们开发出的一套能够在一个时间段内完成的自我报告调查问卷。我们还针对成年人和年轻人（10～17岁）发出了不同的问卷。这些问卷包括测量 24 种优势的分量表。

VIA 优势问卷（VIA Inventory of Strengths，VIA-IS）用于对成人的测评，已经进行了 5 批不同的测量，被试人数大约有 35 万人，来自 200 多个国家。⊖这是一个具有表面效度的问卷，测量了被试对于分类中不同的性

⊖ 描述 VIA 分类的书的写作与 VIA 力量测量问卷的开发是同时进行的。我要求专家们在每一章里描述了研究领域的当前状况，需要花费几个月的时间等待他们完成手稿并发给我。在这段时间里，作为一种练习，我将 VIA-IS 的一个早期版本放到了网上，并发给我的学生和朋友们。我希望有几百人能够找到它，并提供足够的数据来让我做信度分析。接下来我希望创建纸笔版本的数据，就像调查研究者几十年来所做的那样。
  一个有趣的情况发生了。网上版本的调查问卷变得难以想象地流行，并且被证明如此有效，以至于我现在大多数的调查研究都在网络上进行。在任何的一天，都可能有几百人完成问卷。我们没有付出任何报酬，而且也没有理由认为任何的个人不止一次地填答了问卷。大约 75% 的填答者来自美国。大约 2/3 是女性。网上美国样本的种族构成与全国大致相当。典型的填答者大约 40 岁，已婚，有工作，已经完成了高中以上的教育，不过问卷结果在这些人口学变量上有许多差异。由于涉及电脑的使用，网上的填答者当然不能完美地匹配整个美国或者全世界的样本，但是他们要比心理学研究者所采用的方便样本更有代表性（例如，选修一门心理学概论课程的大学二年级学生）。网络调查研究的效率、经济性以及规模看上去可以抵消掉一些关于样本组成的担忧（Gosling, Vazire, Srivastave, & John, 2004）。
  为什么 VIS-IS 的在线版本如此受欢迎？被试在填答完毕之后（通常花费 30～45分钟）立刻会收到一份关于他们前五位力量的报告，以及一份关于这些力量的含义是什么的简短描述。这些年来，几千名填答者都与我联系，告诉我他们发现有哪些力量，并给这些力量命名这件事令他们深受鼓舞。

格优势的认可程度（从"1= 非常不像我"到"5= 非常像我"）。每种优势有
10 个测量条目（一共 240 个条目）。例如，宽容通过类似于"我总是允许别
人将他们的错误留在过去，重新开始""我相信宽恕和忘却是最好的""我不
愿意接受道歉"（反向计分）、[⊖]"我心怀怨恨"（反向计分）等测量。

朴兰淑开发的 **VIA 青年优势问卷**（VIA Inventory of Strengths for
Youth，VIA-Youth）用于对青年人的测评（10~17 岁）。像 VIA-IS 一样，
这是一个具有表面效度的问卷，测量了被试对于 24 种性格优势的认可程度
（从"1= 非常不像我"到"5= 非常像我"）。VIA-Youth 采用了针对目标
人群的年龄编写的条目。当前的版本里每种优势包括 5~9 个条目（共 198
个），比 VIA-IS 的数量更少，以减轻青年人填答者的负担。VIA-Youth 已
经被来自美国各地的几千名青年人填答，既包括纸笔版本也包括网络版本。
对于网络版本，需要首先从家长或监护人那里获得许可，允许他们的孩子参
与我们的研究。

在蒂法尼·索耶的帮助下，我们开发出了 **VIA 结构化访谈**（VIA
Structured Interview），通过与一个人谈论在何种情境下这些优势最容易
表现出来，来鉴别我们所说的"代表性优势"（signature strengths）。很显
然，有些优势只有在一个人遇到某种情况时才表现出来。一个人不会是勇敢
的，除非他处在一个令人害怕的环境中。一个人也不会是宽容的，除非他受
到别人的侵扰。相反，其他的优势则可以通过一种普遍性的和持续性的方式
来表现。因此，除非有他人存在，不然没有特定的环境可以让人来表现友善
或者娱乐性。

VIA 结构化访谈大约要花费 30 分钟左右来完成。访谈者询问受访者，
针对一种性格优势，他在某个情境下是如何行动的；如果有可能，会要求他
们详细地描述情境；否则，情境会被描述为"日常生活"。如果人们描述自
己在大多数的时间里表现出了某种优势，那么接下来再问：①他们如何命名

⊖ 自我报告调查的一个标准策略包括一些反向陈述的条目，以避免填答者表达同意的
倾向（赞同所有的条目，不管其内容如何）或者相反的倾向带来的混淆。

这种优势；②这种被命名的优势是否真的是他们所具有的；③他们的亲友是否同意这种优势真的是他们所具有的。到目前为止，我们的研究显示成人通常会有 2~5 种代表性优势。对于这些优势，VIA-IS 的评分通常会比较高，这并不令人惊讶。

我认为，结构化访谈的缺陷在于它不能对一个人的性格优势进行量化，这一点与我将优势作为一个维度有所出入。VIA 结构化访谈的优点则在于，它允许我们判断一种优势是不是被一个人有意识地拥有。从理论上讲，我们有理由相信那些人们所拥有的优势和不拥有优势在影响上存在质的差异。例如，我可能拥有一些交易型领导的技能，带领一个团队，保证他们按时完成工作。但是我并不喜欢这些任务，也没有将领导力的优势视为我核心认同的一部分。无论我在完成这些任务时有多么成功，我都会感到精疲力竭和不满足。相反，我会愉快地接受其他的优势，比如幽默和友善，而且当我实践它们的时候，我会感到愉悦。我们还需要更多的研究，来系统地检验这些关于代表性优势的推测，VIA 结构化访谈在这些研究中会是一个关键的工具。

我希望描述另外一种评估优势的方法，这种方法基于对于自发语言或者书面描述的内容分析。朴兰淑开发的**优势内容分析**（strengths content analysis）技术原本被期望用于在儿童中研究性格优势的早期前导因素，这些儿童过于年幼以至于无法完成 VIA-Youth；VIA-Youth 有时可以用于测量早至 8 岁的儿童，但通常都需要填答者至少达到 10 岁。在我们最初的研究中，数百名家长被要求使用几个词来描述他们 3~9 岁的孩子。这些简单的描述在性格用语上是十分丰富的，适合于被编码来考察是否提到了 VIA 分类中的每种优势。

编码方案的起点是优势的名称以及它们的同义词。例如，友善性格优势当然会被称为友善，但同时也会被称为慷慨、有教养、关心、同情或者美好。我们细化了编码方案，以捕捉家长们在描述他们的孩子具有的优势时所采取的不同方式。例如，没有人将一个孩子描述为热忱的、有活力的或者沸腾的，但是他们确实会将孩子描述为充满了生命力、热情的、生龙活虎的，或者每天早上"渴望活动"。这些单词和短语被认为是热忱这种性格优势的指标。在一些情况下，编码方案被扩充用以包括能反映目标优势的行为趋势。例如，家长很少将他们的孩子描述为超越性的，但是他们可能会说"她爱她的上帝"或"他说他经常祈祷"。

通过依赖孩子关于的"自发"描述，我们避免了将用词强加给家长。无论如何，这些描述是很容易编码的。一般来讲，通常会有三种优势来外显地描述一个孩子。一个家长眼中的典型儿童，如果有的话，应该是可爱的、友善的、有创造力的、幽默的和好奇的。有些优势如真实性、感激、谦虚、宽容和思想开放，则很少被提到，这一点与理论推测和常识相符合，因为一些性格优势被认为需要一定的心理社会成熟度才能表现出来。

优势内容分析技术的价值不只限于对儿童的研究。原则上讲，它可以被用来评估所有没法完成问卷或访谈的人，不管是时间有限的、不情愿的，还是已经去世的。我们需要的全部材料就是一些书面或口头的记录，无论是这些人自己的，还是关于别人的。例如，我在密歇根大学的同事费欧娜·李使用这种技术研究了讣告和流行歌曲中提到的性格优势。朴兰淑（2005）考察了官方记录中提到的荣誉勋章获得者的性格优势。鉴于这个奖项的性质，勇敢肯定包括在内。但在一些案例中，毅力、自我调适、团队合作和领导力也很明显地被提到。此外，还有额外的证据表明荣誉勋章的获得者具有谦卑的特点。总的来说，这些发现为何谓英雄勇气提供了丰富的观点。勇敢一定要在某种特定的社会情境里表现，并且通常会涉及使用认真学习过的技能。

经验发现

VIA-IS 与 VIA-Youth 均表现出了一定的信度（项目聚合）、效度（性格优势的自我报告与他人报告相一致）以及至少跨越 6 个月的稳定性。在这里，我希望提及一些目前为止得到的经验发现，这些发现令我感到非常有趣，同时也展示了通过经验的方式来研究优良性格的价值。

第一，我的同事和我发现，来自世界各地的成年人与来自美国的成年人对于这 24 种性格优势的相对认可程度存在惊人的相似性。在 54 个国家中，从阿塞拜疆到赞比亚，最被认可（"最像我"）的优势是友善、公平、真实性、感激和开放头脑。比较少被认可的优势包括审慎、谦虚和自我调适（见图 6-1）。即便存在文化、种族、宗教和经济的差异，国家之间的秩次相关依然非常高，通常在 0.80 以上。

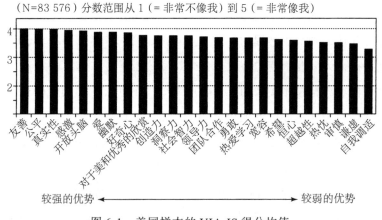

（N=83 576）分数范围从 1（= 非常不像我）到 5（= 非常像我）

图 6-1　美国样本的 VIA-IS 得分均值

相同的排序在美国的 50 个州中同样适用，但超越性除外，这种优势在南方更明显；在不同的性别、年龄、教育程度上均是如此，一个人所在的州在最近一次大选中投票给了民主党还是共和党也没有影响。这些结果可能揭示了一些共同的人类本性，以及 / 或者一个可以维持的社会所需要的最低性格要求。

第二，关于优势档案的比较表明美国的成年人和青少年在秩次上存在整体上的一致，但是这种一致明显低于美国的成人和其他国家的成人之间的情况。希望、团队合作以及热忱在美国青年中要比在美国成年人中更普遍，对于美和优秀的欣赏、真实性、领导力和开放头脑则相反（见图 6-2）。如果要将我们的注意力转向有计划地培育性格优势，那么我们应该关注于如何保持特定的优势在成年的过程中免受侵蚀，同时从头建立起另外一些优势。

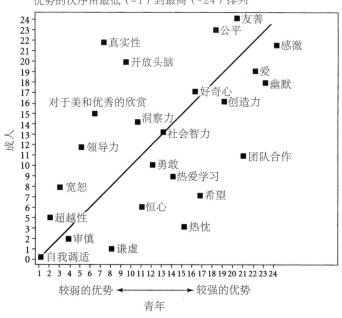

优势的次序由最低（＝1）到最高（＝24）排列

图 6-2　美国青年（N=250）和成年人（N=83 576）的优势状况对比

第三，尽管关于性格优势的定义包括了对于满足感的贡献，那些与心灵有关的优势，例如热忱、感激、希望和爱，与那些与大脑有关的优势（如热爱学习）相比，与生活满意度有更稳定的相关。我们发现这种模式在成年人中、青年人中，甚至在父母对于每一个孩子的描述中都存在。[一]我们还发现了一些纵向研究的证据，表明那些心灵优势预示了之后的生活满意度。正如我们在前面的章节中所看到的那样，他人存在着重要的影响。将我们指向他人的性格优势让我们感到快乐。

第四，将美国人在"9·11"事件两个月之后的 VIA-IS 得分与"9·11"事件之前的得分相比，信仰（超越性）、希望和爱表现出了提升，这种趋势在欧洲人中不明显。这些优势包括了托马斯·阿奎那（1966）鉴别的神学美德，这些美德在关于"9·11"事件的获奖乡村音乐歌曲 *Where*

———————
　　⊖　父母的描述中也包括了对于儿童的"幸福"特性的编码。

Were You? 中也有所涉及。这些数据可以通过恐惧管理理论来解释，根据这种理论，人们通过增加对于文化价值观的认同，来"管理"自身必死性引发的恐惧。

第五，作为研究人的最佳状态的第一步，我们进行了三项平行的研究，涉及优良性格以及它与工作、爱和玩乐的关系。我们并没有询问被试当前的工作、爱情关系和休闲活动（这是关注于这一主题的研究所采取的典型策略），而是让他们思考他们最满意的工作、最真挚的爱情、最好的朋友，以及最投入的业余爱好，不管这些在他们目前的生活中是不是还存在 [我们也给了被试"不存在"的选项，有一小部分被试（都是年轻的成人）选择了这一项]。

有趣的是，被试并不总是描述他们当前的工作、关系或休闲活动。人们在这些领域中做出评价和选择的刻板标准并不适用，例如工资、地位和地理位置之于工作；美貌或财政安全之于爱情关系；纯粹的感官愉悦之于休闲活动，这些并不是我们的被试报告的最佳体验的特点。相反，人们在工作、关系和爱好中看重的东西与他们自己的性格优势相一致。例如，那些具有友善这种性格优势的人特别享受能够指导他人的工作；那些具有好奇心这种性格优势的人偏好"冒险性的"恋爱伴侣；那些具有热爱学习这种性格优势的人则在空余的时间中喜欢园艺。

第六，我们已经开始研究性格优势对于之前的生活危机的影响。在积极心理学的诞生之初，塞利格曼和契克森米哈赖认为一门学科在繁荣的、和平的社会中才是有意义的。它的目标不是使人们从 −5 变成 0，而是从 +2 变成 +6（见第 1 章）。相应地，积极心理学似乎与悲痛和病理学没什么关系，这些是常态的心理学的典型关注内容。

自"9·11"事件以来，许多积极心理学家的观点已经发生了改变，提示我们一个人身上最好的部分可以在他面对危局时体现。危机对于性格来说可能是一种考验，也可能不是，但它一定允许那些美德伦理学家所谓的"矫正性性格优势"得以展现。

逸事证据表明，至少如果能成功克服的话，这些危机会使得一个人对于生活中真正重要的事物产生感激之情，以及与之相伴随的行动准备。关于心理抗逆力和创伤后成长的系统性研究进一步表明，至少对于一部分人而言，他们在危急中受到的伤害要小于理论家的预测；但是，一个人从一段困难经历中实际获益，发现或建立性格优势，这种情况的发生频率我们仍然知之甚少。

有一些障碍使得我们无法得出确定性的结论。至少在美国文化中，普遍存在一种关于救赎的文化脚本，使得人们在回顾过去的一段坏经历时，倾向于将它看作是好的。将自己定义为幸存者是自我认同的重要组成部分，并且会影响到一个人如何回答关于危机后果的问题。我并不想玩世不恭地认为这种认同是不真实的，但我确实相信，我们需要与那些没经历过危机的人相比较，以确认自我肯定效应的存在，并排除诸如成熟这样的混淆变量的影响。

我们的研究回避了这些障碍。尽管我们的研究采取了回溯性的设计，并依赖于自我报告，但我们并没有问及过去的危机，直到整个调查的最后。因此，被试的幸存者认同并没有被外显地启动。我们已经完成了三项这样的研究，首先使用 VIA-IS 测量性格优势，接下来向被试询问关于生理疾病、心理失调或是像袭击这样的创伤性事件的问题。在每种情况下，那些经历过危机的人与没经历过的人相比，在某些性格优势上出现了提升。例如，严重的生理疾病与勇敢、友善和幽默相联系，如果一个人能从中恢复的话，这些优势进而会与更高的生活满意度相关。这些研究告诉我们，针对这些优势的干预不仅能够帮助人们在危机后幸存，还能提升他们的生活质量。

我与朴兰淑最近开始着手的一项研究关注于这样未经检验的假设："面面俱到"在性格方面是可能的。到目前为止，我们已经鉴别了性格优势，测量了它们，并开始考察它们之间的相关以及后果；可以想见，这些关系通常都是正向的。这也许意味着我们应该发展和使用尽可能多的性格优势。

但这真的可能吗？巴里·施瓦茨和肯尼斯·夏普对于 VIA 分类项目提出了批评，认为它忽视了我们在日常生活中有时必须在几种性格优势之间进行取舍。他们的批评始于"我穿这件衣服看起来如何?"这个问题。大多数人听到这个问题可能都会微笑,因为你们知道问这个问题的人通常是在怀疑衣服在有些地方有问题。那么,一个人会如何回应这个问题呢?也许会友善地回答:"你看起来很棒";也许会诚实地回答:"你看起来很糟糕";或者也许会审慎地回答:"绿色是一种不错的颜色"。

这种抉择不存在一种相同的正确答案,尽管施瓦茨和夏普认为,他们称之为"实践智慧"的社会智力会帮助我们在具体的情境之中考虑各种潜台词并选择一种回答。她有没有时间换衣服?她有没有另一件衣服?诸如此类。要点在于,有的时候一个人没法同时做到友善和诚实。一定要有所取舍。

我们怀疑人们可能是在性格上做出这种取舍的。假设其他条件均相同,我们中的有些人会表现出友善,另外一些人则表现出诚实。如果确实如此,那么我们可以预期,通过 VIA-IS 测量的某些性格优势会表现出相互之间的关系,在一种优势上的高分应该与另一种优势上的低分存在相关,反之亦然。这种取舍关系可能反映出了真实的世界是如何限制优良性格表现出来的。

通过使用恰当的统计程序,我们确实发现了优势之间的取舍以及一种简单的解释方案。图 6-3 使用**环状模型**(circumplex model),在两个维度上描述了优势之间的关系;这种模型已经被其他领域(如知觉、情绪和人格)的心理学家所使用,将不同的概念放置在一个圆形中,以描述它们之间的理论或实证关系。

x 轴代表了对于关注于自我(如创造力、好奇心)或者他人(如团队合作、公平)的优势;y 轴则代表了那些涉及智力约束(如开放头脑、审慎)或者情绪表达(如爱、感激)的优势。如果两种优势在图中的位置相近,则表明它们很容易共同出现;但如果两种优势的距离很远,那么就更有可能需要做出取舍。当然,这些取舍并非不可避免,但它们确实表明人们展现优良性格的习惯方式并不相同。

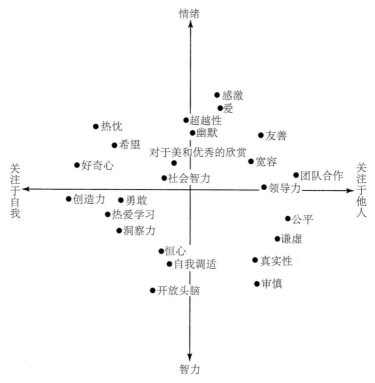

图 6-3　性格优势之间的取舍

注：两种优势在图中的距离越远，同一个人习惯性地同时表现出这两种优势的可能性就越小。

练习

以新的方式使用代表性优势

与阿尔波特在几十年前对人格特质做出的结论一样，我相信人们确实具有代表性优势。代表性优势是指一个人拥有、称赞并且经常实践的性格优势。在对成年人的访谈中，我们发现几乎每个人都会将一些优势视为他们自己所拥有的，数量一般在 2～5 个之间。这里是一些代表性优势的评价标准：

- 对于这种优势有一种拥有感和真实感（"这是真正的我"）
- 表现出这种优势时有兴奋的感觉，特别是在第一次

- 在那些与这种优势有关、需要使用它的情境里，有较快的学习曲线
- 持续不断地学习新的方式来展现这种优势
- 一种根据这种优势来行动的渴望
- 一种不得不使用这种优势的感觉，好像没法阻止它表现出来一样
- 这种优势是在顿悟中发现的
- 使用这种优势之后不会精疲力竭，而是感到精力充沛
- 创造和追求围绕着这种优势展开的基本项目
- 具有使用这种优势的内部动机

我的假设是，锻炼代表性优势是令人满足的，这些标准表达出了这种满足感的动机和情绪特点，如兴奋感、渴望、不可回避性、发现以及精力充沛感。

这种锻炼的目的有两点。首先，在网站上完成 VIA-IS，以鉴别你的代表性优势。网站可以针对你得分最高的优势，提供即时性的反馈。对照上述代表性优势的标准，看一看高分的优势里有哪些是你的代表性优势，也就是真正的你。

其次，选择一种你的代表性优势，再接下来的几周里，每天都采用新的方式来使用这种优势。正如第 4 章中所说的那样，我们已经系统性地检验了这种干预措施，并发现它对于幸福感有长期的积极影响。关键的部分在于以新的方式使用优势。你或许可以自己想出新的方式，但这里有一些乔纳森·哈代以及塔亚布·拉希德等人给出的建议：

对于美和优秀的欣赏

参观某个你不熟悉的画廊或艺术博物馆

开始记录一份美丽日记，每天写下你看到的最美的事物

每天至少一次，停下来注意自然之美的一个例子，如日出、花朵、鸟鸣

真实性

不要对朋友讲善意的谎言（包括不真诚的恭维）

思考你最重要的价值观，每天都做一些与它一致的事（见第 7 章）

向别人解释你的动机时，采取一种诚恳与诚实的方式

勇敢

在团体中支持一种不受欢迎的观点

为了你所见到的明显不公正的事物向恰当的权威抗议

做某一件你平时因为害怕而不会去做的事

创造力

参加诗歌、摄影、雕塑、素描或者油画课程

选择你家里的某样东西，想出常规用途之外的另一种用途，例如使用你的健身车作为衣架

给朋友寄一张写着你所创作的诗歌的贺卡

好奇心

参加一门你完全不了解的主题的课程

去一家你不熟悉的风味的餐馆

在你居住的城市里发现一个新的地点，了解它的历史

公平

每天至少一次，承认一个错误并为它负责

每天至少一次，称赞某个你不是特别喜欢但理应受到赞美的人

倾听他人，不要打断他们

宽容

每天丢掉一些怨念

当你感到恼怒的时候，即使有正当的理由，也采取高姿态，不告诉任何人你的感受

写一封宽恕信；不要寄出去（见第 2 章），但每天读一遍，保持一周

感激

记录你每天说了多少次"谢谢你"，使这个数字每天都增长，保持一周

在每天结束的时候，写下三件顺利的事情（见第 2 章）

写下并寄出一封感谢信（见第 2 章）

希望

想想过去的一件令人沮丧的事情，以及它带来的机会

写下你下周、下个月，以及下一年的目标；抛开悲观的想法，制订具体的计划来实行这些目标（见第 5 章）

幽默

每天至少让一个人微笑或大笑

学习一种魔术花招，给你的朋友表演

取笑你自己，即使只是说一句"我又来了"

友善

去医院或者护理房看望某人

开车的时候，避让行人；走路的时候，避让车辆（后者也属于审慎行动的范畴）

为一个朋友或亲人匿名地帮一个忙

领导力

在你的朋友圈里组织一个社交聚会

为一件令人不快的工作负责，保证它的完成

使用各种方法，让一个新来者感到受欢迎

爱

接受一个称赞，不要扭捏；仅仅回应"谢谢你"

为某个你爱的人写一张字条，将它放在能被发现的地方

与你最好的朋友一起做一件他非常喜欢做的事情

热爱学习

如果你是一个学生，读一些"推荐的"但不是"需要的"材料

每天学习并使用一个新词

阅读一本非幻想类图书

谦虚

不要谈论你自己，保持一整天

穿戴打扮不会吸引别人的注意力

想象某件你的朋友做得比你好得多的事情，对他称赞这件事

开放头脑

在一个争论中，故意唱反调，采取一种与你自己的观点不一致的立场

每天考虑一下你自己强烈相信的观念，思考一下你可能是错误的

收听支持"另外一种"理念的广播，或者阅读这样的报纸

恒心

写下要做的事情的列表，每天做一件

在截止日期之前完成某件工作

不受干扰地连续工作几个小时，例如：背景里没有电视、电话、零食，不查邮件

洞察力

想象你所认识的最有智慧的人，像他一样度过一天

只有在被问到时才提供建议，但是这样做的时候要仔细考虑，以解决朋友、家人或者同事之间的争端

审慎

在说除了"请"和"谢谢你"之外的话时，多思考一下

开车的时候，保持时速比限速低 8 千米 / 时

吃零食之前，问你自己"为了这个长胖值得吗？"

超越性

每天想想你生活的目的

在每天开始的时候冥想

自我调适

开始一个锻炼项目，每天坚持它，保持一周

避免传播流言或者说别人的坏话

当要发脾气的时候，数 10 下；如果需要可以重复

社会智力

使其他人感到放松

当亲友做了某件对他们来说很难的事情的时候，注意到并称赞他们

当某个人惹恼你的时候，理解他的动机，而非回敬

团队合作

尽可能地成为最好的团队伙伴（见第 2 章）

每天花费 5 分钟，捡起人行道上的垃圾丢到垃圾桶中

为一个慈善团体提供志愿服务

热忱

早点上床睡，保证你不需要闹钟，而且早上能吃一顿营养早餐，每天如此，至少一周

说"为什么不呢"的次数要比"为什么"多三次

每天做一些你想做而不是必须做的事情

第 7 章

价 值 观

要明白，好就是做好的事情。

——柏拉图（公元前 360 年）

　　和性格优势有关的问题之一是这些性格优势是否被用在了错误的目的上。尽管性格优势是道德价值的定义，但暴君可能是一个有效的领导者，自杀式炸弹者可能很勇敢，一个尖锐嘲讽的人可能很有幽默感。这些人并没有代表道德意义上的好，但是他们的性格优势仍然十分明显。换言之，人的品质可能有影响力，尽管个体没有在行为上表现得令人称赞。

　　我们需要考虑用一些其他的东西来评价一个人的好坏。这些东西包括他的性格优势指向的更大的目标。因此，一个人可以通过组织大的救济活动或者是通过在市场上兜售暴力电视游戏来加强自己的领导能力；一个人可能通过挑起一场争端或是逃离它而变得勇敢；一个人可以因为好玩而将别人聚集在一起，或者在他们中间引起隔阂，行为的目的最终决定了这个行为的好坏。

　　因此，好生活的一部分就是我们追求那些我们认为有价值的目标；这些目标就是**价值观**（value）。价值观往往是自然形态的道德或者政治，同时价值观强烈地塑造了我们生活的方向或我们应该生活的方向。根据 1999 年公共议题的调查显示，在美国的成年人认为，不了解年轻人的价值观成为他们和年轻人沟通最大的问题，比毒品和暴力问题还要严重。

　　在罗列的众多积极心理学的主题中，我担心的是我个人的偏好决定了我认为什么是积极的（见第 1 章）。但是价值观的研究是完全不同的，因为它关系到个体怎样评定什么是有价值的，事实上每个人都对这个问题有自己的看法。积极心理学家的任务就是研究这些看法和这些看法在人们生活中所扮演的角色，而不是赞同它们中的一些。

　　有时候我们对价值观的研究是很让人惊讶的。举例来说，2004 年宾夕法尼亚州的斯沃斯莫尔学院心理学家巴瑞·施瓦兹的研究显示了当一个调查者跟随着数据指引他的方向走时会发生什么。他关注了自身的一个选择，一个大多数人会认为是美德的价值观，一种纯粹的善。

　　他讲故事说，当他去服装店买一条蓝色牛仔裤的时候很生气。蓝色牛仔裤是他这些年一直在买的物品，通常他只需要做极其简单的事：记住型

号，买下那个型号的裤子，打开它穿上足够长的时间。但是距离上一次他
买裤子和这一次之间，蓝色牛仔裤产业发生了变化，他在商店里要面对的
选择不仅仅是大小，李维斯和李两个牌子，还有砂洗的、渐变的、宽松型、
休闲型、靴裤以及烟管裤，等等。同时"蓝色"牛仔裤理所当然地有了黑
色或者绿色，或者灰色甚至是水鸭色，或者海螺或者沙漠玫瑰（有些颜色我
没办法定义）。施瓦兹纵览了这些选择，花了很长时间来挑选一条合适的牛
仔裤。事后他觉得自己没有做出正确的选择，所有的这些都只是关于一条
蓝色牛仔裤。

选择以及自由地做选择，在很多国家是最基本的价值观，在美国也是如
此，它是一个从一开始就很重视个体权利和权威的国家。在宗教、职业、居
住地、朋友以及浪漫的伴侣之间做选择的自由是一个美国人的权利。

但在这种社会共识的后面，施瓦兹用一系列实验来回答选择是否有下
降的趋势，实验结果证实了他自己买牛仔裤的经历。随着我们面对选择的
数量的增加，我们做出选择的时间也会随之增加，即使是那些微不足道的
选择，同时我们事后后悔做出的选择也会增加。当选择的数量增加时，"如
果"被越来越多地提及。因此，两三个选择会比只能选择一个更令人满意，
但是同时从心理上来说会增加一点儿好处，尤其当出现多个最佳选择的
时候。

根据施瓦兹和他的同事的进一步研究（2002），当人们面对多个需要做
出选择的时候，大多数人都显示出了一致性的选择风格。一方面，我们发现
有些人希望在多个选项中做出最佳选择；另一方面，我们发现有些人满足于
做出"足够好"的选择。按照诺贝尔奖得主赫伯特·西蒙的说法，施瓦兹称
前一种人为**最大化主义者**（maximizer），因为他们的目标是永远追求利益的
最大化，而后一种人为**满足主义者**（satisficer），因为他们的目标是做出一
个让人满意的选择。

没有哪一个人是纯粹的最大化主义者或者是纯粹的满足主义者，但是人
们能够根据一致性和满意性排列持续性，就像下面所述：

- 我不会满足第二个最好。
- 无论我现在对工作多么满意，我都有权利寻求更好的发展机会。
- 逛街的时候，我很难找到真正喜欢的衣服。

　　人们的反应预示了他们怎样做出一个实际的选择以及他们的心理动态。如我们所预想的，最大化主义者会花更长时间做出一个选择的决定，但是更有趣的是，他们对自己的选择不是那么满意，即使这些选择看上去比那些满足主义者快速做出的选择决定"更好"。

　　施瓦兹研究了毕业生找到的第一份工作。最大化主义者比满足主义者需要更长的时间来确定他们的工作，但是他们工作的平均薪酬水平要更好。这也许是一个很好的交易。尽管接下来的研究显示这些毕业生中，最大化主义者和满足主义者相比，对他们的工作满意度更低，即使他们有更好的薪酬水平。一般来说，最大化主义者比满足主义者对生活的满意度更低（见第4章）。这是一个矛盾的选择，我们希望的是越多越好，但是更多的选择并没有使我们更高兴。

　　你可以通过对自己进行一个客观的观察以及你是怎样做选择的，来仔细考虑这方面研究更深层的意义。如果你是一个最大化主义者，你可以通过减少这种风格在消费中的主导来进行实验，就像这一章最后建议的那样。但是这一章主要讨论的是价值观既有弊端同时也有好处。

价值观的功能

　　价值观本身也有价值吗？理论上就存在这种可能性，个体或者团体没有价值观也能运行得非常良好，但是这样的个体或者团体似乎根本不存在。这是一个社会历史上专制的偶然事件还是深深地存在于人类本质之中，我不知道，但是价值观几乎是普遍的、全球的。大多数理论家运用价值观的普遍存在性为价值观在个体和团体中的重要功能而争辩。所有的这些功能都能够带给我们一个良好的生活，尽管我们不应该就这样把好生活等同于简单或者愉悦。无论怎么定义它，我们需要的是正确的东西，因为是正确的才值得去做。

就个体来说，价值观不仅仅暗示着目标行为，同时也是这些目标不断进化的评价标准。价值观超越了那些被我们描绘为意向的东西。作为一个理想化的标准，价值观不一定总是能够实现的。当人们的行为没有和他们宣称的相合拍时，我们不应该感到惊奇，尽管在价值观和行为之间往往会出现一个中间关系变量。

事实上，这里提出了一个长期的研究问题：价值观和行为什么时候才能达到一致呢？这里总结了一些情境，我们认为他们的信念／想法能够反映在他们的行为中：

- 个体最开始产生价值观的那个环境：比起那些来自间接经验的价值观，来自直接经验的价值观与行为有更多的一致性。
- 价值观帮助个体定义自我印象的程度：如果自我印象和价值观联系紧密，那么个体通常会在行为上表现出一贯性。
- 个体在行为时是否有自我意识：有时在行为发生之前，个体需要重新想想他们的价值观。那些不知道自己行为意义的人们，比如那些对社会规则没有意识的人，倾向于（在行为上）表现得没有持续性。
- 个体的特定行为能够反映价值观上的问题：如果个体强烈排斥某一特定行为，那么价值观对行为只有很少的影响，这种情况下，个体和价值观并不是同其他人预期的那样一致。
- 行为响应价值观的普遍性正在被检验：举例来说，对美的一般看法，无法预测如回收易拉罐这种特定的行为，也不能预测关于回收的美德方面的更具体的观念。
- 行为联系价值观的广度：如果行为在重复的情景中用不同的方式衡

量，那么我们的信念和行为之间的联系是可以推进的。换言之，如果我们能够从整体把握，行为更容易反映出价值观。

当我们的行为确实和一些价值观相联系时，我们把自己从环境中引发行为的核心原因或者生理原因中解放出来。举例来说，宗教价值观可能导致个体结账时被激怒，或者避免某一特定的食物或性行为，忽视个体真正的愿望。从这种角度来看，价值观为个体战胜即时因果以及独立提供了空间。

价值观是可以表达的。它们告诉全世界和我们自己我们是谁，以及我们最重要的是什么。我们会在车上粘上和价值观相关的警示语，或者穿上与价值观相关的衣服。我们有最能够具体表达价值观的座右铭，也会不断地向他人、向自己重复着。这些座右铭就是我们对现在自己的期望。除此之外，我们按照自己的价值观生活时，我们会感到公正；背道而驰时，我们会觉得内疚。价值观最终的作用就是为我们所做的和所感受到的提供公正。

价值观具有社会功能。在同一个组织中的个体秉持同一种价值观，至少是和组织愿景相联系的价值观。组织愿景可以作为团体特征来区别不同的组织，因为这些愿景代表了这个组织存在的最初意义，例如为什么人们应该加入这个组织，以及为什么这个组织能够持续下去（见第 11 章）。因此，《纽约时报》的座右铭"所有新闻宜刊载"将这些都包括在了一句话中。优秀的新闻在于报道者的期许以及对读者的承诺。

通过制定规定来实现团体中成员把价值观以有效的方式表现在行为中，已经得到了广泛的应用，因此，组织成员宽恕那些激进的评价标准和公正性。"父母永远是对的"是很多传统家庭所持的价值观，"孩子永远是对的"是很多新新家庭所持的价值观，或者至少两者都存在于家庭价值观中。除此之外，共享价值观还能够减少组织间的矛盾。"这是我们这里做事的方法，是正确的，如果你不喜欢可以离开。"

共享价值观能够对出现偏差产生约束力，帮助召集组织中的愤怒来对付那些无理的人。这样在不增加组织反对的情况下，惩罚就变成了可能。因为一个人迟到了五分钟而解雇他，听起来似乎有点残忍，但是因为他不遵守组织的规定，对其他的组织成员无礼而解雇一个人，就听起来有理由多了，尽管可能他具体的事件是迟到了五分钟。

组织价值观能够让组织成员去评判其他的组织是好是坏，进而决定怎样对待他们。因此，基督教徒、天主教徒是天生就有冲突吗？在相应道德圈子中所持的价值观（有时候称之为一般概念）能够很好地回答这个问题。

和个体概念一样，组织价值观是一个公共的描述。一个组织怎样使自己被全世界所知？美国的很多州都有自己的座右铭，非常不巧的是，最初的 13 个州都表达了 1776 年反对英属殖民地独立战争的情感。新罕布什尔州的口号是"自由生活或死"，罗得岛州的口号是"希望"。在特拉华州，是"解放，独立"，在新泽西州，是"解放和权利"。在明尼苏达州，座右铭是"美德，解放，独立"，马萨诸塞州的座右铭很上口，也表达了同样的观点："我们用剑追求和平，但是解放是和平的前提。"我自己所在的密歇根州是美国新晋的一个州，我们的座右铭有一点关系到自由但是更多的是关于旅游："如果你在寻找一个愉悦的半岛，看看你周围吧。"（密歇根州的座右铭用拉丁语表达式更让人印象深刻：Si Quaeris Peninsulam Amoenam Circumspice.）

价值观不仅仅是社会控制的一种手段，也是一种保护。因为价值观产生的改变也是有可能的，各种社会行为的一个集合点就是通过引用一些价值观为一些计划找到理由。

现在，我将要谈谈心理学家所认识的价值观。什么是价值观？同样重要的，价值观不是什么？我们怎样定义价值观？存在普遍接受的价值观的可能性吗？不同价值观之间怎样权衡？它们在哪？怎样起源的？价值观能改变吗？如果可以，会有怎样的影响呢？

什么是价值观

我们都听过各种各样的价值观，如家庭价值观、美国人价值观、文化价值观以及类似的。一般来说，价值观是一种对某些目标偏好持久的信念。不同的人、不同的社会群体有不同的价值观，同时伴随着重要的行为结果。

不同于积极心理学的其他主题，价值观很长时间以来一直是研究主题，也是社会科学所有学科的研究焦点，包括人类学、经济学、政治学、社会学以及心理学。这里我将特别推荐心理学中价值观的研究，因为它关注了一些更深层的过程和意义。心理学家更倾向于认为价值观不仅仅是一个名词同时也是动词，我们怎样实现我们追求的目标？

科罗拉多大学研究生院的教授威廉·斯科特广泛地研究了价值观，同时致力于怎样定义和评估价值观。斯科特教授是一名非常有经验的科学家，为了研究价值观，他从访谈开始，他的访谈策略是先问一系列热身问题，然后开门见山地提问：

> 想想各种各样你崇拜的人，试着想想他们哪些方面是值得钦佩的。现在，考虑这个问题：他的哪些方面你认为是好的？哪些个体特征是你特别钦佩的？请想想你刚刚提到的特征……哪些是你认为与生俱来的好的特征，应该被所有人都认为是好的？

斯科特选择用单词"钦佩"来获取什么是人们认为有价值的，而不是用一个广阔的好或者坏的概念表示。尽管如此，就像访谈中的这些潜在问题显示的，（被试对）道德意义上正确的可钦佩特质进行标记时很少犹豫。

斯科特用这些开放性描述，最终得到了完整的价值观定义，价值观被认为是：①与生俱来的好：作为最终目标；②绝对的好：在任何情境下都坚持；③普遍的好：应用于所有人。为了进一步确认，有些个体提供了更为有限制性的回答（"这取决于"），但是大多数人还是从这几个方面看待价值观。确实，大多数访谈对象认为所有拥有正确思想的人们看事情应该和他们一样，

因此，他们应该有相同的价值观。[⊖]

尽管斯科特的访谈从钦佩特征的问题开始，听起来有点像第 6 章中性格优势的调查研究，但它们是不同的。他问的问题是关于我们钦佩对象的特征，无论这些特征是否出现在我们自身的行为中。

斯科特的访谈对象是大学生，他并没有说明大学生定义的这些钦佩特征是详尽的还是普遍性的。不管怎样，下面是他访谈中得到的一些价值观，你可以看到它们有一些时代特征：

- 成就
- 创造力
- 诚实
- 独立

- 理智主义
- 友好
- 忠诚
- 体力

- 笃信
- 自我控制
- 社会能力
- 社会地位

大多数（如果不是全部）价值观是每个人追求的理想价值观，这就暗示了价值观的另一个重要的方面。它们通常被大多数人认为是积极的、中立的。当我们说人们有不同的价值观的时候，更精确描述的是人们有不同的价值观重点。我们对自己的价值观进行排序，并用这些顺序来判断产生的冲突。这样，价值观的另外一个重要的方面就是我们每个人都有一个包含各种价值观的价值体系。

所有的事都是平等的，忠诚地对待自己的组织是每个人都追求的价值观。试想一下一个组织不在实际的电视节目中庆祝背叛和变化。在现实的世界中，尽管忠诚可能会和另一个被广泛认同的价值观，即诚实相冲突。一些人通过表现忠诚来解决冲突（例如不批评组织，尽管这些批评是准确的），另

⊖ 至少在现在的美国，政治差异正在像道德差异以及价值观分歧一样被重视。看看有多少人认为价值观，即所有理性的人们所赞扬的目标，几乎不可避免地使人相信：因为政治对手不赞成你的价值观，所以他们是愚蠢的、邪恶的或两者都是。这种对个体观点的中伤出现在政治领域中。如果要我说的话，这不是一件好事。我认为多数的政治争论都需要被重塑，我们所称的价值观差异实际上是观点和想法的差异，重要的且值得肯定的是，没有对个体观点的道德特征的广泛推测。

一些人通过表现诚实来解决（例如皇帝的新装）。在这两种情景中，我们应该假定居于次要位置的价值观不是不重要的，它只是没有首要位置的价值观重要。

在这一章的后面，我将会谈到心理学家怎样测量价值观，即一个一般概念上的乐观性产生的**天花板效应**（ceiling effects）的问题。对价值观的认可通常居于较高的位置中，也就是意味着两者之间的距离可能使测得准确以及有意义变得困难。

我应该重新再强调一下，价值观也具有社会性。组织可以被描述为共享价值观（因为个体成员倾向于认可他们渴望的目标）。共享价值观可以是组织的一个定义特征，同时将它们与人们在同一时间集合在同一地点的纯粹的集会区别开来（见第11章）。

比如，斯科特的研究显示，就像我们料想得那样，组织因为它们的价值观不同而不同。因此，演员比学生更看重创造性；兄弟会和联谊会成员更看重社会能力和忠诚；神学院的学生更看重笃信；荣誉学生更看重学术上的成就；运动员和户外组织更看重体力上的能力。这些比较使我感到很高兴，斯科特研究了科罗拉多大学学生组织成员，这些成员为他自己出现偏差感到骄傲，并且他们都很独立以及不妥协。

斯科特的研究显示，大学生加入那些和他们自己有相同价值观的学生组织，后来，这些组织成员被他们同龄人的相同的或者不同的价值观所评估。有意思的是，在他的研究中几乎没有证据能够显示，学生组织没有因为有更为相同的价值观而变换成员，尽管值得记住的是，这些组织都是自愿组织，只有少量的给未来的活动空间。在这一章的后面，我将要讨论价值观的起源，理论上认为是社会机构，例如家庭或者是大一些的文化创造以及重塑了价值观。我们应该始终把价值观放到社会环境中去看，尽管现有的讨论使它的背景变得越来越模糊。

总之，价值观是个体对所持有的信念和组织成员共享的并渴望实现的目标；它们改变了一些特定的情景；它们指导我们的行为以及对他人的评价；

同时价值观也因为其重要性而被排序。更长远的是，价值观不是存在于真空状态中的，它是个体关于世界以及这个世界应该是怎样的，这种意识形态的一部分。

价值观不是什么

大多数的评论家观察显示，价值观这个词被运用得很杂乱，几乎代表了所有的主题：兴趣、愉悦、喜欢、喜好、责任、道德义务、渴望、想要的、目标、需要的以及倾向。我曾经试图阐明价值观是什么，但是鉴于杂乱的用法，给出价值观不是什么是同样重要的事情。

价值观不是态度，尽管两者之间有些联系。价值观是一个抽象理想，然而**态度**（attitudes）是对一个特殊题目或者问题喜欢或者不喜欢的评估吗？^㊀ 如果我们相信人们应该对其他人友好，那就是价值观。如果我们相信司机应该用他们的转向灯，那这个信念就更接近于态度，因为这是更具体的想法。如果我们轻视在交通拥挤时 SUV 司机没有用他们的转向灯，那毋庸置疑是一种态度。

抽象价值观也包含一些具体态度，尽管两者不完全相同，这中间的细节也因人而异。平等的价值观可能通过强烈的支持积极行为系统来体现，但是这同样可能导致支持完全相反方向的行为系统。有一部分人认为"生命"就是反对流产，但是有一部分人认为"生命"就是反对战争以及死刑。就像你所知道的，至少在美国，在态度上这些人很少是同一类人，魔鬼总是体现在细节上。

值得注意的是，那些拥护给定价值观的人们通常这样：随声附和波莉安娜法则的前提，并认为它更基本以及值得记住（见第 5 章）。因此，那些支持堕胎的人们优先选择描述自己的立场，那些支持死刑的人们谈到法律、

㊀ 有些人相信态度是价值观，是对特定组织向广泛道德的条件进化进行评估，并用这种评价来指导他们的想法、感受以及行为。

秩序以及责任性，那些反对同性恋婚姻的人们说他们的目标是保护传统的家庭。

价值观和态度之间还有一些更深远的差别。比起态度，价值观在个人自我概念中处于更加中心的位置。"我讨厌抱子甘蓝"可能是一种强烈的态度，但是这很少被定义为个体怎样看待他们自己。同时，相较于具体的态度而言，抽象的价值观概念很少联系到具体的行为。那些讨厌抱子甘蓝的人们可能不吃它们，但是那些快乐主义者可能吃也可能不吃抱子甘蓝，无论它们吃起来是多么奇怪。最后，长期研究表明，相比较态度而言，价值观在一生中更稳定。

价值观不是特征，尽管定义性概念能够被用于描述[⊖]（见第 6 章）。**特征**（trait）是想法、感觉以及行为连续性的表现，然而价值观是一个关于渴望目标的信念（已经提过），可能没法和具体的或者持续性的行为相匹配。有些特征是积极的（友好），有些是消极的（神经质），但更多的是中性的（内向性或者外向性）。我们使用自己的价值观，而不是自己的特征去评价他人。

价值观也不是规范，尽管两者都存在于"应该"之中。两者之间的区别是，**规范**（modeling）贯穿于所有的情境中，个体应该在特定情境中有特定的行为模式，如婚礼嘉宾应该带来礼物。相反，价值观跨越于不同情境，人们应该礼貌地对待他人，包括新娘和新郎，同时也包括停车场服务员、司机等。

另一个区别是它们受制于规范，至少对部分人群来说，规范让他们觉得（自己）被迫成为现在这样的人。"我不想给别人买礼物因为我会被认为会这样做。"相反，我们没有觉得价值观强迫了我们（去做一些事）。毕竟，价值观就是真实的自己，当我们没能够把自己的价值观表现在自己的行为中，我们会觉得失望和不舒服。

价值观不是需要，尽管两者都影响着我们的行为。**需要**（need）与一些生

⊖ 价值观和美德（积极的特征）能够被用于解释道德上相同的、值得赞扬的行为，但是价值观被认为是外化的评价标准，而美德是内化的品质。

理活动联系在一起,例如饥饿、口渴、性等动机性功能。需要促使我们做出某些行为来满足。价值观通过提供社会认可的方式来满足清晰的需要。[⊖]价值观暗示了以渴望或者不希望的方式来满足给定的需要。性渴望很少能够随意地满足,婚姻则是一种社会认可的满足性需要的方式,而嫖娼则是一种犯罪。

我希望我很好地将价值观和态度、特征、规范、需要做出了区分。还需要指出的是,价值观不单纯是味觉或者特质上的偏好。个人兴趣对个体来说非常重要,同时在积极心理学中也有一席之地,因为个人兴趣需要激情,同时我们也用个人兴趣来定义我是谁(见第 8 章)。但是个人兴趣相对简单,我们很少能够想到他人会有相同的个人兴趣。确实我们认为个体有多样性,可能赞同这种多样性,因为多样性正说明了我们每个个体的独特性。我们有些人喜欢百事可乐,其他人喜欢可口可乐;有些人喜欢芝加哥小熊队,有些人喜欢芝加哥白袜队;有些人喜欢把厕所纸挂在上方,而有些人喜欢放在墙边。我们可能会戏弄他人的口味、爱好、兴趣,有时候甚至将这些扩展到道德问题层面。但大多数时候我们没有这么做。价值观当然是另一回事。在价值观上相悖的两个人没有责骂对方或者把一人的价值观当笑柄。

价值观的分类

我们所支持的价值观虽然很有限,但是还是很多,怎样才能让这些价值观大到能够包含让所有人们都相信和渴望的目标,同时小到适用于科学?

很多心理学家单纯地依靠他们的直觉、经验以及预感去定义核心的重要价值观。米尔顿·罗克奇是价值观研究的先驱,他区分出了**终极价值观**(terminal value),即存在的理想状态的信念,包括:

⊖ 并不是所有的价值观都指向生理需要,除非我们想要将所有的动机都归到这其中。很多动机并不像生理需要那样,要通过行为"满足"需要,直到需要得到满足。饥饿就是这种类型的需要:我们饿的时候,我们会吃东西;然后我们就不饿了,也就不吃东西了。很多人类特有的动机并不是通过升起—满足—停止这种模式表现出来的。想想涨潮以及我们希望经历它的渴望(见第 4 章)。我们会说:"够了吗?"

- 舒适的生活
- 兴奋的生活
- 成就感
- 世界和平
- 充满善的世界
- 平等

- 家庭安全感
- 自由
- 快乐
- 内心和谐
- 成熟的爱
- 国家安全

- 愉悦
- 救助
- 自尊
- 社会认可
- 真正的友谊
- 智慧

罗克奇同时阐述了他的**工具性价值观**（instrumental value），即有助于或者促进终极价值观的理想行为模式的信念。但是他的工具性—终极价值观的区分（方式对结果）并没有在实际中得到应用。

其他的心理学家像威廉·斯科特，就更加有系统地同时运用访谈或者聚类群体的方法识别人们的价值观。同时还有其他人利用现有理论来形成一套需要研究的价值观。

例如，早期的价值观分类研究是由哈佛大学心理学家高尔顿·奥尔波特和他的同事们主持完成的，到现在为止依然有影响。他们从早期关于人的基本类型的理论开始。尽管现在的心理学家并不假定人是非连续的，[⊖]但我们依然能够按照信念和每一个类别的原型来对它们做出区分。奥尔波特运用这种策略提出了六个基本价值观：

- **理论的**：看重真实和发现
- **经济的**：看重有用以及实用
- **审美的**：看重美以及和谐
- **政治的**：看重权力、影响以及名望
- **社会的**：看重他人以及他们的财富
- **宗教的**：看重卓越以及在更广泛范围的交流

⊖ 我们并不否认完美主义人格和社会性人的存在。世界上确实有乐观主义者，也确实有苛刻的女孩。问题是这样的分类会不会使人口耗尽。世界上只有两种类型的人：乐观主义者和悲观主义者，这样说有意义吗（见第6章）？没必要，我们很少将这些分类作为理想的类型或是理想原型，我们认识到人们通常都有一定程度的偏离原型。

　　另外一个关于价值观分类的例子，是基于先前的政治学科学家罗纳德·英格哈特（1990）用马斯洛的**需要层次**（hierarchy of needs）理论来将人们的价值观目标特殊化。就像你可能知道的那样，马斯洛认为人的动机可能是阶段性地反映个体需要的。

　　最底层的是基本的生理需要，例如饥饿或者口渴。我们不能很长时间不满足这些需要，因为我们的生命将危在旦夕。只有这些需要得到满足，我们才能从威胁的信号中解脱出来。马斯洛认为我们至少需要一种安全感，生理上的或是心理上的。我们需要相信的是：整个世界是稳定的，持久的。接着是归属需要，引导我们和他人接触，去爱以及被爱。如果我们成功满足了归属需要，我们应该感到受尊重，不仅是我们自尊，他人也尊重我们。马斯洛将对知识、理解以及对新奇事物的需要归纳为认知需要，放在了第三层。接着我们发现审美需要，对秩序和美的渴望。接近顶端的是自我实现："充分地发挥并运用个人的天赋、能力和潜力"。马斯洛认为我们在追求更高层次的满足和需要之前，必须满足了低层的需要。自我实现的需要是非常难实现的，因为这意味着下面低层次的所有需要都得到了成功的满足。

　　尽管马斯洛的理论是关于需要而不是价值观的，英格哈特还是对这些需要重新进行了分配，把这些需要作为人们追求的最终状态，形成了他的价值观分类。他把价值观分为**生存价值观**（survival values）（和马斯洛需要层次理论最底层的需要相对应）和**自我表达价值观**（self-expressive values）（对应于马斯洛高层的需要），同时对这些价值观在全球不同国家人群中的测量手段展开了研究。和马斯洛基本假设一致的是，随着时间的推移，国家也显示出了从生存价值观向自我表达价值观的转变。

　　另外一个用理论演绎出价值观的是哲学家西塞拉·博克，她试图为价值观找一个全球性的定义，她利用抽象程度来评价价值观的普遍性，认为从广义上来说，在所有时间和空间中的人都应该赞同三种价值观：①相互关心和相互对等的积极责任；②反对抛离、欺骗以及背叛的消极命令；③积极责任和消极命令冲突之间平等正义的规范。博克称之为**最小化价值观**（minimalist values）。我不是很喜欢这个概念，因为它将离散的图像链接起来（想想瑜伽和香烟），但是它阐述的意义是这些价值观对于一个有活力的社会而言是最小的需求，如果缺少其中任何一个，很难想象社会将怎样维持下去。

同样有最大化的价值观，它数目更多，更加广泛，更加详尽，也更加依赖文化情境。例如，关于罗马天主教教育人们要尊重避孕以及堕胎。任何给定的文化组织中都有最大的和最小的价值观，同时没理由地将它们两者区别开来。但是如果个体希望跨文化地谈起这些，就像联合国成员向全世界作关于人类人权的陈述，有一个好处就是可以保持他们的正直。

最后一个用理论来区别人类重要价值观的是基于心理学家谢洛姆·施瓦茨以及他的同事们的成果。和博克一样，他们从个体最普遍的以及组织生存和成长的需求出发，特别指出三种需要：①个体的生理需要；②社会合作以及互动的需要；③公共团体所关心的团体财富。在这个方案中，他们找到了更具体的价值观，在很大程度上依赖于罗克奇的价值观列表。

我注意到过去一些理论家提出了更加情景化的价值观分类，目的在于使之与给定的组织相关联而不是与其他的组织相关联。因此威廉·斯科特（1963）对美国大学生进行了研究，也特别对社会兄弟会以及联谊会进行研究。吉尔特·霍夫斯塔德更加关注工作环境中的价值观，他把价值观看成是跨情境的，因此不难发现那些即使包括在细微行为中的价值观也是具有普遍性的，那些超越了希腊组织或工作环境的理论家和研究者就是这么看并使用的。

随着价值观目录的不断增加，最经典的用于定义重要价值观的分类使心理学家能够巩固、详细说明以及整合他们早期的工作成果。不需要惊讶的是大多数心理学家同意，有一打或者一些重要的价值观在大多数场合被大多数人认可。

这里存在的问题是人们没有能够意识到建立一项新的价值观的紧迫性，因为它依赖于关于旧的价值观的相关理论。举例来说，蒂莫西·卡塞（2005）将心理学家们的注意力吸引到一个被一部分人认可的、他称之为"富足时间"的价值观上：通过是否有充足的时间来做自己真正想做的事情来评价生活。他并列和比较了富足时间以及其他更为熟悉的物质富足价值观，他的研究发现它们之间可能没有可比性，[一]同时，比起物质富足，时间富足对行为端正有更强健的预测力。记得第 4 章中提到的，和生活满意度息息相关的就是是否有充足的时间花在空闲的活动中。时间富足为满意生活提供了一个舞台，同时也值得积极心理学家的关注。更广义上来说，想想你自己的组织和社会，有没有一些新形成的价值观没有包含在原来和现有的分类中？

测量价值观

考虑到一些我们认为值得研究的价值观系统，我们实际要拿它们怎么办？就像我前面几章提到的，研究者需要想出具体的方法来评估他们感兴趣的抽象概念。尽管偶尔会讨论到"无意识的"价值观，[二]大多数方向的价值观研究者还是认为人们知道他们渴望什么以及他们的价值观是什么。到目前，大多数经典的价值观的研究方法都依赖于自我报告。[三]用这种策略，可以考虑到变化。

有些研究者要求被试反映某一些价值观的特定态度和行为，从被试的回答模式中可以推断出其价值观。因此，我们也许会下结论说，你有很强的宗

[一] 卡塞（2002）的一般性研究的有趣之处是唯物主义者以及他们的心理成本。因此，那些买很贵东西（物质性物品）的人们，以及他们所创造出来的图像并不是和那些追求不那么实在的东西，例如和他人良好关系的人是一样愉悦的。唯物主义认为我们的文化充满了持续性的争辩，我们的文化告诉我们，如果我们得到了好的腕表、好的衣服或者好车那么我们就应该高兴。在这种情景中，想想同时代广告的风格，让年轻的情侣们向其他人倒背如流地说着他们生活中所需要做的事，以及产品将按满足他们追求一切的想法。这些广告的内涵分割了富足时间价值观，因为个体对其所在的空间有很小的影响是不可能的。

[二] 不认可价值观是无意识的及其蕴涵的意义，我们仍然意识到人们可能无法完全说清楚他们的价值观以及这些价值观是怎样反映在他们的行为中的。相应地，这里有一个称为**价值观分类**（values clarification）的自我帮助的方式，可以提供方法来帮助人们看看他们最在乎的是什么，例如让他们列出他们喜欢的东西、他们最愿意拜访的地方、他们最认可的科幻角色等。看这些练习所包含的共同主题可以分辨出他们在乎的。

[三] 很多在这一章中讨论到的影响深远的理论家同时因为创造出被广泛应用的问卷测量价值观方式而被熟悉，例如 Allport、Scott、Rokeach、Inglehart、Hofstede 以及 S.Schwartz，这不是巧合。这些事实说明了一些在潜在领域中提炼的心理学的深层看法：一个心理学家变得重要不仅仅因为拥有好的想法，还因为提供给别人研究这些想法的核心方法。

教价值观，因为你经常报告说你参加宗教服务、每日祷告以及以宗教教义为导向，等等。我已经暗示出这种策略的问题了。尽管行为和态度理所当然地和一些普遍的价值观相联系，但这种关系也不是完全多余的。你能够加入教堂因为社会需要由此得到满足，因为它授予你所在的社区中的地位，或者只是简单地因为城镇中没有其他的游戏，又或者你参加教堂活动因为你信教。我们怎么知道是什么动机藏在你的行为背后？如果我们只承认这些具体的以及可能犯错的宗教暗示，那我们就太天真了。还有一个相关的问题是，这种方式使得调查行为以及态度和价值观之间的一致性变得不可能，或者是环境决定了这些一致性。

早期的价值观研究者看到了这些问题，他们选择间接的评价策略只是因为他们相信抽象价值观的一般性问题是站不住脚的。稍近一些的研究者发现，只要这类问题不太迷失在最高阶段，人们可以提供的对价值观的抽象评价在科学上也是有用的，比如信度以及效度。

我们能够直接问人们关于价值观的问题，那我们应该问些什么呢？再一次说，我们发现了一些可考虑性的变化。一些研究者问了一些关于价值观的是否问题。其他的一些研究者用心理学家熟悉的五点量表或者七点量表，问了一些更有区分度的问题。尽管这种方法有利于将被试的回答结果推广，正如已经提到过的那样，很多价值观处于中性的位置。

在一些直观测量的研究中，一个价值观只涉及一个问题，这种策略是有效的但也是令人质疑的。但研究者就一个相同的价值观提出不同问题的时候，答案有集中趋势但不是完美的，说明了就测量一种价值观用了不同方法是谨慎的，结合这些答案看也是如此。⊖

⊖ 问卷中题目的数量是问卷效度（内在一致性）的功能（见第 4 章）。十点量表比五点量表更可信，而五十点量表比十点量表更可信（Cronbach，1951）。相应地，对这些特征、态度以及价值观的大多数测量包括很多主题，试图从不同的方式中诠释同一个主题，我通常听到在我自己研究中的被试的抱怨，"你们总是一遍一遍地问相同的问题"或者"你应该试回忆看看你是怎样回答的"，鉴于上面这点，这些抱怨可能意味着我设计的从没有被定义过的不同的问题，正在起到应有的作用。但是有一条界限研究者们不想跨越，因为被试可能被他们在研究中的繁忙工作所烦恼。

　　一个完全不同的测量价值观的方法就是要求被试对价值观进行排序。这种策略的一个依据就是价值观的排序反映了人们通常在日常生活中怎样使用这些价值观。将这种排序的方式应用于价值观的测量能够将价值观体系特征化。[⊖]因此，罗克奇价值观调查表研究显示，研究人员向早期参与的被试罗列了 18 个价值观，并要求对其进行排序。被试拿到分开的每个价值观的卡片或者标签，并要求重新排列它们。

　　这种排序的策略使每个个体都有一个**自测分数**（ipsative scores）：被试对价值观的排序和其他价值观相关。通过这些自测分数，我们无法在人与人之间进行完全绝对的比较。我们可以想象，把自由排在第一位的被试对自由的绝对感知要高于将自由排在第二或者第三位的被试。

　　排序的方式还有一个不足，就是它同时限制了研究参与者能够考虑到的价值观数量。提供 18 个可供排序的价值观条目可能是不完整的。我曾经自己尝试给其他人索引卡片进行排序，这个结果有时候比起科学来说更可笑。我的研究对象不是掉了卡片就是弄丢了卡片；他们弯曲、折叠、切断卡片，还会弄坏卡片。

　　好消息是至少这个排序的方式所使用的技巧比我的强多了，通过这种排序的方式产生了同样重要的价值观研究结果。这就使研究者们能够依赖更为简洁的排序策略。如果研究者对这种自测分数有一定的理论兴趣，他们能够就排序的情况进行估算了。

人类价值观的普遍结构

　　我曾经注意到这些年来不同的心理学家提出的价值观的分类可谓相当

⊖　少数观点认为人们不应总是交易价值观，我们的行为往往能够反映出两种或更多的价值观。确实，我们可能更倾向于那些深深在我们价值观体系中的活动而不是那些将我硬和他人区别开的价值观。有的人在乎宗教和美丽，举例来说，他们膜拜雄伟的教堂或者加入一些传统的交谈。他在乎宗教或者美丽吗？答案是两者都是，对他来说不存在交易。因此，为什么我们应该把交易放于我们的理论和测量中呢？这里我们有一个在第 4 章中我曾经提到过的，被分类在愉悦导向价值观的全部生活价值观。

多。这个结论为谢洛姆·施瓦茨的研究所巩固，他通过在全球不同国家研究价值观的认可度谨慎地提出了他希望能够得到普遍认可的价值观定义。他的研究成果是值得注意的，因为他研究了不同价值观之间的关系（他称之为"结构"），而且不仅仅是研究的个体更是整个价值观体系。

这个研究在科学上是值得称赞的，因为它允许持有特定价值观的结果下的结论有细微差异而不是普遍性的。相信一个价值观，可能就削弱了另一个，而且通常谁为此负责不是那么明确。因此卡塞（2002）发现物质主义者很不快乐，但这是因为追求物质生活本身降低了生活满意度，还是物质主义者个体本身不那么在乎其他人，进而失去了人与人之间因互动产生的愉悦感呢？

前面提到过，谢洛姆·施瓦茨从罗克奇的价值观调查表开始研究，他要求被试根据价值观的重要性进行排序。然后让被试重新审视他们的排序结果，再通过两个个体重要性的价值观条目相似度和非相似度进行微调。经过复杂的数据统计过程（在这里不必关注细节），施瓦兹首先考察了哪些价值观是需要区分的，然后考察了人们是怎样区分这些和另一个相关的价值观的。他和他的同事们在 70 个不同的国家进行了重复的研究，在每个样本中发现了相似的结果。

在世界范围内区分出的 10 个不同的价值观是：

- 成就感：和社会标准相联系的个体成功地胜任示范，例如野心。
- 善心：说服或者增强社会圈子中另一个人的即时财产，例如宽恕。
- 一致性：脱离社会规范和期望的制约行为，例如优雅。
- 享乐主义：个体满足感以及愉悦感，例如，享受食物、性以及空暇时光。
- 力量：社会地位、威望、控制力以及对他人的控制，例如财富。
- 安全感：社会安全、和谐和稳定，例如法律和秩序。
- 自我定向：独立思考和行为，例如自由。

- 鼓舞：生活中的兴奋感、新奇以及挑战，例如多样性。
- 传统：尊重和接受他人的文化和宗教习俗，例如宗教热爱。
- 普遍性：理解、感激和保护所有的人和大自然，例如社会公正、平等、环境保护主义。

这些价值观由两个基本的维度组成，如图 7-1 所示。这张图是循环模型的另一个例子。前面在谈到性格优势平衡的篇幅中已经提到过。如果两个价值观条目在圆圈中相邻（像成就感和力量），那么它们是一致的，相同的人倾向于认可两者。如果两个价值观在圆圈中处于完全相反的方向（像善心和成就感），那么它们就是不一致的，这两种价值观就不会被相同的人所持有。记住那些处在中心以上的价值观，这些关于价值观之间的联系说明了相关性，即关于价值观优先的观点。比如说那些特别在乎安全感的人不相信鼓励是坏事情，只是因为更在乎安全感一些而已。附带提一下，一致性和传统如它们在图中所示的那样，它们被一些人根据与其他价值观的相似性区分开来，只不过传统比一致性更极端。

理论家试图通过将这些潜在标准特殊化来进一步扩展循环模型的意义。在施瓦茨的循环模型中，这似乎是很明显的。如图 7-1 所示，一个维度是这些价值观是否在自我强化（成就感、力量）和自我超越（普遍性、善心）维度上。我们同时可以将这个维度称为自己和他人、中介和共享、个人主义和集体主义或者独立和非独立。或者我们可以用英格尔哈特的生存价值和自我表达价值之间的区别。每个价值观标签都有不同的内涵，但是综合起来，它们反映了对个体来说什么才是好的价值观优先性或者对他人或者组织来说，什么才是对的。

图中另一维度是保守（一致性、传统、安全感）和变化（享乐主义、鼓舞、自我定向），如果你同意不将其概念局限于政治领域，我同样可以将这个维度标签为保守 – 开放。这个对比还有一个标签是传统 – 世俗，以及罗恩提出的组织优先性和机会优先性。

图 7-1 价值观之间的权衡

注：两个价值观图上距离越远，出现同时认可这两种价值观的人越少。

无论我们怎样命名这两个维度，施瓦茨的循环模型使得个体的价值观体系作为整体以及交易结果变得有意义。罗恩（2000）给出了人权激进主义者的例子，他们将施瓦茨的循环模型中的自由和普遍性放在较重要的位置。我们能够想象大多数激进主义者都看重自我定向价值观周围的价值观条目。因为力量价值观和普遍性价值观处于完全相反的方向，我们能够进一步想象人权激进主义者在他们的价值观排序上没有什么区别，当政治集会时避免待在豪华的宾馆里，对某些政治力量表现得消极。

同样想想那些吸引注意和争辩的价值观活动。我这一段的草稿被联邦社会审查制度、社会安全的隐私权以及特丽·夏沃的生命支持事件所包围。在这些问题中，无论你的位置受到怎样的尊重，你可能因为一些对你很重要的价值观而变得有名望，同时相关的位置能够通过循环模型预测出来。

价值观的起源

我们曾经谈到了我们自己的价值观，我们对自己的价值观很坚持，但是这些价值观是从什么地方起源的呢？这么多年来理论家认为是社会化以及学习的过程。他们在细节上的解释说明了无论怎样心理学理论在现阶段的盛行。

20 世纪 40~50 年代之间，强化理论在心理学界很流行，对特定价值观的习得通过奖励以及惩罚来解释。一代人之后，随着罗特和班杜拉的社会学习理论的出现，以及他们重点强调他人是我们学习的主要源泉，对特定价值观的习得能够通过（这个）模型进行解释：**模仿**（modeling）有影响力的其他人所说的以及所做的。当认知革命席卷心理学界（见第 5 章），对所有现象的认知解释都变得合法化，价值观的习得被认为是和我们所信奉的认知相一致的一种内在倾向。[⊖]

从积极心理学的角度来说，我特别指出人们也可以通过问什么是对的，以及在这些答案中选择成为价值观答案这个过程来习得（其他）价值观。这个过程并没有减少价值观习得向奖励、模仿以及持续性搜索的自动化过程。可以肯定的是，我们生活中偶然触发的事件可能成为获取价值观的优先性。举例来说，很多人在弥留之际会说现在他们知道了什么是最重要的。在我自己对性格优势的研究中，我发现那些从有生命威胁的疾病中恢复过来的人们会提高他们对美、好奇、平等、宽恕、感激、幽默、友好、学习的热爱以及神圣，包括美德向价值观的转变的程度，也许我们有另外一个关于价值观改变的例子。

就像我在最后一章中描述的那样，"9·11"事件后不长时间，美国人更倾向于强调行为反映了信念、希望和爱这些核心价值观。这些变化不是持久

⊖　强调认知持续性的理论在心理学领域一度非常流行。所有假设的共同点是我们的思维需要感情来平衡、和谐、整合以及一致。如果你喜欢 Penny，你也喜欢 Mary，那么你可能希望 Mary 和 Penny 能够互相喜欢。如果这是个问题，那么你可能会觉得不舒服。Festinger（1957）称之为"认知不和谐"，被解决不一致感和降低不舒服感所驱动。也许 Penny 不是那种招人喜欢的类型，但是 Mary 不知道真实的 Penny 是什么样。也许两个人都有缺点并不值得成为朋友。认知一致性的主要缺点就是大多数人都能够很好地将我们自己的想法和他人的想法分离出来，也就意味着对比可能没有持续性的显示。因此，当心理学家用认知持续性理论作为价值观和态度改变的介入基础时，将人们相信的放在重要的突出的位置是重要的第一步。

的，随着生活回到了正常，对这些价值观的关注也回到了正常。

但是在其他的一些实例中，变化会持续得更长一些。我个人对于人类平等的价值观在我上大学期间发生了持久性的变化，随着我的朋友圈不断扩大，我的价值观超出了那些和我一起长大的朋友们。即使是在一个广义上讲的社会中，社会科学特别强调人们之间"多样性"，我仍然强烈地相信人们的相似性要大于多样性，这就意味着对于平等价值观上自我的表现。

一个更鲜明的价值观转变的例子是约翰·牛顿的故事，他是一个18世纪运送奴隶船的船长。在经过了一场足以让他的船沉没的暴风雨后，他重新审视了自己的生活，成为一名牧师（有些报道说），一名主张废除死刑者。为什么我们会知道他的故事？在他的弥留之际，牛顿写了《天赐恩宠》，两个世纪之后，它成为美国奴隶运动的赞美诗：

> 天赐恩宠，何等甘甜，我罪已得赦免；前我失丧，今被寻回，瞎眼今得看见。
>
> ——约翰·牛顿（1779）

所有的这些过程，奖励与惩罚、模仿、认知持续性以及自我审视，都用于解释我们怎样习得给定价值观。例如诚实是我在儿时就学习到的价值观，我学习到的一部分是我会因为撒了一个小谎而被扇耳光，而在承认了一个错误行为之后会得到奖励。从这些原则中，我渐渐认识到诚实往往是好的。

我的父母是这个价值观最好的榜样，不仅仅因为他们自己一直说实话，还因为他们将诚实用于更广泛的概念中。"总说实话，因此你不用记得自己都说了些什么"是我们家的座右铭之一，我一直记到今天。修辞学中关于年龄之间的代沟是不存在的，父母和孩子往往有相似的价值观，这暗示了价值观的建立超越了人在音乐偏好、发型以及喜好上这种表面上差异。

认知一致性是我进入青春期时获得的，我被那些在道德上毫无遮掩的所谓英雄故事所包围，常常感到很空虚。能使这些故事理性化的唯一途径，就是承认所有的人都有缺点，即使是我的英雄。但是致命的问题是错误的公正，即对个体的罪过说谎，即使当它们不可争辩时。任何对我撒谎的人都无法成为我的英雄，诚实对我来说是解决一些不可能矛盾的途径。

诚实是好的但是并不总是能简单执行，至少对我来说是这样。我总是有强烈愿望去关心善心，也就是说我喜欢取悦他人。这通常意味着说一些其他人想听的话。有时候善心在这些方面会转化成诚实，在更多的情景中，我需要谨慎地对待我和其他人之间的互动，以及说一些我所看见的让人不愉快的真相。

罗克奇在个体价值观变化的方式中详尽说明了这种**自我对峙价值观**（value self-confrontation）策略。在这一章的前面，我曾经提到过价值观的分类，前提是人们可能在认可他们所持有的价值观上需要一些帮助。罗克奇的加入是有根本原因的：人们可能在特定的价值观上强调得并不充分，因为他们没有和价值观优先性之间的矛盾进行对峙。他的策略是让人们面对这个矛盾，明白地解释这种矛盾，看看将发生什么。大多数主流的测量自我对峙价值观的研究正朝着我们期望的方向改变。

起初，罗克奇将价值观变化归因于认知一致性，但是稍后他根据人们渴望认为自己好的方面提出了不同的假设。也就是说，如果一个人是个道德称职的人，那么这个人就应该持有价值观 X，但是如果事实证明他没有持有这种价值观 X，情况就会发生变化。

这一系列干预在实验中得到了证实，在价值观对峙的条件下，通常有两个情境，被试被要求对他们的价值观进行排序，结果将反馈给他们。他们同样将看到其他组的成员将如何排列这些相同的价值观。研究者做出最简单的评价就是将被试注意力引导到这些差异上来。这类干预的典型例子是美国研究者在 20 世纪 70 年代人权运动最兴盛的时候所做的研究，大学生和他们同龄人都将自由排在了较高的位置，但是平等却排在了较低的位置，他们的这种排序反映出了相似的差异。接着他们被告知："这似乎说明美国大学生将自己的自由凌驾在平等之上。结论不用说已经很明显了，他们自己面临着一个矛盾，就像大多数他们的同龄人一样。"在比较条件下，其他的研究被试被要求对价值观进行排序，但是没有显示出任何自我对峙的迹象。

接下来的研究显示，在对峙条件下的被试不仅仅改变了他们自己的价值观优先性，同时这种改变持续了很长时间。此外，当他们有机会展示他们的价值观的时候，他们比在参照条件中更愿意加入国家冒险组织。

在对其他价值观相似的研究中得到了同样的结果，例如有关环境问题。在一个大胆的实验中，干预是通过美国西北部的电视节目展开的，不同地区的观众被划分为不同的条件，再一次得到了相同的结果。

这些研究似乎太强大以至于有人怀疑它的真实性，主要的质疑是这些需求特征是否和我们的发现相关，[○] 对这种干预的行为监测推翻了这些质疑。另一个研究是由罗克奇自己通过观察得出来的，这个技术只有在个体倾向于在某些潜在的方向上做出变化时才起作用。因此，自我对峙价值观技术并不鼓励组织成员之间有长时间排斥的人接受对方：土耳其人和美国人，以色列人和巴基斯坦人等类似的。对平等不断持续性的重视在大学生中是被鼓励的，但不能用于三 K 党成员。

假设这实际上是起作用的，那因为受到严格统治而失去人性的社会中的自我对峙价值观呢？罗克奇强调说这种加入需要每个人都睁大自己的眼睛才能完成。没有例外。被试会被告知实验的目的，如果以一种卑鄙的手段进行或者目标价值观朝着随心所欲的方向发展，那这种方式可能就不可行。

我们来换一个讨论的层次。我们已经知道了在习得特定价值观时的心理活动过程，问题是我们从那些我们倾向的人而不是其他人那里习得可能的价值观。我们的文化以及文化的有限性已经为我们订好了条条框框，密歇根大学政治学科学家罗兰德·英格哈特和他的同事们的研究是有启发性的。这些年来，他们一直致力于**世界价值观调查**（World Values Survey），这是一个有抱负的研究，他们阶段性地调查了全世界人们对他们态度、信念以及价值观的尊重。包括世俗的（你认为乱扔垃圾是不公正的吗？）和神圣的（你多

○ "需求特征"意味着研究中被试对某些特定答案的渴望高于其他的粗心大意的信息。潜在的需求，而不是这个理论所要测量的东西的重要性，决定了意料中的结果。

长时间思考一次人生的目的和意义？）问题。

世界价值观研究因为其大量的国家样本而和其他的相关研究区分开来（81 个不同的国家，涵盖了 85% 的世界人口），因为这个研究的被试在每个国家都是**代表性样本**（representative sample），也就是说，他们代表了这个国家所有具有重要差别的个体，像年龄、性别、教育程度以及职业等。大多数被社会学家以及心理学家研究的样本都是**便利样本**（convenience sample），由研究者通过一些相对快捷的途径找到：大学校园中的学生，上网的人，本地幼儿园的儿童等。每个案例都希望能够从这些便利样本中得到具有推广性意义的结果，但这是一个理想而不是现实。[⊖] 如果一个人想研究广泛性的人类特征，就像我们最原始的工作那样，那么便利样本所代表的就和代表性样本没有区别。但是在其他的案例中，代表性样本需要被很认真地对待。

下面是英格哈特关于不同国家价值观优先性研究的一些总结：

- 在国家中被重视的价值观和这个国家的政治以及经济状态息息相关。
- 随着国家向工业化的迈进，专才和受教育的劳工力量形成，他们的经济优势决定了他们在自己的生活领域中更看重自治和自我表达，包括政治。
- 随着工业化向民主的转变，相应受到认可的价值观是自由和世俗。
- 当国家显示出价值观的变化的时候，通常要经过一个**代际更替**（generational replacement）的过程，而不是因为现有的个体改变

⊖ 在美国，有代表性的"最佳"例子就是那些有资源联系潜在不同国家被试的政治民意调查者，他们每个人都有能够参与的平等和既得机会。通常，民意调查有随机的过程，电话号码被随机选择打。曾经，在美国只有很少人有电话的时候，这个过程并没有什么代表性。最有名的错误导向发生在 1948 年的总统选举（之前，Tomas Dewey 被认为会战胜 Harry Truman），电话取样的不可信被用于解释这次错误。这种策略导致了过于具有代表性的广泛群体，他们有电话，更倾向于选 Dewey。有些现阶段的民意调查仍然担心电话取样有一定的弊端，它没有能够得到全国性的样本以及增长有不稳定性，尤其对于年轻人，他们只有移动电话。在这两个例子中，数以亿计的潜在被试从调查中被移除。

了他们所持有的价值观。也就是说，在不同环境中的年轻人，而不是他们的父母或者祖父母，有不同的价值观优先权，他们渐渐取代了旧的价值观。

- 在国家中，无论人们持有传统的还是世俗的价值观，都和他们所生成的快乐无关，但是价值观的不同反映在他们认为决定他们快乐最重要的是什么上。

巴克用独特的历史背景以及欧洲的宗教移民对美国不同寻常的价值观优先性做出了解释。其他的国家都有共同的语言、共同的历史以及共同的习俗来帮助团结民众。而美国只拥有共同的价值观体系，这可能能够解释牢固的传统价值观。确实就像我先前提到的，美国世代人民之间的价值观差异很小，不像世界上其他一些地区有巨大的差异。比起其他地方，美国的世代更替更小。

尽管美国可能充满了矛盾的文化，但我想说的是，在这些数据的背后，美国实际上是文化革命的战场。这可能要求一些分离的方面，但没有证据表明这个国家已经分裂了。大多数美国人拥有共同的价值观，对即便是最具有争论性的问题也有典型的中立态度。即使是有压倒性的反对意见时，他们也不会如政治专家们痴想得那样明白地指向红或绿（共和党／民主党）。我认为"文化冲突"更多的是隐藏在每个美国人个体中而不是美国人之间。

让我继续关注关于媒体的角色正在进行的争论：电视、广播、电影、报纸以及类似的媒体，它们正在重塑价值观。人们以媒体为特征吗？运动员、好莱坞演员、青少年偶像、新闻节目主播以及名人，人们真的把这些角色榜样所显示的价值观内化为自己的了吗？

这个问题显而易见就变成：是不是媒体和媒体特征创造了价值观优先性或者仅仅简单地反映价值观。我们应该把 MTV 归结为社会上所有东西变坏的根源，或者仅仅是简单地感觉到有些东西实际上不对头了？也许真相是两者都有，特定的答案依赖于价值观，依赖于人，以及依赖于对其他因素的考虑。能够解释的一个事实是人们开始思考一些可考虑的选择，而不是媒体或者是那些暴露在他们面前的信息。无数研究结果显示人们倾向于听那些他们已经认同了的新闻。

我们知道媒体的影响会被放大。例如在现阶段，很多社会科学家认为电视暴力使人们更加暴力，同时也更加习惯于暴力。但是当一个青年暴力攻击他的同学时，我们没有根据说他所看的电影以及所玩的电脑游戏直接导致他的行为。我们也不会说媒体和他的行为无关。有时候社会科学家对个案的说明能力是有限的。无论如何，积极心理学所要表达的是：媒体应该被全世界公正对待，什么是好的，什么是不好的，只有这样，才能将我们价值观变化为我们所向往的。特别是，暴力角色榜样应该和那些能够激励我们的榜样一样引起我们的重视，以审慎对待。

_练习_____
选择何时以及怎样选择

当我 2000 年搬去费城的时候，我卖掉了自己的车而没有买新车，因为我觉得我会从公共交通中受益。当 2003 年在返回安娜堡的时候，我需要一辆车，但是我去看车的时候没有车可以用，我更在意做出一个快速而且有效的购买决定。简而言之，我被放置于一个需要我成为满足者的境地，以我最喜欢的方式工作。我学到了一些东西，同时在生活中证实了巴里·施瓦茨的想法。

我打车去了安娜堡市郊的一个车辆交易中心，我花了 30 分钟看看那些二手车。我发现了一辆车令人满意，然后我立即写了一张支票，我以比较高的价格买到了？我得到了镇里最好的车吗？没有。我对我自己的选择满意吗？当然。

让我将自己的经历和我的一位朋友做个比较，他用了很长时间研究消费报，查遍了所有本地报纸，以及上网查了查。他花了很长时间在打电话上，甚至更长时间去考察潜在的车，并和销售人员进行了长时间的讨价还价。最后在花费了很长时间以后，他做出了决定。必须说这要是发生在我身上的话，我会很痛苦。我质疑他所谓的在240公里内找到一辆最好的车，我肯定他支付了合理的价钱，他对车感到满意吗？没有。"那辆已经离开的车"仍然缠绕着他。

尽管施瓦茨的研究表明，比起最大化主义者，满足者在一般意义上来说更加开心，但是他并不主张在所有生活中都成为一名满足者。想想养孩子。我们是不是常常听到家长说"我为我的孩子找到了一个足够好的儿科医生"？相比之下，施瓦茨主张人们应该学会知道何时做出的选择是需要满足的，何时需要最大化，就像我在第5章中所说的那样，我们应该学会何时乐观，何时变得好奇。

简而言之，我们需要选择和怎样选择。这个建议的精髓是，这里有一些练习你可以试试。重新审视你最近做出的决定，从最简单的那个到最复杂的那些。多长时间，多少研究，对每个决定有多少担心，现阶段你对每个决定的满意度是怎样的？

如果结果是，为你的表妹选一张生日卡片和选择结婚，或者你和你的另一半要购买哪套房子的满意度一致，那么我敢说有些东西不对劲了。如果发现你所希望的是"完美"的卡片而不是你远房亲戚欣喜若狂的反应，那你为什么像这样痛苦？又或者你用了20个小时来买一件让你节省了3美元的东西，你仍然纠结为什么没有省下5美元，想并把它反映到最小化工资水平上。你在做决定中所经历的过程暗示了你对时间有怎样的价值观？

施瓦茨假设你确定有少量的需要经过反复比较的消费领域。然后对在这些领域中怎样做决定强加一个专门的约束。不超过两家店，不超过15分钟，买东西不超过10美元，只买蓝色主题的东西。

让你的决定不可更改，可能是你避免遗憾以及避免感染成"如果"那样的最大化主义者。带着不再回来的原则去商店，扔掉你的列表。在离家很远去度假或者出差时候买东西。

最后，对你所拥有的心存感激，而不是想那些你没有的东西。你可能想写下你买到的东西的三点好的地方（见第 2 章）。

在你下一次需要在麻烦连连的情景中做出多种选择时尝试这些步骤吧。事后再做做算术。你做决定是快了还是慢了？你对所决定的满意吗？更重要的是，你发现你做决定的风格就是你所选的吗？你可能选择成为一个最大化主义者，如果是这样，你应该直截了当地选择这种风格。

第 8 章

兴趣、能力和成就

你每天都在做你最擅长的事吗？

——盖洛普集团

　　盖洛普集团（the Gallup Organization）因它的公众民意调查业务而闻名于世，但它的业务更多的是为组织提供咨询，帮助提升组织的运营状况。它的客户包括很多全球最有名的企业，比如迪士尼（Disney）、美国富国银行（Wells Fargo）、丰田汽车公司（Toyota）、百思买（Best Buy）和美国邮政服务公司（U. S. Postal Service）等。

　　盖洛普知道，只要向工人们提出这个最简单的问题，如"你每天都在做你最擅长的事吗"，就能够得到很多有用的信息。无论你正在工作或是还在学校里，你也可以问自己这个同样的问题，如果答案是否定的，那你就是大多数人中的一员。在美国，只有不超过 20% 的工人觉得自己的工作能够发挥他们最大的能力。根据我过去几年在大学里的经历，问大学生们这个同样的问题，得到的肯定回答更少。我常常听到疑虑的声音，"我不知道到底在学校里做什么才最好？"

　　如果你是那一小部分肯定回答的人，我想你一定已经了解了那个盖洛普研究了成千上万的工人后得出的结论：你能够做得最好的工作，是你最喜欢的工作。一个企业如果能够让它的员工做那些他们最擅长和最喜欢的工作，那么这个企业同时也拥有低离职率、高员工士气和忠诚度。

　　实践给我们的启示是，如果企业能够将员工和工作进行最科学的匹配，让每位员工都做他最喜欢和最擅长的事情，那么员工的业绩能够更好，这也正是盖洛普所推崇的。这种关注优势的思想看来就像一般常识，但很多企业和个人却没有充分意识到，他们常常把关注的目光放在了劣势和如何改变劣势上。㊀

　　在盖洛普看来，个人的进步可以通过让已有的特长和优势变得更加优

㊀　或许你听说过那个奇怪的彼得原理（Peter Principle）。这个原理说，人们会因为胜任目前的工作而晋升到更高的职位，直到晋升到那个他不能胜任的工作，而永远停留在那个职位（Peter & Hull，1969）。一段时间后，这个组织里面的所有人都在做那些他们无法胜任的工作。这个原理值得我们认真看待，因为它包含了一些描述性的事实。对很多工人来说，在获得晋升之后工作绩效反倒会下降，因为晋升常常是因为这个人在某一件事情上取得了突出的成绩，而不是因为他把日常的重复性工作做好了。

秀来达到。设想，一个人能够写一手好字，但口语表达能力较差，想要让他更好地为公司服务，是让他多做一些文字记录、多写一些信件或多写一些手册好呢，还是让他去参加一个口语矫正班练习公开演讲好呢？盖洛普的回答是，前一种方法能够培养其成为一位优秀的抄写员，而后一种办法最多能够训练其成为一位平庸的演说员。

这种关注优点的思想需要我们用常识来加以审视。[⊖] 任何工作，对于有些能力都有一个基本的最低要求（Warr，1987）。一个工人如果口语表达能力太差，那他很难得到重用，无论他的书法有多好。任何人如果对于守时毫不在乎，那这方面的弱点很难用其他任何一个方面的优点来弥补。

到目前为止，我已经讨论过了幸福、希望、性格优势和价值观。如果这些东西你都有了，那你就能获得一个幸福的人生吗？答案是不一定，因为还有些决定性的东西需要考虑：你如何对待这些值得赞誉的特质？我们在人生的道路上前行，有些东西我们能够做得很好，有些却不行。盖洛普提醒我们，我们需要在一个能够让我们发挥优势的位置。同时，我们还需要知道，我们的兴趣和天赋在什么地方，这样我们才能充分利用现有环境的优势来获得一些重要的成就。这就是这一章将要讨论的主题：兴趣、能力和成就。我将从积极心理学的角度来谈论生活中的这一主题。

一些心理学家避开了这个话题，或者至少是表现出对智力、天才、天赋的形成有更浓厚的兴趣，因为他们总有一点儿精英主义。过去关于人类特质

⊖　盖洛普公司，特别是它以前的 CEO，Donald Clifton 和现在的 CEO，James Clifton，都是积极心理学的好朋友。他们非常慷慨地资助了很多这个领域的学术会议，更重要的是，他们是从积极心理学中受益的最佳例证。当我们开始关于性格优势（见第 6 章）部分的时候，我们发现盖洛普的哲学是如此有说服力，以至于我们甚至认为根本不用提高我们所不擅长的弱项，只用尽量发挥我们的优势（Seligman，2001）。不过现在，我不再同意这样的观点，特别是对于儿童和少年。我们需要意识到，有些性格特质与生活满意度有着非常紧密的联系，正如有些东西在工作中非常有意义，但是对于整个世界来说却并不那么有意义一样。如果那些能够提高生活满意度的特质正好是你的弱项，当然你也可以狡猾地说没关系，算了吧。但对于那些正处于性格形成的儿童或少年来说，有意培养他们能够提高生活满意度的性格特质是有着积极意义的，而不论他们最初在这方面是优势还是弱项。

禀赋的研究，已经陷入了政治性还是科学性的争论的泥淖中。比如，白人和黑人的智力是否有天生的差异，女性有没有在数学和自然科学上做出成就的能力，天才和疯子是不是非常类似等。但是，比起这些无聊的争论，有更多关于特质禀赋的研究。⊖

有两个主题贯穿了这一章。一是决定一个人在某方面是否优秀的背景条件的重要性；二是天赋的多样性。我们偶尔可能会觉得某个人没有任何兴趣（或爱好），或者没有任何优点（比如我们的小叔子），而事实上，我们很难找到一个真正没有任何兴趣或技能的人（Travers，1978）。我们的任务就是找到和发现这些人的兴趣和能力，然后去培养他们，像盖洛普宣扬的那样，把他们放到那些能够让他们发光的地方，无论是职业还是其他方面。

兴趣

我曾经有一个朋友名叫杰克，他是一位 30 岁出头的中学老师，已经结婚了，还有一个小孩。每次我向别人介绍他的时候，总会问这样一个很简单的问题，"杰克，你是做什么的？"而每次我都会被他的答案大吃一惊，"我打第二垒"。他原本可以回答他是一位老师，他也可以回答他是一位丈夫或一位父亲，甚至他可以回答他是我的朋友。

但他这辈子最热爱的，就是美国的全民娱乐——垒球，特别是打第二垒。他在打球的同学和朋友中是穿得最专业的，但他的技术就没那么专业了。他小时候曾经参加过少年棒球联赛，但从没进入过全明星队，甚至他们队里几乎所有人都获得过一些各种奖励。他没有能够进入他的中学校队。这些他都不否认。长大一些后，他从棒球转到了垒球，在芝加哥打不用手套的 16 英寸⊖式垒球。

⊖ 我喜欢 Murray（2003）提出的观点，脑成像技术能更加完整地描绘大脑的结构和功能，那些应用这一技术研究关于男性和女性大脑构成的先天差异的争论有一些可笑。如果我们是病人，那这一让人争论的问题可能就容易回答了。

⊖ 1 英寸＝0.025 4 米。——译者注

最初我以为杰克自我介绍说自己是打二垒的仅仅是幽默，后来我认识到他其实是坦白地在说自己。对他而言，如果别人没有顺着他的话接着谈关于垒球的话题，他也会接着谈其他的东西，比如他的工作、家人、政治或是天气。

对于我们来说非常平常的事情，但是有时却会被心理学家所忽视：我们都有**兴趣**（interest），或者说爱好，这足以能够用来形容我是谁。对于有些人来说，兴趣是娱乐活动，就像是杰克喜欢的垒球；对于另一些人来说，兴趣是他们获得收入的工作或者说是他们的职业；对于其他人而言，可能是他的家人，或者小猫、海豚、言情小说、国家公共广播电台、《纽约时报》。快乐生活的一部分，就是了解我们所热爱的东西，然后去发展它、享受它。因此，我们把兴趣放入了积极心理学这本书中。

有些兴趣非常的私人化，但另外一些是可以相互分享的。"共同兴趣"似乎是友谊的重要方面（Robin，1973），如果某个人正好是你所喜欢的，那你可能已经拥有了长久的友谊或真爱了。

我们需要小心，不要把一些爱好强加给其他人，即使那些爱好可以被归为高雅的爱好。有些人可能喜欢密尔沃基啤酒或法国葡萄酒，或者喜欢意大利苏萨进行曲，或者喜欢鹅肝烙饼，或者喜欢亚当·桑德勒和英格玛·伯格曼的电影，或者喜欢休格·拉夫顿的小说和莎士比亚的十四行诗。用心理学的术语来说，这些多样化的兴趣爱好的功能是差不多一样的。[⊖]底线就是，我们都有我们所热爱的活动。

为什么我们会被这些活动所吸引？答案就是这些活动非常符合我们人类的本性。大约50年前，心理学家罗伯特·怀特（Robert White，1959）介绍了**胜任力**（competence）的观念，认为人有动机表现出有胜任力，不管做的是什么。怀特在行为主义的最高峰时写道，人们行为的动机是希望得到奖励或避免惩罚，这或许正好满足了我们的生物需求（见第7章）。但胜任力

⊖ 我们的爱好会非常地多样化，我们先天的复杂性为我们提供了一个更加客观的基础（Murray，2003）。记住变化和条件，即挑战和技巧，需要在不断发展中使之相适应（见第4章）。象棋比跳棋更加复杂，更容易让人一生都热爱。人们也可以玩一辈子跳棋，这时候跳棋已经成了人们的伙伴，而不仅仅是游戏。

是另一种不同的动机，因为它不像饥饿或口渴那样能够被满足，胜任力永远得不到满足。我们从做好任何一件事中得到的快乐，都是从做好其他事情中得不到的（1987）。回想我们第一次学会系鞋带，第一次开车或者发送电子邮件，所有这些都让我们感觉非常棒。回忆你的孩子不懈努力学会爬，学会走路，或学会说话的时候。你根本不用为他们的努力而奖励他们，他们个人成长的胜任力就足够支撑他们为之努力，他们不断重复，直到这些技能成为他们的第二本能。

胜任力是在一系列从低到高的发展中不断被满足和提升的（见第 4 章），它首先带我们进入到那个吸引我们的领域，然后我们不断地进步和提高。有些事情我们第一次做就能够做得很好，但这些事情常常不能够成为我们终生热爱的。

哲学家约翰·罗尔斯（1971）详细阐述了这个观点并把它称作**亚里士多德原理**（Aristotelian Principle）：⊖

> 在其他都相同的情况下，人类喜欢练习那些他所意识到的能力……因此，这种享受能够让人们更加喜欢这种能力，或者提高这种能力的复杂程度。

想想你在工作中或在家里最喜欢的活动，你的经历符合这条原则吗？你喜欢的活动让你的知识或技能得到提升了吗？

有些爱好能够锻炼体育能力，比如远足、爬山、跑步等；另一些能够更多锻炼大脑，比如纵横字谜、阅读诗歌、上网等，亚里士多德原理在这些情况都成立。

心理学家们研究兴趣的时候，关注的焦点放在了三个主题上：休闲兴趣、学校兴趣和工作兴趣。这部分内容中，我也将关注这些。

⊖ 在《伦理学》（*The Nicomachean Ethics*）中，亚里士多德（2000，Book 10，1175a，12-14）提出："生活就是一项活动，每个人都在积极地从他所喜欢的东西中练习他最看重的能力。"

休闲和娱乐

很多关于休闲和娱乐的研究都是调查性质和描述性质的,把人们在没有工作、没有上学和没有做家务的时候做的事情进行分类(1998),得到了一些一致的结论。

第一,几乎所有人都报告他们会在休息时间做一些事情。即使是工作狂,也会有一些休闲娱乐,要找到一个除了工作、吃饭和睡觉之外什么事情都不做的人是不可能的。

第二,人们在不工作的时候所喜欢做的事情有着难以置信的多样性。比如,在一项对超过1000名美国成人进行的调查中发现,最常被提及的休闲娱乐活动有(H. Taylor, 2001):

- 阅读(28%的被调查者)
- 看电视(20%)
- 和家人在一起(12%)
- 钓鱼(12%)
- 园艺活动(10%)
- 游泳(8%)
- 电脑活动(7%)
- 看电影(7%)
- 散步(6%)
- 打高尔夫球(6%)

在这项电话调查中,每位被访者允许提三样不同的活动,令人非常吃惊的是,没有任何一项活动能够成为大多数成年人喜欢的主流活动。甚至最被推崇的两项活动阅读和看电视,人们对于读什么和看什么,也是有各自不一样的特别的偏好。这让人怀疑,人们并不是喜欢阅读或看电视本身,而是喜欢书里或电视里的内容。比如,有人喜欢读小说但不喜欢短故事,有人喜欢看肥皂剧却不喜欢罪犯剧。

第三,人们休闲娱乐所花费的时间总量也非常不同(Argyle, 1996)。平均来说,女性花在休闲娱乐上的时间要少于男性,特别是当她们有全职工作或有孩子,或者两者都有的时候。正如你所知道的,家务和带孩子的责任会不成比例地落到女性身上。

对于底层家庭和中产家庭来说,平均而言可用来休闲娱乐的时间并没有差异，但是底层家庭的人较中产家庭的会普遍做更少的事情，除了看电视。这些底层家庭的人做更多体力活的工作，收入更低，只有更少的机会培养娱乐兴趣。阿盖尔（2001）指出，中产家庭的孩子更有可能进入大学，大学里开启了接触各种活动的大门，这些活动可能成为终生追求的东西。因此，当你的父母收到 37 000 美元的学费账单的时候，告诉他们这些。

退休的人比起那些还在工作的人，明显会有更多的时间用来娱乐，但是很少有人在退休之后培养起新的爱好。因此，对于退休，这里有一个非常切实可行的建议：从现在就开始培养兴趣爱好，到了你退休的那天，你就可以去追随你的爱好了。

第四，正如第 4 章中提到的，生活满意度的一个强有力的预测指标就是用于休闲娱乐的时间（Argyle，2001）。记住这个结论，继续思考下面的问题。美国民意测验所会定期询问被访者用于工作和休闲的时间。在最近几十年，有两个明显的趋势：工作的时间越来越多，可利用的休闲时间越来越少（见图 8-1）。[注]

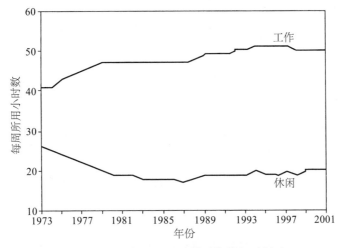

图 8-1　美国成年人每周的工作时间和可利用的休闲时间（H. Taylor，2001）

[注]　类似的民意调查在欧洲得到了相反的趋势：工作的时间越来越少，休闲的时间越来越多。

为什么休闲与生活满意度之间有如此强的相关呢？除了技能的训练所产生的内在满足，⊖很多休闲活动本身就能直接产生愉悦，这取决于我们做的是什么活动。

体育活动，像游泳、散步、打高尔夫球、操练和团队项目能够增加积极情绪和对生命的感受。参加有氧运动的人会有更好的心理健康水平，并且有氧运动可以降低生活事件的压力。这并不令人惊讶。我们知道，体育活动能够带来身体健康和长寿（1991）。

那些喜欢听音乐的人被证明有更加正性的情绪，包括听轻音乐和重音乐（1998）。这同样并不令人惊讶。在心理学实验中，研究者常常用音乐来诱导不同的情绪（见第 4 章），我们当中有很多人也用音乐来调节情绪。有节奏的、上扬的高音音乐被认为是快乐的；反之，低沉的、慢节奏的、下沉的音乐被认为是悲伤的。

任何能够让我们与别人接触的娱乐活动对于我们的社会交往来说都是有益的（见第 10 章）。事实上，我们娱乐的一个原因就是为了和其他人交往。男性之间的友谊常常是围绕着互相分享的活动，女性之间的友谊则更可能只是需要彼此交谈。但是在这两个情况下，社会需求都被满足了，社会利益也提高了。

阿盖尔（2001）用了**休闲世界**（leisure world）这一术语来描述从赏鸟到帆船的互相分享的休闲活动文化。人们生活在这样一个休闲世界里，他们有自己的价值观、传统、历史，有时还会有自己的服饰，想想星舰迷（电视剧《星际迷航》的狂热爱好者）和奥克兰突袭者队的球迷。这个团体可能会定期聚会，出版内部通讯并选举官员。他们跟真实生活一样，除了更加充满乐趣。

⊖ 看电视是一种普遍的休闲活动，无论这是不是某些人最喜欢的。研究一致发现，除了能够让人们感到放松，看电视没有什么心理学上的益处（Kubey & Csikszentmihalyi，1990）。但是，像土豆一样放松并不能变成幸福心情或生活满意。甚至是说，看更多的电视常常跟更少的幸福感相联系（Argyle，2001）。看电视不能培养或锻炼任何技能。充其量，电视节目能够吸引我们的注意。

我在过去几年里发展起来的唯一的娱乐爱好就是填字游戏（scrabble）。我玩得并不是很好，也不是为了获得什么样的成就。相反，是我的对手们让我不断地回到填字游戏俱乐部中，打锦标赛，或者是在互联网上玩。很多情况下，我也仅仅就是喜欢我的对手们，他们聪明、有趣、讨人喜欢。另一些情况下，我觉得有些玩家很古怪，用非常奇怪的方式玩。无论怎样，在我日常交往的范围以外，填字游戏让我与不同类型的人有了接触，为此我非常开心。

不能被忽略的是，娱乐活动能够给人们带来积极的身份认同，就像我的朋友杰克，这样的身份认同有一种归属感和价值感。对于青少年来说，身份认同更加重要，他们处在身份认同发展与形成的最重要的时期。大多数青少年都是学生，但并非所有学生的学习成绩都非常优秀。他们能够从课外活动中获得有益的自我认同。[○]青少年在这些活动中表现得比在学习上更好，参与这样的活动能够让他们避免失足，比如怀孕、辍学、吸毒。这些活动的好处超出了他们想要避免的坏处。要知道典型的工作往往不能够让人们去做他们喜欢的，因此娱乐活动在心理学上有着巨大的意义。

发展良好的个人兴趣

不论你是不是喜欢上学，你总还是有一个喜欢的学科。[○]当一个学生对某一个学术领域，譬如数学、文学或物理，有深深的理智与情感的投入，就称这是**发展良好的个人兴趣**（well-developed individual interest；Renninger，1990，2000）。这样的爱好使人对这个领域有无穷的兴趣，并

○　顺着这样的逻辑，我们能够推想，有些地方的学校将参加课外活动与学术表现联系起来，学习成绩达不到一定的要求，就不让参加课外活动，这样的做法会只会适得其反。业余的运动员能够在一群中学生之中获得自我认同，不让他们参加体育活动很可能会导致他们退学（Eccles & Barber，1999）。运动很可能是他们坚持上学的一个主要原因。

○　本节的思想来源于 K. Ann Renninger、Carol Sansone 和 Jessi L. Smith 为 Peterson 和 Seligman（2004）写的书中关于性格优势和品德的章节。

且被驱动人们学习关于这个领域的更多知识。这种学习是被内在驱动的，并且执着不懈，甚至面对挫折和失败也不放弃。有这种发展良好的个人兴趣的学生，可能会也可能不会表现出即时的成功，但是从长远来看，很少有在某个领域做出杰出成绩的人是不热爱这个领域的。发展良好的个人兴趣能够为专业知识的学习创造条件，并且支持人们经过多年的努力最终成为专家，无论是在学校内还是在学校外。⊖

如果你也有这样的兴趣，认清这个发展良好的个人兴趣并不神秘。想想你在学校里面学习的众多学科，问问自己你有多符合下面的表述：

我现在不能完成这项＿＿＿＿＿＿任务，但我相信我未来能够做到。

我喜欢学习关于＿＿＿＿＿的新东西。

为了把＿＿＿＿＿任务做好，我愿意做所必需的任何事情。

学习＿＿＿＿＿是一段非常棒的经历。

相比获得一个好成绩，我更在乎是不是把＿＿＿＿＿这项工作真正做得完好。

因为个人爱好能够让你建立清晰的知识结构，因此你可能会同意这些关于你最喜欢的学科的表述。

相比我了解的其他东西，我对＿＿＿＿＿的了解更多。

相比我喜欢的其他东西，我更喜欢＿＿＿＿＿。

我尽可能花多的时间做＿＿＿＿＿。

＿＿＿＿＿方面的工作的确很艰苦，但我乐在其中。

如果我用心去做，我知道怎么做＿＿＿＿＿才能真正做好。

⊖ 这就是那些获得巨大成就的人常说的 **10 年规则**（10-Year Rule），这个规则讲的是一个事实，就是那些在某个领域有突出贡献的人，往往是致力于这个领域研究超过 10 年的人。我还听过 **12-7 规则**（12-7 Rule），意思是那些对某个领域有突出贡献的人，往往是为此每周工作 7 天，每天工作 12 小时以上，并且持续了很多年的人。听起来让人生畏吧？是的，没有通向成功的捷径，除了"美国偶像"。

我们来看看林尼雅，一位美国大城市外的蓝领公立中学的 10 年级学生的故事（Peterson & Seligman，2004，pp. 161-162）：

> 林尼雅学习了拉丁语，因为她非常喜欢神话。在学校的"语言月"活动中，她穿成了一位女神在班里表演。她的老师形容她的举止非常棒，同时也与众不同。"林尼雅喜欢拉丁语，"她的老师说，"她用拉丁语跟我交谈。没有人能够做到她那样！"

> 其他同学对于林尼雅的女神表演并没有这么惊讶。事实上，每天在拉丁语课的"拉丁语时刻"上，也就是大家交流从上次课到这次课之间课下学到的拉丁语词汇的时候（讲解拉丁语单词，通过罗马或古希腊的历史或神话对单词进行解释），林尼雅一般都能够讲出 17 个，并且几乎都能够跟她刚看过的电影相联系。班里的同学目不转睛地看着她，很享受地听她讲，他们都非常喜欢她。

> 林尼雅对学习拉丁语感觉非常不错，并且她很自信能够把握语言中的细微差别。虽然在一个以认真完成作业为文化的学校里面狂热地追求拉丁语的学习显得有些与众不同，但她能够自我支持，从学习拉丁语本身获得更大的动力。有趣的是，她也能在其他的课程中取得好成绩，但她并没有沉浸到其他学科里面，她感觉那些东西学了很快就忘了。

> 拉丁语到底有什么特别的？或许她被老师鼓励而去学习更多的拉丁语；或许她通过利用课外资源进一步学习拉丁语是因为自己喜欢；也或许她的成功是因为她不断地学习拉丁语，又不断地拓展学习的范围来满足进一步学习的欲望的良性循环。

对于老师和家长们来说，让人头疼的问题是，为什么有些学生发展起了良好的爱好，如拉丁语或者数学，但有些学生却迷上了电子游戏或恶作剧。与其抱怨现在的流行文化，还不如问问为什么现在的学校教育如此无聊。

是什么使追求兴趣没有达到想要的效果？客观来说，学习拉丁语并不能对青少年玩 Gameboy（一种风靡的手持游戏机）有所帮助。看看这些有趣活动的内在的性质，它们的有趣来自它们的新奇性、复杂性和不确定性。有一个观点是，如果一项活动太过困难或复杂，那它就很难有趣。好的教育能够找到最合适的程度，将课题介绍给学生。对于音乐的初学者来说，《1812 序曲》就要比巴赫赋格曲更加"有趣"。恐龙就要比塘泥更加"有趣"。幸运的是，我父母教我阅读是通过漫画书，教我活动是通过玩游戏。基础一旦建立起来了，特别的知识就能够激发进一步求知的兴趣，一步一步向上推进。

老师或导师在激发和维持学生的学术兴趣方面的作用同样非常重要，就像林尼雅的故事一样。发展良好的个人兴趣是要有正性回馈的，不会在一个领域凭空出现。我大学二年级的时候，我当时还在学习很费力（也很无聊）的航天工程专业，听说心理学导论这门课比较简单，我就选修了这门课。我发现心理学这个学科不仅非常引人入胜，而且带我们讨论的助教也是一位非常可爱的人，因此，我对心理学逐渐产生了真正的兴趣。后来我转专业到了心理学，今天成了一位心理学家。

发展良好的个人兴趣，如果想要可持续，兴趣就必须被培养起来。老师传授给我们的不仅仅是知识和教导，还有挑战和支持。同伴们的支持也很重要，就像林尼雅的故事，当然，父母的支持同样非常重要。我成长的过程中，家里虽然没有很多钱买各种各样的东西，不过买书的钱总是足够的。

不同年龄的学生需要的支持并不相同。年级很小的孩子需要对学习的鼓励。长大一点之后，有了约束，就需要对学习有更加明确地支持。一般来说，学术上的兴趣随着进入中学会逐渐减退。学校可能就是罪魁祸首，比如有限的选修课，竞争性的成绩，效果不好的教学方法。当一个学生有了一个发展良好的个人兴趣的时候，他们并不需要很多一般的支持，而是需要有针对性的帮助。

虽然学术兴趣是内在驱动的，但从长远来说，它们也会有实际益处。最明显能够想到的一个结果就是最终在这个领域做出成就，而其实还有很多一般的好处。尽早投入到教育与学习中，有助于避免或延缓出现认知障碍。维持爱好和发展新爱好的能力与健康和延缓衰老有关。热爱学习会对工作中遇到挑战和困难有所帮助。更广泛来说，个人的爱好和快乐能够帮助我们减轻心理压力，长远来讲能够带来更多的生理和心理的幸福感。

职业兴趣

"你长大以后想当什么？"

孩子在 3 岁大的时候对这个问题就有了自己的答案，尽管他们的答案常常来自他们幻想的世界，比如他们想当公主或狮子。职业幻想能够持续到青春期或更久，就像有很多青少年，特别是男生，把做"专业运动员"作为自己的职业理想一样。

即便如此，我们当中的大多数人最终还是变得很现实。问题是，我们常常会没能够抓住机会，只能在第一份工作中继续摸索，要知道，单单是美国就有超过 30 000 种不同的职业。年轻人就业时常常没有做好充分准备像一个真正的成年人那样工作。工作也被区分为男生们干的和女生们干的：割草和保姆。这些工作不仅很无聊，而且很少能够让年轻人与成年人接触。[⊖]

我多年在大学里面为大学生提供关于工作和职业的建议，我感到最重要的事情是大学生应该多走出校门尝试和接触实际工作，比如在暑期做实习，或者做兼职志愿者。这样，大学生能够与成年人进行交流，了解工作到底是什么，并且了解工作到底能够在生活中扮演一个怎样的积极角色。休闲兴趣和学校兴趣也可能成为职业的兴趣。知识能够带来好奇和兴趣，好奇和兴趣又能够引导了解更多的知识、专业技能和成就。同样，导师也起着非常重要的作用。

理想的状态是，职业也能够提供样品，孩子们可以多尝试一些不同的职业，然后决定到底是喜欢什么不喜欢什么。但现实世界却没有这样的样品，即使心理学家提供了一种近似的东西，即**兴趣量表**（interest inventory）。

⊖ 如果你是家长，我强烈主张常常把你的孩子带着去工作，逐渐让孩子觉得工作并不神秘。同时，要注意孩子能听到的那些你说的关于工作的话。很多孩子延续了他们父母的职业道路，我猜想在这个过程中部分原因是他们接纳了父母对于这些职业的价值观和态度（Mortimer，1976）。

这个问卷被职业咨询师用来将个人表现出的兴趣与职业相匹配，以做到能够"将圆木钉放到圆孔里，将方木钉放到方孔里"。

斯特朗职业兴趣量表（Strong Vocational Interest Blank，SVIB）可能是最有名的兴趣量表[⊖]。可能你在人生的某个时候已经做过这个量表了，它早在 1927 年就有了。SVIB 的格式和基本逻辑很简单，向被访者呈现一张上百项活动的列表（比如参观艺术博物馆、集邮、打高尔夫球），被访者只需回答这些活动他喜欢、不喜欢还是中立。

个人的回答将会被用来与那些在不同职业领域内的成功人士的平均回答做比较，通过计算相关系数（见第 4 章），与哪种职业成功人士的平均回答越相关，被访者就被推荐尝试那种职业。

SVIB 代表了心理学家所称之为的"菜谱步骤"或"精确步骤"，因为 SVIB 的编制、计分、解释都遵循了简单和客观的原则。心理学里面最著名的量表之一明尼苏达多相人格量表（Minnesota Multiphasic Personality Inventory，MMPI）就使用了同样的精确步骤。临床医师用这样的方法（比较被访者的回答与临床诊断）已经得到了某种心理障碍的患者的回答之间的相关，来诊断被访者可能的心理障碍。但是，条目可能是清楚明白的，或者说是可以使被看直接看出测试目的的，也可能不是清楚明白的，或者说无法从字面意思推测出测试目的，这个与所谓的"菜谱步骤"有所差异，菜谱上写的步骤都是非常清楚的。比如，MMPI 中有一个条目是，"你认为华盛顿和林肯哪位是更伟大的美国总统"。被访者的回答能够轻微地表现出与某种诊断的关系，但我敢说没多少人能够推测出这个条目的准确意图。

SVIB 让人们找到适合自己兴趣的职业，远离其他的。如果一个人对他的职业非常感兴趣，那他会更愿意一直干这行并做得更好。需要指出的重要一点是，SVIB 并不反映能力。比如，我对牙医非常感兴趣，但是我的双手

⊖　在这里，"Strong"不是一个形容词，虽然这个词暗示的意思并没有降低这个量表的名气，事实上，是爱德华·斯特朗（Edward Strong）编制了这个量表，因此有了这个名字。斯特朗在 1963 年去世后，大卫·坎贝尔继续发展了这个量表，因此现在 SVIB 也被称作"斯特朗 – 坎贝尔量表"。

缺乏物理上的灵巧性，那对我来说，牙医并不是一个理想的职业。另外，我常常看到我的那些心理学专业的本科生，他们对心理障碍非常"感兴趣"，因此想要成为一名临床心理学家。但他们缺少临床心理学家所必需的耐性、共情能力和适当的抽离能力，因此，他们很难坚持完成成为一名临床心理学家所必需的多年的研究生训练，更别说那些患者的心理问题可能会成为他们头疼的问题。我有一些学生随着兴趣进入了某些行业，进去后才幡然醒悟。

尽管如此，兴趣量表如 SVIB，还是提供了很多有用的信息。兴趣量表的得分具有长时间的稳定性，它的结果也预测了人们事实上进入的领域。此外，很多兴趣与职业的相关在几十年之内都是稳定的。尽管世界不断地变化，但今天的化学家们和 20 世纪 30 年代的化学家们的兴趣喜恶仍然相似。

SVIB 和类似量表的最大问题是，它们是用已经存在的分组来提供常模的。测试结果需要与现状紧密联系，依赖所谓的菜谱步骤意味着可能会有无意的混淆。如果大多数化学家是白人男性，那么用 SVIB 来为一位想做化学家的黑人女性提供咨询就显得不那么科学了。传统的解决方法是将男性和女性的问卷分开分析，但是分开之后数量变少就成为问题，特别是如果在某个领域内男性（或女性）特别少的情况下。[注]

兴趣量表更普遍的缺点是，职业本身可能变化。事实上，新的职业在不断产生。如果未来的某种职业和现在已有的某种职业都与同样的兴趣爱好相关，如果我们知道了这样的重合，兴趣量表可能还能够帮助被访者定位到那种新的职业；但如果我们不清楚，或者与新的职业相联系的兴趣爱好大相径庭，那兴趣量表就不能帮助被访者找到这样的职业。

很多兴趣量表都缺乏理论基础，这是遵照菜谱步骤的代价，这就导致了这样的量表很难有意地进行修订或推广。一个引人注目的例外是约翰·霍

⊖ 在某一个时候，大卫·坎贝尔为了避免这样的问题，将 SVIB 印刷成两种颜色，男性做蓝色的，女性做粉红色的。我只是说无意混淆可能会造成影响，但问题并不是出在测试本身。社会鼓励男人和女人，甚至 6 岁的男孩和女孩（Gottfredson，1981）找到自己合适的职业类型并且追随这样的建议。因此问题并不出在 SVIB，而是反映了我们社会的某种现实。

兰德的工作，他的工作是基于一个确定的理论。霍兰德的工作在传统的人格心理学框架内，却有创造性的改变。通常来说，关注职业兴趣的人格心理学家会用一个普通的人格特质量表来测试，然后将其与职业选择或职业绩效做相关分析。霍兰德不这么做，他从职业开始就假设，人们从 18 岁到超过 65 岁，每年工作超过 50 周，每周做超过 40 小时的事情，就代表他们的人格。

从大量的兴趣量表和职业偏好的研究中，霍兰德区分出了 6 种基本的类型，代表了 6 种与工作相关的兴趣爱好和可能能够表现出色的职业：[⊖]

- 实用型：喜欢操作物件、工具、机器和 / 或动物，比如机械师、承包商。
- 研究型：喜欢观察和调查研究物理、生物或文化现象，比如科学家、记者。
- 艺术型：喜欢创造艺术形态，比如小说家、音乐家。
- 社会型：喜欢与他人一起工作，训练、开发、治疗或教导他人，如社工、老师。
- 企业型：喜欢为了组织目标和 / 或经济目的而工作，比如销售员、股票经纪人。
- 常规型：喜欢组织和处理数据、记录等，比如会计员、图书管理员。

当一个工人的类型和工作的要求相适合的时候，工人的满意度和绩效是最好的。现在你该知道为什么这章开始的时候要用盖洛普的例子了。

能力

就像我强调的那样，兴趣和能力是两回事，虽然兴趣能够驱动我们花更

⊖ 回忆第 7 章中我指出的关于人的"类型"的解释，类型可以被视作原型或者典型例子，这样简单地划分就不用定义一大堆毫无遗漏的分类，让每个人都能够非常准确地符合某一类。

多的时间并学习更多的知识使之成为我们的才能。心理学家用自己的方式研究了能力，现在就让我们把话题转向能力吧。**能力**（ability）是人们在行为的不同表现中所体现出来的，有客观的标准可以衡量。短跑运动员可以跑得很快也可以跑得很慢，秒表可以衡量；学生能够把很难的单词拼写正确也可以拼写错误，词典可以判断；作曲家可以创作音乐让听众泪流满面或者哈欠连天。

心理学家用了各种术语来描述能力的范围：天赋、技能、天资、本领，特别的智力。这些术语的内涵各不相同，希望通过反复对比这些术语能够区分的是，人们已经做到某事，还是有潜力做到某事。因此，学生们申请大学的时候，要将中学的成绩单和 SAT 考试成绩寄到大学的招生办公室。中学成绩单大概是衡量他们已经取得的学术成绩，而 SAT 分数则是衡量他们未来潜在的学术成就。有时候，这样的差别被描述为成就和能力。

有一个长期存在的争论是，能力和成就的区别到底有多大，这里的能力是通过某种表现来推测的。我倾向于避开使用这些近义词术语的争论，用人们实际所做的来衡量。比如说，一个普遍使用的术语：天才，是用来描述那些有着超常的高智商（IQ）[⊖]的人，但是我喜欢把**天才**（genius）定义为已经取得了突出的成就，并且对当代和后世都有深刻影响的人。一个有趣的事实是，亚里士多德、孔子、达·芬奇、贝多芬和达尔文都是天才，然而天才的评判者却是那些 SAT 分数很高的人。

从前面的一些章节你或许已经发现了，心理学家们很热衷于列清单，并且把它取上一个听起来非常科学的名字，如分级学、分类学、类型学等。对于能力的心理学研究也没能够例外。早期的努力大多集中在列举人类精通的或不精通的技能上，所依赖的是很多世纪以前学者们提出的认为是人类理性

⊖ IQ 是 intelligence quotient 的缩写，传统的定义是某人心理年龄和实际年龄的比值再乘上 100（以便消除小数点；Stern，1994）。心理年龄是比较你和不同年龄的人完成一些测试的表现得到的。如果你完成测试的表现与典型的 10 岁儿童一样，那你的心理年龄就是 10 岁。IQ 的意义仅如此，它就是一个运用人群提供的常模，用于一个特别测试的函数。

基础的那些机能，比如注意、逻辑、记忆、喜好等。他们向抽象思维和智力能力的倾斜很严重，我一会儿会掉头回来讲。

如果我们回过头来看，我们会发现人类拥有成百上千、成千上万种不同的能力，随着世界的变化还有新的能力在不断地出现。比如说，我小时候从没有听说过"多重任务处理能力"，更别说去培养这种能力了。但今天不同了，多重任务处理能力可能比做加减运算的能力更加实用。

有了如此多的能力，心理学家就试图将它们分类，使这么多让人眼花缭乱的能力能够归结到数量不多的一些基本能力中。心理学家正在进行的工作是，如何在保证分类科学的基础上，让这个分类更加简洁。于是，我们把很大一部分注意力放在了智力（能力）到底是一样东西、一些东西还是很多东西的问题上。

一般智力和特殊智力因素

一个古老的观点是，智力是单一的，它是在不同领域所表现出的高度一般化的能力。一个世纪以前，一位在研究技能表现上的先锋心理学家查尔斯·斯皮尔曼（Charles Spearman，1904），得到了一个重要发现，这个发现就是：当一组人被使用测试测量他们的不同能力的时候（比如说古典文学测试、数学测试、法语测试等），不同测试的得分存在着相互关联。在某一项测试中得分高的人也倾向于在另一些测试中得高分，反之在某一项测试中得低分的人，也更可能在其他的测试中得低分。根据这些发现，斯皮尔曼认为存在着**一般智力因素**（general intelligence，简称为 g）。对于斯皮尔曼而言，一般智力因素是那些不同测试之间存在相关的基础，也是影响不同能力表现的共同因素。按照这样的观点，人们被普遍地区分为有能力和没有能力，那些有能力的人是成为经济学家、电影摄影师还是足球教练只是机缘巧合的问题。

但是，不同的测试之间并没有表现出完全的一致性。因此，斯皮尔曼指出，在一般智力因素之外，还存在着**特殊智力因素**（specific intelligences，简称为 s），特殊智力因素影响人们在某一项特殊的测试中的表现。因此，人们在任何一项测试中的表现都反映了他的一般智力因素和那项测试所代表的方面的特殊智力因素，是两种因素结合作用的结果。

斯皮尔曼认为如果两个测试的得分相关，是因为两个测试都反映了一般智力因素。按照他的定义，两个测试分别反映的特殊智力因素不同。但是这并不是解释数据的唯一方法，事实上，很多人并不同意斯皮尔曼。两个测试的得分相关也可能是因为它们反映了相同的特殊智力因素。判断法语测试和古典文学测试之间到底有没有除一般智力因素以外的共同点就非常重要。斯皮尔曼的测试并不能无限拓展到人类表现的所有领域，因此也就不奇怪他并不能说服所有人，智力是单一的。

与斯皮尔曼不同，另一些心理学家强调，特殊智力因素不同于一般智力因素，智力是由一系列相互独立的能力构成的。比如，1938 年，瑟斯顿认为智力是由一些完全不同的能力所构成的，像数学计算的能力、文字解释的能力、空间想象的能力和信息记忆的能力等。另一个关于智力并非单一的理论是吉尔福特（1967）提出的。他认为智力可以被分为超过 100 种不同的子能力。根据这种观点，要描述一个人的能力需要一套完整的能力测试。当他们的技能用到了最适合的那个领域，他们的成就最大。因此，如果不是因为网球，我们不会听说约翰·麦肯罗、基思·詹宁斯和霍华德·斯特恩。我们又一次看到了盖洛普的观点。

多元智力理论

当代最有名的复合智力理论就是霍华德·加德纳（Howard Gardner，1983）提出的**多元智力理论**（multiple intelligences）。他区分了 7 种基本能力：

- 语言能力：理解和运用语言含义和功能的能力，在演讲家、诗人、音乐作词人身上表现得尤为显著。

- 逻辑－数理能力：抽象思维和组织推理能力，在数学家和理论物理学家身上表现尤为明显。
- 空间能力：视觉和空间想象能力，包括视觉图像的转换能力，在领航员、台球选手和雕塑家身上表现尤为明显。
- 音乐能力：根据音调、节奏理解或创作音乐的能力，在音乐家身上表现得尤为突出。
- 运动能力：对身体运动知觉的感受和控制能力，在舞蹈家、外科医生和运动员身上表现突出。
- 内省能力：认识、洞察、反省自我感受的能力，比如内省小说家表现的能力。
- 社会人际能力：理解他人和他人情绪、动机的能力，在政治家，宗教领袖、临床心理学家和销售员身上表现突出。

前三种能力是抽象和智力范畴的，也是一般的智力或能力测试所衡量的，但是加德纳认为，其他的能力同样重要，虽然历史上大多心理学家都忽视这些。

对加德纳而言，智力是一系列人们遇到困难的时候解决问题的能力。他认为这些能力是伴随着人类的进化而产生的，因此它们是基于生物学的。这些能力也大体上相互独立，一个人可以在一个方面水平很高或很低，同时在另一个方面水平很低或很高。

考虑不同的智力是如何混合在一起的，是一个重要的问题。我们可以单独讨论 7 种基本能力，但就像加德纳自己说得那样，只有在个体从技术上说是非常特别的，甚至是奇特的时候，才将 7 种基本能力单独考虑，我们常常都是几种能力一起考虑的。弗洛伊德（Sigmund Freud）就是一个很好的例子，他一方面是一个优秀的作家（语言能力），另一方面他又非常善于捕捉和吸引公众的兴趣。

加德纳是如何从这么多可能的候选项中选出这 7 种基本能力的呢？他使

用了一些标准，包括这些能力是否选择性地与某些部位的脑损伤相连。如果有选择性地使某些脑神经损伤或分割，会有某种能力相应地损伤或缺失，也就是说这种能力是有生物学基础的。加德纳还考察了某种能力培养与发展的过程中，是否使用了某些特别的东西。同时，他还考察了那些某方面的天才或奇才[○]的经历。如果这些标准都指向了同一个能力，他就把这种能力划分为基本能力。

加德纳说，他的这个理论是源于批评发展心理学家皮亚杰（Jean Piaget，1950）的理论。皮亚杰认为，人类思考用到的能力可以归结为抽象语言能力和逻辑思维能力。加德纳认为应该有一系列的能力，他自己说：

> 我发现人类拥有不同的本事，相信这一点是没有争议的。但是在经过深思熟虑之后，我决定用"多元智力"来表示我的观点："多元"强调了人类基本能力数量这个未知数……"智力"则为了说明这种能力与历史上用 IQ 测试所测得的东西是同样基本的。

他进一步说道，他完全没有料到他的理论能够在公众和教育界内引起如此激烈的反应。或者，因为大家对于 IQ 测试和智力是单一的观点都存在着诸多的不满，他的理论正好表达了这样的意见。

我还记得在 1955 年上一年级的时候，依据我们的阅读能力，我们被分成了两个组。我不骗你，两个组的名字分别叫作喷气机和滑翔机。猜一猜，

○ 天才（prodigy）是指那些在某方面有特殊的技能或天赋的儿童，他们这方面表现出的能力远远超过了他们年龄范围内的正常水平（Barlow，1952）。天才似乎与发展心理学中的按照一定顺序逐步发展的原则不相符合。在会走之前要先会爬，在会跑之前要先会走。天才则挑战了这一显而易见的道理，似乎一开始就会跑。但是，事实上这并不会发生（Feldman，1980，1993）。天才的成就并不是自然而然的，事实上，他们也是一步一步来的，只是他们比绝大多数人都要快而已（Goldsmith，1992）。并且，他们的成就同样是需要大量的指导才获得的，并没有什么不同。没有每一步的指导，他们同样不会取得成就（Korzenik，1992）。因此，美国国家象棋队的大部分选手都是在 13 岁之前就从纽约或加利福尼亚招来的，而在纽约和加利福尼亚有着众多的象棋教练。除了拥有特殊的能力，天才与其他正常儿童没什么差别。儿童天才就像小大人的刻板印象是不对的。最后，天才儿童长大后可能会也可能不会在他的领域里做出突出贡献。历史表明，一些天才，像莫扎特，长大后的确做出了突出的成就，但更多的天才儿童长大后"泯然众人矣"。

哪一组的阅读能力更高一些？猜一猜，哪一组在整个小学和中学都能够尽可能地享受到优待？我同意加德纳的观点，重点不是能力存在参差不齐的现象，而是教师不应该只用阅读能力作为指标，不应该将艺术能力、音乐能力、体育能力等忽略，用阅读能力替代了所有。

加德纳或许会也或许不会认为自己是一位积极心理学家，但是他对能力的关注的确帮助建立起了一个观念，就是不能忽略或贬低任何人。在过去的20年里，他致力于探讨他的理论给教育带来的启示。

那些不同的能力如何被测量？加德纳反对那种他称之为"正式测量"的方式，也就是让所有的学生在同一天的同一个时刻在学校里做所谓的能力或成就测验，然后根据一个简单的规则给每个学生一个分数。之后根据这个分数来评价学生或学校，让学生干这个不干那个，或者决定学校或社会应该重视什么。加德纳认为，所在领域的不同很重要：对于数学或科学来说，用这种正式测量的方法是合适的，但是并不是所有东西都适合这样测量，比如艺术。

加德纳提出了一种替代正式测量的方法，**在情境中测量**（assessment in context），即在日常活动中对能力进行测量。一个学生的艺术能力可以通过看他的素描或绘画来测量。另外一个学生的运动能力可以通过看他在体育比赛中的表现测量。加德纳还将在情境中测量的方法与千年来民间手工艺术家训练和评价徒弟的方法联系了起来。年轻的徒弟认真观察并给师傅做帮手，然后慢慢地开始独立干一些活。测量在这个过程中进行，它是持续的，针对个人的，是建立在徒弟的技能表现上的。在情景中测量有着方法学上的优点和生态学上的可靠性（尽量减少推测）。

不同的技能需要不同类型的测量方法。因此，在情境中测量的方法也和人们的实际能力一样多种多样。加德纳建议，学生（当然也包括已经工作了的）在申请学校或者找工作的时候，不要仅仅提供SAT分数或GPA成绩，还要提供做过的实际项目和业绩。艺术家和音乐家也类似。我想，有一天我作为大学教员招聘委员会中的一员选拔老师的时候，我会要求观看应聘老师以前的上课录像。

对才能的关怀应该像才能本身那样多种多样。那种希望每个人是全才的时代已经过去了，学生带着不同的能力进入学校，学校也要提供不同的学习方式。统一的课表是达不到这样的目的的。未来的学校应该是以学生为中心的，不是学生如同看戏那样看不同的老师表演，而是老师根据学生的爱好和能力为学生量体裁衣。我们要牢记把能力运用在日常生活中，尤其是运用在现在充满变化的生活中。如果认为学生的课程表中一定要包含某种课题的理由是历史惯例，那这种理由是多么苍白啊。

成就

> 有一个故事是关于中世纪的石匠，他们为哥特教堂雕刻了很多装饰刻像。有时候，他们的作品在房檐后面或者其他地面上任何位置都看不到的地方，他们非常认真地雕刻着这些刻像，就像雕刻其他的一样，即使他们知道，只要教堂完工，脚手架撤掉，他们的作品将永远不会被人们的眼睛看到。据说，上帝的眼睛能够看到。这样的故事可能有很多不同的版本，但这就是关于人类成就的故事。
>
> ——查尔斯·默里（Charles Murray, 2003）

兴趣、能力和坚持不懈，是人类获得成就的秘诀，无论是大的成就还是小的。我将通过探讨那些了不起的成就来结束这一章。这样做有两个原因：第一，人生的成就是有趣的，同时也是鼓舞人心的；第二，这是积极心理学中一个重要的论点，如果我们关心的是让人们做得最好，我们就要在他们所处的环境和背景下研究那些做得最好的人。

这样的背景在积极心理学中可以被称作"自然之家"（natural homes），包括那些才能被承认、表扬和鼓励的地方。"自然之家"可以是工作场所、运动场、艺术舞台，也可以是在友谊和爱情之中，在养育孩子的过程中，还可以是在学校，也就是在这一章和贯穿整本书提到的那类地方。

在这样的背景下的研究一般被划分到应用心理学中，但是在目前的情况下，这样的标签如果是暗示了基础心理学可以脱离这些场所的话，那就太不可思议了。我深感目前对基础心理学和应用心理学的区分是错误的。积极心理学必须在那些合适的地方研究合适的问题。[○]这可能并不包括那些常见的提供被试的地方：心理学被试中心和精神科诊所。按照这样的思想，积极心理学家的研究不能依靠方便被试，比如未经世事的年轻人或精神病人。因此，如果你用大学生被试来研究普遍的心理学问题或积极心理学的问题，就值得质疑。

研究那些有很大成就的人，我们就能够关注不同寻常的优秀，或进行个案研究。就像加德纳把他的研究拓展到了像爱因斯坦、葛莱姆、毕加索、斯特拉文斯基、沃尔夫这样的杰出人物。有必要强调的是，心理学的个案研究不仅仅是自传研究或理论评述，而是可以应用到其他人身上的，包括我们这种凡夫俗子。

加德纳提出，有四种方式能够成就卓越：在某一个领域做出成就成为大师（比如作曲领域的莫扎特）；成为一个新领域的开创者（比如弗洛伊德开创精神分析）；做一个内省者探索人生真谛（小说家詹姆斯·乔伊斯）；成为一位影响者（甘地在政治领域）。我们又一次看到了多样化的成就。我希望你能够看到，这种对卓越的分类能够像世界上的天才被尊重一样，被你工作的主管所接受。

另外一种研究策略是关注大量的成功者。这是更加传统的心理学研究方法，通过对大量人群特征的测量，确定这些特征带来的结果。不同点是，这些人并不能看作"参与者"或"被试"，因为他们并没有同意参与到特定的

○ 这里有一个类似的笑话。笑话是说有一个醉汉趴在深夜的路灯下。一位警察走过来问："你在做什么？""我的钥匙丢了，我在找钥匙。"醉汉回答。因此警察也帮他找，但是两个人都没找到。"你确定你的钥匙是在这里丢的？""其实我是在那边的丛林里面丢的。""那你为什么到这个路灯下面来找？""因为这里光线比较好。"这个让我想起了另一个故事，关于 Willie Sutton 抢银行的。"为什么你抢银行？"他被问道。"因为那里有钱。"他回答（Sutton & Linn, 1976）。积极心理学的观点是两方面的，要避开那些仅仅是因为方便的，而要寻找真正有对你有意义的东西。

研究中，他们只是参与到了实际的生活中。在社会生活中留下了一些公开信息，心理学家们就利用这些公开信息进行研究。

这种方法的缺点是，研究者利用历史公开信息进行研究，但这些信息本身可能存在问题。一些非常著名的人类成就，比如文字、农业种植、动物驯化、车轮，我们都知道是由人类创造的，但是我们却不知道是谁，是如何创造的。而且我们总会有一个合理的担心，即那些历史数据可能反映了某种偏见，因为历史总是当权者书写的。

尽管这样，这些对很久以前的卓越人物的研究还是为我们提供了丰富的精神财富。心理学家迪恩·西蒙顿是使用这种研究方法的人中最著名的。他致力于用历史材料对不同的兴趣爱好进行可靠的编码，当然是从相关的杰出人物开始。⊖

西蒙顿的观点是什么？任何一个领域内的成就都不是只有一个单一的决定性因素，而是反映了一系列复杂的心理、社会、历史的因素。有些一般化推广是可能的，但有的就不行。家里的长子（或长女）与后来获得的成就之间相关的判断需要很谨慎，同样的还有智力灵活性、优势人格、外向性等。而人们所在领域的技能、正规的训练、榜样的存在等，常常是取得成就的重要决定性因素。

此外，就像我一直强调的，必须在合适的时间、合适的地方取得合适的成就才能够产生广泛的影响。比如，西蒙顿（1992）研究了过去 1500 年来的日本女性作家，在任何给定的时代，这些女性作家的影响力都取决于当时的社会意识形态，特别是关于男性的优越性的表现。类似的观点也可以从研究美国女性的成就中得出。

⊖ 关于"杰出人物"有一种争论认为，所谓的杰出人物都是社会主观专断地构建出来的。柏拉图、莎士比亚、牛顿和莫扎特到了当代仍然受到如此顶礼膜拜，并不代表他们比当时的同辈有更加了不起的成就，仅仅是他们被选中了成为榜样，就像中了大奖。虽然知道历史记录中有很多偏见，但我还是要与那种认为不存在这样卓越人物的观点唱反调。我相信，世界上的确是存在着很多好的东西的（见第 1 章），那些天才们的成就也在其中。我们仅仅讨论这些成就是如何做出的，而并不执着于这些成就是不是真的完全像历史所说的那样。

查尔斯·默里（2003）在最近出版的一本书中拓展了西蒙顿的研究，研究了不同时代的伟大人类成就和创造它们的人。默里关注了一些人们努力的领域：艺术、天文、生物、化学、地质、文学、数学、医学、音乐、哲学、物理和工程，以及每个领域内的成就所占的分量。这个分量的定量是通过统计那些成就在当代学者所著的百科全书或手册中所占的比例达到的。在大多情况下，那些杰出人物的资料的可信度与心理测验的可信度差不多（见第 4 章）。历史记录中肯定存在着偏见，但这也是广泛分布的。

默里讨论了他关注的每个领域的成就，根据对几百个不同领域的卓越人物的比较，他得出了一些关于成就的普遍的结论。

大师（polymath）。在超过一个领域内取得了很高造诣的人，亚里士多德、达·芬奇就是这样的例子，或许也是仅有的例子。

努力工作非常关键。那些最杰出的人付出了更多的时间，取得了超越一般杰出的成就。

导师也非常关键。

○ 你可能发现了默里是《弧线排序》（Herrnstein & Murray，1994）这本书的合作者。因为书中有白人和黑人的 IQ 存在差异的观点（Fraser，1995），从而点燃了持续了整个 20 世纪 90 年代的大争论。在我看来这是不幸地走了一段弯路，它使这本书不那么有趣了：书中持续争论关于一般智力测试的效度问题，有证据认为一般智力测试不仅能够预测学术表现，还能够预测职业成就、社会经济地位、婚姻稳定度、教养方式、公民权和法律的遵守等问题。这个观点认为一般智力因素比特殊智力因素更重要，这与加德纳认为的多重智力理论中每一种能力都同样重要的意见不同。根据《弧线排序》作者的观点，常规智力测试中的语言、逻辑和数学能力是现代社会中最重要的能力。这种能力，而不是其他的能力造就的技能满足了所有领域里获得和使用复杂信息的需求。赫恩斯坦和默里（1994）认为，只有很少的人能够真正成功。他们给这些成功的人贴上"认知精英"的标签：拿到最好的学校的录取通知书，得到最好的工作机会，赚了最多的钱，有非常幸福的婚姻，在社会上非常有影响力。
○ 为什么认为这些领域如此重要？为什么我们赞颂那些杰出的作曲家和数学家，而不是那些世界著名运动员的小动作。或许那些被认为重要的领域正好是符合加德纳（1983）所区分的多重智力。
○ 2001 年开始的"顶尖项目"（Pinnacle Project）就是要让那些在不同领域内，非常有天赋的少年得到世界级专家的指导，比如写作、生物、音乐和数学（Pinnacle Project，2001～2002）。那些孩子和专家在伯克郡探讨想法和孩子们未来一年的活动计划。这个项目希望能够为孩子提供一个导师指导的机会并建立起长期指导关系，帮助他们更好地发展。

在合适的时间合适的地点出现会更好。那些繁荣的（并不一定
要和平）社会有更多优秀的民众，如政治中心、金融中心或拥有一
个很好的大学的城市。

卓越的人物更容易在那种相信人生有不平凡的目标（见第 4 章）
和相信自己能力（见第 5 章）的文化中产生。

其实结论已经贯穿了整个章节。尽全力，发现你的兴趣和能力，选一
个适合的领域，找一个好导师，多花点时间，相信你所做的事情是非常有价
值的。

练习

让你的工作发挥你的兴趣和能力

第 6 章的练习让你发现自己的签名特征，用新的方式在学校或工作
的日常生活使用。这章的练习很相似，要你发现你的兴趣和能力，用新
的方式在学校或工作中运用。

如果你确定兴趣或能力太执着或太具体，那这个练习一定不能成功。
如果你只承认你的兴趣是修剪花园，而如果你是在闹市区的一栋写字楼
里工作的投资银行职员，我不知道你如何才能把这个爱好带到工作中去，
除非你强制在大楼的大厅里种树。但如果你能把范围扩大一些，从更长
期的潜力来看，或许你可以成为专注于多元化和退休账户的投资家。

为了发现你的兴趣，我建议你可以记录一下一周之内你如何分配你
的休闲时间。看看你的休闲活动所表现出的主题是什么，特别是能够与
工作相配合的。

为了发现你的能力，我建议你诚实地对自己做一个评估，根据加德
纳（1983）列出的那 7 种基本能力，评估自己在哪方面做得好。记住，
强调是实际的成就，因此要关注你目前为止已经获得的成绩。如果答案
没能够立即得出，可以跟随加德纳的建议：在某方面能力突出人也会对

在同样方面能力突出的其他人感兴趣。因此，想想你看过的电影或电视节目，或者读过的书，哪种特点给你的影响最深刻或让你最佩服。寻找那些吸引你的东西或地方，看有没有什么共同的能力。对我来说，这样的练习很快就定位到了语言能力⊖，那个我发展最好的能力。或者你也可以看看《时代周刊》的年度特辑，它列出了 100 个世界上最有影响力的人，有哪些人最吸引你，他们有什么共同之处吗？

一旦你已经找到了兴趣或能力，问自己如何才能将它们以一种新颖的方式用在学习或工作中。每次坚持至少一周，其实我期望更长。利用你的优势，你是不是在学习或工作中做得更好？你是不是比在做这个练习之前更开心了？

⊖　我最喜欢的电影情节中，有一个是 Michael Douglas 在《美国总统》中在新闻发布会上对他的政治对手发表即兴演讲的情节："我叫 Andrew Shepherd，我是总统。"我最喜欢的喜剧是 Robin Williams 的，至少喜欢他即兴发挥的时候。我最喜欢的体育评论员是 Chris Berman 和 Charles Barkley。这些人的一个共同点就是他们都善于运用语言文字。他们或者是他们所表现的部分，体现出语言天赋。

A Primer in
Positive
PSYCHOLOGY

第 9 章

健　　康

精神病学一直在探讨心理健康，但从没有人
为心理健康做过些什么。

——乔治·范伦特
（GEORGE E. VAILLANT, 2003）

1991 年 11 月 7 日，篮球运动员"魔术师"约翰逊宣布退役，原因是他的 HIV 检验呈阳性，这意味着约翰逊将患上艾滋病。尽管艾滋病在被人们发现时就已经夺去了千万条生命，但实际上这种疾病是可以预防的。约翰逊的名气和坦率帮助大众了解到艾滋病和每个人相关。

由于相信职业运动员所需的体能强度会使身体虚弱并加速艾滋病的恶化，"魔术师"约翰逊退役了。当然他的退役还有另一个原因，那就是其他球员害怕与约翰逊的身体接触会感染 HIV。许多人听到这个消息后的第一个反应是约翰逊被判了死刑。虽然"魔术师"看上去对自己的状况很乐观，但大多数人都认为他只是在自我欺骗而已。那些关于他的报道读起来都像是讣告一样。

就这样过了 4 年，也就是到了 1996 年 1 月 30 日，"魔术师"约翰逊不仅过得很好而且将要重返 NBA 的赛场。他比以前更强壮了，球技还是和以前一样精湛。约翰逊又一次吸引了大众的眼球，但与上一次不同的是，这次媒体关注的焦点并不是他能活多久，而是他能为所在的湖人队贡献多少分。

虽然有些球员对约翰逊的阳性 HIV 有些抱怨，但是绝大多数球员欢迎他的回归。正如查尔斯·巴克利所说的那样："我们不是要进行性行为，我们只是打球而已。"而在约翰逊重返赛场的第二场比赛中，芝加哥公牛队的丹尼斯·罗德曼则用自己的方式捍卫了约翰逊。罗德曼在赛场上像对待其他球员那样，丝毫没有对约翰逊手下留情。

到现在为止已经过去 15 年了，约翰逊仍然活得很好。作为一名成功的商人、慈善家以及体育评论员，"魔术师"约翰逊取得了无数成就。他是湖人队的高层领导，并且做过一段时间球队教练。他结了婚并有了自己的孩子。当然"魔术师"并不是无所不能的，作为一名电视台脱口秀节目的主持人，他的表现就十分糟糕。

尽管有关约翰逊的故事会一直很有趣，但是我们并不能提前知道他的余生。在这里我们需要强调的重点是：我们需要在思考疾病和健康的含义时，不把是否携带病毒考虑在内。

得病有很多种方式。考虑一下下列我们认为是患病的表现：

- 对感到不适的抱怨
- 确切的症状，如呼吸困难
- 可确认的身体损伤
- 携带病菌
- 确切的疾病确诊
- 日常活动损伤
- 较短的寿命

这些标准看起来似乎互相矛盾。有些人虽然携带各种病菌却可能感觉良好，而另一些人可能没有携带病菌却感觉很不舒服。有些人很长寿但能力却逐渐衰退，而另一些人寿命很短却充满活力。在现代传染病学中有一个很有意思的谜团，那就是为什么与男性相比，女性虽然会得更多疾病，但是更长寿。

当然，想要健康也有很多方法，我将会在本章中进行探讨。在本章中，我们主要关注的是健康以及心理健康和生理健康之间的相互作用，并且本书的大多数主题也是与此有关的。

有人建议应该把广义的健康称为**身心健康**（wellness）。身心健康包括一些被广泛引用的内容，这些内容是几十年前由世界卫生组织提出的："健康不是仅仅是指没有疾病，而是一种生理上、心理上以及社会上的良好状态。"健康的含义有时也会扩展到精神上的健康、职业上的满足感、环境的安全感以及这几种成分的平衡和整合。

现在你已经了解到积极心理学的前提：与解决问题相比，美好的生活意味着更多。你应该已经注意到，长久以来心理学领域中一个基本的习惯就是对生理健康的重视。那么那些关注生理健康的人是如何产生这些想法的，而积极心理学家又能从中学到些什么？

健康与疾病的历史

我们来看一下西方世界的人们是如何看待健康和疾病的。我们可以将其分为三个主要时期。第一个时期，从文艺复兴到 19 世纪中叶，在这段时期内细菌理论[○]被大众所接受，人们关注的焦点在于疾病治疗。只有在感到不适时，人们才会觉得自己可能得病了，之后则把自己交给医生，让其与疾病做斗争。

由细菌理论开创的第二个时期把焦点的范围扩大到对疾病的防护上。公共健康工作人员试着阻止病菌侵袭人体；人们抽干了携带疟疾杆菌的蚊子所居住的沼泽地；外科医生开始在手术前后洗手；食品被检验并被标上保质期。当然，对疾病的治疗也继续着，而且细菌理论也为对症下药的有效性提供了一个强有力的理论基础：药物可以杀死致病菌。

以上两个时期有一些共同之处：假定个体是处于消极状态的。人们除了遵循医生或公共健康专家的建议之外无须做什么。但在第三个时期，也就是在最近几十年，人们被号召进行健康的生活方式，就是所谓的健康促进时期。

一旦健康水平被认为是可以提高的，我们对于健康的观念也必须改变。健康没有上限，至少不应认为健康就是不得病。

几十年前，内科医生们就开始研究生活在高海拔地区的人们的身体状况。他们发现与生活在海平面上的人们相比，这些人有着更强的有氧代谢能力，更低的血压以及更强的耐寒力。至少在这几个方面，高海拔地区的居民是超常的。类似的研究也在一些运动员、飞行员和宇航员身上进行。

清楚的是，不健康的反义词不是远离疾病，而是健康和复原力。这里有个关于一位名叫斯科特·卡朋特的宇航员的故事，故事发生在 1962 年，当斯科特驾驶的宇宙飞船在绕轨飞行进入大气层时燃料快消耗完了。斯科特面临着严峻的考验，他的心跳急剧加速，但是最后他还是驾驶着阿波罗 7 号太

○ 细菌理论认为微生物的出现是导致疾病的充分必要条件。细菌理论的推论几乎包括了所有病理学的生物学原因，并认为是一种新的医学模式（medical model），这种模式在心理学领域和医学领域都十分流行（Bursten, 1979）。我们曾经认为弗洛伊德的冲突理论以及阿伦贝克的自动思维理论都是由细菌引起的（Peterson, 1996）。

空舱安全地回到了地球。

良好的健康状况能为将来的长寿和康复做准备，但是现在的身体状况则是基础。一个拥有良好身心状况的人会感到充满活力并能在心理上占优势并在社会上得益。

在第三个时期，我们把注意力集中到了生活方式上，并拓展了心理学家们对于健康的研究领域。虽然我们常常置身于各种大众媒体所宣传的有关健康和锻炼的信息中，但是我们并不了解行为与健康之间的关系，并且在过去我们对疾病的定义也没有考虑过行为方式上的因素。可以肯定的是，人们的行为方式或多或少与身体健康是有关的。但是疾病也可能是细菌侵入免疫系统而引起的，与行为没有关系。

然而，随着近些年来传染病学的数据变得越来越容易得到，研究者们发现在作为总体的人群中，特殊疾病的分布并不是随机的，一些团体中的人们更有可能患上某种疾病。当然这些差异可以解释为接触的细菌和病毒种类不同。长时间以来，梅毒和坏血病都被认为是船员易得的疾病。最终学者们发现这两种疾病都与船员的生活方式有关，患梅毒是由于船员与这种病毒的携带者发生了性行为，而得坏血病是由于没有摄入足够的维生素 C。

在整个 20 世纪，科学家们深入研究了健康和不健康的人们，他们发现了一系列与健康及疾病有关的行为。贝洛克和布瑞斯罗研究了下列行为：

- 三餐规律
- 每天睡满八小时
- 运动
- 不吸烟
- 不过度饮酒

平均来说，那些有以上习惯的人要比那些没有这些习惯的人更健康长寿。所有这些促进健康的因素都属于行为习惯方面的，这说明如果人们能够改变行为习惯，那么就能活得更健康长寿。

心灵与身体：笛卡儿的遗产

> 头脑聪慧、身体健康就是世界上对"快乐"最精练也是最完美的诠释。一个人如果同时拥有这两者那他将别无所求；一个人如果拥有其中之一，那他将发现很少有比这更好的东西了。
>
> ——约翰·洛克《教育漫谈》（1693）

像亚里士多德这样的早期西方思想家并没有给心灵和身体划分严格的界限。他们认为心灵和身体是具有一致性的，其中一方的健康会反映另外一方的健康。在希腊，美丽不仅仅包括外表的美丽，还包含心灵的美丽，并且这种美必须能体现在一个人的外表上。最早的内科医生如希波克拉底和盖伦，按照惯例医治整个人。他们不仅治疗病人的身体，同时也治疗病人的心灵。

如果我是在希腊雅典写作这本书，那就没有必要花一章的篇幅来探讨心理因素是如何影响心理健康的了，因为在希腊关于心理和身体的相互影响是不需要额外解释的。但是我现在并不是在希腊，所以结果就大不相同了。在这里我想要着重介绍一件事，这件事深刻地改变了西方世界对心灵与身体以及身心健康[⊖]的认识。

在法国哲学家让内·笛卡儿（1596—1650）影响最深远的贡献中，有一个关于心灵和身体分离的理论，也就是我们所常说的**身心二元论**（mind-body dualism）。这个理论与在他之前的希腊思想家的观点形成鲜明的对比。你能发现身心二元论在解释心理对生理和疾病的影响时出现的大量问题吗？

那么笛卡儿是如何提出身心二元论的呢？他是最早解释肉体如何运动的学者之一。作为一个生活在巴黎的年轻人，他经常会在公园里散步时去观看那些很受人们欢迎的机械雕塑，这些雕塑与路旁的玻璃板相连，当过路者踏

⊖ 我是从西方人的角度来理解的，而其他文化则从另一个完全不同的角度来理解健康和疾病的。例如，传统中医学假设健康是人体内极其重要的能量（气）的平衡，这种平衡包括生理和心理两个方面。中医的三个分支中药、针灸和气功，被认为是能使人体保持平衡的方法。尽管这些治疗方式被引入到了西医中并取得了实践上的成功，但这些疗法的原理至少对于西方人来说是还是难以理解的。

上其中一块板时，水压机就通过管道把水压到雕像中，从而使雕像移动并以此来取悦观看者。

笛卡儿就是从这些雕像中获取灵感的。如果机器人是利用这种原理活动的，那么也许人体的活动也是遵循这种原理的。毕竟，身体的各个部分是由各种管道（神经）连接的。当肌肉被使用时会发生膨胀。大脑是中空的（脑室）并充满了液体。将这些联系起来，笛卡儿假设大脑中的液体通过神经传输到肌肉中，使肌肉膨胀，引起人体的活动。

这个理论不只是新奇而已，它还正确地假设了大脑在运动中的作用以及神经在人体活动中的重要性。当然，笛卡儿关于运动机制的解释是错误的，我们现在知道，神经系统是通过电化学反应工作的，而不是像水压机那样，但他的理论仍然影响深远，这个理论提供了一个彻底科学的（机械的）关于对人体和行为的看法。

但说到我们的行为是否有特定的原因，笛卡儿暗示人们并没有自由意志。这种说法直接攻击了基督教的教条及其对自由意志的假定。天主教把笛卡儿看成异端分子并判处其死刑。为了脱离困境，笛卡儿提出身体是以机械方式工作且受因果关系支配，而灵魂（思想）则是自由的。

到了 19 世纪，理论家们发现科学的概念（包括因果关系）能被用来解释心灵，由此心理学开始形成（见第 1 章）。这个发展实际上抛弃了笛卡儿的分类基础。但总的来说，当时出现了很多既能解释身体（神经科学、生物学）又能解释心灵（心理学、精神病学）的理论。由笛卡儿最初提出的身心二元论已经成为一个亟待解决的身心难题。

我们开始看到各种科学领域的发展，这些领域试图解释身心间的相互作用，特别是有关健康和疾病方面的问题。从某种意义上说，这些领域都可以看作是笛卡儿的遗产以及他通过把肉体和心灵分离所产生的概念性问题。

身心间的相互作用尽管很难解释，但它的确是存在的。例如在一项研究中，唐纳德·雷德尔德和谢尔登·辛格调查了获得奥斯卡奖的男女演员的寿命。尽管名人们在自己所在领域中是十分专业的，但研究者们并不想和他们讨论那些专业问题。高社会地位和良好的身体状况之间有着某种联系，但这种联系并不是显而易见的。社会地位所带来的不仅仅是心理上的满足感和成就感，而且会带来如在收入、教育以及保健方式上的困惑。那么地位和健康之间为什么会有关呢？

奥斯卡奖的获得者们拥有很高的社会地位和充裕的物质财富。但是其他一些著名的演员也同样拥有这些。这意味着在对于奥斯卡得主和他们的同行寿命长短的比较中，地位作为一种纯粹的心理特性，已经从其他因素中分离出来了。回顾过去70年，雷德尔德和辛格（2001）调查了235名奥斯卡奖获得者，257名获得奥斯卡提名的演员以及另外887名控制组成员，即与获奖者一起出现在同一部影片中并且大概在同年出生的男女演员。所有数据控制方法都被应用于此次调查所得的数据中，⊖但是结果是显而易见的：获奖者比提名者或控制者平均多活四年（见图9-1）。多项奥斯卡得主如凯瑟琳·赫本（Katharine Hepburn）比单项得主似乎更长寿，这对汤姆·汉克斯（Tom Hanks）、杰克·尼克尔森（Jack Nicholson）、梅丽尔·斯特里普（Meryl Streep）以及希拉里·斯万克（Hillary Swank）来说是个好兆头。

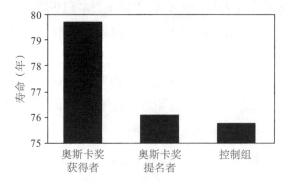

图9-1　奥斯卡奖获得者、奥斯卡奖提名者以及控制组的寿命（Redelmeier & Singh, 2001）

⊖　例如，研究者控制了每个男女演员出演影片的数目、出演第一部影片时的年龄、性别以及种族。另一些研究则在年龄超过65岁的男女演员们身上进行。这些研究得出的结论是相同的。

多项奥斯卡提名被认为是对一个演员演技的证明，然而事实上得奖的确是需要运气的。如果这句玩笑话是真的话，那么这项特殊的研究就有一些属于真实验设计上的优点，在这个实验中被试被平均分配到不同的条件下，这使得得出的结论很有说服力。成功和胜利的心理体验可能确实会延长人们的生命。⊖

身心领域

让我们从这些吸引人的关于心灵身体的相互作用的例子中来看看试图解释它们的科学领域。**健康心理学**（health psychology）把心理学理论和研究应用于身体健康上。**行为医学**（behavioral medicine）把传统药物治疗的方式扩展到心理学上的疾病治疗中，两者的结合给我们一个关于健康或疾病的含义的更加丰富的概念。

另一个研究心灵和身体的是**心理神经免疫学**（psychoneuroimmunology，PNI），这个领域认为心理、神经系统和免疫系统三者之间存在相互作用。⊖

⊖　1996 年，为了庆祝五十周年纪念日，NBA 授予 50 名球员"NBA 历史上最伟大球员"的称号并邀请他们出席电视庆典。我那时感到十分惊讶，因为 50 名球员中有 49 名还健在，只有皮特·马拉维奇（Pete Maravich）已经去世了。当然"魔术师"约翰逊也属于这个精英团体。有谁能说约翰逊受到的称赞和他显而易见的健康没有一丁点儿联系？

⊖　直到 20 世纪，身体的免疫系统（immune system）才能被科学家所描述和理解（Silverstern，1989）。免疫系统被认为比身体内的其他系统出现得要晚，因为它并不是一个单独的实体，而是全身细胞的集合体。
　　免疫系统通过识别外物并与其做斗争来击退感染。侵入身体的外界物质被称为抗原。抗原包括细菌，当然，也包括其他人或物的细胞、药品以及我们自己身体内产生的癌细胞。在免疫性疾病中，如类风湿性关节炎就是由于免疫系统错误地把自身的细胞识别成抗原而引发的。
　　抗原能激起各种各样的免疫反应。其中一个免疫反应就是 B 淋巴细胞的产生，这种细胞产生于骨髓并随着淋巴循环到达淋巴结、脾脏和扁桃体。另一种击退入侵物的反应模式是利用在胸腺中产生的 T 淋巴细胞。这些细胞能在一段时间内与抗原做斗争，包括杀死外源细胞和刺激吞噬细胞的活动，按字面意思理解就是这些吞噬细胞能"吃掉"（或吞掉）外源物质。T 细胞当然也可以与 B 细胞相互作用，在需要时激活或抑制 B 细胞的活动。在一个健康人体中，抗原引发多种多样的且合适的免疫反应。当反应变慢或者不存在时，我们称之为免疫失效。可用艾滋病这个例子来说明一下，HIV 攻击那些能在第一时间向免疫系统警告抗原入侵的细胞。那些很少得病的人更有可能感染 HIV，因为他们的身体不能及时抵抗病毒入侵。

这个领域在近几十年才出现，而它的灵感来源于身体的免疫反应能够人为控制这个发现。在一个以白鼠为研究对象的经典实验中，罗伯特·阿德和尼古拉斯·科恩（1975）先把糖精与能抑制免疫反应的药物混合在一起，然后单独呈现糖精，使抗原能够进入体内。当呈现糖精时，白鼠的免疫系统对这些抗原的反应十分缓慢。当不呈现糖精时，白鼠体内并不发生免疫抑制反应。

假定我们可以从一只白鼠的免疫功能类推到人类的免疫功能上，你是否能发现这个论证的重要性？在理论水平上，这个结论表明心理因素，在这个案例中，是学习直接影响了免疫系统的运作。在实践水平上，这意味着特定环境刺激能与细微的免疫功能相联系。如果遇到这些刺激物，人们得病的危险性将加大。

另一方面，通过避免"负性"刺激并且寻找"正性"刺激，免疫系统能维持最适宜的功能。虽然每个个体的免疫系统健全水平不同，但无论是在理论上还是实践上我们都不清楚超常免疫是否存在。通过服用药物，免疫抑制能迅速发生，而免疫激活则不能。

考虑一下诺曼·卡森斯（Norman Cousins，1976）对于自己如何激发心理能量来对抗潜在的致命疾病所做的解释。他搬出医院并住进一家豪华宾馆，在那里他看了很多有趣的电影。在康复之后，卡森斯认为他良好的健康状况来源于自己健康的身体，虽然从更准确（更谦虚）的角度来讲，卡森斯的康复与他避开了与免疫失效相联系的刺激物（医院）有着很大的关系。

尽管如此，他的故事已经成为心理神经领域中众人皆知的案例了。这个故事是否具有科学上的正确性并不会降低理论的缜密性，而这个理论认为心理因素（如压力和抑郁）的确会降低免疫系统的功能，但是其他因素，如社会支持、放松训练以及向他人倾诉等，也能提高免疫功能。

健康的促进

几百年前，西方的内科医生们并不相信身体能够进行自我治疗，因为这个假设听起来很神秘并且与盛行的唯物论不一致，尽管有足够多的证据能够证明。由于疾病被认为是不能自我限制的，所以只能由内科医生来治疗。在那时，一些诸如放血这样极端的治疗方法得到普遍应用。回想起来，这些治疗方法看上去十分奇异，但是那时的医生认为如果不使用这些方式，病人就会死亡。因为疾病的发展会不可避免地导致死亡。免疫系统的发现使信仰唯物主义的内科医生们乐于解释为什么人们不需要依靠所谓的神秘的生存意志就能从疾病中恢复。

我们知道人们能够并的确可以治愈自身的传染性疾病，我们同样也知道细菌理论并不是绝对正确的。人们的身体内一直会存在特定的细菌，而这些细菌是否会引起疾病则取决于另外一些因素，如免疫系统的强壮性。现在我们还知道人们的生活习惯也对免疫系统甚至整个身心健康都有很重要的影响。

虽然我们对免疫系统的了解才刚刚开始，但具有讽刺意味的是，至少在西方世界，传染性疾病不再被认为是病痛的祸根。艾滋病之所以这么有名，部分是因为它是这个结论的例外。从免疫疗法和抗生素治疗中取得的进展认为在欧美国家中，大多数人并不是死于传染病，而是死于心脏病或癌症，这些身体上的痛苦并不是由显而易见的细菌造成的。

据此，在当代，消灭疾病并提高健康的目标已不仅仅局限于生理以及免疫系统方面，而是开始关注行为、心理以及社会方面的影响。我们知道像抽烟或缺乏运动这些引起不健康的危险因素是能够改变的，并且这种改变能够带来有益的影响。当情绪的表达方式和社会交往方式通过治疗而发生改变时也能有益于健康。健康心理学家们对如何激励人们进行健康的生活方式很感兴趣。他们使用了一系列的治疗技术，尤其是在认知行为领域来促进健康，诸如放松训练、压力管理和生物反馈这些策略尤其受欢迎。

有时这些技术也会同一些大众交流策略一起出现来提高我们的健康。例如，在一个项目中，健康心理学家们从事一个以社区为基础的，针对超过10 万个加利福尼亚居民的健康促进项目。这个项目的目标是增加大众对于健康和疾病的知识，引导更健康的生活习惯并减少死亡率。在这个项目中研究者使用了多种多样的策略，包括通过电话、广播和报纸发送的关于健康行为的信息，针对心理对于健康影响的课程和演讲，以及改变生活环境，如检验餐馆中提供的食物的卡路里、脂肪以及胆固醇含量。这种介入性研究持续了六年之久并成功地达到所预定的目标。这些社区的居民与其他社区的居民相比，表现出对致病因素更高的了解度、更低的血压和心率以及更低的吸烟率和血管疾病的发病率。

但健康促进运动并不是总能获得成功的。人们可能会相信习惯和健康之间有着某种联系，但他们总认为自己会成为例外。例如，温思坦（1989）证明了一个普遍的趋势：大多数人认为自己得病的概率处于平均概率以下，这些不切实际的乐观想法削弱了人们在健康促进上所付出的努力（见第5章）。即使有人知道自己正处于危险中，他也可能认为自己不可能改变生活方式或不愿意做出不必要的牺牲。另外，人们经常不切实际地想要在努力后立即得到明显的效果。

健康促进项目想要生效，工作者们必须要付出更多的努力，而不是仅仅提供简单的信息和偶尔的激励。那些成功的健康促进运动有着广泛的群众基础，比如上文中所提到的加利福尼亚的项目，并能改变人们头脑中抽象的理论知识、个人信仰、态度以及习惯和社会环境。

这些项目被总称为健康促进运动。建立在学校社区和工厂的健康中心都开设有这样的健康课程。就像其他同类项目一样，这些项目中有些十分成功，促进了参与者的身心健康，但有些就很不尽如人意。

有些身心健康项目通过多种多样的服务来符合"健康的身心"这个概念，这些服务包括运动锻炼、营养咨询、压力管理以及婚姻咨询等项目。另外一些项目所包含的范围则小得多，除了从名字上可以看出它们能提供更多种类的服务。有时候一个健康中心仅仅只是一个卖瓶装水的体育馆。

可以很公平地说，即使是提供多种服务的健康中心也可能只注重疾病防治项目而不注重健康促进项目，部分原因是那些赞助者（社区或雇主）的目标是减少像酗酒、超重、旷课以及冲突这样的压力性问题。虽然提高健康和减少疾病需要同样多的资金，但提高健康带来的益处只能在将来才能显现，并且现在我们的资金也不是十分充裕。

事实上并不是每个人都有资格参加健康项目。但可笑的是那些很需要的人（很不健康的人）基本上都不愿意及时参与。有个好消息是有规律地参与可以减少生病的概率并使身体更健康，但是坏消息是由于参与者数量很少，个人得益并不会促使组织水平上的整体提高。换句话说，虽然参与者能从健康项目中获益，但就群体本身而言并不会在一个可测量的水平上获益。这个结论令赞助者感到很失望。

健康促进项目本身并不是快速修复程序或魔术子弹。提高健康水平需要时间和精力。抗生素可以在几小时之内消灭细菌，但健康并没有同样的速效药。很明显，晚间电视广告中承诺不需努力的健康和快速的减肥都是骗人的。

我几年前的研究结果显示乐观者比悲观者更健康。当这个研究结果第一次公开时（见第5章），我接到大量来自像《星周刊》《纽约时报》这样的大众媒体的来电。这些采访都很明确地关注我的研究结果，尤其是它的应用。虽然我不能看到在电话线那头的他们，但是当我说乐观者之所以比悲观者健康，是由于他们的行为方式不同并且乐观者的行为更能促进健康时，我可以想象他们呆滞的眼神。没有捷径，没有奇迹。没有能够吃掉细菌的笑脸状的吞噬细胞。如果你想变得健康，仅仅保持愉快和希望别人过得愉快是远远不够的。我觉得那些采访我的编辑们都想要听到一些窍门，至少从他们的表情中可以看出来。由于我从不闯入媒体事先设好的阴谋中，所以我从来没成为过它们的宠儿。

在这里我重申一遍：身心健康来自健康的生活方式，比如持久不变的习惯，而不是来自奇异事件。想想在美国自助书中最受欢迎的那些瘦身书。那些书流行了很多年并且将持续流行下去，书中的建议很明确：减肥没有捷径。

让我提供一些关于达到健康体重的进一步归纳和总结：

- 预防比治疗更有效。换句话说，成人最有效的减肥方法是在年轻时避免超重。
- 大多数的减肥方法，如节食和禁食、个人心理治疗、行为治疗、家庭治疗以及锻炼都只能维持很短一段时间。
- 大多数减肥方法在长期内是无效的，人们的体重会反弹到减肥之前。

如果人们重新接纳过去让他们发胖的生活方式，那么他们将不可能保持体重。但遗憾的是大众总是不愿意相信常识。过度节食减肥法之所以会那么流行，原因是人们相信几周的节食可以永远解决体重问题。但是减肥并不应该是这样的，唯一能够确保减肥的是改变生活方式。研究表明长期有效的减肥方法是养成有节制的饮食习惯。

同样值得一提的是关于老龄化和身体衰弱的话题。衰老是不可避免的吗？进化学家们认为有机体会以自我牺牲的方式来保存基因，同样，它们的死亡能够增加其近亲的存活率。这个理论也同样适用于已经完成了基因传递的老年人，他们必须为子孙后代让路。因此寿命长短很可能是受遗传因素控制的。

每个物种都有属于自己的寿命极限。即使在最好的条件下，狗的寿命也不会超过 20 岁，人类则不会超过 110 岁。一些十分长寿的人（比如居住在高加索山上的吃酸奶酪的人们）所说的话经常被证明是夸大其词的。尽管这些人很坚持，但是 120 岁是曾经活着的有记录的男性中的最大岁数了，这个纪录的保持者是一位名叫重千代泉的日本男人，而 122 岁则是女性年龄的极限，这个极限的保持者则是一位一个名叫雅娜·卡尔芒的法国女人。一些学者相信人们的寿命极限在几个世纪以来基本没有改变过。即使我们的平均寿命增加了，这种增加也有上限。当然，重点在于当我们是否能在活着的时候能过得很好。

让我再重申一遍。许多健康促进的方式让人想到新时代，例如芳香疗法、光环增强法、水晶疗法及一些类似的方法。我无意冒犯，但是我认为从旧时代中我们就能学到很好的保健方法。你的祖母可能和你的权威专家一样博学。如果想变得更加健康，你应该平衡饮食、有规律地锻炼并且不要吸烟。你应该与其他人建立友好的关系并追求自己的理想。这些结论应该被牢记，因为有意义明确的数据支持着这些结论。

你当然可以去尝试新时代所提供的东西，也许一些有益的东西正等着被你发现。但是你不应该对有益健康的方式采取极端的态度。生物学研究表明，健康和病痛并不能被你的信念和希望所改变。

范伦特（2003）观察到，生活在殖民地时代的美国的人们并没有认识到过度饮酒所造成的健康问题。那些居民经常酗酒，有时甚至用威士忌去安抚一个哭泣的婴儿。虽然这种事十分常见，但没有人认为这种做法是有害的。实际上，这些居民的肝脏和大脑的确是受到了损害。换种说法，我们的想法、情绪和行为的确会影响健康，但认为只有这些因素会影响健康却是不合理的，有时候生理的力量会更强些。

心理健康

在本章的开头，我指出很多行为会导致疾病。之后，我又补充到要想健康也有很多方式，包括对疾病的反抗、对压力的复原力、生理健康以及对生命的热情。与疾病不同，这些健康标准经常同时出现，但在有些案例中它们并不同时出现。我们的任务是用共同的标准来看待健康，而不是仅仅强调其中的单个标准。除我之外是否有人能想起 20 世纪 80 年代的健康偶像阿诺德·施瓦辛格（Arnold Schwarzenegger）和简·方达（Jane Fonda），他们分别是一个注射类固醇的男人和一个患有饮食紊乱症的女人。从外表上看他们的确神采奕奕，但健康并不只意味着肌肉和肌肉张力。

也许有一种看法认为健康和疾病的硬性衡量方式更有效，就是那些以生理或心理测试为基础的方式。但从一个更广泛的角度来看，这种偏见并没有正当的理由（见第 4 章）。生物学上的标准，如有氧代谢能力或免疫力，都不比个人对健康的感受或生活的活力等心理标准更基础。

在本段中，我将详细论述心理健康（心理学意义上的健康）以及它的含义。大多数话题仍然是前沿且重要的。在前几章中，我也已经提到了很多与健康有关的心理成分，如积极影响（见第 3 章）、幸福（见第 4 章）、希望和乐观（见第 5 章）、良好的性格（见第 6 章）、价值观（见第 7 章）以及兴趣和习惯（见第 8 章）。在这里，我想把这些心理成分与健康的其他成分，如良好的社会关系（见第 10 章）结合起来。我还参考了精神科医生乔治·范伦特（2003）最近写的一篇关于心理健康多重意义的论文。[⊖]

就像强调的那样，与心理健康相比，人们往往更重视生理健康，因为积极心理学及其目标已经被一切常规的社会科学所忽视（见第 1 章）。范伦特（2003）指出这种忽视的部分原因是西格蒙德·弗洛伊德对心理健康的不重视，同样妨碍我们理解心理健康的是对实践事例的评估和记录。弗洛伊德在心理"健康"专业的影响力已经大大减弱了，而且我们在测量方面也已经取得很大进步。该是时候呼吁心理健康不仅是积极心理学家而且更应该是大众关注的焦点了。

心理健康：代表超过平均水平

什么是典型（正常）不应该与什么是健康相混淆，由于任何群体包括相当一部分有心理疾病的人们，因此降低了我们心理健康的平均标准。但是，我们仍然可以合理地认为心理健康可以更好地反映良好的心理功能。虽然我们可以争论正常和健康之间的界限，但大多数学者同意这个界限存在于工作、爱和玩耍这些重要的领域中。

我们研究了那些在这些方面做得很好的人以及他们还做了些什么。在本章的开头，我提到了早期的宇航员的身体健康，但研究同样发现他们的心理

⊖ 受积极心理学的影响，范伦特（2003）也探讨了心理健康为何要包括坚强和美德、社会和情绪智力以及主观幸福感。由于这些都在前几章中被讨论过，在这里我只是想让你参照这些讨论从另一些角度来看待心理健康。同样请记住，所有有关的人际关系对心理健康也同样十分重要。我之前说过可能没有快乐的隐士，同样健康的隐士也几乎不存在。

也十分健康。他们都来自完整且快乐的小城镇家庭，并且都已结婚生子。他们互相信任且能适应相互依赖和极端的隔离。他们有强烈的情感体验（高兴或悲伤），但他们并不会深陷其中。他们并不很善于内省，但每个人都很善于交流，并且极少和别人争吵。虽然这些早期宇航员是从飞行员中选拔出来的，但没有人是鲁莽轻率的，他们在之前的飞行生涯中几乎没有经历过明显的事故。⊖

那么为什么那些水星宇航员具有超常的心理能力呢？玛丽·贾赫德（Marie Jahoda）在 1958 年写了一本有先见之明的书《当代积极心理健康观》，这本书从心理学角度理解心理健康，认为健康不仅仅是远离疾病和压力。贾赫德表达了先前研究者（主要是临床医师）对心理健康的想法并在此基础上进行了整合。她提出了六个被认为是代表心理学意义上健康的潜在过程：

- 接受自己
- 对现实的准确觉知
- 自主性（不受社会压力控制）
- 对环境的控制力
- 成长，发展，适应
- 人格的统合

在贾赫德的作品出版的同时，威廉·斯科特查阅了关于心理健康的现有资料，并研究了身心健康的研究定义（方法）以及这些方法之间的联系。

⊖ 以下是一个十分重要的事实，通过对极为痛苦的创伤事件进行研究，调查者们得出了下列结论，如果我们按字面意思理解巨大的灾难，那么几乎没有几个事件能称得上是小事故。而有些人经常会把小事当作大灾难，因为他们鲁莽的生活习惯总是有其心理上的因素的，如压抑、悲观和感觉寻求。一位治疗精神创伤的医生曾经告诉我，事故受害者们总是用同样的表达方式来说明他们所受的伤害。这些话在医院中都能表示为：“我只是坐在那里想我自己的事。”经过进一步的询问，有人就会把故事补充完整：“当那个家伙驶向我时，我正坐在那里想我自己的事。我曾经毁坏过他的车，偷过他的毒品，并且欺负过他的妹妹。”

当前的大部分研究表面上看是研究健康的，但实际上还是研究疾病的。他只得出了一些缺少病理学论证的结论：良好的社会关系是最常见的联系。斯科特引用了贾赫德的私人谈话，在这次谈话中贾赫德说自己想要建立心理健康的一些标准衡量尺度（如对现实的准确感知和对环境的控制力），但结果不是很令人满意。这也就是她的想法没影响未来几十年的研究的原因。

最近，卡罗尔·莱夫和她的同事们（1998）通过调查和整合不同的学者（大多数是临床医师）对获得和保持健康的各种心理成分的观点丰富了贾赫德的理论。他们发现了有关心理幸福的六种聚合力，这与前期贾赫德所提出的大体相同：

- 自主性
- 对环境的控制力
- 个人成长
- 与他人有良好的关系
- 对生活的追求
- 自我接受

莱夫研究的重要之处在于她和她的同事们解决了测量问题，并建立了心理健康因素的可靠有效的自陈量表。他们正利用这些测量工具探索心理健康和生理健康之间的联系。让我重申一遍在第 4 章中所得出的结论，通过莱夫量表测量发现，心理健康与生理健康有很强的联系。更进一步说，左前额皮层所起的作用，如辅助目标导向活动，与这个联系有关。

心理健康：代表有心理弹性

如果被隔离在无菌室，我们就不会接触到细菌，那么我们的免疫系统是否能很好地运作或根本就不运作就显得无关紧要了。虽然这样的无菌室的确存在并被用于医疗上，但在心理学领域并没有这样的等价物。[一]在人生道路上，我们犯过错误，碰到过失败并且还经历过失去。我们对这些生活障碍的反应为我们提供了认识心理健康的另一个视角。

由于对心理健康的研究都集中于困难情境方面，所以我们能够得到许多关于人是如何反应的事实。一般来说，心理学家对这些挫折情境所造成的创伤很感兴趣，但是如果从心理学的角度上考虑，我们会发现一些人在受到创伤和压力下也能表现得很好。

例如，儿童能够克服困难并取得胜利（Damon，2004）。虽然儿童常常被认为是心灵易受伤害的甚至是脆弱的，但是并不是所有儿童都有这种特性。在 20 世纪 80 年代进行的一项纵向研究第一次对"脆弱儿童假设"提出了挑战。在一次调查中诺曼·加梅齐（Norman Garmezy，1983）引入了"易受到伤害的儿童"这个概念。一些（不是全部而是一些）加梅齐的年轻研究被试表现出了对生活中最严峻考验的复原力，与所有预期相反，这些被试健康地成长着。

在一项在夏威夷和美国本土进行的跨文化研究中，艾米·维纳（Emmy

[一]　在他的一本名叫《团体迷思的受害者》的书中，耶鲁大学的心理学家艾尔芬·詹尼斯（Irving Janis，1982）分析了美国历史上的一些重大失误，如对 1941 年日本偷袭珍珠港事件的准备失误，1961 年入侵古巴的猪湾事件等。这些错误的显著之处在于它们都是十分严谨的团队考虑的结果，都是由那时最明智的政治和军事领导人做出的决定。为了解释这些糟糕的团体决策，詹尼斯认为，团体中的某些过程会压制批评并排除其他的选择，他将这些过程总称为团体迷思。团体迷思有多种成分，包括詹尼斯所说的心灵守卫，这些守卫能维护团体领袖并防止批评和担心，就像身体护卫保护自身免受侵害一样。当然，问题是心灵守卫可能会使事情变得更糟，因为对于一个领袖来说，做出艰难的决策会不可避免地受到批评。在任何事件中，心灵护卫都试图为它们所坚持的想法建立一个心理上的无菌室。

　　顺着这个话题，我想起了以前听过的一个社会学家的报告。这个报告描述了夫妻各自对他们家庭生活中压力事件的看法。这个研究本来是想检验配偶之间的默契性，但一个有趣的现象出现了，妻子们与她们的丈夫相比报告了更多的压力事件，难道是女性喜欢加油添醋，还是男性故作低调？在大多数例子中，以上两种说法都不正确，丈夫和妻子都如实报告了压力事件，但是妻子们的一部分婚姻工作是防止一些事情被丈夫知道。例如，儿子高中化学考试不及格并将这件事情告诉了母亲，而母亲不仅要承受儿子考试不及格这个打击，并且还得承受不把这件事情告诉丈夫的负担。我们再一次看到了建立心理保护的企图，并且在这个案例中保护者需要承担压力。

Werner，1982）得出了同样的结果。维纳采用**"心理弹性"**（resiliency）这个术语来描述那些使许多年轻人在困境面前奋斗的特质。在儿童发展领域中有着极大影响力的一篇专题报告中，邦尼·伯纳德（Bonnie Benard，1991）把维纳的结论扩展到几乎所有的年轻人，认为每个孩子都有发展心理弹性的潜力。伯纳德认为心理弹性包括一系列适应性的反应方式，而这些方式在儿童时期就能获得。心理弹性的成分包括：

- 坚持不懈
- 顽强
- 目标导向
- 健康的成功导向
- 成就动机
- 对接受教育的渴望
- 对未来的简要认识
- 参与感
- 追求感
- 内聚力

那些拥有心理弹性的人们采用健康且灵活的方式来适应压力事件。拥有心理弹性的人们很明显是心理健康的，当生活给了他们柠檬，他们就用它做柠檬水。

关于心理弹性的另一个研究角度始于弗洛伊德的**防御机制理论**（defense mechanism）。对于那些学过心理学的或生活在现代社会中的人们来说，弗洛伊德关于潜意识自我保护的术语已经成为他们每天生活中的习惯用语。例如，"投射"（projection）是指人们把自己不可接受的特质归因于他人。有一些类型的嫉妒也包括投射，如一些十分重视性的人们却会批评另一些团体的性行为。而"压抑"（repression）则指我们能使不愉快的记忆从意识中消失。"合理化"（rationalization）是指在失望过后我们会重构个人经历，就像伊索寓言中的那只狐狸一样吃不到葡萄说葡萄酸。

　　总的来说，防御机制看起来十分奇特且与健康之间没有什么联系，但是乔治·范伦特（2002）认为这些机制可以分为相对不成熟到相对成熟各个层次。这种分类取决于防御的现实可能性。"否认"（denial）则是不承认曾经发生过的事件。"幽默"（humor）则恰恰相反，指的是重构事实而非否定事实。"理想化"（sublimation）是指我们通过改变自身的思想和行为以符合社会价值观。那些患有严重心理疾病的人们偏向于使用不成熟的防御机制，但是更重要的是那些长寿的人们则善于运用成熟的防御机制。

　　除了以上关于潜意识的心理动力学观点外，我们可以从另外一个角度，也就是从压力事件及其影响这个角度去研究复原力和心理健康。最早对压力生活事件进行研究的是 20 世纪 60 年代早期的传染病学家托马斯·霍姆斯和理查德·瑞赫。他们的研究过程十分简单：记录人们在最近或之前所经历过的压力事件的数量，测量他们的健康状况，然后分析两者之间的关联。大体上来说，这种联系是呈负相关的。由于在 20 世纪 60 年代后期心理学领域内开始流行认知理论（见第 1 章），所以当心理学家们开始对这类研究感兴趣时，他们不仅关注压力事件是否出现，而且同样关注人们是如何处理这些事件的（对这些事件有什么想法）。

　　随着研究的深入，事情也逐渐清晰起来，对待压力事件的特殊方式可以增强人们对将来可能造成身心受损事件的控制能力。退出（如离婚）比起进入（如升学）带来的伤害更大一些。看上去不可预知的、不受控制的或无意义的事件更有可能导致疾病甚至是死亡。此外，一些涉及情感冲突的事件也是十分有害的。

　　最有名的压力（认知）治疗方法是由心理学家理查德·拉扎鲁斯提出的，他认为压力事件及其产生的影响能够被人们所理解。在初评价（primary appraisal）中，个人想要知道在这个事件中什么是危险的，而事件对个人的重要程度则取决于对个人的影响程度，例如，对于一张超速行驶的罚单，没有驾照的人和有驾照的人反应是截然不同的。在次评价（secondary appraisal）中，个人会利用身边可得的资源来满足事件的要求。同样，反应的不同也取决于一个人是否相信自己能把握这件事及如何把握。所以，一张超速罚单的影响取决于一个人是否有足够多的钱去支付罚款和随之而来增加的汽车保险费用。

以问题为中心的处理方式（problem-focused coping）是指试图面对将会发生的压力事件并使之改变。**以情感为中心的处理方式**（emotion-focused coping）则更加间接，指的是试图节制对自己不能改变的事件的情绪反应。拉扎鲁斯认为没有哪一种问题处理决策是被偏爱的。不同的事件需要不同处理方式。散热器出了问题，需要以问题为中心的处理方式，而心脏出了毛病则需要以情感为中心的处理方式。但是这里的重点是：压力事件的影响力取决于个人对它的评估。心理健康的人会用适当的处理方式来处理压力事件。正如莱恩霍尔德·尼布尔在虔诚的祷告中请求的那样："主啊，请赐我以平静去接受不能改变的事；请赐我以勇气去改变必须改变的事；请赐我以智慧把两者辨别开来。"

虽然有些研究者对压力很感兴趣，但他们都认为压力是个坏东西。他们调查了人们对压力事件的习惯性思考方式，并发现了思维方式与健康之间的一些联系。例如，苏珊娜·科巴萨研究了坚强这个人格维度，**坚韧不拔**（hardiness）是指发现生活中所需要的意义和挑战。在一系列研究中，苏珊娜发现坚强的人与其他人相比在遇到压力事件时更不容易倒下。

心理健康：代表心理成熟

随着时间的流逝而逐渐衰弱是身体的规律，但不必定适用于心灵。[○]大多数的心理疾病会随着年龄的增长而逐渐减少，老年人比起年轻人来能更好地控制他们的情绪。据此，就从心理学的角度来讲，老年人的心理具有更高

○ 可以确定的是大脑作为心灵的器官，很难抵挡年龄的影响或疾病、受伤引起的损害以及酗酒引起的侵蚀。但大脑具有可塑性，而肾脏、心脏或皮肤却不具有这种可塑性。除了受伤或疾病，中枢神经系统能在整个生命过程中运作良好。

的成熟度。当前所讨论的成熟并不单单是老年人的特性，相反，高龄不一定出现心理成熟。正如我最喜欢的一张汽车保险杠贴纸上写的那样：你只能年轻一次，但你可以永远不成熟。

心理学中关于成熟的大多数观点都被概括到了埃里克森的理论中。埃里克森建立并修改了弗洛伊德的性心理发展阶段理论。他认为在整个生命过程中，人们会经历一系列阶段，在各个阶段中都有一个任务需要完成。在每一个阶段中，如果个体想要在之后的阶段中得到更好的发展，他必须找到合适的解决方法。埃里克森把他的理论称为**心理社会阶段**（psychosocial stages）理论。每个阶段任务的解决都会产生特定的社会影响和心理影响。

- **信任 VS 不信任**　新生儿必须先要具有安全感，相信他所在的环境（看护者）会提供给他健康发展的机会。如果婴儿对食物、温暖以及身体接触的要求得到满足，那他将会建立起信任感，如果得不到满足，婴儿将发展起不信任感，表现为焦虑和不安全感。

- **自主 VS 怀疑**　在大约 18 个月的时候，婴儿可以活动和探索外部世界并开始接触有关自我的概念。他可以使事情发生或阻止事情发生。这个阶段的中心任务是对身体的自主控制。如厕训练可能会造成儿童和父母之间冲突。如果儿童成功地度过这个阶段，他将获得自我控制感。反之，儿童将怀疑自身的自主能力。

- **主动 VS 内疚**　这个阶段从 3 岁始到 6 岁止，儿童开始尝试智力和身体上的主动活动。埃里克森认为这个时期对于儿童获得自信心是十分关键的。如果这些自发性活动被家长阻止，儿童有可能感到内疚并将缺乏自我价值感。

- **勤勉 VS 自卑**　从 6 岁开始到青年初期，儿童开始系统地发展自己的技能并开始上学并与同龄人交往。无论是在生理上、智力上还是社会性上，一些可能的技能都被发展起来。儿童开始上芭蕾课或体操课，爱上艺术和游泳，或对研究恐龙充满兴趣。这个阶段的成功解决会产生胜任感。在这个掌握技能的时期内体验过失败的儿童可能会产生自卑感。

- **同一性 VS 角色混淆**　对于埃里克森来说，青少年时期的任务是建立思想体系（生活所需要的一系列个人的价值观和目标）。思想体系包括职业认同、性别认同、种族认同、政治认同、宗教认同以及社会认同等。这些认同指引着青少年前进，不仅仅决定着他们是谁，而且决定他们将成为谁。只有当一个人有认知能力时，特别是有假设能力时，他才具有同一性。

- **亲密 VS 孤立**　对于那些获得同一性的青少年来说，接下来的任务就是与他人形成亲密的关系。按照埃里克森的看法，人们在这种关系中不能分辨自己是谁。但事实恰恰相反：认同是以分享感受和亲密为特征的人际关系的前提。那些不能与他人形成亲密关系的人们会感到孤独。

- **繁殖感 VS 停滞感**　当男性和女性获得认同感和亲密感之后，开始进入埃里克森的下一个心理阶段。这个阶段重心是个人以外的世界以及下一代。埃里克森将这类关心称为繁殖感，一种很简单的解决这个时期困难的方法是抚养自己的孩子。当然同样也有一些其他方法，如以教师为职业、支持环保或无核化。根据埃里克森的理论，那些没有获得繁殖感的人们会有停滞感。

- **自我统合 VS 绝望**　埃里克森阶段论的最后一个阶段是生命的最后一个时期。在这个时期个人将回顾自己的一生。如果一个人一生中的事都能顺利地得到解决，那么这个人将感到满足并获得自我统合感。即使一个人过着单身生活，如果他对这种生活很满意，那么他也能获得圆满感。反之，这个人会感到绝望。人生总是太短暂、太不公平，并充满了挫折，但是如果一个人已经获得了满足感，那么他将达到心理上的成熟。

更普遍地说，成熟意味着处理好人生中各个阶段的心理任务。我们可以说 10 岁和 50 岁都是成熟的，当然两者是不同种类的成熟。蝴蝶并不比毛毛虫更健康，但一只健康的毛毛虫更有可能成长为一只健康的蝴蝶。

　　我们可以从某种程度的怀疑论的角度来看待埃里克森的理论。几乎没有证据能够证明社会发展有着严格的阶级划分方式，与埃里克森提出的理论相反，人们更可能会遇到一些完全不同的心理挑战。尽管如此，个人发展的大致趋势是符合埃里克森的理论的，扩大化的社会联系往往是以最初建立的认同感为基础的。

　　在一些纵向研究中，乔治·范伦特（2004）研究了他称作积极老龄化的人们，他们在 75 岁时身体健康并且对生活十分满意。他的研究结果支持成熟与健康之间密切相关这个观点。

　　让我先来介绍一下与积极老龄化没有联系的因素：父辈的寿命、50 岁时的胆固醇水平、父母的社会地位以及在 65 岁之前遇到的生活压力事件。我个人认为这些因素在个体生命的前期是重要的，即使在范伦特的研究中，被试的挑选条件也包含这些因素。而对于那些 75 岁仍然健在的人来说，这些因素则不能预测他们的幸福和健康。相反，完美的老化可以从以下几方面得到预示：

- 不吸烟（或在 45 岁前戒烟）
- 不酗酒
- 体重正常
- 锻炼有规律
- 接受教育
- 婚姻稳定
- 防御机制成熟

　　让我以教育为例子详细说明一下。教育之所以能影响身心健康，并不是由于受教育越多智力或收入就会越高，而是由于教育使人能勇敢面对未来并能养成持之以恒的习惯。

__练习_____
改变一个习惯

作为一名美国心理学会媒体服务小组的长期会员，我经常和一些杂志社或报社的编辑们讨论心理学话题。在每年的 11 月末，我总能收到至少一位记者的来电，这位记者一般都正在撰写关于新年决议的报道。我总是试图表达心理学家们关于消除坏习惯和建立好习惯的研究结果，但这些来电的记者总是会低估人们在改变习惯时遇到的困难。只有良好的期望和模糊不清的力量是远远不够的。马克·吐温曾经说过："在尝试过很多次后再戒烟是相当容易的。"

尽管心理学家们并不知道如何改变习惯，但正如许多很实际的建议一样，细节是很难完成的。初始者首先要做好改变的准备。在一个重要的理论中，罗得岛大学的心理学家詹姆斯·普罗察斯卡和他的同事们构建了这样一个观点：任何类型的改变都需要通过一系列的步骤或阶段才能发生，并以思考（考虑改变的好处）为开端，通过准备（考虑改变的困难并定下目标）到行动（真正通过安排适当的奖惩来改变）再到最后保持（采取行动以防旧病复发）。

因此，如果你近期的主要目标是改变一些与健康有关的习惯，那么只有度过了前诱惑期，你才能真正开始改变。也就是说，如果你还没有真正想要改变，那么对于随后的行为而言，你现在所做的并不是合适的激发物。

你可能想要减少或根除一些不良习惯并希望增加一些良好习惯。有时你能同时做到这两件事，且已下定决心要改变。不良习惯可能会给你带来一些快乐，所以仅仅根除这些习惯是不能解决问题的。与其在家旁的酒吧内戒酒，还不如每天参加午后象棋俱乐部，这使你从中获得和饮酒同样的满足感。

对你自身而言，采用自我监控的方法来监督习惯的改变是十分重要的。"成为一个更好的自己"是一个很好的目标，但是你更能从"每天早上向你家公寓的门卫问好"中看到自己的进步。根据这个原理，分步骤进行计划更容易改变习惯，因为在这个过程中，你可以关注并享受进步。所以，体重观测者给减肥者们制订了一个目标体重，把减肥者每周内减去的重量记录下来并在小组会议上公布。

你可能想实施那些记录在你日记里的改变计划。如果你想戒烟或戒酒，那么请在每天睡前记录下你今天抽烟或喝酒的数量。如果你想要增强锻炼，那么请你记下绕过障碍的数目、跑步的距离以及心跳加速的时间。在你准备改变的前一两周内坚持记录是一个好习惯，这会使你掌握改变习惯实际所需的东西。

那些研究目标及其达成的专家们赞同以下说法：困难却明确的目标比起那些被称为"做到最好"的目标更能激励人，同时你需要把困难的目标分成一些更可控的子目标。当你开始改变习惯时，不仅仅要注意到你需要做的，而且要关注你已经做到的。"我还要减 20 公斤"是令人气馁的，而"我已经减了 5 公斤"则是鼓舞人心的。

正视偶尔的退步。如果你正在节食，那么请不要把多吃一块饼干看成是你减肥计划彻底失败的标志。减肥专家提出了禁欲违反效应，这种效应指的是一种常见但很不理智地对待饮食的方式。许多人常用极端的方式来看待节食，当节食顺利时心情很好，而当节食计划受挫时则很不开心，而实际上受挫就像我们刚刚强调的那样偶尔会发生。在午餐时多吃的一块饼干常常会导致节食者放弃一天的节食计划，他会在下午吃完一大包饼干，在晚上吃掉一大杯冰激凌，并在午夜吃掉一整个比萨。

家人和朋友对你努力的支持是十分重要的。我知道一个关于一对幸福夫妻的故事，这对夫妻一起减肥和锻炼。起初一切都很顺利，但之后其中一人开始比另一个人取得更大的进步，两人之间的关系逐渐变成了相互竞争，良好的合作关系受到威胁。当他们意识到这点时很明智地用自己的方式进行节食和锻炼，一切又恢复了正常。

做出改变并没有维持改变那么难。无论何时，新习惯都不可能马上融入一个人的现行生活方式中去的。这也解释了为什么极端节食的方法只能在短期内生效，或为什么在你度假中开始的锻炼计划往往在你回到工作岗位时被半途而废。所以，当你在思考如何改变一个习惯时，请同样考虑一下你将如何维持这个改变。请不要为了庆祝成功减肥 20 公斤而去菜馆大吃一顿。

我不要求你做到最好，我只希望你能完成计划。

A Primer in
Positive
PSYCHOLOGY

第 10 章

积极的人际关系[⊖]

不成熟的爱情观认为："我爱你，因为我需要
你。"而成熟的爱情观认为："我需要你，因为我
爱你。"

——弗洛姆（1956）

⊖ 本章中的有些观点，尤其是关于依恋的观点，引用了辛迪·哈赞在"优秀品质和美
德"一章中的观点，该章内容出自彼得森和塞利格曼（2004）主编的书。

如果你早就读过这段话，那么，你将不会吃惊于我对积极心理学几个字的总结：他人重要。

尽管爱情这个话题相对来说被心理学家们忽视了很多年，但现在它已经位居关于人性的各种讨论的最前列、最核心的位置，尤其是从积极心理学的角度来看。爱与被爱的能力被当代理论家们视为一种与生俱来的人类本能，它对人们从婴儿期直到老年期的健康发展有着重大影响。

研究者们甚至开始探索爱情的生物化学基础，对于激素之类的物质诸如**催产素**（oxytocin）给予了很多关注，在人们进行社会接触尤其是身体接触时，大脑就会释放催产素。催产素在体内的含量在孕期开始增加，并且在分娩过程中急剧上升。它会促进乳汁的分泌并使母性行为更加突出。一个准爸爸的催产素水平在其爱人怀孕期间也会同样上升，并且随着他与婴儿相处时间的延长和他对婴儿兴趣的增长，他的催产素水平会继续上升。到最后即使不和婴儿在一起，他也会受到催产素的影响。这种激素就被称为"黏合激素"，它与两个人之间爱的产生甚至和一夫一妻制也有联系。

催产素和神经递质中的多巴胺（见第 3 章）相联系，多巴胺主要对强化、快乐、沉迷起作用，它说明"沉迷于爱"虽是一个隐喻，但确有生物化学基础作支撑。神经影像学研究得出，自认为对爱情比较疯狂的人在注视他们真爱的照片时与注视与其爱人同龄、同性别的好朋友的照片时，其大脑活动是很不一样的。当人体内可卡因含量很高时，神经环路也会出现同样的活跃情况。进一步研究发现，当妈妈们注视她们孩子的照片时，其大脑中主管消极情绪和社会性比较的区域是处于低唤醒水平的。这就找到了科学证据来支持我们大多数人已经知道的"母爱是无私的"这一观点。

爱不仅仅体现在生理上，关键是它确实与生物学相关。事实上生物体本身具有的相互吸引力就是强有力的证据，它证明了社会关系既不是随意性的，也不仅仅是为了很便利地获取其他物质（比如物、性、权力，等等）而形成的。生物学告诉我们，人际关系存在于他们自身关系之中。

爱怎么不只是生理的呢？婴儿需要在漫长无助的婴幼儿期与我们建立起

一种深厚的爱以确保生存下来。我们的祖先不仅仅需要手段去吸引伴侣以传宗接代，还需要在伴侣之间建立好关系以保证其孩子可以得到保护和养育。同样，孩子也需要吸引其父母足够的注意以得到他们的照顾和关爱，甚至到自我牺牲的地步。[⊖]

我曾经听过一个演讲，在演讲中乔治·瓦利恩特（George Vaillant，2005）将爬行动物和哺乳动物做了对比。他并没有把关注的焦点放在可能很有吸引力的表面差异上。相反，他指出，刚从蛋壳里孵化出的爬虫类宝宝几乎是完全沉默的，而哺乳类宝宝是非常吵闹的。进化论解释说：一个吵闹的爬虫类宝宝会传递给它们的父母一个食物的信号，这样整个物种很快就会灭绝。而一个吵闹的哺乳类宝宝（比如一只小猫、一只小狗或者一个婴儿）则向其父母传达了这样一个信息，即它需要照顾，这样物种得以一代又一代地延续下来。爱和它又有什么关系呢？大有关系。

心理学中的 "爱"

1975 年，两位年轻的社会科学家埃伦·伯奇德（Ellen Berscheid）和伊莱恩·哈特菲尔德（Elaine Hatfield）从美国国家科学基金会得到了84000 美元的科研基金以研究浪漫的爱情。该基金引起了威斯康星州参议员威廉·普罗克斯迈尔的注意，他在参议院议员席上对其给予了极力的反对，并将首枚 "金羊毛奖"（Golden Fleece Award）授予了他们，以讽刺他们是在欺骗美国纳税人。普罗克斯迈尔在他发布的新闻公告中声明：

⊖ 我们总被那些看起来很年轻、眼睛和脑袋都大大的生物所吸引，从猫和狗到米老鼠和佩内洛普·克鲁兹（西班牙女影星）。所以，"娇小可爱" 可能就是动物行为学家所谓的激发抚育行为的一个刺激物（Lorenz, 1966）。其他哺乳动物（比如猫和狗）也一样，这说明这种倾向的逐渐形成是因为它对年幼者和无助者的生存具有重大作用。很少有父母会对孩子进行身体攻击，在某种程度上是由于一个孩子的外表本身就对攻击有抑制作用。那些虐待孩子的父母本身对冲动的自控能力就差，因而他们会无视婴儿外表对攻击的抑制作用。此外，早产儿特别容易受到虐待，可能是由于他们不论外貌还是声音都与正常婴儿相差很远。

我反对它不仅因为没有人（甚至是美国国家科学基金会）能证明坠入爱河是一门科学；也不仅因为我确信即使他们花上8400万美元或者840亿美元也无法得到一个所有人都认可的结论；我反对它还因为我根本就不想知道答案。

我相信其他两亿美国人都想为生命中有些事情留下一点儿神秘的色彩，而恰恰我们最不想知道的就是为什么一对男女会坠入爱河……

所以，美国国家科学基金会赶紧远离关于爱情的争论吧。将它留给伊丽莎白·巴雷特·布朗宁（Elizabeth Barrett Browning）和欧文·波林（Irving Berlin）吧。亚历山大·蒲柏（Alexander Pope）的一句话正好用在此处："该糊涂的时候就要糊涂，难得糊涂。"

《芝加哥论坛报》组织了一次读者投票，使伯奇德和哈特菲尔德的研究计划与普罗克斯迈尔议员的批评进行了一次公开的较量。结果普罗克斯迈尔议员赢得了88%的选票支持，以压倒性优势取得了胜利。不过，伯奇德和哈特菲尔德也得到了一些诺贝尔奖获得者和亚利桑那州参议员巴里·戈德华特的支持。《纽约时报》专栏作家詹姆斯·莱斯顿认为，爱情可能永远都是神秘的，但如果社会学家和心理学家即使只能为我们"从浪漫的爱情、结婚、爱情幻灭到离婚、孩子被遗弃"这一模式的答案提供一个建议的话，那么这也将成为联邦资金继杰斐逊的路易斯安那交易之后所做出的最好的投资。

虽然对于什么是科学仍众说纷纭，但我们最终认为从专业角度来讲，判定科学仍要看它引领的是什么。魔鬼躲藏在细节之中，就爱情方面来讲也是如此，所幸在这场考验中由伯奇德和哈特菲尔德推动创立的爱情科学最终得以全胜。

为何如此小小的一个研究爱情的建议唤起了如此强烈的负性情绪？一般评论似乎在人云亦云。爱情太重要、太琐碎了以至于几乎不可能对其展开研究。爱情在司空见惯的同时又是高深莫测的。爱情是神圣的，即使在粗俗的性亲密形式上。或许社会科学中所弥漫的偏见都将焦点集中在了消极方面，反倒使那些真正的积极方面被忽视了（见第 1 章）。

但是正如詹姆斯·莱斯顿所提到的，同样有被爱所伤的人，他们或者心碎离婚，或者处于配偶的虐待中、忽视了孩子等。虽然在精神医学上并没有孤独症这样一个诊断，但孤独确实几乎处于焦虑症、抑郁症、精神分裂症和物质滥用这些精神科疾病的核心。研究者们使爱情研究合法化的方法之一便是强调爱情所导致的这些问题的严重性。另外一些处于密切监视下的爱情研究专家则给他们的工作贴上了一个中性的标签，比如"独立、平等、社会交换、社会支持、人际关系和喜欢"。

社会心理学家齐克·鲁宾（Zick Rubin，1970）对爱情这个主题倾注了大量的心血，试图证明对这个表面上很模糊的主题，也可以像对心理学领域内其他主题一样进行严密的研究。他编制了一些用以区分喜欢和爱的自评量表。[⊖] 在这些量表中被试要填写对于他人的看法。比如，"喜欢量表"中包含这样一些题目：

- 我觉得他很成熟。
- 多数人在一个简单的认识之后都会对他很有好感。
- 他是我认识的人中非常讨人喜欢的那种人。
- 他是我最想成为的那种人。

"爱情量表"中包含这样一些题目：

- 在所有的事情上我都可以信赖他。

⊖　鲁宾（1973）有一本名为《喜欢和爱》的著作颇受欢迎。我很喜欢这个题目，就将它引用到了我的第一堂社会心理学课的教学大纲上，用以阐述一个话题，那是 1977 年我在柯克兰（Kirkland）大学执教时的事了。那天上课时我惊喜地发现，每个单身的学生都到场了，事实上，大多数人还带着其他人来上课了。我看着拥挤不堪的教室，暗自思量着看来我不得不暂停上课了。就在这时，一个学生喊道："喂，你应该快点讲一下'喜欢和爱'，我们都等不及了。"瞬间，我的得意便消失得无影无踪。从那以后，我学会了认真校对每一个教学大纲，那次的失误也成了一段尴尬的经历。

- 我几乎可以为他做任何事情。
- 如果不能和他在一起，我会感觉很不幸。
- 我几乎可以原谅他所做的任何事。

可以对被试在量表上的反应进行评估，评估等级从"完全错误"到"完全正确"。显然，"喜欢量表"中的题目反映了被试对另一个人的积极评价，而"爱情量表"中的题目则反映了被试的情感依恋。

这些量表看上去是有效的，也就是说它们具有表面效度，但更重要的是它们每一个都是可信的并且变量之间相关显著。在该项研究中，鲁宾调查了安娜堡正在恋爱的大学生。"爱情量表"中的每一道题都没有出现爱的字样，但在本质上是跟与理想伴侣相爱和最终与之结婚的期望相联系的。在一项实验室研究中，研究者对每对情侣都进行了单面镜观察。爱情量表预测了他们之间的目光交流是怎样的心有灵犀。

此外，在对情侣的一项纵向研究中，在爱情量表上的得分预测了一份浪漫爱情在几个月后的连续性，即使这种关系正在逐渐得到强化，但也仅限于那些双方得分都很高的情侣之间。爱情量表显示，那些不适合在一起的情侣都不太可能继续在一起。虽然喜欢在这些发现中所起的作用很小，但是仍有必要说明喜欢量表也同样预测了爱情的持续性，毕竟肥皂剧也是有情节的嘛！

这些发现都不足为奇，真正重要的一点是这项研究说明了心理学家也可以用研究其他课题的那些方法来研究浪漫的爱情。当一个研究者确实做到了一个理论家、政治家或所谓的权威人士所说的不可能的事情之后，那些关于在科学上什么可能什么不可能的争论就很快得到了解决。

另一个研究爱的先驱以研究没有攻击性的、活泼的小猴子著称。然而，毋庸置疑的是，哈利·哈洛（1958）确实对爱情很感兴趣。如果你学过心理学，我想你一定记得哈洛的著名实验。

他想知道一个婴儿对于妈妈的依恋是仅仅因为他需要有人喂养，还是源于他自身强烈的社会依恋。但愿你还记得我在本书其他地方关于心理学历史进行的一个简单介绍。20世纪50年代正是行为主义的鼎盛时期，它试图将所有看起来很复杂的行为简化为一系列的赏罚过程（见第 8 章）。当时一个很盛行的观点就是母婴关系是一个大可以简化的现象，婴儿依恋他的妈妈只是因为妈妈给他喂食。

　　哈洛在小猴子刚出生时就把它们跟母亲分开，并将它们单独与两个静止不动的"猴妈妈"的模型一起放在笼子里喂养。其中一个"猴妈妈"是用金属丝做成的，另一个是用毛绒做成的（见图 10-1）。用金属丝做成的"猴妈妈"身上有一个可以提供牛奶的奶嘴，而用毛绒做成的"猴妈妈"身上除了手感很好之外并没有提供任何食物。如果说依恋的形成是被喂食的结果，那么小猴子就应该与能够给它提供食物的"猴妈妈"形成依恋才对。

　　然而，结果却是小猴子们更喜欢用毛绒做成的"猴妈妈"。它们只有在饿的时候才去找金属丝"猴妈妈"，而其他时间便很亲密地与毛绒妈妈待在一起。当小猴子受到了不熟悉的景象或声音的惊吓便会很快跑到毛绒妈妈那里与它紧紧地抱在一起。哈洛由此推断婴儿会倾向于与那些像毛绒妈妈一样的对象形成依恋。也可能正是基于这个原因，毛毯和玩具熊比较受小孩子们的欢迎。哈洛（1974）的研究说明，即使是在动物之间，社会联系的形成也不仅仅是为了生理需求的满足。

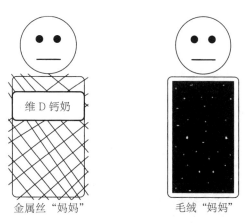

图 10-1　哈利·哈洛实验中的"猴妈妈"

注：其中一个"猴妈妈"是用金属丝做的并可以提供牛奶，另一个是用毛绒做的，有很好的手感。

在一系列的相关研究中，哈洛（1965）对恒河猴进行了完全的隔离式饲养。一年下来，这些猴子都没有跟其他猴子有过任何接触，它们变得非常胆怯和孤僻。有很多对于它们来说应该是很平常的行为，比如自咬，它们做起来却显得非常怪异。这些被隔离的猴子不能跟其他猴子（包括小猴子）进行正常的互动。它们并非营养不良或有生理缺陷，仅仅是因为它们跟自己的同类没有过接触，它们的社会功能便受到了严重的损害。

其他研究显示，如果把被隔离的猴子与在正常环境里成长的猴子放在一起，这些猴子的问题就可以得到解决。最终，被隔离喂养的猴子会学会正常的互动，逐渐摆脱早期隔离生活的影响。同样，关于小孩子的研究也发现，如果有着早期剥夺经历的孩子以后能在一个充满支持的环境里找寻到自我，则许多早期剥夺的影响都会得以消除。但如果这种剥夺占据了太长时间，那它的影响就很难消除，这也说明社会性的发展存在一个关键期的说法是有一定道理的。⊖

随着关于爱情的研究日渐成形，两种对立的观点也随之产生了，一种观点强调"头"，另一种强调"心"，即思维和感觉的对立，它们不失为用心理学方法来研究爱情的有效途径。下面让我们简单看一下它们各自的观点。

公平理论

公平理论（equity theory）认为，诸如友情和爱情这种亲密关系的持久性取决于双方的投入程度，双方从这份关系中能获取多少取决于他们投入了

⊖　刚刚孵化出来的小鸭子第一次看到的正在移动的对象是什么，它们以后就会跟随它，这种现象就叫作**印刻**（imprinting）（Lorenz，1937）。通常，这个对象是它们的妈妈，但如果小鸭子们在关键期内遇到的是其他动物或者是人，那它们就会对这些动物或人产生印刻。大多数情况下，这种印刻都会保护这些容易受伤的小鸭子远离危险。但如果当它们刚刚孵化出来时并没有一个正在移动的对象供它们去跟随，则这种印刻过程就会被破坏。刚刚降生的婴儿并非通过跟随在妈妈的周围四处走动而拉开生命的序幕。但是，有关专家指出一个新生儿必须在生命最初几年的关键期内与其照料者形成一种依恋。据此认为，如果这种依恋没有形成，或者形成得比较微弱，那么其社会性的发展就会受到阻碍（Curtiss，1977）。

多少，即投入和支出是成正比的。公平的关系是持久的，而不公平的关系最终会破裂。当然，我们都有这样一些朋友，他们或者不记得我们的生日，或者忘了给我们回电话，或者没能保护我们去抵抗那些流言蜚语，尽管我们为他们做了这一切。这样一种关系是不稳定的，并终究会有些改变。或者我们的朋友再多付出一些，或者我们少付出一些，或者不再是朋友。

公平理论认为，人们在与他人交往的时候总会计算成本和收益。这是一个经济学理论，它将我们的注意力引向了那种一方给予另一方好处并从对方身上获利的事情。一个所谓的有代表性的**人际关系资源**（interpersonal resources）清单包括下面几样东西：

- 商品
- 信息
- 爱
- 金钱
- 服务
- 地位

如果你停下来并认真想一想，就会发现这些资源中有些可以与其他资源进行直接交换而不会激起任何特别注意。比如说以商品换取金钱，同时还有其他交换，比如说用爱换取金钱，虽然看上去似乎不那么合情合理，但确实可以这样做。

有关他人如何帮我们处理压力事件的**社会支持**（social support）研究也得出了一个与之相似的清单：

- 评估支持：积极的反馈、肯定和社会比较。
- 情感支持：同情、信任、关爱和抚慰。
- 信息支持：忠告、建议和解决方案。
- 工具支持：切实的帮助和服务。

　　因为社会支持是对压力所造成的负面影响的缓冲，所以它与健康紧密相连。在此，需要强调的一点是，并非任何已有的社会支持都会起作用。只有当社会支持发生于一个很自然的、所有人都很好地融合成一个整体的社会关系网中的时候，它才是保护性的。虽然公共汽车上的陌生人、电视人物、宠物也可以提供一些看似社会支持的帮助，其实真正的社会支持还是存在于一种相互关爱的关系中。

　　公平理论得到了许多研究的证实。例如，处于浪漫爱情中的人们应该更具外在魅力。⊖恋人的美貌是很受青睐的，它构成了在恋爱关系中的一种收益。和一个漂亮的人交往时，达到公平的最简单的办法之一便是让自己变得漂亮。所以就有这样的事情发生了：人们经常依据相貌的匹配来确定恋爱关系，这就是为什么像茱莉亚·罗伯茨和莱尔·洛维特这样的夫妻吸引着我们迷乱的目光，也就是为什么电视真人秀《美女与野兽》能够如此轰动了。有趣的是，同性朋友也是根据外貌来匹配的，并且这一点在男性比在女性身上更为显著。

　　公平理论还强调，相互交往的双方，如果在一方面不般配，比如说外貌，那么他们就会在另一方面也有一种不般配以作为补偿，比如事业上的成功。例如，非常漂亮的女人很有可能嫁给一个富有的男人，他的财富正好可

　　⊖　美貌也是一种客观特征吗？是，也不是。一方面，不同种族、不同文化条件下的人们都达成了这样一个广泛的共识，那就是同一类面孔和体形是很吸引人的。比方说，一个迷人的女性的眼睛应该占她脸的宽度的30%，她的鼻子应该约占整个面孔的5%（M. R. Cunningham，1986）。对许多人面部照片的组合研究发现，面部的对称性也很关键。如果最后组合成的面孔是一张已经存在的普通面孔，那通常人们也会认为它更迷人，即使面孔组合所用的那些部件其实均来自现实中的人。漂亮宝宝的妈妈们相比不漂亮宝宝的妈妈们与宝宝之间会进行更多的交流，同样，婴儿对漂亮的面孔比对不太漂亮的面孔也会给予更多的注意。另一方面，我们当中那些外表不怎么漂亮的人看到后应该甚感欣慰了。那就是，虽然外表美丽依旧，但只要这些参与实验的人知道了这些漂亮的人实际上是他们的评价对象，大部分的吸引力都会随之消失（Kniffin & Wilson，2004）。在这种情况下，外在的吸引力要在很大程度上依赖于内在的品性，比如说我们有多喜欢这个人，我们怎么评价他的性格。多年前，迪恩、伯奇和沃尔斯特写了一篇文章："漂亮的就是好的"，介绍了有关美貌所造成的刻板印象。其实，反之亦然，即"好的就是漂亮的"。

以弥补他在其他方面的缺陷。非常痛惜，美貌也成了社会上的一种商品，但这确实是心理学家们反复验证后的发现。

据发展心理学家们分析，男性和女性对理想伴侣的要求是不一样的。一项跨文化研究发现，男性比较注重女性的年龄和外貌，而女性比较注重男性的勤奋和资源的占有量。这种偏爱的形成，可能是人类男性和女性祖先为解决所面临的不同生存问题，而在选择最佳伴侣的过程中逐渐形成的心理机制起作用的结果。

虽然进化学说认为男性和女性对于从恋人身上所能获取的利益的推算是不一样的，但它与公平理论在本质上是一致的。让我们来看一下在美国年轻夫妇吃醋的不同原因。男性会因为妻子在性方面的不忠而吃醋，女性则对丈夫在感情方面的不忠更为嫉妒。巴斯等人对此提出的一个进化论的解释认为，男性看重性忠诚是因为男性需要确定他们是妻子的孩子的父亲，而女性更看重情感上的忠诚是因为一旦有了孩子之后她们就想维持现状并支持丈夫。

公平只是影响关系长久的因素之一。心理学家还提出了其他决定分手与否的一些因素。比如，如果他们对这种关系还比较满意，或者目前还没有更合适的选择，或者双方都对这段感情投入了很多时间和精力，那么这对夫妇就不太可能分手。

然而，公平理论对于千姿百态的爱的解释还是存在局限性的。它不能解释无私的爱或者种种利他行为，因为毕竟在这上面不存在任何的报偿。比如那些器官捐献者；比如纳粹德国的基督教信徒冒着生命危险来保护犹太人；比如日本的amae（小孩撒娇式的依赖感）观念，可以简单地理解为"溺爱性的相互依赖"，它教导孩子们要知道他们得依靠妈妈，但同时也向他们保证妈妈肯定会照顾他们。amae观念也渗透到了其他人际关系中，公然挑衅着公平理论。

此外还有研究显示，从事志愿工作的人具有较高的生活满意度和健康水平。这些发现向公平理论发起了挑战，因为它们说明了社会支持的给予远比接受更为有益。换句话说，这并不是一个平等受益的关系，而是一个一方付出爱和支持甚至根本不管计分卡上的结果是什么的关系。

对公平理论的另一个挑战来自人际关系存在于两种水平上的观点。其一，人际关系的双方具有具体的行动和性格特征。这或多或少还和公平沾一点边，因为它是一种"你负责洗，我就负责晾干"的关系。其二，人们有好多种解释他们人际关系的方式。他们的解释不可能和行动相差太多。然而，人际关系就好比一笔生意，确实是一种多重交换。为了避免这种颇具讽刺意味的解释，处于友情或爱情关系中的人必须牺牲自己的一部分利益以让利给对方，然后这种关系才可以被解释为真挚的。这个度是多少呢？在商业之外，一种绝对平等的关系是不可能存在的，因为没有人愿意从这些角度去思考友情或爱情。

最后，公平理论最为失败的一点便是它忽略了人们在人际关系中所投入的感情。你可以在本书中看到西方学者是怎样将思维凌驾于感情之上的，但同时你也可以看到积极心理学中的真实数据是怎样证明事实是恰恰相反的。感情一次又一次地战胜了才智。⊖当我们认为朋友和伴侣得为我们带来利益时，我们不会拥有他们，只有当我们爱他们时，我们才会拥有他们。

依恋理论

关于人际关系的第二个重要观点就是**依恋理论**（attachment theory），它强调将我们联系在一起的情感。在这里不得不提起的一位伟人便是英国精神病学家约翰·波尔比（John Bowlby）。他在 1950 年应世界卫生组织（WHO）之邀做了一个关于精神卫生方面的报告，针对的对象是第二次世界大战期间不幸失去双亲的孤儿。他报告中的一个重要结论便是：正常的发展需要儿童至少和一个监护人建立起"温暖的、持久的情感联结"。在孤儿院长大的孩子即使食物和安全感的需求都能得到很充分的满足，但如果缺少一

⊖　请记住关于孩子的那句话：孩子的价值不能用经济来衡量，他们在情感上是无价之宝。

个建立持久情感联结的机会，他们也必定会受伤。大部分在无意中被忽视的孤儿都会表现出一些病态行为，比如撞头或抑郁。很多孩子的身体都因此不能健康成长，事实上，还有一些孩子仅仅死于爱的缺乏。

波尔比（1951）的 WHO 报告强调了情感联结的重要性，结果引起了孤儿院和收容所在儿童对待方式上的重大改变，但当时他并没有回答很多重要问题。比如，为什么情感依恋缺失会对健康成长造成如此深刻的影响？这种影响是如何发生的？波尔比在生命最后的 20 年里对这些问题的答案进行了不懈的探索。

他的探索将他所带到的领域已经远离了精神分析训练。在动物行为学领域中，他对康拉德·洛伦茨（Konrad Lorenz）（1937）关于幼鹅印刻现象的研究工作和哈利·哈洛（1958）关于恒河猴的研究进行了学习，并最终找到了他所寻求的问题的答案。许多物种在幼年时期，都因为生理上太不成熟而不能生活自理，这就逐渐形成了一种依恋成年照料者的进化倾向。波尔比据此推断，对于发育期尚未结束的人类婴幼儿来说，即使生理需要得到充分的满足，仍可能会遭受依恋需求受挫的后果。

这个新理论最终形成后足足有三卷之多。依恋理论的核心就是主张依恋可以通过调节母婴关系、亲近照料者来提高生存率。婴儿不断地监视着其照料者在哪里，并且只要照料者在附近，他就可以很满足地玩耍。但如果他们的距离过远，他就会烦躁不安，并转移注意力，努力靠近自己的照料者。波尔比（1979）认为这种依恋会贯穿人的一生，从摇篮时期直到生命的暮年。

其他研究者受到了波尔比理论的启发，开始密切关注婴儿及其社会行为，从而达成了一些共识。在生命的早期，婴儿会有一些社会反应，但他无法辨别人们的细微差别。他们会看每一个人，尤其关注人脸。在一项重要研究当中，约翰逊、杰拉维克、爱丽丝和莫顿（1991）发现，在新生儿刚刚降生的一个小时内，相比于那些与之相似的但不像人脸的刺激物来说，他们的目光会更倾向于跟随一个移动的、类似人脸的刺激物（见图 10-2）。为什么会有这种偏爱至今尚不清楚。新生儿有种与生俱来的关注环境中最重要对象的本能，比如父母，他的关注同样也会引起父母的注意。

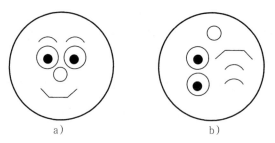

图 10-2　什么会吸引一个婴儿的目光

注：新生儿的目光会追随一个移动的、类似人脸的刺激物图 10-2a，而非一个与之相似但不像人脸的刺激物图 10-2b。

接下来的几个月里，婴儿开始将他的主要照料者与其他人区分开来。他在熟悉的人面前会笑，会咿呀地发出声音，并且更容易被安抚。

六七个月过后，就进入了第三个阶段。在这一阶段，婴儿会和某个人形成一种强烈的情感联结，这个人通常是他的妈妈，当然也不排除其他人。在该阶段里，婴儿会努力跟他依恋的人待在一起。他会哭喊着绕过其他人，爬向他的依恋对象。他会害怕陌生人。该阶段会持续几年时间。

关于依恋的第三阶段有一个著名的实验叫作**"陌生情境实验"**（strange situation test）。实验内容是观察一周岁婴儿与妈妈分开后的反应。孩子们在妈妈（或其他照料者）的陪伴下进入婴儿实验室，实验室内有专门的游戏室，室内装满了各种各样的玩具。一系列精心设计的场景相继上演，实验者在单面镜后对其进行着观察：

- 妈妈把孩子放在离玩具有些距离的地板上，然后就坐了下来。
- 一个陌生人进入游戏室后也坐了下来。
- 陌生人与妈妈进行交谈，然后试图与孩子一起玩耍。
- 接下来，妈妈离开游戏室，让孩子与陌生人单独相处几分钟。
- 妈妈回来与孩子进行短暂的重聚。

- 然后妈妈与陌生人一起再次离开游戏室几分钟。

- 陌生人先回来，并试图与孩子一起玩耍。

- 最后妈妈回到游戏室抱走孩子。

这个过程告诉我们孩子对于分离会有何反应。当妈妈第一次离开游戏室后，在其返回来之前约有一半的孩子哭了起来。当妈妈回来时，多于 3/4 的孩子或者冲妈妈笑，或者抚摸妈妈或者跟妈妈说话。当妈妈再次离开时，这些孩子便再度不安起来。陌生人不能将其安抚。当妈妈再次回来时，约有一半的孩子仍在哭，并有 3/4 的孩子奔向了妈妈的怀抱。

孩子们在陌生情境实验中表现各异。[⊖]艾斯沃斯（Ainsworth，1973）总结出大致有三种不同的反应。回避型婴儿（约占 20%）当妈妈离开时并不哭，当妈妈回来后对妈妈要么不理不睬要么避开妈妈的靠近。安全型婴儿（约占 70%）当妈妈离开后会寻找妈妈，当妈妈回来后会继续与妈妈接触。第三种类型的婴儿仅占 10%，被称为矛盾型婴儿。这种类型的婴儿，当妈妈离开后也会哭泣，但是当妈妈回来后又拒绝妈妈的抚慰。

陌生情境实验可以用来评估其他因素是如何影响依恋的。能从妈妈那里得到支持和关爱的孩子会形成安全型依恋：当妈妈离开时他们会很难过，当妈妈回来时，他们会非常高兴。而妈妈的挑剔和拒绝就会导致回避型或矛盾型婴儿。如果妈妈有抑郁症，她在感情上就无法满足孩子的需求，从而导致了回避型婴儿的产生。依恋类型一旦建立，就会对孩子的人际关系产生持久的影响。比如，不安全依恋的婴儿两岁就会表现出与同龄孩子不太合群，4 岁就可能表现出不太灵活、固执，6 岁就可能出现抑郁和孤僻。

在婴儿期形成安全型依恋的孩子在和父母的相处中会表现得自信而有主见。他们探索世界时有着更多的热情，解决问题时更有恒心；同时，当他们

⊖ 绝大多数婴儿的依恋都可以被划归到安全型、回避型和矛盾型这三种类型里面，但有极少数婴儿的依恋会表现出矛盾型和回避型的混合；他们有时会被划分到依恋的第四个类型，即所谓的无依恋婴儿（Main & Solomon，1990）。

受到挫折时更可能去求助或寻求慰藉。简言之，安全型依恋的孩子在依赖和独立自主之间达到了平衡。

入学之后，安全型依恋的孩子较少需要老师的"特别关注"、指导和纪律约束，他们不太可能去寻求关注，表现出冲动、受挫或者无助。老师会更喜欢这些孩子，并对他们抱有更高的期望。在与同龄人的交往中，安全型依恋的孩子会有更多的人际交往技能，并能得到他人更多的积极回应。不用说，他们拥有更多的朋友、更受欢迎。他们也不太可能成为欺负弱小者或被人欺负的受害者。

虽然安全型依恋并不能保证所有这些满意结果的出现，但是研究结果的一致性还是很令人震惊的。安全型依恋可以带来良好的人际关系，而我们知道良好的人际关系可以带来到目前为止本书所描绘的生命中一切美好的东西。对于我们的快乐及在如何享受快乐上，其他人都扮演着一定角色（见第 3 章）。生活满意度的社会预测源非常稳固（见第 4 章）。感情上有优势的人要比才智上有优势的人更让人满意（见第 6 章）。老师和教练让我们取得成就成为可能（见第 8 章）。良好的人际关系是我们全面健康和长寿的基础（见第 9 章）。

当今两位处于领先水平的爱的研究专家哈里·雷斯（Harry Reis）和谢利·盖布尔（Shelly Gable，2003）研究至今得出了这样一个的结论：不论什么年龄、什么文化背景，良好的人际关系都可能是达到生活满意、感情幸福的最重要的根源。相反，当问及以往生活中发生的坏事时，大部分人都会叙述他们在人际关系中的冲突或损失。而且，一般走进心理治疗室的患者都是由于人际关系方面的困扰。

婴儿期的安全型依恋对整个人生都有影响，因为它不仅仅停留在婴儿期。儿童、青少年、成年人都带有他们自己的依恋历史，这就意味着我们可以对任何年龄段人们的安全感加以描述。陌生情境实验被有关专家沿用了很久，后来那些当年参加实验的婴儿们已经长大成人，并可以向研究者回忆童年的往事了。所以，乔治、卡普兰和曼（1985）对他们组织了一次有关成年人依恋的面试，面试中涉及了一系列关于童年时期与父母关系的问题。这些成年人的叙述和他们当年的依恋类型具有极高的一致性。

更有趣的是，婴儿期建立的依恋类型竟然主宰着这些成年人在恋爱关系中的表现。1987 年，心理学家辛迪·哈赞（Cindy Hazan）和菲利普·谢弗（Phillip Shaver）提出了一种观点，即成年人在处理亲密关系的方式上也会有安全型、回避型和矛盾型三种类型。这里有这些专家所设计的一个简单测验。阅读下面这些信息，选择最适合你的一个：

- 我发现与他人相处相对比较容易。我可以很舒服地依赖别人，也可以让他们依赖我。我并不经常担心被抛弃或者某人是否与我走得太近。
- 我发现自己很难完全信任别人。当与他人关系走得比较近时，我会感觉不舒服。当别人开始与我拉近关系时，我会感觉到紧张。通常，我感觉人们想与我关系更亲密些，这种亲密会超出让我感到舒服的底线。我发现很难让自己依赖他人。
- 我发现其他人并不愿意与我保持我想要的亲密。我经常担心我所亲近的人并不真正爱我或者并不想与我在一起。我想和另一个人完全融为一体，而这经常会把别人吓跑。

我们当中有些人很喜欢亲密，并且发现亲密关系很容易建立；我们希望我们的搭档值得信赖、可以依靠；我们做好了给予他们抚慰和支持的准备，并且他们也同样对待我们。这就是安全型人际关系[⊖]（测验中的第一种观点）。我们中间还有一些人会对亲密感觉不舒服；我们很难相信我们的搭档；我们与搭档保持着情感上的距离，置独立于亲密之上，当痛苦时我们会退缩而非主动寻求安慰（第二种观点：回避型人际关系）。我们当中还有一些人会经常担心被抛弃；我们想要的亲密可能是我们的搭档所不能给或者不愿给的（第三种观点：矛盾型人际关系）。

⊖　后来的研究当中会询问被试更多关于依恋风格的问题，并允许被试表达自己对于研究结果的认可度，以此来改善了研究方法。这项研究表明人们并不是彼此不相关联的（Fraley & Waller, 1998）。我将继续把人们简单地分为安全型、回避型和矛盾型，但你要知道我所描写的只是一般人群（见第 7 章和第 8 章）。

这里有一个关于成人安全型依恋研究结果的汇总，它们包括以下方面：

- 在共同的问题解决任务上更为支持他们的搭档。
- 更倾向于实行安全的性行为。
- 在压力下表现出较少的不安。
- 当有需要时会更有可能向他人寻求支持。
- 更可能在冲突中让步。
- 不太可能抑郁。
- 更可能拥有高水平的自尊。
- 不太可能虐待配偶。
- 不太可能离婚。

我认为，如果你并不拥有安全型依恋的人际关系，那你看到所有这些发现之后可能会感觉很不舒服。其实大可不必这样，因为心理学家已经掌握了一些有关在成人间培养和修复爱的方法。**情绪集中夫妻疗法**（emotionally focused couples therapy）对于处于困扰中的夫妻是一个行之有效的方法。它建立在依恋理论之上，教给夫妻一个更为灵活的方法去表达需要、达到满足，夫妻学习相互安抚、宽慰和支持。简言之，要向新的情感体验敞开大门，这些情感体验将把人们带入一个安全型的人际关系当中。

在本部分的末尾我想强调一下公平理论和依恋理论的差别，但并没必要将它们完全对立。在公平理论当中，我们看到它很注重感知到的成本和收益的计算。它完全是有关人际关系的一种认知心理学方法。与之相反，依恋理论侧重于情绪和情感。正如你所知道的，思维和情感的较量是心理学上一个永恒的问题，但这个问题并非固有的。我相信，我们可以将所有这些观点加以整合，从我们怎样考虑他人以及我们自身的感受这个角度来看待人际关系。究竟侧重哪个理论，可能还要看人际关系的具体类型，但不管在哪种类型中，思维和情感都必将贯穿始终。

爱的类型

显然，两个人的关系可以有很多种类型。在不同的时代和文化背景下，人际关系（不管是正式的还是非正式的）的标准因社会上占据主导地位的价值观不同而不同。哈特菲尔德和拉弗森（1993）曾做过一个轰动一时的报告，报告指出：随着媒体将西方文化向全球范围的传播，世界各地的人际关系已经越来越相似。例如，追求快乐和避免痛苦作为西方人际关系的传统目标，与亚洲人际关系的相关正在越来越显著（见第 3 章）。

亲和

让我们一起来看一下人们可能具有的这样一种人际关系。在**亲和**（affiliation）关系中，人们只是想与某个人有联系，而他的身份根本不重要。利昂·费斯廷格关于社会比较的观点中提出了一个亲和动机。为了评估我们的技能、才智、态度和价值观，我们将它们与别人的进行对比。如果我们与他人没有联系，我们就不能做这项对比。简言之，亲和有助于我们评估自身。

心理学家斯坦利·沙赫特（1959）对亲和的兴趣引导他对"同病相怜"这句格言展开了研究。他招募心理学专业的学生参加一个实验，告诉实验组被试他们将接受一系列痛苦的电击，但并未告知对照组被试。两组被试实验开始的时间都比预先告知的时间延迟了 10 分钟，以便让被试认为实验者正在准备实验所用的仪器。被试可以独自等实验开始，也可以和其他人一起等。他们会选择哪一种呢？结果显示，相比于对照组被试，实验组被试更喜欢在他人的陪伴下度过这 10 分钟。当我们焦虑不安时我们就会寻求跟他人在一起，这大概是由于他人的在场可以减少我们的担忧。可能社会对比过程再次在这里起了作用。在不确定的情况下，他人可以为我们的所想所做提供线索。

　　沙赫特的深入研究对这种现象进行了解释。当有进一步的选择机会时，自感焦虑的人更喜欢跟同样处于焦虑状态下的人在一起：痛苦的人喜欢同样痛苦的陪伴者。从积极心理学角度进一步解释说，并非痛苦本身很吸引人，而是处于痛苦中的人可能会教会我们一些东西。[⊖]

喜欢

　　在**喜欢**（liking）这种人际关系中，交往双方彼此都有好感，心理学家掌握了大量的影响喜欢的因素：

- 相邻性：其他条件相等的情况下，我们更喜欢那些离我们较近的人。
- 相似性：其他条件相等的情况下，我们更喜欢那些与我们有着相似性格、价值观和信念的人。
- 互补性：其他条件相等的情况下，我们更喜欢能满足我们需求的人。
- 高能力：其他条件相等的情况下，我们更喜欢那些有能力的人。
- 魅力：其他条件相等的情况下，我们更喜欢那些外表迷人或者其他方面很讨人喜欢的人。[⊜]
- 相互性：其他条件相等的情况下，我们更喜欢那些喜欢我们的人。

　　可想而知，这些发现将怎样被受到启发的社会工程师们所利用。假设你负责一座公寓、一个大学宿舍、一个住宅区或一个工作车间的修建，而那里的人彼此都很喜欢。你该怎么办？

⊖　最近一个以老鼠为被试的实验表明，另一只老鼠的存在就可以对被试的生理影响减少压力，虽然在这种情况下，没有压力的老鼠应该是较为受益的。

⊜　这种刻板印象有着很广泛的影响（Cialdini，1985）。外表迷人的人在选举中更有可能获胜，处于危难之中更有可能获得帮助，在司法制度中更有可能得到优惠待遇。在一项有趣的实验当中，对囚犯做了整形手术以弥补他们脸部的缺陷。结果，相比于一组没有做过整形手术的囚犯，他们在获释之后再次入狱的可能性都相对较小。这些发现意味着他们通过整形手术恢复了名誉从而很少犯罪呢，还是仅仅说明了外表好看的罪犯更容易逃脱惩罚呢？

友谊

当喜欢与相似性、相互性、平等性都结合在一起时，我们就称之为**友谊**（friendship）。同样，关于友谊心理学家也了解很多。下面就是他们所了解到的。

就在三四岁小孩刚刚出现与同龄人交往中的偏爱时，他们的头脑中就已经有了友谊的概念。托儿所中有多达 75% 的孩子都有一种交换性的友谊，这至少可以通过他们自愿待在一起的时间长短来判定。当然，小孩子的友谊是很具体的，主要集中在共同的游戏上，即"我们一起玩"。

到了青春期，80%～90% 的青少年都说他们有很多朋友，并且他们会将"挚"友和"好"友区分开来。但不管哪种情况，这些友谊都不再局限于共同喜爱的活动上了，它还包括情感支持和自我表露，即"我们彼此坦露一切"。

对于成年人来说，朋友往往存在于同事之中，成年人的友谊通常以共同的工作任务为中心。据此，理论家将成年人的友谊称为和工作融为一体的友谊。同样的融合还发生于有同龄孩子的邻居之间。多于 90% 的成年人都有朋友，尽管对于老年人来说这个比例会相对降低一些。在老年期，友谊包含着支持和陪伴，即"我们互相支持"。

人们所拥有的密友的数量往往很少，对于幼儿来说不超过一两个，对于小学生来说不超过三五个。好像新婚夫妇拥有的密友数量（7～9 个）是最多的，这很明显地反映了他们社会圈的融合。但到了中年期，一般人所拥有的密友数量会再次减少到 5 个，并且这个数字在以后的生命当中还会继续减少。拥有同龄好友的人还有可能结交其他年龄段的朋友，同一个密友通常会贯穿人的一生。相比于结交新朋友，人们会优先把老朋友谨慎地保存于以后的生活当中，共同的过去和经历成为通常想起老朋友的原因。一生中与朋友待在一起的时间是不断变化的。青少年几乎 1/3 的时间都与朋友在一起，而成年人与朋友在一起的时间还不到 10%。

虽然友谊的表面特征是不断变化的，但拥有朋友①与生活满意和全面健康一直都呈强相关。尽管如此，友谊的好处还得靠朋友能否提供支持来鉴定。当然也存在着坏朋友，他们消耗着我们的生命，削弱着我们的实力。研究表明，坏朋友对我们幸福的损害比好朋友对我们幸福的贡献还要多。

坏朋友严重违反了相互性，而相互性正是友谊的最显著特征。前文我指出了公平理论作为人际关系学说的不足，但该理论却可以有助于阐明不良友谊。在这样的人际关系当中，我们可能有情感上的依恋，但是没有公平。换句话说，也许坏朋友根本就不是朋友。

不管怎样，究竟什么是真正的朋友呢？让我们来看一下几年前我和特雷西·斯蒂恩针对互联网上一个成年人样本所做的小测验的结果。当时积极心理学刚刚成形，我们便决定从这个新的视角来探索人际关系。我们想了解被试过去最好的朋友的一些情况。对友情和爱情感兴趣的学者通常会询问被试当前的人际关系，它们有好有坏。但是，又有谁研究过被试以往最好的人际关系？

我们的被试登录到网页上并回答了有关他们曾认定的最好的朋友的一系列问题。在289个被试当中绝大部分是处于中年期的、受过大学教育的美国人。97%的被试都可以想出这样的一个人。尽管76%的人说他们仍是朋友，但只有15%的人说这个人仍是他们最要好的朋友。事实上，平均起来，被试和这个人在一起的时间都已经超过了大半生。男性被试最要好的朋友倾向于是男性，女性被试最要好的朋友倾向于是女性，但这并不能算一个重大发现。换句话说，最要好的朋友可以是同性也可以是异性。但被试特别要好的朋友通常都与自己年龄相仿。

我们让被试在五分制量表上描绘他们的好朋友及其人际关系的特征，该量表可以反映他们认为特征在解释友谊上有着怎样的重要性。我们列出了很

---

① 目前仍没有进一步的研究可以证明朋友的多寡是不是幸福的重要决定因素，是否我们也需要将亲密、承诺、亲切和富有情调这些特征考虑进去来评估友谊的质量。由于拥有更多朋友的人更倾向于拥有高质量的友谊，所以这些结论的成立都受到了阻碍。

多特征，它们来自不同的理论和我们自己研讨的结果。这些都被一致认为是关于一个好朋友所应具备的最重要（量表上得分 > 4.0）特征，而这些特征正有助于形成以积极情感为标志的相互性、持久性的人际关系。好朋友满足公平理论和依恋理论的前提。我们的被试将他们的好朋友描述为可信赖的、诚实的、忠贞的和忠诚的。他们还将朋友形容为善良的、可爱的以及幽默的、有趣的。我的朋友"让我显示出了我最好的一面"也成了一个最常用的描述。被评为相对不重要的（量表上得分 < 2.5）特征主要包括朋友的地位、魅力、身体健康、技能、抱负和成就。这些特征可能会为友谊的建立敞开大门，但不会将友谊上升为人们所拥有的最珍贵的友谊。

爱情

当一段关系具有了排他性、专一性、互助性和相互依赖性，我们就称之为**爱情**（love），至少在西方文化中是这样的。我们也可以把爱情进一步细分。

一个最常见的区分便是激情之爱和伴侣之爱的区分。**激情之爱**（passionate love）往往发生于爱情的初始阶段，以高度的专一性和强烈的情绪波动（从欣喜若狂到极度苦闷）为标志。**伴侣之爱**（companionate love）是交织在一起的两个生命之间的一种坚定不移的感情。随着性欲的逐渐减退，激情之爱会逐渐演变成伴侣之爱，但是这两种爱情的关系会更加复杂。它们可能会同时存在，而非前后相继，或者我们一直都只体验着一种爱情，而另一种爱自始至终都未发生过。事实上，我在前文所描述的关于最要好的朋友的研究也可以用来研究伴侣之爱，所以我们应该注意友情和爱情的界限（我怀疑只有青少年会这样做）。不管怎样，最重要的一点就是爱情是以激情和亲密为标志的，这也是一个浪漫关系中所必不可少的。

《爱的真谛》（也译作《爱的本质》）是一本三卷册的哲学历史书，描述了从古至今的爱情。它的作者欧文·辛格区分了关于爱情的四种传统。eros（性

爱、爱欲）从欲望的角度来审视爱。philia（友爱）将爱视为一种友谊。[一]nomos
（忠爱）将爱看作是对爱人意愿的服从。agap（神爱、圣爱）是一种无私的、
神圣的爱。

是否今天我们所研究的浪漫的爱情可以向前追溯几个世纪呢？这场历史
性辩论仍在进行中。毫无疑问，基于浪漫爱情之上的婚姻仍相对是一种现代
文明，仅可以追溯到18世纪的西方世界，且现在在世界上其他地区也并不
十分普遍。但这些事实并不意味着在欧洲中期典雅爱情文化氛围中的爱情里
就没有激情，一种约定俗成的惯例最终演变成了现代的婚姻。另有人认为激
情之爱（可以简单定义为两个人之间一种强烈的相互吸引）是人类普遍具有
的，它最终会用性和婚姻将伴侣结合在一起。

在美国，大概95%的人在某个特定的时刻都会步入婚姻的殿堂。虽然
人们（尤其是职业女性）结婚的平均年龄增长了，但这个总体数字近几十年
来都保持着基本稳定。为什么婚姻发生了这种转变呢？就拿爱情至上的西方
婚姻来说吧，发展心理学家将这个过程分成了几个阶段。第一阶段便是从相
貌、社会地位和言谈举止这些特征上来审视一个潜在的伴侣。第二阶段，更
深入地了解对方的信念和价值观。该方面的一致是很重要的。最后，潜在的
伴侣在他们需求吻合的基础上选择彼此。这样由需求来支配关系的两个人并
非像老板与员工一样相处。

有关专家针对婚姻满意度开展了广泛的研究，[二]并且不出预料地发现，婚

[一] 写本部分内容时我正在参观费城（Philadelphia），Philadelphia源自希腊，意思是友爱
之城。

[二] 以前，就只有结婚和单身两种可能。但近年来，住在一起或同居在美国越来越普遍
了。超过200万的情侣在一起生活却并没有结婚，同居成了一种显著的社会现象。
关于它是不是婚姻的一种替代品或者是恋爱过程的一个阶段还在争论中。婚前同居过
的夫妻对婚姻的满意度要比婚前未同居过的夫妻对婚姻的满意度低（Nock，1995），
离婚的可能性也更大（Browder，1988）。在思考这些结果的同时，也要牢记出错的
可能性。婚前同居的情侣从一开始就跟那些没有同居的情侣是不一样的。比如，那些
婚前同居的男女相比于婚前没有同居的男女受教育水平都相对有点低且更有可能是雇
佣工人。可能是这些差别以及有没有同居这一点导致了他们婚后对婚姻的满意度以及
婚姻稳定情况的差异。

姻的初期，夫妻双方满意度很高。当夫妻拥有一个处于青春期的孩子时，他们对婚姻的满意度会降至一个低谷。在那些结婚几十年的夫妻当中，当孩子离家后他们对婚姻的满意度又开始回升。

这些都是一些描述性的趋势，我们不应假设时间是一个关键因素。还有很多因素和婚姻满意度相关，比如情感上的安全感、尊重、交流、性亲密和忠诚，这些因素作用于婚姻满意度的方式还要看一对夫妇究竟在一起了多长时间。从总体来看，男人对婚姻的满意度要比女人高。如果女人有小孩或在外面有工作，她们就会更看重自己的婚姻。

当今许多女性都既有家庭又有事业，但是这些全身心投入于孩子和工作的人对婚姻的满意度却在降低。这可能是由于她们的丈夫通常在抚养孩子和家务琐事上不能与她们共同分担，使这些妇女承担了过多义务。

一个有趣的现象便是已婚的成年人在身体和情感上比单身的成年人都要健康（见第 9 章）。关于这种现象有很多种解释。或许不太健康的人起初就不会结婚；或许婚姻可以保护一个人与疾病对抗；或许良好的婚姻状况甚至对免疫系统的能力有直接影响。不管是哪种原因，关于健康，男人从婚姻中获益要比女人多。

另外，说一下关于离婚的一些情况。19 世纪中期，美国只有 4% 的婚姻以离婚告终。但 20 世纪 70 年代以后，这个数字超过了 40%。乍一看，似乎美国家庭正处于一种难以置信的危机当中。但如果我们将这些数字放在一个特定的历史背景下来看，我们就会发现另外一点。那就是当今完整的婚姻的比例与一个多世纪以前的比例是相等的，因为现在人们比以前更加长寿了。以前，婚姻通常以伴侣一方的死亡告终。当今，婚姻以离婚告终的比例与之相等。当然，一段婚姻以死亡告终与以离婚告终是不一样的，但事实是，在美国，完整的婚姻的比例在整个 20 世纪一点都没有改变。

一般的离婚（如果有离婚的话）经常发生在婚后 6～7 年。当然它可以发生在婚姻的任何时候。令人吃惊的是，对婚姻的不满并不是离婚的一个强烈前兆。试想一下，与离婚相伴的是诸如选择伴侣、事业决策和财务危机这些东西。当事人所处的文化团体对离婚正当性的认同也是另外一个关键因素。一个很明显的例子便是那些宗教信仰禁止离婚的人离婚的可能性要比一般人群低得多。

不管离婚是出于何种原因，它对当事人来说都是一种痛苦的经历。在承受这种痛苦的期间，抑郁症或酗酒都有可能发生。患身体疾病的可能性也会增加（见第9章）。当夫妻双方有孩子时，这种问题会更多。在大多数案例当中，离婚后妈妈会获得孩子的抚养权，这就使单身妈妈的负担很重。并非所有研究发现都证明离婚对人有害无益。大多数人在离婚后的两年内都会做出一个令人满意的调整。大多数人离婚后都会再婚，尤其是那些离婚时比较年轻的人。第二次婚姻和第一次婚姻必定会有所不同，但是多数人还是比较满意的。关于第二次婚姻是否或多或少也可能以离婚告终这一点，目前并不清楚，因为由于年龄原因伴侣一方死亡的可能性增加，从而无法作对比研究。

但是，婚姻究竟是如何运转的呢？心理学家约翰·戈特曼和他的同事对婚姻做了纵向研究，结果显示不愿意面对的事情往往正是问题的所在，并且发现分歧和愤怒并不一定有害。所有夫妻都会有分歧，婚姻的幸福美满是由于夫妻双方掌握了一个对待冲突的行之有效的办法。事实上，回避冲突尽管可以使夫妻双方得到暂时的满足，但从婚姻成功的角度来看，付出的却是长期代价。夫妻必须直面冲突，并且以突出所谓的关系效应这样一种方式表达自己的不满，即有一种共同的重归于好的信念。

分歧中的抱怨、防备和固执是离婚的前兆，而幽默、钟爱和积极的诠释是婚姻成功的标志。戈特曼研究至今发现，在实际人际交往当中，明确的、积极的话与明确的、伤害的话的比例超出了5:1。换句话说，对于爱人所发出的每一句抱怨或批评至少需要五句赞美的话去弥补其造成的伤害！对这些该说的话不要保持缄默或者喃喃自语或者暗示着说，因为没有哪一个爱人是一个测心术者，能猜透你在想什么。

凯布尔、赖特、伊姆派特和阿舍（2004）通过描写当爱人遇到事情（包括好事，比如工作上的加薪）时我们对他们的反应来阐释了这种观点：

- 积极的、建设性的反应（一种热情的反应）："太好了！我敢打赌你一定会获得更多的加薪。"
- 积极的、破坏性的反应（一种指出潜在不利的反应）："他们现在对你的期望值变高了？"
- 消极的、建设性的反应（一种低调反应）："很不错，亲爱的。"
- 消极的、破坏性的反应（一种漠不关心的反应）："这里整天都在下雨。"

　　那些使用积极的、建设性的反应的夫妻会拥有很美满的婚姻。而如果其他反应占支配地位，就会导致对婚姻的不满。

　　我们并不需要一直盲目乐观、看似幸福地生活下去。有些事情确实需要批评或警告。这个度便是积极反应对消极反应的比例，凯布尔等认为这个比不应超过 3∶1。

　　这个确切数字并不十分重要，毋庸置疑它是一个随着夫妻和夫妻关系具体情况的变化而变化的变量。但所有计算过这一比例的专家都一致认为，如果夫妻关系想要维持和发展的话，这个比例必须超过 1∶1。这可能意味着消极事件比积极事件的威力更大，因为我们可能更经常遇到它（见第 5 章）。也可能意味着在我们相处的大部分时间里，我们经历的好事比坏事多，但一件好事所带来的满意度不足以弥补一件坏事所带走的满意度。不管怎样，这些结果都鼓励我们如果想要好事继续的话就必须突出积极的反应。

___练习_____

积极建设性反应

　　正如我在本章中所讲到的，幸福的婚姻以伴侣之间积极的、建设性的反应为特征。针对这些发现，你可以做一些相关的练习，它可以使你的人际关系（包括和爱人之间、朋友之间、孩子之间或者同事之间）变得更好。

选择和你关系亲密的一个人，然后当他告诉你一些好消息时，比如"我期末考卷上得了个 Ａ！""我们垒球队在比赛中获胜了！""我的食谱起效了！"，要注意你的反应。长此以往，就会习得一个稳定的模式。

你会反应热情，问他一些问题并和他分享喜悦吗？你会经常这么做吗？如果答案是肯定的，那么你就是在表现一种积极建设性反应，并且你很可能已经和这个人建立起了一种极好的人际关系。如果这已成为事实，接下来就进入了该练习的下一个目标。将它保持下去，直到你发现对某个人你通常不做这样的反应。

你或许很在意这个人，你的批评性反应可能正源于你的爱。可能是由于你不想让自己的孩子成为一个骄傲自大的人，可能是由于你不想让爱人因为好消息变成坏消息而沮丧。但是一个长期的建设性批评或者有保留的热情是要付出代价的，因为你所说的才是对方所能听到的全部。因此，对每一个好消息都做出积极的、建设性的反应吧。注意你的反应，并保证积极的、建设性的反应与其他反应的比例至少达到 3∶1。

做这些练习时，也要用到一些常识。如果你的爱人说他要和另一个人结婚或者你的孩子说他想辍学加入马戏团，你千万不要同样反应很积极，并且告诉别人你反应很积极是因为这本书告诉你应该这样做。

但是对你所爱的人告诉你的多数好消息你都要保证反应热情，这样坚持下去，看看你的人际关系会发生怎样的变化。

A Primer in
Positive
PSYCHOLOGY

第 11 章

赋能机构

政府、教会、企业等机构的本质功能就是促
进人类自由，若总体上它们没有很好地履行此项
功能，那么它们就是不恰当的，并且需要重建。

——查尔斯·霍顿·库里（C. H. Cooley，1902）

2003 年，我和马丁·塞利格曼一起讲授一门面向 120 名本科生的积极心理学课程。这是当时开设过的同类课程中最大的。我们意识到不能再用之前小型研讨班的形式授课，那些研讨班都是随着师生不断出现的新兴趣而深入展开的（见第 2 章）。因此，这门课程的部分必备工作是预先计划好一周一次的讲座。我们以由塞利格曼和契克森米哈赖最先提出的积极心理学框架来组织这些讲座：积极的经验、积极的特质和积极的机构（见第 1 章）。对塞利格曼和我来说，将有关积极经验和积极特质的讲座组合在一起并不困难。我们的讲座可以囊括各种各样的理论、发现及其应用，而且很多这方面的想法我们已在本书前面的章节有所论述。为了教授学生有关积极机构的课程，我们邀请了在教育、政治、社会服务、商业和宗教等领域各有所长的演讲者们谈论各自特定专业语境中的"好"机构。

我喜爱的演讲者之一是一位来自宾夕法尼亚州的女性，她是就职于联邦应急事务管理局（FEMA）的搜救犬训练师。她演讲时携带着她的搜救犬，并花了 90 分钟向学生们讲解"9·11"事件后她在世贸大楼搜寻幸存者的工作。她告诉我们这些搜救犬在搜救过程中脚是如何被磨出水泡、流血，以及它们又是怎样坚持工作的。由于搜救犬最先所受的训练是寻找活人，当搜救犬只发现尸体而没发现幸存者时，它们会变得灰心丧气。对训练师来说，面对此种情境的唯一解决方法是使现场的工作人员藏匿在废墟中让搜救犬去"发现"他们，从而维持它们的动机。她的故事令人心碎，同时也令人感动。

这场有关联邦应急事务管理局的演讲是迷人甚至鼓舞人心的，但当我们和学生们对其进行反思时，我们认识到有关积极机构的特性描述依然模糊。只要搜救犬训练师能到达现场，他们当然能很好地完成工作，但是这是否发生却首先取决于所有的经济甚至政治层面的决策，这一点在我们经历过 2005 年卡特里娜飓风后都有所了解。

另一个演讲者是朱迪斯·罗丁，当时是宾夕法尼亚州立大学（以下简称宾州大学）的校长。她对自己掌舵宾州大学的 10 年进行了反思。她的演讲同样令人着迷和振奋。在她刚当校长时，一项建筑围墙的计划正闹得满城风雨。这堵墙将被建在学校和学校所在社区之间，那是片极其贫穷的西费城住宅区（如果你认为这很奇怪，那么你肯定没去过芝加哥大学，那里就有这样一堵存在了数年的墙）。罗丁强烈反对此项计划，并着手将西费城建设成一个可以在里面更好地生活、工作，当然也能更好地学习的社区。在我看来，她和她的同事们取得了巨大的成功。西费城现在已经有了食品杂货店、餐馆和商店，这些店铺在罗丁任校长前都未投入运营。宾州大学帮助创建了一所优秀的社区小学。此外，宾州大学为想在西费城买房的工作人员和教员提供了低利率的抵押贷款，而且很多人从中获益。那里的房屋和庭院也开始变得越来越漂亮。

然而这也存在负面影响，即居住成本变高。有人哀叹西费城的中产阶层化使得一些老居民难以负担此处的生活成本，这批人被迫移居到费城的其他地区。西费城的复兴被费城其他地域的衰落抵消了。我并不清楚这是不是一个正确的批评，但我倾向于将它视作吹毛求疵而忽略它。费城毕竟是这样一座城市——这里的球迷曾在老鹰队的橄榄球赛上为圣诞老人喝倒彩。

但是基于这个故事以及我们了解到的组织和机构试图行善的原因，我们可以学到更加实际的一课。由于机构的天然复杂性，我们几乎不可能将它们的特征描绘成完全积极抑或是完全消极的。

机构总是好和坏的混合物。拿麦当劳来说，它鼓励顾客增肥和损害健康是有问题的，但是它为学生提供工作岗位和在全国资助麦当劳之家却又是值得称道的。又如微软，因其激进的竞争策略而饱受诟病，同时又因其慈善投入而备受赞扬，实际上这些慈善捐款也是拜其近似的垄断地位所赐。还有罗马天主教教会，在其支持下好事和坏事都能发生。

简而言之，积极这个词并不能完美地形容作为整体的机构。对于此点，我的看法是当我们讨论机构在创造和鼓舞美好的心理生活中所扮演的角色时，我们必须要问这个问题，即"为了什么目的而积极"。基于自己的想法，我用赋能机构（enabling institution）这个称谓代替了积极机构（positive institution）这个概念。我的论点很简单，那就是与其他机构相比，有些机构能够更好地使某些特定结果实现。当然，一个人是否对给定结果满意要受到其已有价值观的影响（见第 7 章）。

赋能（enable）是如此巧妙，它暗示有关什么使什么成为可能的宣言不应当被视作宇宙间的残酷法则。所以，我们似乎可以得出这样一个完美并有概括力的结论，即在完整家庭成长的儿童在生理和心理上的平均健康水平要高于在单亲家庭成长的儿童。因此核心家庭这种机构使儿童的幸福成为可能。当然也有例外，如单亲家庭的儿童能够茁壮成长，而完整家庭的儿童却与之相反。

同时，一个特定的机构在公认的目的下可能表现出色也可能表现糟糕，而此时进行跨机构和跨时间段的比较将是发人深省的。哈里斯民意测验调查所多年来一直在调查美国公民对主要社会机构领导人的信心变化，结果表明数十年来人们对所有机构的信心几乎都在普遍减小。图 11-1 是 2005 年年初完成的一个电话调查中的代表性数据。我不清楚此种衰退是否相当于一种制度性的危机，可是我确信国会、大型企业、报社和律师事务所的领导人不应该对现状引以为傲。虽然显露出来的信心并不是测量机构良好运转的完美方法，但是它确实能使存在问题的机构与成员的互动过程变得别具一格。那么公众的信心如何得以恢复呢？这是我将在本章末尾探讨的问题。

社会分类目录

显而易见的是，社会互动在特定的人群中展开。但是我们能否简单地依据个体参与者的特征来解释社会互动的特征？何时整体等于部分之和，何时又会有差别？几乎所有的社会科学家都承认社会互动的某些特性并不是简单地来源于个体参与者的特征，而一个描述多种多样的社会分类的词汇表将是非常有价值的。

社会科学家使用**集群**（aggregation）来描述身体出现在同一地点的个

体的集合。除了在同一时间同一地点出现，他们之间并没有多少关系，比如圣诞节在沃尔玛出现的购物者们，午饭时间在街上疾行的行人们，或是在中学跑道上跑步锻炼的人们。

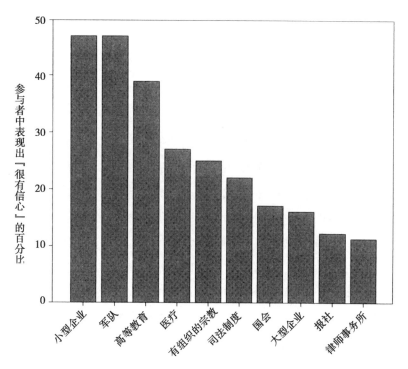

图 11-1　对社会机构的信心

注：哈里斯民意测验调查所（2005）对 1012 位美国成年人进行了电话调查，询问他们对主要社会机构领导人的信心。结果反映了参与者中表现出"很有信心"的比例。

　　心理学家对集群的兴趣在于他人在场（不论我们是否认识他们）对我们行为的影响。这样的影响一方面是由于即使一个我们毫无兴趣的"观众"在场也会使我们感到不自在，另一方面是因为他人在场加强了我们的自动唤醒。当被唤醒时，我们在完成已掌握得很好的任务时会比较熟练，而在完成生疏的任务时会比较笨拙。因此，如果我是一个初出茅庐的讲师，我会在讲课之前放松自己；而如果我是一个经验丰富的演讲者，我则尽可能地唤醒自己。

集体（collectivity）仅仅是一种社会类别：两个或两个以上能作为整体加以讨论的个体。依据定义，所有的集群都是集体。但并不是所有的集体都是集群，因为集体成员并不需要在同一时间聚集在同一地点，例如年龄超过65岁的投票者，猫王的模仿者，使用未注册电话号码的人们，拥有绿色双眸的篮球运动员，杂技演员以及美国邮局的员工等。

社会类别为我们提供了一条思考自己和他人的途径，而且其中一些社会类别也是我们心理结构的内在成分。比如会话时叫错人名的这类错误具有跨文化的相似性，这揭示了某些最初看似随机的行为具有内在规律性。当被错认者与预先指认对象的性别相同，而且当他们和指认者基本的社会关系（如朋友、子女或者雇主）与预先指认双方的关系也相同时，这种错误最容易发生。但它在有相同的年龄、种族或比较有趣的名字的情况下却很少发生。这个发现揭示了在我们认识他人时，性别和社会地位是非常普遍的类别。

团体（group）是彼此相互影响的交互个体的集合。团体治疗中的团体是很好的例子，如家庭、运动队、舞蹈团和陪审团，等等。团体是非常重要的。进化论学者相信我们这个种族由包含着30个交互个体的团体进化而来。时至今日，我们仍在小团体中生活、学习、工作、游戏。即使这些小团体被嵌入更大的机构之中，小团体仍是日常心理作用的发生场所。在这里我们可以对之前提到的哈里斯调查结果做出更温和的解释。美国人虽然对国会没有多少信心，但对他们自己的代表很可能有不同评价。美国邮局可能总是人们的笑料，但我们会相信自己本地的邮递员是优秀并值得信赖的人。

组织（organization）是持久并且结构化的团体。一个组织的主体部分通常包含传统和惯例。它的成员把组织看作一个整体，而且他们的角色也是分化和专门化的。按照这个定义，许多工作团体有资格称作组织，如IBM公司或者本地汉堡王连锁店午餐时段的轮班团体。将组织与其他团体区分开来的方法之一是看某个特定的成员是不是非必需的。无论谁执教、上场或受伤，全美橄榄球大联盟的球队都将照常运转，因此他们是组织。与此相反，没有了父母及孩子，特定的家庭将不会存在，所以他们不是组织。

最后，**机构**（institution）是在社会甚至是作为整体的世界中有着持续和普遍影响的相似组织的集合。大多数社会都有一些宗教形式、婚姻形式以及教育形式，因此我们把它们称作机构。西方世界通常将民主制度、自由的新闻媒体和独立的司法体系作为重要的基本机构。

我们不可能调查所有潜在的团体、组织和机构以及它们促进人们积极经验和特质的作用，所以本章我要做的是提供一些有关赋能机构的概括性评价，并由此关注积极心理学从家庭和工作场所等特定机构中能收获什么。当然，如果有积极社会学或积极人类学方面的书籍问世，我将引导你们对其进行更全面的讨论。[⊖]

赋能机构的共同特征

尽管积极特质从定义上来说是个体特征，但我相信在机构水平上存在着对照物。琳琅满目的探讨"好"组织的各类畅销书层出不穷，而且这些书籍的共同策略是明确提出重要特征。这些特征很多都与第 6 章中提到个人水平特质相似，有些甚至名字都一样。这些特征不仅对完成机构的预定目标有所裨益，而且对机构里的个体的实现也有所帮助，这绝非偶然。机构水平的特征中什么是最重要的？它们是具有跨机构的普遍性还是具有完全的特异性？

就**机构水平的美德**（institutional-level virtues）而言，我指的是作为整体的团体道德特征，而不是个体成员特征的简单概括或组合。因此，机构水平的美德应是机构文化中永恒的一部分。某学校可能碰巧雇用了一批乐于为学生的智力成长奉献的老师，但是如果学校并没有提供适当的训练使这种奉献精神在职工流转的过程中幸存下来，那么这个学校将不会存在机构水

⊖ 积极社会学科的宏观形式正如雨后春笋般发展，这在以下工作中可见一斑：积极组织奖学金（亦称积极组织行为），它们的焦点是兴旺繁盛的工作组织；积极的青少年发展，关注一些课余项目如本地少年棒球联合会和女童子军等，以及它们如何激励参与者的最大发展；有关校园内幸福感的讨论。

平的美德。

机构水平的美德是为组织的道德目标服务，而不是仅仅为组织的底线服务，无论这条底线是利益、权力还是持久性。任何机构都有着多重目标，而且就机构自身来说这些目标的出发点都是好的。这个事实将影响我们对机构水平的美德和服务于其他目的的特征做出区分的尝试。

我已经阅读了大量意图探讨什么使得一些工作组织变得更加优秀的畅销书。这些实际上是大量的案例分析，它们通过比较一些公认的优秀企业和一些假定不太优秀的企业来达到提取关键特征的目的。这些比较在有些方面使人振奋，但它的问题在于其评判标准将美德和利润率、资历、顾客满意度以及声望等掺杂在一起，并以此确认出重要特征，而对这些道德特征适当性的争论也就接踵而至。

解决这个困境的方法之一是回到之前我所论述的"有助于实现"的个人水平美德特征，并且假设相似的原理可以运用到对机构水平美德的甄别之中（见第6章）。也就是说，机构水平的美德就是组织中那些有助于其成员自我实现的特征。如果幸福仅解释为积极情感而没有消极情感，那么实现不会和短暂的快乐或幸福本身相混淆（见第3章）。更确切地说，实现必须反映出个人的努力、执着的选择以及对美德行为的孜孜追求（见第4章）。这就是为什么我对自己措辞的选择非常谨慎：美德有助于实现，但它的作用不是像野格圣鹿利口酒使人微醉那样自动帮人达到实现状态。通往实现之路并没有捷径可寻。

我希望这番阐述不会给人造成强烈清教主义的印象。我并不反对享乐，也不反对捷径。自动黏附邮票、巡航控制系统和重拨键恰恰是现代社会最值得称道的发明，因为它们是没有消极作用的捷径。但是所有捷径的价值在于它帮助我们节省那些花费在非实现追求上的时间和精力。捷径的道德重要性仅仅是间接性的，它取决于人在这段节省的时间做了什么。

那么美德对实现有何贡献呢？在这里我将再次回到亚里士多德的福祉论，他认为幸福来源于德行追求的内在过程，而不是其结果（见第4章）。

实现也就是这些昭示出美德的行为的一部分。举例来说，一个工作管理人员公正地评判两位员工之间的争端，他的行为并不会给他自己（或他的员工）立即带来满意感，他们的满意感是这样的公正行为的固有部分。

不言而喻的是，机构水平的美德必须以人们能够察觉的方式影响团体内的行为。很多人都会口头上支持某些价值观，但在日常行为中却会忽视甚至违反它们。

现在人们比较感兴趣的机构水平的美德都是经过培育并备受赞扬的，同时也作为组织成员认同感和自豪感的来源。如果一个组织中成员资格的变动是流畅的，那么成员会将机构水平的美德作为其保持成员资格的理由。当有人说某地区是一个适宜居住的社区，某公司是一个适宜工作的地方，某大学是一个适宜就读的学校，这意味着他们在其中达到了实现状态，即感到满意和满足。用积极心理学的术语来说，一个优秀的组织应该能使其成员过上美好生活，而且这种美好生活并不是金钱、地位和快乐的简单堆砌。

由于文化相对主义这一概念衍生的一些陈词滥调，我至此略过了对道德定义的讨论。一些老生常谈的问题如纳粹德国和南美亚诺玛米人的惨剧似乎使我们很难从外部来分析一个组织的道德目标。但另外一些观点却主张有这样的可能性，即确认出优秀组织的特征（比如道德）的跨团体共识。的确，我相信通过比较不同组织的侧重点，我们可以确定已有机构水平美德的普遍适用性。下面我将开始这些调查。

好家庭

虽然家庭的形式千差万别，甚至在一个社会中亦是如此，但家庭仍是所有社会中非常重要的一个机构。以美国近年的变化为例。首先，除去1947～1957 年导致了婴儿潮的二战后生育高峰，20 世纪的美国出生率一直在下降。因此家庭变得越来越小。其次，有效的生育控制使得美国初为父母的年纪要大于他们的前人，因此家庭也有老龄化的趋势。最后，随着离婚率和再婚率的上升，出现继父或继母的家庭也越来越多。考虑到离婚家庭很难复婚的趋势，实际上家庭现在已经变得更加复杂。

大众媒体上充斥着对美国家庭危机的警惕和维持家庭价值观的呼吁。但是这些讨论都停留在表面，忽视了真实家庭的多样性以及造成这种多样性的现实。基于当前的复杂性，我们是否能够谈论"好"家庭而不诉诸那些从经典电视剧集得来的原型呢？如 20 世纪 50 年代的《天才小麻烦》。

试图回答这个问题的心理学家很少关注家庭的人口学特征，他们对家庭教养方式更感兴趣，即父母如何鼓励孩子身上出现他们喜欢的行为以及如何阻止出现他们不喜欢的行为。就美国而言，已有三种类型的教养方式得到确认。

①**专制型父母**（authoritarian parenting）：严格、苛刻和冷漠。他们重视儿童的服从性，不鼓励儿童的独立性和自己做决定的行为。他们会说："为什么？因为是我说的。"②**宽容型父母**（permissive parenting）：对子女慈爱而放纵。他们很少给儿童束缚。实际上，他们给予孩子自由并且允许孩子自己做决定。他们常说："可以，亲爱的，你可以做任何你想做的事。"③**权威型父母**（authoritative parenting）：会与儿童协商。他们给予儿童明确解释过的界限并鼓励儿童独立。当儿童表现出责任感，家长将会给予他们更多自由。决定通常在双方交换意见后做出，"我们来讨论这个问题吧"。

三种不同的教养方式将会影响儿童日后的社会性发展。专制型父母的子女通常是不快乐、依赖和顺从的。宽容型父母培养的子女很可能乐于助人、爱社交，但同时也不够成熟、缺乏耐心甚至富有攻击性。权威型教养方式看起来是最好的方法，这种环境下成长的儿童友好、乐于合作、富有社会责任感并且独立。不管是哪种教养方式下培养的儿童，在成家后他们仍会使用自己体验过的相同的教养方式培养下一代。

父母之间的教养方式有时候会有所差异，使得描述儿童如何受父母影响变得更加复杂。尽管如此，教养方式也仅仅是影响儿童社会性发展的一种因素。父母表现出的爱和纪律规范一样重要（见第 10 章）。父母与子女间的相互影响也不容忽视。考虑到儿童因其气质类型而表现出的差异，父母也会选择适合其子女的纪律规范。

研究者发现为人父母是成人生活中既有益又富有压力的一部分。当被给予重新选择生活的机会时，大多数父母表示他们仍会生养孩子。但是孩子的出现还是会深刻地改变夫妻之间的关系。抚养孩子的重担通常落在母亲身上，这可能引发她们身上表现出与日俱增的压力。伴随着孩子的降生，无论之前夫妻如何分配家庭工作，典型的母亲将会承担更多的家务活。

当儿童长大成人走出家门，家长的角色也开始改变。心理学家曾经认为家长尤其是母亲易受到所谓的空巢综合征的侵扰，即当所有子女离开而体验到的一种漫无目的的状态。但是很多研究却没有证实这一设想。反而是出现了相反的结论：在其子女离开家庭后，母亲们报告了高度的满意度和良好的精神面貌。实际上这并不奇怪。一方面，她们的生活轻松了许多；另一方面，后代从依赖性的儿童成长为自治的成人意味着父母功德圆满。

好学校

作为机构，学校也有其独一无二的特征。学生是学校的重要成员，如同顾客或客户，同时他们也是学校的终极目标或产品。学校有时也被称作生命产业（life industry），这意味着教育实践对学生的影响不仅局限于此时此地，而且更蔓延到远离课堂背景的更宽广的生命周期。学校的普遍影响不是教育有意义的副产品，而是学校明确目的的主要部分。学校理所当然地要去传授知识和鼓励聪明才智，但是学校的目的远远不止教授乘法规则和动词形态变化。

关于优秀学校的讨论常常关注所取得的成就而不关注谁取得了这些成就，但是我们也不应该将升学率、考试成绩与教育的道德目标混淆在一起。另外，好学校应该在减少暴力、药物滥用和其他不健康行为等消极结果产生方面发挥重要作用。但是避免问题发生并不是全部，否则学校和警察局将没有差别。

我感兴趣的是学校那些对学生时代以及学生成年后的道德实现有所帮助的特征。为了做这部分的背景研究，我必须仔细查阅教育学家在这个问题上的观点。已形成兴盛产业的品格教育（character education）并没有给予我预期的帮助。很多品格教育的论述最后往往局限在有待培养的个人特质方面，而反对延伸到赋予这些特质可能性的学校特征。品格教育拥护者所建议的行为从心理学角度看来都是如此天真。每天早晨背诵一遍效忠誓词并不是成为一个好公民的必然途径，注视教室墙上张贴的十诫也不能保证浸淫在其中的学生会成为有道德的人。毕竟，多年来我一直凝视着教室的元素周期表，但我却没有成为化学家。

对我此刻的研究目的更有帮助的是马丁·梅尔和他密歇根大学的同事所做的心理学层面的研究，他们关注使学生投入并热衷于学习的各种学校。对学校积极的态度和动机能使态度和动机本身转变成优异的学术成就，但更重要的是它们使学生成为终身学习者，学生在离开学校后仍可在心理上受益颇丰。

由此定义的好学校的特征，应该囊括一个精确的并作为共同愿景的学校目标：为什么要坚持？为什么要努力？学校只有提供一个明确的目标才能使学生接纳它们。目标能够增强学习动机，增加学习过程中的投入和做出为了取得成就而艰苦奋斗的承诺。好学校重视学生个体并且奖励其努力与进步。相反的是，那些重视能力的学校可能会有损学生的学业而且肯定不利于积极态度的形成。美国最近提高学生地位的运动是值得称道的，但如果这项运动将教授考试技能作为必需，那么它将自掘坟墓。我们很难相信训练年轻人如何做多项选择题会改变他们的知识观和自我意识。

我已经指出，好学校应该做好准备使学生成为一个高效的终生学习者。相应地，这样的学校首先应该提供一个让学生感觉安全的环境，继而明晰地引导他们成为富有同情心、责任感和最终多产的社会成员。适宜的练习和活动可以提高社会竞争能力和情绪管理能力。这些练习不仅成本不高，而且在任何情况下都不会与传统的学术成就相冲突。

以凯瑟琳·霍尔·贾米森（2000）在此方面持续深入的研究为例。她在混合了学生领导课堂和社区活动的授课方式中培养学生的“公民素养”（civic literacy），这个概念是她提出的，并以此提高美国大学生中的公民参与度。以一次地方选举为例，学生们调查了选民所最关注的问题，确定各个候选人对这些问题的立场并分析这些立场的可行性。学生们接着发起公开讨论和辩论，他们也帮助参与投票，那些达到法定年龄的学生最后当然投给了自己。

真正意义上对品格培养教育项目的严格评估才刚刚起步（《学术、社会和情绪学习的协作》，2002），但此时我们可以把目光投向更广泛的研究减少问题的科研项目，如避免学校暴力等。这里有一些从这些观点出发来判断好学校的结论：

- 学生认识到课程是有重大作用的。
- 学生意识到他们在学校中控制了与自己有关的事情。
- 学生感知到学校纪律是严格、公平、明确以及一贯执行的，并关注于改正行为和训练技能而不是惩罚。
- 学生认为学校的奖励系统是理性的：学校基于学生的成就而认可他们并且奖励他们的积极行为。
- 学校的管理严格而高效。
- 校长是一个优秀的领导人。
- 练习应该是适当的，能够减少学校的冷漠而增加师生之间的交往，这反过来又会加强学生的归属感和亲密感。⊖

⊖　在写这章时，我观看了一个关于某学校的电视专题，这个学校扭转了其延续数十年之久的高缺勤率和逃学率的趋势。当一个学生被问到为什么上学时，他简单地回答道：“如果我不在那里，有人会想念我。”诚然，好的教育远远不止让学生感到自己的重要性，但这却是好学校的必要条件。

好的工作场所

我们再怎么强调工作的心理学意义也不过分。布里夫和诺德在介绍他们有关工作的心理学著作时是这样评论的：

> 我们并不准备探寻生活的意义，但很难阻止我们对工作意义的研究最后又回到对生活意义的探寻上来。实际上，出于美国人对工作的先入为主……就算我们假设工作和生活是同一个东西也不会有读者会对此有异议。

长久以来，工作都是用经济学的形式定义的，即人们为了得到使其生活下去的经济报酬而做的事，但是这个定义却遮蔽了它更丰富的心理学含义。

我们所从事的工作可定义我们这个人。职业远不止获得报酬而已，它平均花去了每个成年人 1/3～1/2 的清醒时间，它比其他事物更能决定我们的人生轨迹，从而给予我们最重要的身份认同。"你是做什么的?"这个传统的问候语可以用多种方式回答，但大多数人都认为这是一个关于我们职业的问题。

美国劳工统计局（2004）列出了美国所存在的 30 000 种工作。为了理解工作对员工的意义，心理学家们已经提出了可以对各种不同谋生方式进行分类的维度。比如无论是制造业还是服务业，不同的工作在体力、智力要求和人际关系特征等方面都有不同。

在更广泛的意义上，工作也必须置于它所在的历史和文化背景中。工作对个体的意义随社会条件而变化。在经济衰退或萧条期，工人们有份工作便能满意。在经济繁荣期，工人们的满意感变低并且更愿意寻找此份工作之外的机会，⊖因为他们也更有能力。与和平时期相比，在战争时期受雇于军工企业的工人更能从工作中获得满足感。

⊖　记得多年前我曾给父亲打电话抱怨我没有好工作。我的父亲成长于大萧条时代，他问我是否仍有被支付薪水。当我回答他说我当然要被支付薪水时，他回答道："那么你有一个好工作。"

英格兰德和惠特尼从以下方面对来自六个不同国家的职工进行了研究：

- 个体生活中工作的向心性；
- 职工倾向的目标和价值观，覆盖了从经济性动机（高薪和工作安全感）到表现性动机（学习新事物的机会，工作中和谐的人际关系，自治权）如此宽泛的范围；
- 以及工作是作为一项社会权利还是一项社会义务。

从有关工作的问卷的回复中，研究者们发现一些共同的结构并提出基于工作意义的职工类型说：

- 疏远型职工（alienated worker）：对这种人来说，工作不是他们的中心，他们工作不是为了经济性动机也不是为了表现性动机，而且他们似乎也不对社会承担任何责任。
- 经济型职工（economic worker）：工作的意义对他们来说仅仅是拿份不错的薪水和获得安全感。
- 任务型职工（duty-oriented worker）：他们重视工作，并视其为生活中心。他们为了表现性原因而工作，而且把工作当作社会义务。
- 平衡型职工（balanced worker）：在这里，工作是他们生活的绝对中心，而且工作满意度在经济性目标和表现性目标中均可获得。

在所有被研究的国家中，疏远型职工总的来说更年轻而且更可能是女性，他们从事着低薪水并且缺乏变通和责任感的工作。正如你们所设想的一样，他们的工作满意度较低。经济型职工总体上教育水平低于其他类型，某种程度上更可能是男性。他们的工作变化不多，责任感也不强。尽管薪水对这些职工很重要，他们挣的钱却并不多。同时，他们的工作满意度也很低。任务型职工总体上年纪更大而且更可能是女性。他们通常是管理者或销售人员，所从事的工作富有变化性和责任感，而且通常拿的薪水很高，并有高度的工作满意度。平衡型职工通常是年长的男性并且学历高于其他类型的职工。他们从事多种多样尤其是高度自治的工作。他们投入到工作的时间最长，拿的薪水最高，而且工作满意度非常高。

这些结果并不让人意外，却指出了工作对个体的意义是和一些个体以及职业特征联系在一起的，就它的分类所揭示的而言，覆盖的范围从动机到受教育水平再到薪酬高低。依据与工作意义的联系，没有哪种特征被证实具有压倒性的重要性。工作意义的确定是相当复杂的。

英格兰德和惠特尼（1999）从不同国家的工作情况中了解到了什么呢？我们仅以美国和日本两国职工的比较为例。这些差异说明了为什么我们会常常（在两国都）听到日本职工"优"于美国职工的说法。

平均而言，日本职工每周的工作时间多于美国职工。他们很少描述自己的工作富于变化和可以施展大量的工作技能。然而，日本职工报告的工作满意度却远远高于美国职工。如果给予他们重来一次的机会，他们会再次选择现在的工作。即使没有经济上的理由，他们表示也可能会继续工作。

这些结果看上去是自相矛盾的。为什么日本职工对花费时间多、缺少变化以及使用技能少的工作有着更高的满意度呢？或许此答案在于工作的心理意义。日本职工更可能被划分为任务型或平衡型，而美国职工更可能被划分为经济型或疏远型。

有不计其数的理由来解释工作意义的跨国差异和它对工作满意度造成的影响。很难把这些因素精简为一些简单的惯例和程序。相反，如果我们想要理解美国职工和日本职工之间的差异，我们需要考虑使这些工作意义得以产生的更大的文化背景。

之前，在美国曾有很多讨论涉及移植日本的工作和管理技术的可行性。回想起来，这些做法都是愚蠢的。比如，日本公司鼓励员工做团体体操。但是体操本身并不会使美国员工在工作动机中体验到更少的疏离感或更多的平衡感。在美国文化中，工作的意义需要通过创新向积极的方向转变，这才是合乎情理的。所以，基于美国对个体"自我"的重视，如果员工的岗位允许他们在可以做什么的问题上开拓出具有个人特色的空间，他们的满意度将高于那些从事整齐划一和无个人特征工作的员工。

好的工作场所除了要与员工的文化背景相适宜，也应该具有特定的机构水平的美德。优秀的工作组织拥有使员工和工人都信奉的精确的道德目标或道德观，这种道德观必须引领着组织内的行为。虽然口号和标志能够提供一个工作组织道德观的蛛丝马迹，但是只有对日常行为的观察才能找出这种道德观真正存在的证据。

符合道德准则的工作组织具有公平并且明晰的奖励机制，员工在这里可以得到公平对待。下面有关组织管理和家庭教养的比较相当有趣。与专制型和宽容型教养方式不同，权威型教养方式包含了有限的解释和持续的协商。简言之，权威型教养方式使儿童拥有好的品格。权威型管理方式同样也会导致员工品行端正，独立并有责任心。美国现在有向员工持股商业模式转变的趋势，比如安飞士租车公司，这促进了权威型管理模式的发展。

此外组织也必须把员工视作个体而不是工具。拿雇员来说，这意味着给予他们用来革新的自治权。这表示不仅要给予员工人道关怀，也要给予员工的家庭人道关怀。美国公司中有很多这样的例子，它们为员工和其家人都提供健康保险。这也标志着使人们在其岗位上拼尽全力并受到内在激励。而在顾客方面，把他们当作个体要求对所要销售的产品和服务诚实交代；需要聆听和遵循顾客对工作组织提出的建议。最后，优秀的工作组织将从雇员和顾客的承诺中诞生。那时许诺和契约，甚至是隐含的承诺都将一一兑现。也就是说，好的工作场所中，法律精神远胜过法律文书。

好社会

什么样的特点塑造了一个好社会？自从人们生活在一起，这个问题便一直在被提出和回答。我们将以古罗马明确提出的关于好社会的观点为例。古罗马人完美社会的想法近两千年来一直在欧洲的机构和组织中占据主流。实际上，描述机构水平美德的拉丁单词已经为西方世界所熟知。

罗马人用个人美德，即我所说的性格力量（见第 6 章），比如庄严感（gravitas）和诚实（veritas）以及城市美德（也即机构水平的美德）来刻画整个社会。所以，富裕意味着有足够的食品提供给所有社会成员。只有社会本身才能被描绘成和谐（concordia）与平安（pax）。这里也有一些其他的罗马城市美德，其中有很多在同时代优秀机构的特征中也能发现：

- 公平（equity）：社会内的公平交易
- 好运（good fortune）：重要的积极事件的纪念
- 正义（justice）：合理的法律和统治
- 耐心（patience）：度过危机的能力
- 远见（providence）：对社会的命运的感知
- 安全（safety）：公共健康和福利

将这些观点和具有同等影响力的孔子的社会学说加以比较将是非常有趣的。他的理论主导了亚洲体制几千年。孔子没有像罗马人一样详细列举出机构水平的美德，而是对好社会进行了宽泛讨论。尽管如此，我们仍能够找出他强调的重点。从根本上说，他重视社会秩序并由此明确强调对社会角色的期望。他最终从人际关系中讨论这些期望，所以儒家社会理论的核心在于人际，也可以说是位于机构之内。孔子指出了六种重要的人际关系：

- 君臣
- 父母与子女
- 夫妻
- 长幼
- 师生
- 朋友

孔子认为，除了朋友关系之外，以上各种关系中都存在上下级之分。然而朋友关系中如果出现年长者最后也会变为长幼关系。在每种关系中，只有当上级对下级表现出仁慈和关爱时，下级才有听命于上级的义务。可以对比第 10 章提出的 amae 这个概念。

至少在原则上，儒家的责任观并没有规定弱者对强者谦卑地默从，而是呼吁相互尊重，即人们应与他人发生联系。这种相互尊重始于家庭关系并最终延伸到国家与公民之间。也就是说，责任感不是对暴君的容许和追求个人利益的动机，而是履行值得尊敬的行为的义务和在所有个人事务中进行自我控制。同样地，儒家对礼的提倡可以看作是教导人们要尊重他人。日常行为中所培养的恭敬和顺从不是因为对规则和空洞习俗的盲从，而是出于对他人感受的顾忌。

在已具体化为法令的部分机构水平的美德中，儒家关于好社会的观点略见一斑：尊敬家长，爱他人，做正确而不是做对自己有益的事，践行互惠主义（比如西方世界提出的黄金法则），以及拥有以身作则而不是以武力领导的统治者。

幸福的经济学指标已使用了数十年，近年来英国和欧盟开始讨论如何追踪公民心理上的幸福感。⊖如你所知，积极心理学的研究已多次证明丰富的物质生活最多不过是幸福生活的一小部分，尽管很多政策的制定只考虑经济原因而完全排除心理因素。如果心理学上的这些尝试获得成功，那么对国家幸福感的评估将可以进行跨时间和政治实体的比较。至少只要社会美德是依据社会对最多社会成员最大的（心理）益处来定义，我们将得到给好社会下结论所需的信息，因此也能查明社会改革的影响。

每个国家心理幸福感的标志大部分或完全依靠于公民的自我报告，这使人们怀疑这些有趣的研究是否能成功。第 5 章我们讨论过自我报告法真正测量到的是什么。如果自我报告法仍终于相对判断而停滞不前，由于人们会不断地更改自己判断标准，那么即使一个国家客观上已经在多方面取得进步，

⊖ 你可能听说过不丹这个位于喜马拉雅山的小国。他们的国王明确倡议关注"国民幸福指数"（gross national happiness），这个概念与经济学上的国民生产总值有些类似（Thinley，1998）。

它的结果仍不会有多大变化。最终一条和谐的直线并不能为政策制定提供信息。我们需要持续关注这些问题。

结论

之前章节对机构水平的美德已有广泛讨论，我相信你们能对它们达成这样的共识：

- 目的：基于组织道德目标的共同愿景，它能够通过纪念仪式和典礼加强。
- 安全：保护成员免受威胁、危险和剥削。
- 公平：公平的奖惩法则以及使其一贯执行的方法。
- 人性：成员间相互的关爱与尊重。
- 尊严：把所有组织成员当作个体来对待而不在乎他们的地位高低。

血汗工厂和劳动力集中营基于以上任何一条标准来说都不配用"好"来形容。但是家庭、学校、工作场所、社会有可能有助于一定程度的实现，即出现上述更多的美德。

我相信体育团队、非营利组织和政府部门等机构都能用这些美德描述。哲学家西塞拉·博克（1995）在探明普遍社会美德的尝试中所提供的模式（第7章），与上述模式结合在一起使我深受鼓舞。你应该记得，博克提出人类无论何时何地都会认可一些美德，如上文已指明的安全、公平和人性。虽然她的框架中并未包括我所提出的目的和尊严，但我相信它们也属于普遍美德。

我推测一个好的组织能够激励成员超越自己，即揭示潜在的性格力量和创造使他们振奋的新性格力量，这对组织来说必定是重中之重。积极心理学一个有价值的长远目标是关注如何设计机构活动能使所有成员达到道德超越和个人实现。

　　同时，我们能从《美好工作》中受益匪浅。这本书由霍华德·加德纳、契克森米哈赖和威廉·戴蒙三位心理学家联合撰写。他们在各自领域的贡献使他们闻名遐迩：《多元智能》（Gardner，1983）、《当下的幸福》（Csikszentmihalyi，1990）和《道德发展》（Damon，1988）。这本书中，他们将各自所长结合在一起，形成一个梦幻的积极心理学团队来专注于他们有共同兴趣的课题，20 世纪 90 年代他们在位于帕洛阿尔托的行为科学高级研究中心共事时发现了这个课题，即在职业生涯中做出"美好工作"意味着什么？这种工作不仅是卓越的而且是符合道德的。

　　《美好工作》详细地比较了遗传学和新闻学两种不同领域内的好工作。作者和他们的同事共采访了大约 100 名有所造诣的遗传学家和记者。这本书的主体是基本以叙事风格呈现的访谈收获，而叙述中对有代表性的参与者的举证则支持了主要结论。

　　选择这两个领域的原始意图是对两个学科进行先验比较，其中一个有志于改变身体（遗传学），另一个有志于改变思想（新闻学）。但是在研究过程中，作者们忽然意识到新显现出来的基于职业是匹配还是不匹配的比较甚至更重要。也就是说，工作领域的抽象价值观是否和人们工作中真正做到的相一致？"当这些条件存在时，个体从业者可以自由地在最佳状态下工作，拥有高昂的斗志，而且在工作领域也将达到殷盛。我们把这种状态命名为真正的匹配。"

　　这些作者认为匹配其实很少出现而且容易受到威胁。一个领域内的不同分支往往为了文化霸权和社会资源而彼此竞争，如临床心理学与精神病学积极心理学和一切墨守成规的心理学。

　　在这点上，今日的遗传学是一个匹配的工作领域，而且很多当代的遗传学家因自己的工作而兴奋。美好工作随之产生。如人类基因组计划，一个将提升整体人类幸福并且前途无量的科学壮举。相反，新闻界现在是不匹配的，很多当代记者已经堕落而且处于离开此领域的边缘。想想新闻业的现状："准确""公正"和"客观"这些报道标准的放宽；新闻和娱乐界限的模糊；

以及一些伪记者们制造新闻而不是报道新闻的欲望。是的，杰拉尔多[⊖]是如此爱慕虚荣，你可能认为这说的就是你。

因为特征并不固定，所以未来可能出现非匹配化的遗传学和匹配化的新闻学。而上述比较的作用在于它拥有这样的能力，即通过在容易环境和困难环境下的对比阐明什么是美好工作。

加德纳、契克森米哈赖和戴蒙（2001）列举出匹配性工作的三种威胁，他们描述了每种威胁如何引发出非匹配新闻学甚至可能的非匹配遗传学。第一是他们所称的普罗米修斯式技术和它引发的始料未及的问题。例如，24小时的电视新闻节目、广播谈话节目、泛滥的电子杂志和网络博客等已损害新闻标准。当人类遗传工程具有超越理论的可能性时，各种各样的棘手问题将会层见叠出。对转基因蔬菜和水果的激烈争论已经开始。而转基因朋友、家人或本地体育明星引起的巨大争议也可想而知。

第二是牟利动机对这些职业的侵扰。记者们一直都为完成轰动性的报道而竞争，但是现在的竞争已变得异常残酷而且价值操守早已被扔到一旁。仅以盈利为目的的媒体巨头不过是这个难题诸多相似症状中的一个。在遗传学领域，研究者们不仅致力于揭示特定基因的功用而且也期望获得它们的专利。保密性成为重中之重，而草率地做出一些不成熟的结论几乎也是不可避免的。

对匹配性的第三种威胁是职业的简化以迎合多种多样的利益相关人的共同品位。简化在今日的新闻业中尤其明显。一代人之前，原声摘要播出[⊖]这个短语只对声学工程师才有意义，而电影明星分分合合的恋情也不会占据本属于战争与和平这类新闻的头条位置。在遗传学，简化的作用更加微妙，但是加德纳、契克森米哈赖和戴蒙（2001）指出遗传学界有朝一日可能会表现得和媒体如出一辙：仅仅专注于调查富人的疾病和操控体态的表面变化。

⊖ 杰拉尔多·里韦拉（Geraldo Rivera）是一名美国律师、记者、作家、新闻广播员和前脱口秀主持人。他以引人注目而且戏剧化的报道而为人所知。——译者注

⊖ sound bite，这个词组后来指插入电视新闻节目当中的一个和选举有关的录像片段。——译者注

作者们对如何促进美好工作的描述不仅局限在这些领域，也囊括了其他领域，这正是他们的主要贡献。人们可以创建新的机构，这样技术将会成为相匹配的朋友而不是敌人。已有职业的功能将扩大，成员资格将重构，而传统的价值观也得到再次肯定。最终，熟练的从业者能选择的个人价值观将有助于其达到卓越，此举也将有重要的社会意义。

"'卓越'一般通过导师和其门徒的宗族世系这个渠道在人和人之间传播。"正如我多次指出的那样，积极心理学体现的一个自明之理是他人着实重要。《美好工作》引用了大量真实的遗传学家和记者的例子，他们都曾激励他人各尽其能。

有关创造或恢复美好工作所需条件的这个想法，我的第一反应是感到羞愧难堪。我不把它考虑在内是它太困难，重新思考后，我意识到促进美好工作不是轻而易举的。我们可以另外期盼的事是简化美好生活的意义。

＿练习＿＿＿＿＿

为机构工作

想象你所信任的一个隶属于机构的团体或组织。它可以是你的学校、公司、政党、教会或少年棒球联合会中的一支本地球队。它也可以是火车站附近的社区或兄弟会或姐妹会。或者是那些接近和符合你价值观的志愿项目，如上门送餐服务或"给孩子们的玩具"募捐活动。

你是否竭尽所能使你的团体变得更好，从而巩固机构和它认定的目标？如果不是这样，那么请考虑这个练习，它要求你在如下几个月内每周花三个小时做你在机构中从未做过的事。你可能需要从权威那里学习你所能做的最有利于机构的事情。另外，你也需要发挥主动性，如为同事组织生日午餐会。当然，你也可以做任何你想做的事并完善它，然后记录下有关自己和组织的感受。这个练习和我在第 2 章描述的"娱乐和仁慈"的活动有些重合，但不同之处在于本章的练习发生在明确的机构情景中，而且需要你和机构的其他成员相互协调。同样，它无疑和第 2 章的"成为一名好队友"活动有些相似。

有些社会批评家指责美国的"社区"已经沦陷而个体追求已经压倒集体追求。在书如其名的《独自打保龄》中，罗伯特·帕特南（2000）引用保龄球联赛在美国的衰落的例子作为上述沦陷的证据。保龄球现在是前所未有的流行，但是人们却更倾向于单独打保龄球。同时我们也独自玩电视游戏和独自上网冲浪。甚至那些费时长的业余活动如阅读和看电视等通常也是单独进行的。把这些现象与当今远程教育和在家办公的盛行趋势结合起来，我们将看到的情景是团体、组织和机构已被集群和集体所取代，这还是乐观的说法，实际上它们很多都是虚拟的集群或集体。我们是否还会惊讶于美国人对主要社会机构缺乏信心？至少从心理层面说，他们对机构并没有归属感。

这些练习将会鼓励你进行这样的反思，即机构的成员资格和参与是不是美好的事物。我相信答案是肯定的，不仅因为它们使社会的存在成为可能，也因为它们有助于实现那些通过个人追求并不能达到的事。这些练习也会使你善于分析。还记得本章所提出的机构水平的美德吗？如目的、安全、公平、人性和尊严。当你开始熟悉你的团体，你可以问自己这五种美德是否发挥了实在的功用。如果没有，那么是否存在激励它们的方法呢？

积极心理学的未来

梦想会成真。若非如此，我们也不会有梦想。

——约翰·厄普代克（John Updike，1989）

积极心理学的未来是什么？尽管它在未来十年产生的结果将与我们的努力一致，但是细节却无法预测。会出现什么使生活最有意义的新发现、新理论和新应用吗？这些会是有趣、有意义的吗？准确并普遍的吗？时间，当然还有积极心理学家们的努力，将会告诉我们，新的视角是一时的流行，还是制造中的混合物？是呼啦圈还是飞碟，〇是杜兰杜兰乐队还是披头士乐队。

一种观点认为，全面成功的积极心理学将导致这一视角的衰退，这将会给我们留下一种平衡的心理学，一种既认可积极和消极，也认可它们之间相互作用的心理学（Lazarus，2003）。正如我所说的，积极心理学并不否认消极的存在，并且生活中最困扰我们的事情很可能是那个最能实现个人抱负的舞台。我已经探讨过，我们复杂的情感经验有时候是如何混合着积极和消极；当我们思考挫折和失败时，乐观是如何最有意义地呈现；危机如何展现出我们性格上的优点；持续的挑战如何帮助我们经历难关、实现生命中的重要之事；解决产生的问题而非问题本身，如何成为情感关系成功的预兆。

积极心理学需要解决的棘手问题之一，是为什么消极心理学如此吸引人，不仅是作为社会科学研究的一个课题，而且是在生活中的其他领域。我们对其他人做得好的方面并不感兴趣。相比按时运行的火车，我们对那些坠毁的火车更感兴趣。我们认为西尔维娅·普拉斯（20世纪美国天才女诗人）是一位优秀的诗人，但是 EE.卡明斯（美国著名诗人）和奥格登·纳什（美国诗人）是最有趣的。为什么对生活的悲观态度如此令人信服？并且这种悲观态度如何能得到另一种允许巨大成就和实现的生活态度的补充？

让我们来总结一下，这本书涵盖了目前对于积极心理学的关注，从高兴、幸福到乐观、性格，从价值到兴趣、能力，从成就到健康、爱，以及最

〇　我发现有意思的是，同一家公司（Wham-O）制造了使用寿命不长的呼啦圈和质量不过硬的飞碟（以一家馅饼及其盘子公司命名，其创意来自原始的飞碟）。Wham-O公司也发明了滑水板、彩带喷雾、沙包球、超级弹球。创造力无疑可由多种形式呈现（第8章）。

终的包含所有值得做的状况和特性的制度。我们还需要做许多工作，我在这
里总结一些我希望能够尽快得到答案的问题。[⊖]

快乐的神经生物学基础

正如我在第 1 章中提到的，积极心理学已吸引了更多来自社会科学领域
而非自然领域的研究者。这意味着我们了解较少的关于心理学的意义上美好
生活的生物学基础。我们知道脑部的一些区域比起其他区域更涉及积极的经
验，并且一些证据不断地告诉我们，神经递质多巴胺在其中发挥了作用。这
很有意思，也许令人困惑，美好生活的神经生物学似乎反映了成瘾。

也许研究者们还未深入地辨别好心情以及更危险的相关感受。也许立足
于生物学的研究者们已经关注强烈的感受，比如激情的爱，而不是研究更为
平静的感受，比如满足感，它可能具有完全不同的神经生物学基础。但要是
我们发现它们之间其实没有区别该怎么办？我们认为对快乐的追求，比如通
过药物达到兴奋，最终是无意义的。我们对快乐上瘾，并且发现消极的感受
将最终逐渐取代它。

看起来制药公司出售使人愉悦的药物只是时间问题。确实对于一些服用
者来说，抗抑郁药百忧解被称为"药丸中的人格"，并且服用者认为抗抑郁
药不仅仅是一种对抗抑郁症状的战斗。我们知道可卡因和其他各种阿片制剂
会引发强烈的快乐感。因此，兴奋药物的命运会如何？药物使用者的命运又
会如何？

是否真的存在快感恒定点

在第 3 章和第 4 章中，我回顾了支持和反对我们主观幸福感的标准层次

⊖　这其中的许多问题出自 2005 年五六月间与 Mike Csikszentmihalyi、Ed Diener、
　　Marty Seligman 和 George Vaillant 的讨论中。

是由基因决定这一观念的根据。我们习惯于享乐体验，这已不是一个课题。课题应是生活年限中还有多少空间可以改变。幸福感是否更像我们的身高一样，是根本不变的，抑或幸福感更像一种可以锻炼的技能（见第 8 章）？

举一个极端的例子，那些严重抑郁或焦虑的患者能够真的康复吗？他们的生活满意度因而就与那些从来也没有感到如此快乐的人无异了吗？也许在这一过程中，他们学到了一些改变他们世界观及恢复幸福观的东西。

通过观察其他人在哪里以及如何生活，我们能够了解快乐的界点。多年以前，心理学家沃特·米歇尔（1968）认为人格特征表面的稳定能够通过个人所处环境的一贯恒定来解释。也许主观幸福感对许多人来说是相同的，因为造成他们幸福与否的环境，也大致相同。

无论造就我们幸福感恒定的原因是什么，我们清楚的是，如果我们要改变一贯的幸福感水平，那不是一件一蹴而就的事。我们可能要永久地改变我们的生活状态和生活方式，正如我们尝试着改变体重或者有氧体能水平。

美好生活的自然史

积极心理学提供了一幅心理层面美好生活的图景。我们应当允许在引进时有文化上的差异和细微差别。但是在美好生活的内容上存在一些争议。

- 积极影响多于消极影响
- 活着就对生活感到满意
- 对未来抱有希望
- 对过去心存感激
- 认可他人做得好的地方
- 运用天赋和优点来参与并实现追求
- 与他人有亲密关系
- 有意义地参与团体和组织
- 当然，还有安全和健康，构成了美好生活一个人不可能拥有以上全部，至少不能同时拥有，并且美好生活的构成部分似乎存在程度上的差异。但是更多现有的组成部分程度不断加深，我就更有信心地得出个体生活得美好的结论。

那就是说，关于这些组成部分如何发生，我们并不知道很多，先天与后天的混合造就了它们。几十年来，心理学家追踪什么在变坏的自然史，因而我们能明确指出引起疾病、缺陷和绝望的条件。除了诸如哈佛关于成人发展研究这样的例外，关于美好生活的可比纵向研究迄今缺失。

积极心理学告诉我们，如果我们想要了解使生活步入正轨的关键是什么，我们就应该跳过这个关键做更多的事，需要解决重要的问题。举例来说，是不是仅在不利事件不存在的时候，美好生活中的一些或所有构成部分才是默认的？或者它们仅仅出现于一些特殊事件发生的时候？如果一定要我推测，我认为一般生活满意度（见第 4 章）和安全型依恋（见第 10 章）对于大多数人来说是默认的，但是特殊天赋（见第 8 章）和自制（见第 6 章）需要后天的精心培养。

再用地理来比喻，如果积极心理学这一研究主题是在北面，那么什么是本地的？什么是引进的？什么是坚硬的？什么又是易碎的？

好人一定会有好的结果吗

我已经阐述过，许多研究表明积极的特征通常会有好的结果。这一怀疑可能仍与"美好"能够实现生活中的一些事有关，并且我承认我也持有这种怀疑。那些更残酷无情的人是否有时能在职场和情场中胜出？但这只是电视真人秀中引人注目的案例，那么一般的情况又是怎样呢？唐纳德·特朗普等人的成功是不是因为他们的执着？如果他们停止频繁地享受生活，尤其是在其他人的公司里，他们的生活会发生改变吗？他们不那么富有但是会更幸福吗？

回答这些问题的唯一方法就是对许多人进行纵向研究，进行我刚才所推荐的自然史调查。这样的研究需要超越现存的研究，同时测量美好生活的所有组成部分，来检测它们之间的协调性以及是否这些组成部分越多就越好。亚里士多德的"平均规则"提出所有高尚的品德是在不足与过度之间的。勇敢是好的，懦弱是不好的，但是两者皆有却是有勇无谋。这个学说能否适用于其他的美好生活组成部分？也许对于某些组成部分，存在最佳状态，如果我们超过太多，就可能阻碍其他部分的表现和发展。

为什么人们不去做那些会让他们快乐的事情

在第 3 章，我希望你注意一个到目前都尚未解决的问题。心流是一种令人振奋的状态，并且有良好的长期效果。那么我们为什么不常常去做那些会让我们产生心流的活动呢？更普遍来说，为什么我们不去做哪些可能潜在让我们快乐的事情？与朋友相聚明显会比在网上浏览充实得多，做志愿活动比重复地在 ESPN 上看比赛分数要更有价值，按照共同价值观健康的生活会比不断地妥协更令人感到满意。那么，为什么我们还是像现在一样生活？那些被紧张和焦虑妨碍，从而摔倒在追求美好生活的道路上的人（可悲的是，在现实世界中并不少见）告诉我们，积极心理学应该与主流心理学一样，理解并且提高人类的生活状况。

除了一些相关的实验研究，我也无法给出准确的回答。但我清楚地知道，对我来说，我对于其他人的困惑能够在一定程度上解答这个谜题。生活中有很多有意义的事情，但是人们却往往不"配合"。就像有一天，我购物之后去收银员那里结账，顺嘴谈一谈天气或者其他百无聊赖的事情。我是很友好的，但是她笑都不笑，一言不发，甚至都没有看我一眼。她只是随意地将找零扔在柜台上。我并不会把这当成私人恩怨，但是，我下次再见到收银员可能就不会这么友好了。

在其他情况下，问题并不在于陌生人与收银员打交道，而是那些对我们的生活至关重要的人：家人、朋友、邻居、同事。他们有时候也不是那么

"配合"我们，因此自己单独行动就变得更加容易，而且更加容易控制。

从道德层面上来说，通常情况下，我很可能会让所爱的人发疯，并提是他们有时候也让我发疯，然而，我应该采取"勿施于人"的做法来帮助其他人完善他们的生活并且希望有一天我的付出能够得到回报。但心理学层面的解释却纠缠不清。我们都知道大家一起参与的舞蹈是很棒的，那怎样才可以让大家都站在舞台上呢？谁会迈出第一步，怎样在缺乏支持的情况下保持这位勇敢者的良好意图？或许我们不愿意或者无法忍受短暂的烦恼而获得长远的利益，这个例子也为第 3 章中我讨论的时间长度忽略问题提供了佐证。

心理学上的美好生活能够被刻意创造吗

心理学家是一群很实际的人，至少在美国是这样。华生、斯金纳、塞利格曼以及其他人本质上都是实验心理学家，我们并不只是在实验室中闷头苦干，我们还在现实生活中进行实验。人类的生活条件可以经由我们习得的智慧得以提高，这是很多心理学家共有的信念，当然也是大多数积极心理学家的。

最有名的一段话是心理学家华生发表的：

> 给我一群健康的孩子，先天条件良好，在我自己设计的世界中将他们养育成人。我敢保证，随机地挑选一个孩子，我可以让他成为任何一个领域的专家：医生、律师、艺术家、商界精英或者乞丐、小偷，不管他拥有怎样的天赋、爱好、活动能力、生涯以及他祖辈的种族。

现在的心理学家并不相信人是华生假设的那样，简单的白纸一张，但是这并不能延伸到我们对于积极心理学的认识，积极心理学扩展了这种断言并且表示，他们可以随机地选取一个人，并且让他变得更加快乐、充满希望、道德高尚、技艺高超并且社交丰富。在每章中都有一些实践传达了这种理念，并且有严谨的研究作为支撑。

但是，即使最令人信服的实验也不是建立在长期追踪的基础上的，实验被试也往往是比较积极的志愿者。在数年中，有成百甚至上千的潜在积极心理学干预在发生着，[⊖]而我们却刚刚开始操作化并且测量它们。这些干预能够在多大程度上泛化，即在不同的人群和时间维度上，是研究的头等大事。有的工作会如期开展，有的不会，最好的判断办法就是去看他们的证据。好消息是，如果我们将关于心理问题的治疗的研究迁移过来，有一系列干预是有效的。然而，我们要考虑的另外一种可能性是，最有效的积极心理学干预可能是那些特定的符合每个人不同人格特征的任务。而我们现在对于这种匹配的决定性因素仍一无所知。

我们通过互联网开展了一些积极心理学的干预，这往往更加便宜而且能够对全世界人民开放，例如那些生活的街区周围并没有积极心理学家的人。但是质疑者（也包括我们）担心互联网干预缺乏人与人直接的接触，并且他们引用在心理治疗中存在的争论，那就是较为亲近的医患关系，所谓的治疗联盟，是一切治疗工作开展的前提。积极干预可能是不同的，因为干预中有更少的阻抗需要克服；也或许恰恰相反，即存在更多的阻抗。在任何情况下，我们的下一代互联网干预将会变得互动并且有一个虚拟的咨询师。

心理学的乌托邦存在吗

永远不要怀疑一小群有思想、信念坚定的人可以改变这个世界。事实上，这也是这个世界改变的唯一方式。

——玛格丽特·米德（Margaret Mead，N. D.）

我已经从一个心理学家的角度讨论了以个体为主的积极心理学干预。许

⊖ 世界上的传统文化提供了大量的可以被认为是积极心理学干预的实践，从冥想到慈善工作。我认为评估这些由于信仰而产生的干预以及那些可能会产生同等作用的行为是非常重要并且有趣的。

多人可能通过一些尝试而变得更加快乐，改变这个他曾经胆怯的世界。或许这种方法就足够创建一个心理学的乌托邦。一旦相当数量的人被改变，或许可以达到一个足够大的数量，从而带领我们共同踏上通往更美好世界的道路。

我们可以想象一种更加高效的策略。我们在宾夕法尼亚大学积极心理学中心正在开展的工作中有一项就是给教练、咨询师以及临床医师传授积极心理学，训练那些训练者，就像预想的那样，积极心理学的种子就会像雨后春笋般萌发出来。同样，在社区层面开展干预也是很有可能的，创建社会体系从而导向心理学上的美好生活。要达到这个目标需要坚持不懈的努力以及社会的认可，而这是非常值得努力的。做任何事情都要付出代价，当然也包括创造一个乌托邦。这本书中的调查结果显示，人们关注的积极心理学主题并不只是怎样让人感觉更好，而且还包括怎样让人更加高效、健康。或许这些发现，如果能够引起足够重视的话，可以说服执政者，让他们更加注重积极心理学的开展。

确实，如果将幸福确定为提升人类生活条件的唯一标准是有些冒险。但是考虑到人对于生活满意的阐述始终是一个相对的概念，也就是说，人的主观标准是一直变化的。我们很有可能需要考虑更多的客观条件来判断美好生活的影响因素。

和平是白日梦吗

我们物质上越富足，精神和灵魂就变得越贫乏。我们已经学会了像鸟一样在天空飞翔，像鱼一样在海里遨游，但我们仍然没有学会像兄弟一样共同生存的简单艺术。

——马丁·路德·金（1964）

让我暂时忘却乌托邦的神话，来问问为什么我们唯独不能共同生活。有人说 20 世纪教会我们的首要教训是：世界上没有"他们"，只有"我们"。

因此 21 世纪的挑战就变成了如何让我们（所有人类）都成为"我们"。

民族和团体之间的冲突有时是关于物质的，例如资源和获取资源的途径（Wright，1999）。无论这些零和的冲突可能是多么令人遗憾，它们是容易令人理解的。当这些冲突发生时，结果是至少其中一方满意。但是那些只有输家的冲突呢？这个世界似乎有太多这样的冲突，你可以举出你自己个人的或者在全球范围里的例子。积极心理学对此能提供什么呢？

如果说"日常的"心理学已经回避了"生活中什么是好的"这个命题，它对于"邪恶"也显得过分拘谨，至少在承认它的意义并直面它的程度上是如此。相反，心理学家试图将人类所做的坏事归咎于他们的无知、认知错误等。他们对此给出简单的建议，这些建议似乎更像是受迪士尼频道的启发而非严肃科学。心理学家亟须承认邪恶是一种真实存在的现象以便于对此进行调查。

哲学家彼得·辛格认为，几千年的道德进步使得人们将与自己利益等同的利益范围从家庭扩展到氏族、村落、国家、民族、大陆而最终扩展到全球。如今大部分民主国家认可这个星球上每一个族群都拥有人性（如果不是吸引力的话），这一事实可以用来解释 20 世纪超过 200 桩民族间的武装冲突并未使得两个民主国家互相对抗。

考虑一下南非的纳尔逊·曼德拉，他在其相关道德圈子中不仅仅包含了非洲国家议会的成员，而且还包括了那些应该为种族隔离政策和对他数十年的监禁负责的白种非洲人。对于种族隔离政策的消亡来说，引人注目的，而且我认为是非常令人振奋的事实是，它已经结束了。

或者考虑亚伯拉罕·林肯于 1865 年 3 月 4 日发表的第二次就职演说，在这一演说中，他在呼吁北方的人民对南方的兄弟施与怜悯：

> 对任何人不怀恶意，对一切人心存宽厚，坚持正义，因为上帝使我们看到了正义，让我们继续努力完成正在从事的事业，包扎好国家的创伤，关心那些肩负重任的人，照顾他们的遗孀孤儿，去做能在我们自己中间和与一切国家缔造并保持公正持久和平的一切事业。

　　林肯原本可以呼吁对于邦联的大规模惩罚和报复，但他并没有这么做。如果不对林肯的葛底斯堡演说作过度诠释，有一点显得很重要：他对所有在战争中牺牲的战士而非仅仅联邦一方的阵亡者表示了他的敬意。

　　对于最终的和平来说，与"'他们'都是'我们'，杀戮并不是一种选择"这个简单的信念相比，世界上所有的同情和信息都显得不那么重要。作为心理学家和世界公民，我们都应当拥抱并在我们和其他人心中培植这一信念。

参 考 资 源

第 1 章

书刊

Seligman, M. E. P. (2002). *Authentic happiness.* New York: Free Press.

Snyder, C. R., & Lopez, S. J. (Eds.). (2002). *Handbook of positive psychology.* New York: Oxford University Press.

American Psychologist. Special issue (January 2000).

American Psychologist. Special issue (March 2001).

Review of General Psychology. Special issue (March 2005).

Time. Special issue (January 17, 2005).

Journal of Positive Psychology

文献

Seligman, M. E. P., & Csikszentmihalyi, M. (2000). Positive psychology: An introduction. *American Psychologist, 55,* 5–14.

Sheldon, K. M., & King, L. (2001). Why positive psychology is necessary. *American Psychologist, 56,* 216–217.

Peterson, C., & Park, N. (2003). Positive psychology as the evenhanded positive psychologist views it. *Psychological Inquiry, 14,* 141–146.

Gable, S. L., & Haidt, J. (2005). What (and why) is positive psychology? *Review of General Psychology, 9,* 103–110.

电影

It's a Wonderful Life (1946)

Schindler's List (1993)

The Family Man (2000)

About Schmidt (2002)

American Experience: Partners of the Heart (2003)

Hotel Rwanda (2004)

Montana PBS: "Introducing Positive Psychology: Signature Strengths, Flow, and Aging Well" (2004)

Millions (2005)

歌曲

"All You Need Is Love" (Beatles)
"Big Yellow Taxi" (Joni Mitchell)
"Cat's in the Cradle" (Harry Chapin)
"Here Comes the Sun" (Beatles)
"Oh, What a Beautiful Morning" (from *Oklahoma)*
"The Secret of Life" (Faith Hill)
"Time in a Bottle" (Jim Croce)

第 2 章

书刊

Linley, P. A., & Joseph, S. (Eds.). (2004). *Positive psychology in practice.* New York: Wiley.

Norcross, J. C., Santrock, J. W., & Campbell, L. F. (2000). *Authoritative guide to self-help resources in mental health.* New York: Guilford.

Krieger, E., & James-Enger, K. (2005). *Small changes, big results: A 12-week action plan to a better life.* New York: Crown.

Albom, M. (1997). *Tuesdays with Morrie: An old man, a young man, and life's greatest lesson.* Garden City, NY: Doubleday.

文献

Seligman, M. E. P. (2004). Can happiness be taught? *Dædalus, 133*(2), 80–87.

Rosen, G. M. (1987). Self-help treatment books and the commercialization of psychotherapy. *American Psychologist, 42,* 46–51.

电影

My Fair Lady (1964)
Dead Poets Society (1989)
Mr. Holland's Opus (1995)

歌曲

"Reach Out of the Darkness" (Friend & Lover)
"The Rose" (Bette Midler)

"What a Wonderful World" (Louis Armstrong)
"What a Wonderful World" (Sam Cooke)

第 3 章

书刊

Kahneman, D., Diener, E., & Schwarz, N. (Eds.). (1999). *Well-being: The foundations of hedonic psychology*. New York: Russell Sage.

Jamison, K. R. (2004). *Exuberance: The passion for life*. New York: Knopf.

Csikszentmihalyi, M. (1990). *Flow: The psychology of optimal experience*. New York: Harper & Row.

Guiliano, M. (2005). *French women don't get fat: The secret of eating for pleasure*. New York: Knopf.

文献

Fredrickson, B. L. (2003). The value of positive emotions. *American Scientist, 91,* 330–335.

Brickman, P., & Campbell, D. T. (1971). Hedonic relativism and planning the good society. In M. H. Appley (Ed.), *Adaptation-level theory* (pp. 287–305). New York: Academic.

电影

Cocoon (1985)
Groundhog Day (1993)
La Vita è Bella (*Life Is Beautiful*) (1997)
ABC News's *20/20*: "Chocolate" (1999)
Chocolat (2000)

歌曲

"59th Street Bridge Song" (Simon & Garfunkle)
"December 1963 (Oh What a Night)" (Four Seasons)
"Do You Believe in Magic" (Lovin' Spoonful)
"Good Vibrations" (Beach Boys)
"I Dig Rock and Roll Music" (Peter, Paul, & Mary)
"I Feel Good" (James Brown)
"Joy to the World" (Three Dog Night)

第 4 章

书刊

Myers, D. G. (1993). *The pursuit of happiness.* New York: Avon.

Magem, Z. (1998). *Exploring adolescent happiness: Commitment, purpose, and fulfillment.* Thousand Oaks, CA: Sage.

Lykken, D. (2000). *Happiness: The nature and nurture of joy and contentment.* New York: St. Martin's.

Argyle, M. (2001). *The psychology of happiness* (2nd ed.). East Sussex, England: Routledge.

Cloninger, C. R. (2004). *Feeling good: The science of well-being.* New York: Oxford University Press.

Journal of Happiness Studies
Social Indicators Research

文献

Diener, E., & Diener, C. (1996). Most people are happy. *Psychological Science, 7,* 181–185.

Myers, D. G., & Diener, E. (1995). Who is happy? *Psychological Science, 6,* 10–19.

Csikszentmihalyi, M. (1999). If we are so rich, why aren't we happy? *American Psychologist, 54,* 821–827.

Ryan, R. M., & Deci, E. L. (2000). On happiness and human potentials: A review of research on hedonic and eudaimonic well-being. *Annual Review of Psychology, 52,* 141–166.

Peterson, C., Park, N., & Seligman, M. E. (2005). Orientations to happiness and life satisfaction: The full life versus the empty life. *Journal of Happiness Studies, 6,* 25–41.

电影

A Christmas Carol (1951)
Dr. Seuss's How the Grinch Stole Christmas (1966)
Gandhi (1982)
Fast, Cheap, and Out of Control (1997)
ABC News Special: "The Mystery of Happiness: Who Has It . . . How to Get It" (1998)

歌曲

"Don't Worry, Be Happy" (Bobby McFerrin)
"Girls Just Want to Have Fun" (Cyndi Lauper)
"Memories Are Made of This" (Dean Martin)
"Oh Happy Day" (Edwin Hawkins Singers)
"Walking on Sunshine" (Katrina & the Waves)
"With a Little Bit of Luck" (from *My Fair Lady*)

第 5 章

书刊

Tiger, L. (1979). *Optimism: The biology of hope.* New York: Simon & Schuster.

Taylor, S. E. (1989). *Positive illusions.* New York: Basic.

Seligman, M. E. P. (1991). *Learned optimism.* New York: Knopf.

Gillham, J. E. (Ed.) (2000). *The science of optimism and hope: Research essays in honor of Martin E. P. Seligman.* Radnor, PA: Templeton Foundation Press.

Peterson, C., & Bossio, L. M. (1991). *Health and optimism.* New York: Free Press.

Seligman, M. E. P., Reivich, K., Jaycox, L., & Gillham, J. (1995). *The optimistic child.* Boston: Houghton Mifflin.

Carver, C. S., & Scheier, M. F. (1981). *Attention and self-regulation: A control-theory approach to human behavior.* New York: Springer-Verlag.

Snyder, C. R. (Ed.). (2000). *Handbook of hope: Theory, measures, and applications.* San Diego, CA: Academic.

Piper, W. (1930). *The little engine that could.* New York: Platt & Munk.

文献

Peterson, C. (2000). The future of optimism. *American Psychologist, 55,* 44–55.

Peterson, C., Seligman, M. E. P., & Vaillant, G. E. (1988). Pessimistic explanatory style is a risk factor for physical illness: A thirty-five-year longitudinal study. *Journal of Personality and Social Psychology, 55,* 23–27.

Zullow, H., & Seligman, M. E. P. (1990). Pessimistic rumination predicts defeat of presidential candidates, 1900 to 1984. *Psychological Inquiry, 1,* 52–61.

电影

Pollyanna (1960)
Rocky (1976)
Mask (1985)
Forrest Gump (1994)
The Shawshank Redemption (1994)
Apollo 13 (1995)
A&E *Biography*: "Thomas Edison" (2000)
ABC *Primetime*: "63 Reasons to Hope: The Babies of 9/11" (2002)
Seabiscuit (2003)
A Very Long Engagement (2004)

歌曲

"I Will Survive" (Gloria Gaynor)
"My Future's So Bright, I Gotta Wear Shades" (Timbuk 3)
"This Night Won't Last Forever" (Sawyer Brown)
"Wishin' and Hopin'" (Dusty Springfield)

第 6 章

书刊

Peterson, C., & Seligman, M. E. P. (2004). *Character strengths and virtues: A handbook and classification*. New York: Oxford University Press; Washington, DC: American Psychological Association.

Comte-Sponville, A. (2001). *A small treatise on the great virtues* (C. Temerson, Trans.). New York: Metropolitan.

Aristotle. (2000). *The Nicomachean ethics* (R. Crisp, Trans.). Cambridge: Cambridge University Press.

Buckingham, M., & Clifton, D. O. (2001). *Now, discover your strengths*. New York: Free Press.

American Behavioral Scientist. Special issue (December 2003).

文献

Cawley, M. J., Martin, J. E., & Johnson, J. A. (2000). A virtues approach to personality. *Personality and Individual Differences, 28,* 997–1013.

Dahlsgaard, K., Peterson, C., & Seligman, M. E. P. (2005). Shared virtue: The convergence of valued human strengths across culture and history. *Review of General Psychology, 9,* 209–213.

Peterson, C., & Seligman, M. E. P. (2003). Character strengths before and after September 11. *Psychological Science, 14,* 381–384.

Park, N., Peterson, C., & Seligman, M. E. P. (in press). Character strengths in 54 nations and all 50 U.S. states. *Journal of Positive Psychology.*

Becker, S. W., & Eagly, A. H. (2004). The heroism of women and men. *American Psychologist, 59,* 163–178.

电影

The Wizard of Oz (1939)
The Diary of Anne Frank (1959)
Roots (1977)
The Elephant Man (1980)
Witness (1985)
Glory (1989)
The Hunt for Red October (1990)
Braveheart (1995)
Courage Under Fire (1996)
ABC News's *20/20:* "Emotional IQ" (1996)
PBS *Biography:* "Benjamin Franklin" (2002)
ABC News's *Nightline:* "Whistleblower" (2004)

歌曲

"Abraham, Martin, and John" (Dion)
"True Colors" (Cyndi Lauper)
"The Wind Beneath My Wings" (Bette Midler)

第 7 章

书刊

Bok, S. (1995). *Common values.* Columbia: University of Missouri Press.

Schwartz, B. (2004). *The paradox of choice: Why less is more.* New York: HarperCollins.

Burrell, B. (1997). *The words we live by.* New York: Free Press.

Shi, D. E. (1985). *The simple life: Plain living and high thinking in American culture.* New York: Oxford University Press.

Kasser, T. (2002). *The high price of materialism.* Cambridge, MA: Bradford.

de Graaf, J., Wann, D., & Naylor, T. H. (2001). *Affluenza: The all-consuming epidemic.* San Francisco: Berrett-Koehler.

Twitchell, J. B. (1999). *Lead us into temptation: The triumph of American materialism.* New York: Columbia University Press.

Gleick, J. (2000). *Faster: The acceleration of just about everything.* New York: Vintage.

文献

Schwartz, S. H. (1994). Are there universal aspects in the structure and content of human values? *Journal of Social Issues, 50*(4), 19–45.

Rokeach, M. (1971). Long-range experimental modification of values, attitudes, and behavior. *American Psychologist, 26,* 453–459.

电影

Citizen Kane (1941)

Cheaper by the Dozen (1950)

Guess Who's Coming to Dinner? (1967)

In the Heat of the Night (1967)

Patton (1970)

Sling Blade (1996)

American History X (1998)

ABC News's *20/20:* "Affluenza" (2000)

歌曲

"Everyday People" (Sly and the Family Stone)

"My Favorite Things" (from *The Sound of Music*)

"My Way" (Frank Sinatra)

"Where Were You?" (Alan Jackson)

第 8 章

书刊

Gardner, H. (1983). *Frames of mind: The theory of multiple intelligences.* New York: Basic.

Simonton, D. K. (1984). *Genius, creativity, and leadership: Historiometric methods.* Cambridge, MA: Harvard University Press.

Murray, C. (2003). *Human accomplishment: The pursuit of excellence in the arts and sciences, 800 BC to 1950.* New York: HarperCollins.

Gladwell, M. (2005). *Blink: The power of thinking without thinking.* New York: Little, Brown.

Huntford, R. (1998). *Nansen: The explorer as hero.* New York: Barnes & Noble.

Creativity Research Journal

Journal of Creative Behavior

文献

Silvia, P. J. (2001). Interest and interests: The psychology of constructive capriciousness. *Review of General Psychology, 5,* 270–290.

Simonton, D. K. (2000). Creativity: Cognitive, developmental, personal, and social aspects. *American Psychologist, 55,* 151–158.

Winner, E. (2000). The origins and ends of giftedness. *American Psychologist, 55,* 159–169.

Ripley, A. (2005, March 7). Who says a woman can't be Einstein? *Time,* pp. 51–60.

Kluger, J. (2005, November 14). Ambition: Why some people are most likely to succeed. *Time,* pp. 48–58.

电影

The Miracle Worker (1962)

To Sir, With Love (1967)

Chariots of Fire (1981)

Flashdance (1983)

Amadeus (1984)

Shaka Zulu (1987)

Rain Man (1988)

My Left Foot (1989)

Little Man Tate (1991)
ABC News's *Nightline*: "The Streak" (1995)
Best in Show (2000)
Edison: The Wizard of Light (2000)
Steeplechase Entertainment: "Leonardo: A Dream of Flight" (2000)
Steeplechase Entertainment: "Marie Curie: More Than Meets the Eye" (2000)
A Beautiful Mind (2001)
A&E's *Biography*: "Albert Einstein" (2005)
ABC News's *Primetime*: "Invention Ideas" (2005)

歌曲

"To Sir, With Love" (LuLu)
"Centerfield" (John Fogerty)

第 9 章

书刊

Jahoda, M. (1958). *Current concepts of positive mental health*. New York: Basic.
Vaillant, G. E. (2002). *Aging well*. New York: Little, Brown.
Ryff, C. D., & Singer, B. H. (2001). *Emotion, social relationships, and health*. New York: Oxford University Press.
Weil, A. (1988). *Health and healing* (Rev. ed.). Boston: Houghton Mifflin.
Cousins, N. (1981). *The anatomy of an illness*. New York: Norton.
Pennebaker, J. W. (1997). *Opening up: The healing power of expressing emotion*. New York: Guilford.
Wolfe, T. (1979). *The right stuff*. New York: Farrar, Straus, & Giroux.
Health Psychology

文献

Vaillant, G. E. (2003). Mental health. *American Journal of Psychiatry, 160*, 1373–1384.
Seeman, J. (1989). Toward a model of positive health. *American Psychologist, 44*, 1099–1109.
Ryff, C. D., & Singer, B. H. (1998). The contours of positive mental health. *Psycho-*

logical Inquiry, 9, 1–28.

Maier, S. F., Watkins, L. R., & Fleshner, M. (1994). Psychoneuroimmunology: The interface between behavior, brain, and immunity. *American Psychologist, 49*, 1004–1017.

Stokols, D. (1992). Establishing and maintaining healthy environments: Toward a social ecology of health promotion. *American Psychologist, 47*, 6–22.

电影

On Golden Pond (1981)
Terms of Endearment (1983)
Regarding Henry (1991)
The Doctor (1991)
Philadelphia (1993)
ABC News's *Primetime*: "Are Health Foods Really Healthier?" (1995)
ABC News's *Turning Point*: "Alternative Medicine: Hope or Hype" (1996)
As Good as It Gets (1997)
One True Thing (1998)
Montana PBS: "Introducing Positive Psychology: Personal Well-Being, Social Support, Health and Aging Well" (2004)
ABC News's *20/20*: "Myths and Lies: Health and Beauty" (2005)

歌曲

"A Touch of Gray" (Grateful Dead)
"It Was a Very Good Year" (Frank Sinatra)
"As Good as I Once Was" (Toby Keith)

第 10 章

书刊

Blum, D. (2002). *Love at Goon Park: Harry Harlow and the science of affection.* Cambridge, MA: Perseus.

Bowlby, J. (1979). *The making and breaking of affectional bonds.* London: Tavistock.

Rubin, Z. (1973). *Liking and loving: An invitation to social psychology.* New York: Holt, Rinehart, & Winston.

Buss, D. M. (1994). *The evolution of desire: Strategies of human mating.* New York: Basic.

Gottman, J. W. (1994). *What predicts divorce?* Hillsdale, NJ: Erlbaum.

Journal of Social and Personal Relationships

文献

Harlow, H. F. (1958). The nature of love. *American Psychologist, 13,* 673–685.

Hazan, C., & Shaver, P. R. (1987). Romantic love conceptualized as an attachment process. *Journal of Personality and Social Psychology, 52,* 511–524.

电影

Casablanca (1942)

The Sound of Music (1965)

The Graduate (1967)

Butch Cassidy and the Sundance Kid (1969)

Brian's Song (1971)

Charlotte's Web (1973)

The Sting (1973)

The Big Chill (1983)

Hannah and Her Sisters (1986)

Stand by Me (1986)

84 Charing Cross Road (1987)

Driving Miss Daisy (1989)

Field of Dreams (1989)

Steel Magnolias (1989)

When Harry Met Sally (1989)

Nell (1994)

Toy Story 2 (1999)

ABC News's *20/20*: "Fair Fighting" (2000)

My Big Fat Greek Wedding (2002)

歌曲

"Addicted to Love" (Robert Palmer)

"Always on My Mind" (Willie Nelson)

"Back in His Arms Again" (Supremes)

"Call Out My Name" (James Taylor)

"Crazy in Love" (Beyonce Knowles)

"Danny's Song" (Kenny Loggins)
"Help" (Beatles)
"I Got You Babe" (Sonny & Cher)
"I Walk the Line" (Johnny Cash)
"I Was Made to Love Her" (Stevie Wonder)
"It Takes Two" (Marvin Gaye & Tammy Terrell)
"Lean on Me" (Al Green)
"My Girl" (Temptations)
"On the Street Where You Live" (from *My Fair Lady*)
"Second That Emotion" (Miracles)
"Something to Talk About" (Bonnie Raitt)
"Stand by Me" (Ben E. King)
"The First Time Ever I Saw Your Face" (Roberta Flack)
"Time After Time" (Cyndi Lauper)
"Your Song" (Elton John)

第 11 章

书刊

Cameron, K. S., Dutton, J. E., & Quinn, R. E. (Eds.). (2003). *Positive organizational scholarship: Foundations of a new discipline.* San Francisco: Berrett-Koehler.

Brokaw, T. (1998). *The greatest generation.* New York: Random House.

Giacalone, R. A., Jurkiewicz, C. L., & Dunn, C. (Eds.). (2005). *Positive psychology in business ethics and corporate responsibility.* Greenwich, CT: Information Age.

Levering, R., & Moskowitz, M. (1993). *The 100 best companies to work for in America.* Garden City, NY: Doubleday.

McGregor, D. (1960). *The human side of enterprise.* New York: McGraw-Hill.

Noddings, N. (2003). *Happiness and education.* New York: Cambridge University Press.

Peters, T. J., & Waterman, R. H. (1982). *In search of excellence: Lessons from America's best-run companies.* New York: Warner.

Putnam, R. D. (2000). *Bowling alone: The collapse and revival of American community.* New York: Simon & Schuster.

Terkel, S. (1974). *Working: People talk about what they do all day and how they feel about what they do.* New York: Pantheon.

School Psychology Quarterly. Special issue (Summer 2003).

Psychology in the Schools. Special issue (January 2004).
American Behavioral Scientist. Special issue (February 2004).

文献

Diener, E., & Seligman, M. E. P. (2004). Beyond money: Toward an economy of well-being. *Psychological Science in the Public Interest, 5,* 1–31.

Wrzesniewski, A., McCauley, C. R., Rozin, P., & Schwartz, B. (1997). Jobs, careers, and callings: People's relations to their work. *Journal of Research in Personality, 31,* 21–33.

McCullough, M. E., Hoyt, W. T., Larson, D. B., Koenig, H. G., & Thoresen, C. (2000). Religious involvement and mortality: A meta-analytic review. *Health Psychology, 19,* 211–222.

电影

Miracle on 34th Street (1947)
The Ten Commandments (1956)
Kramer vs. Kramer (1979)
Norma Rae (1979)
Nine to Five (1980)
Absence of Malice (1981)
Silkwood (1983)
Working Girl (1988)
ABC News's *20/20*: "Sharing Sweet Success" (1992)
Bhutan: Gross National Happiness (Modernization) (1997)
City of Angels (1998)
CBS News's *60 Minutes*: "Working the Good Life" (2003)
America's Heart and Soul (2004)

歌曲

"Be True to Your School" (Beach Boys)
"Blowing in the Wind" (Peter, Paul, & Mary)
"My Sweet Lord" (George Harrison)
"Get Up, Stand Up" (Bob Marley & the Wailers)
"Take This Job and Shove It" (Johnny Paycheck)
"Teach Your Children" (Crosby, Stills, Nash, & Young)
"We Are Family" (Sister Sledge)

第 12 章

书刊

Frisch, M. (2006). *Quality of life therapy: Applying a life satisfaction approach to positive psychology and cognitive therapy.* Hoboken, NJ: Wiley.

Wright, R. (1999). *Nonzero: The logic of human destiny.* New York: Pantheon.

Bellamy, E. (1888/1960). *Looking backward: 2000–1887.* New York: Signet.

Thoreau, H. D. (1854). *Walden; or, Life in the woods.* Boston: Ticknor & Fields.

Skinner, B. F. (1948). *Walden two.* New York: Macmillan.

Huxley, A. (1932). *Brave new world.* London: Chatto & Windus.

Journal of Peace Psychology

文献

Seligman, M. E. P. (2003). Foreword: The past and future of positive psychology. In C. L. M. Keyes & J. Haidt (Eds.), *Flourishing: Positive psychology and the life well-lived* (pp. xi–xx). Washington, DC: American Psychological Association.

Linley, P. A., Joseph, S., Harrington, S., & Wood, A. M. (2006). Positive psychology: Past, present, and (possible) future. *Journal of Positive Psychology, 1,* 3–16.

电影

Mr. Smith Goes to Washington (1939)

The Day the Earth Stood Still (1951)

One Flew Over the Cuckoo's Nest (1975)

Koyaanisqatsi (1983)

ABC News's *Nightline:* "Tipping Point" (2005)

歌曲

"I Wonder What Would Happen to This World" (Harry Chapin)

"Imagine" (John Lennon)

"Wouldn't It Be Nice" (Beach Boys)

参 考 文 献

Abelson, R. P., Aronson, E., McGuire, W. J., Newcomb, T. M., Rosenberg, M. J., & Tannenbaum, P. H. (Eds.). (1968). *Theories of cognitive consistency: A sourcebook.* Chicago: Rand McNally.

Abramson, L. Y., Metalsky, G. I., & Alloy, L. B. (1989). Hopelessness depression: A theory-based subtype of depression. *Psychological Review, 96,* 358–372.

Abramson, L. Y., Seligman, M. E. P., & Teasdale, J. D. (1978). Learned helplessness in humans: Critique and reformulation. *Journal of Abnormal Psychology, 87,* 49–74.

Ackermann, R., & DeRubeis, R. J. (1991). Is depressive realism real? *Clinical Psychology Review, 11,* 565–584.

Adams, T., Bezner, J., & Steinhart, M. (1997). The conceptualization and measurement of perceived wellness: Integrating balance across and within dimensions. *American Journal of Health Promotion, 11,* 208–281.

Ader, R., & Cohen, N. (1975). Behaviorally conditioned immunosuppression. *Psychosomatic Medicine, 37,* 333–340.

Ader, R., & Cohen, N. (1993). Psychoneuroimmunology: Conditioning and stress. *Annual Review of Psychology, 44,* 53–85.

Adler, A. (1927). *The theory and practice of individual psychology.* New York: Harcourt, Brace.

Adler, A. (1964). Inferiority feelings and defiance and obedience. In H. L. Ansbacher & R. R. Ansbacher (Eds.), *The individual psychology of Alfred Adler* (pp. 52–55). New York: Harper. (Original work published 1910)

Adler, F. (1956). The value concept in sociology. *American Sociological Review, 62,* 272–279.

Ahadi, S., & Diener, E. (1989). Multiple determinants and effect size. *Journal of Personality and Social Psychology, 56,* 398–406.

Ai, A. L., Bolling, S. F., Peterson, C., Gillespie, B., Jessup, M. G., Behling, B. A., & Pierce, F. (2001). Designing clinical trials on energy healing: Ancient art encounters medical science. *Alternative Therapies and Medicine, 7,* 93–99.

Ainsworth, M. D. S. (1973). The development of infant-mother attachment. In B. M. Caldwell & H. N. Ricciuti (Eds.), *Review of child development research* (Vol. 3, pp. 1–94). Chicago: University of Chicago Press.

Ainsworth, M. D. S., Blehar, M. C., Waters, E., & Wall, S. (1978). *Patterns of attachment: Assessed in the strange situation and at home.* Hillsdale, NJ: Erlbaum.

Ainsworth, M. D. S., & Wittig, B. A. (1969). Attachment and exploratory behavior of one-year-olds in a strange situation. In B. M. Foss (Ed.), *Determinants of infant behavior* (Vol. 4, pp. 111–136). London: Methuen.

Akhtar, S. (1996). "Someday . . . " and "if only . . . " fantasies: Pathological optimism and inordinate nostalgia as related forms of idealization. *Journal of the American Psychoanalytic Association, 44,* 723–753.

Albee, G. W. (1982). Preventing psychopathology and promoting human potential. *American Psychologist, 37,* 1043–1050.

Alessandri, S. M., & Wozniak, R. H. (1989). Continuity and change in intrafamilial agreement in beliefs concerning the adolescent: A follow-up study. *Child Development, 60,* 335–339.

Allison, M., & Duncan, M. (1988). Women, work, and flow. In M. Csikszentmihalyi & I. Csikszentmihalyi (Eds.), *Optimal experience: Psychological studies of flow in consciousness* (pp. 118–137). New York: Cambridge University Press.

Alloy, L. B., & Abramson, L. Y. (1979). Judgment of contingency in depressed and nondepressed college students: Sadder but wiser? *Journal of Experimental Psychology: General, 108,* 441–487.

Allport, G. W. (1921). Personality and character. *Psychological Bulletin, 18,* 441–455.

Allport, G. W. (1927). Concepts of trait and personality. *Psychological Bulletin, 24,* 284–293.

Allport, G. W. (1937). *Personality: A psychological interpretation.* New York: Holt.

Allport, G. W. (1950). *The individual and his religion.* New York: Macmillan.

Allport, G. W. (1961). *Pattern and growth in personality.* New York: Holt, Rinehart, & Winston.

Allport, G. W., & Ross, J. M. (1967). Personal religious orientation and prejudice. *Journal of Personality and Social Psychology, 5,* 432–433.

Allport, G. W., & Vernon, P. (1930). The field of personality. *Psychological Bulletin, 27,* 677–730.

Allport, G. W., Vernon, P., & Lindzey, G. (1960). *A study of values* (Rev. ed.). Boston: Houghton Mifflin.

American Psychiatric Association. (1994). *Diagnostic and statistical manual of mental disorders* (4th ed.). Washington, DC: Author.

Anderman, E., & Maehr, M. L. (1994). Motivation and schooling in the middle grades. *Review of Educational Research, 64,* 287–309.

Angner, E. (2005). *The evolution of eupathics: The historical roots of subjective measures of well-being.* Unpublished manuscript. University of Alabama, Birmingham.

Anthony, E. J., & Cohler, B. J. (Eds.). (1987). *The invulnerable child.* New York: Guilford.

Aquinas, T. (1966). *Treatise on the virtues* (J. A. Oesterle, Trans.). Englewood Cliffs, NJ: Prentice-Hall.

Argyle, M. (1996). *The social psychology of leisure.* London: Routledge.

Argyle, M. (1999). Causes and correlates of happiness. In D. Kahneman, E. Diener, & N. Schwarz (Eds.), *Well-being: The foundations of hedonic psychology* (pp. 353–373). New York: Russell Sage.

Argyle, M. (2001). *The psychology of happiness* (2nd ed.). East Sussex, England: Routledge.

Aristotle. (2000). *The Nicomachean ethics* (R. Crisp, Trans.). Cambridge: Cambridge University Press.

Arnett, J. J. (1999). Adolescent storm and stress, reconsidered. *American Psychologist, 54,* 317–326.

Asch, S. E. (1956). Studies of independence and conformity: A minority of one against a unanimous majority. *Psychological Monographs, 70*(9).

Ashbrook, J. B., & Albright, C. A. (1997). *The humanizing brain: Where religion and neuroscience meet.* Cleveland, OH: Pilgrim.

Ashby, F. G., Isen, A. M., & Turken, A. U. (1999). A neuropsychological theory of positive affect and its influence on cognition. *Psychological Review, 106,* 529–550.

Aspinwall, L. G., & Brunhart, S. M. (1996). Distinguishing optimism from denial: Optimistic beliefs predict attention to health threats. *Personality and Social Psychology Bulletin, 22,* 993–1003.

Aspinwall, L. G., & Richter, L. (1999). Optimism and self-mastery predict more rapid disengagement from unsolvable tasks in the presence of alternatives. *Motivation and Emotion, 23,* 221–245.

Averill, J. R., Catlin, G., & Chon, K. K. (1990). *Rules of hope.* New York: Springer-Verlag.

Axinn, W. G., & Thornton, A. (1993). Mothers, children, and cohabitation: The intergenerational effects of attitudes and behavior. *American Sociological Review, 58,* 233–246.

Bailey, K. D. (1994). *Typologies and taxonomies: An introduction to classification techniques.* Thousand Oaks, CA: Sage.

Baker, D., & Stauth, C. (2003). *What happy people know: How the new science of happiness can change your life for the better.* New York: St. Martin's.

Baker, W. (2005). *America's crisis of values: Reality and perception.* Princeton, NJ: Princeton University Press.

Ball, S. (1976). Methodological problems in assessing the impact of television programs. *Journal of Social Issues, 32*(4), 8–17.

Ball-Rokeach, S. J., Rokeach, M., & Grube, J. W. (1984). *The great American values test: Influencing behavior and belief through television.* New York: Free Press.

Baltes, P. B., & Staudinger, U. M. (2000). Wisdom: A metaheuristic (pragmatic) to orchestrate mind and virtue toward excellence. *American Psychologist, 55,* 122–136.

Bandura, A. (1969). *Principles of behavior modification.* New York: Holt, Rinehart, & Winston.

Bandura, A. (1989). Human agency in social cognitive theory. *American Psychologist, 14,* 175–184.

Barkow, J. H. (1997). Happiness in evolutionary perspective. In N. L. Segal, G. E. Weisfeld, & C. C. Weisfeld (Eds.), *Uniting psychology and biology: Integrating perspectives on human development* (pp. 397–418). Washington, DC: American Psychological Association.

Barlow, F. (1952). *Mental prodigies.* New York: Philosophical Library.

Barrett, P. M., & Ollendick, T. H. (Eds.). (2004). *Handbook of interventions that work with children and adolescents: Prevention and treatment.* West Sussex, England: Wiley.

Barsky, A. J. (1988). *Worried sick: Our troubled quest for wellness.* Boston: Little, Brown.

Bartels, A., & Zeki, S. (2000). The neural basis of romantic love. *NeuroReport, 11,* 3829–3834.

Bartels, A., & Zeki, S. (2004). The neural correlates of maternal and romantic love. *NeuroImage, 21*, 1155–1166.

Barth, F. (1993). Are values real? The enigma of naturalism in the anthropological imputation of values. In M. Hechter, L. Nadel, & R. E. Michod (Eds.), *The origin of values* (pp. 31–46). New York: de Gruyter.

Baruch, G., Barnett, R., & Rivers, C. (1983). *Life prints: New patterns of love and work for today's woman.* New York: McGraw-Hill.

Batten, H. L., & Prottas, J. M. (1987). Kind strangers: The families of organ donors. *Health Affairs, 6*, 325–347.

Baumrind, D. (1971). Current patterns of parental authority. *Developmental Psychology Monographs, 4*(1), Part 2.

Baumrind, D. (1978). Parental disciplinary patterns and social comparison in children. *Youth and Society, 9*, 239–276.

Baylis, N. (2004). Teaching positive psychology. In P. A. Linley & S. Joseph (Eds.), *Positive psychology in practice* (pp. 210–217). New York: Wiley.

Beck, A. T. (1967). *Depression: Clinical, experimental, and theoretical aspects.* New York: Hoeber.

Beck, A. T. (1991). Cognitive therapy: A 30-year retrospective. *American Psychologist, 46,* 368–375.

Beck, A. T., Rush, A. J., Shaw, B. F., & Emery, G. (1979). *Cognitive therapy of depression.* New York: Guilford.

Becker, S. W., & Eagly, A. H. (2004). The heroism of women and men. *American Psychologist, 59, 163–178.*

Becker, W. C. (1964). Consequences of different types of parental discipline. In M. L. Hoffman & L. W. Hoffman (Eds.), *Review of child development research* (Vol. 1, pp. 509–535). New York: Russell Sage.

Beit-Hallahmi, B. (1974). Psychology of religion 1880–1930: The rise and fall of a psychological movement. *Journal of the History of the Behavioral Sciences, 10*, 84–90.

Bell, R. M. (1985). *Holy anorexia.* Chicago: University of Chicago Press.

Belloc, N. B. (1973). Relationship of health practices and mortality. *Preventive Medicine, 2,* 67–81.

Belloc, N. B., & Breslow, L. (1972). Relationship of physical health status and family practices. *Preventive Medicine, 1*, 409–421.

Benard, B. (1991). *Fostering resiliency in kids: Protective factors in the family, school and community.* San Francisco, CA: Western Regional Center for Drug Free Schools and Communities, Far West Laboratory.

Bentley, K. S., & Fox, R. A. (1991). Mothers and fathers of young children: Comparison of parenting styles. *Psychological Reports, 69*, 320–322.

Berenbaum, H., Raghavan, C., Le, H.-N., Vernon, L., & Gomez, J. (1999). Disturbances in emotion. In D. Kahneman, E. Diener, & N. Schwarz (Eds.), *Well-being: The foundations of hedonic psychology* (pp. 267–287). New York: Russell Sage.

Berger, D., Ono, Y., Kumano, H., & Suematsu, H. (1994). The Japanese concept of interdependency. *American Journal of Psychiatry, 151*, 628–629.

Berkman, L. F., Glass, T., Brisette, I., & Seeman, T. E. (2000). From social integration to health: Durkheim in the new millennium. *Social Science and Medicine, 51,* 843–857.

Berkowitz, M. W., & Bier, M. C. (2004). Research-based character education. *Annals of the American Academy of Political and Social Science, 591,* 72–85.

Berlyne, D. E. (1960). *Conflict, arousal, and curiosity.* New York: McGraw-Hill.

Berscheid, E. (1994). Interpersonal relationships. *Annual Review of Psychology, 45,* 79–129.

Berscheid, E., & Reis, H. T. (1998). Attraction and close relationships. In D. T. Gilbert, S. T. Fiske, & G. Lindzey (Eds.), *The handbook of social psychology* (4th ed., Vol. 2, pp. 193–281). New York: McGraw-Hill.

Berscheid, E., & Walster, E. (1978). *Interpersonal attraction* (2nd ed.). Reading, MA: Addison-Wesley.

Bierce, A. (1999). *The devil's dictionary.* New York: Oxford University Press. (Original work published 1911)

Billingsley, A. (1999). *Mighty like a river: The Black church and social reform.* New York: Oxford University Press.

Billingsley, A., & Caldwell, C. (1991). The church, the family and the school in the African American community. *Journal of Negro Education, 60,* 427–440.

Biswas-Diener, R. (in press). From the equator to the north pole: A study of character strengths. *Journal of Happiness Studies.*

Biswas-Diener, R., & Diener, E. (2001). Making the best of a bad situation: Satisfaction in the slums of Calcutta. *Social Indicators Research, 55,* 329–352.

Bok, S. (1995). *Common values.* Columbia: University of Missouri Press.

Bonnano, G. A. (2004). Loss, trauma, and human resilience: Have we underestimated the human capacity to thrive after extremely aversive events? *American Psychologist, 59,* 20–28.

Booth, R. (1983). Toward an understanding of loneliness. *Social Work, 28,* 116–119.

Bordin, E. S. (1979). The generalizability of the psychoanalytic concept of the working alliance. *Psychotherapy: Theory, Research, and Practice, 16,* 252–260.

Boring, E. G. (1950). *A history of experimental psychology* (2nd ed.). New York: Appleton-Century-Crofts.

Bouchard, T. J., Jr. (2004). Genetic influence on human psychological traits: A survey. *Current Directions in Psychological Science, 13,* 148–151.

Boucher, J., & Osgood, C. E. (1969). The Pollyanna hypothesis. *Journal of Verbal Learning and Verbal Behavior, 8,* 1–8.

Bower, D. W., & Christopherson, V. A. (1977). University student cohabitation: A regional comparison of selected attitudes and behavior. *Journal of Marriage and the Family, 39,* 447–453.

Bowlby, J. (1951). *Maternal care and mental health.* Geneva, Switzerland: World Health Organization.

Bowlby, J. (1969). *Attachment and loss: Vol. 1. Attachment.* New York: Basic.

Bowlby, J. (1973). *Attachment and loss: Vol. 2. Separation: Anxiety and anger.* New York: Basic.

Bowlby, J. (1979). *The making and breaking of affectional bonds.* London: Tavistock.

Bowlby, J. (1980). *Attachment and loss: Vol. 3. Loss, sadness, and depression.* New York: Basic.

Bradburn, N. M. (1969). *The structure of psychological well-being.* Chicago: Aldine.

Braithwaite, V. A., & Law, H. G. (1985). Structure of human values: Testing the adequacy of the Rokeach Value Survey. *Journal of Personality and Social Psychology, 49,* 250–263.

Braithwaite, V. A., & Scott, W. A. (1991). Values. In J. P. Robinson, P. Shaver, & L. Wrightsman (Eds.), *Measures of personality and social psychology attitudes* (pp. 661–753). New York: Academic.

Brennan, K. A., & Bosson, J. K. (1998). Attachment-style differences in attitudes toward and reactions to feedback from romantic partners: An exploration of the relational bases of self-esteem. *Personality and Social Psychology Bulletin, 24,* 699–714.

Brennan, K. A., & Shaver, P. R. (1995). Dimensions of adult attachment, affect regulation, and romantic relationship functioning. *Personality and Social Psychology Bulletin, 23,* 23–31.

Brickman, P., & Campbell, D. T. (1971). Hedonic relativism and planning the good society. In M. H. Appley (Ed.), *Adaptation-level theory* (pp. 287–305). New York: Academic.

Brickman, P., Coates, D., & Janoff-Bulman, R. (1978). Lottery winners and accident victims: Is happiness relative? *Journal of Personality and Social Psychology, 36,* 917–927.

Brief, A. P., & Nord, W. R. (Eds.). (1990). *Meanings of occupational work: A collection of essays.* Lexington, MA: Lexington.

Brokaw, T. (1998). *The greatest generation.* New York: Random House.

Brothers, L. (1990). The neural basis of primate social communication. *Motivation and Emotion, 14,* 81–91.

Browder, S. (1988, June). Is living together such a good idea? *New Woman,* pp. 120–124.

Brown, B. B. (1981). A life-span approach to friendship: Age-related dimensions of an ageless relationship. In H. Lopata & D. Maines (Eds.), *Research in the interweave of social roles* (Vol. 2, pp. 23–50). Greenwich, CT: JAI.

Brown, G. W., & Harris, T. O. (1978). *Social origins of depression.* New York: Free Press.

Brown, R. (1954). Mass phenomena. In G. Lindzey (Ed.), *Handbook of social psychology* (Vol. 2, pp. 833–877). Cambridge, MA: Addison-Wesley.

Brown, R., & Kulik, J. (1977). Flashbulb memories. *Cognition, 5,* 73–99.

Brown, S. L., Nesse, R. M., Vinokur, A. D., & Smith, D. M. (2003). Providing social support may be more beneficial than receiving it: Results from a prospective study of mortality. *Psychological Science, 14,* 320–327.

Bruyer, R. (1981). L'asymetrie du visage humain: Etat de la question. *Psychologica Belgica, 21,* 7–15.

Bryant, F. B. (2001, October 6). *Capturing the joy of the moment: Savoring as a process in positive psychology.* Paper presented at the 3rd Annual Positive Psychology Summit, Washington, DC.

Bryant, F. B. (2003). Savoring Beliefs Inventory (SBI): A scale for measuring beliefs about savoring. *Journal of Mental Health, 12,* 175–196.

Bryant, F. B. (in press). *The process of savoring: A new model of positive experience.* Mahwah, NJ: Erlbaum.

Buchanan, G. M., & Seligman, M. E. P. (Eds.). (1995). *Explanatory style.* Hillsdale, NJ: Erlbaum.

Buckingham, M., & Clifton, D. O. (2001). *Now, discover your strengths.* New York: Free Press.

Buckingham, M., & Coffman, C. (1999). *First, break all the rules.* New York: Simon & Schuster.

Bungam, T. J., Osark, K. C., & Chang, C. L. (1997). Factors affecting exercise adherence at a worksite wellness program. *American Journal of Health Behavior, 21,* 60–66.

Burrell, B. (1997). *The words we live by.* New York: Free Press.

Bursten, B. (1979). Psychiatry and the rhetoric of models. *American Journal of Psychiatry, 136,* 661–666.

Buss, D. M. (1987). Selection, evocation, and manipulation. *Journal of Personality and Social Psychology, 53,* 1214–1221.

Buss, D. M. (1991). Evolutionary personality psychology. *Annual Review of Psychology, 42,* 459–491.

Buss, D. M. (1995). Evolutionary psychology: A new paradigm for psychological science. *Psychological Inquiry, 6,* 1–30.

Buss, D. M. (2000). The evolution of happiness. *American Psychologist, 55,* 15–23.

Buss, D. M., et al. (1990). International preferences in selecting mates: A study of 37 cultures. *Journal of Cross-Cultural Psychology, 21,* 5–47.

Buss, D. M., Larsen, R. J., Westen, D., & Semmelroth, J. (1992). Sex differences in jealousy: Evolution, physiology, and psychology. *Psychological Science, 3,* 251–255.

Buss, D., & Schmitt, D. P. (1993). Sexual strategies theory: An evolutionary perspective on human mating. *Psychological Review, 100,* 204–232.

Butcher, J. N., Dahlstrom, W. G., Graham, J. R., Tellegen, A., & Kaemmer, B. (1989). *Manual for the restandardized Minnesota Multiphasic Personality Inventory: MMPI-2. An interpretative and administrative guide.* Minneapolis: University of Minnesota Press.

Buunk, B. P., Van Yperen, N. W., Taylor, S. E., & Collins, R. L. (1991). Social comparison and the drive upward revisited: Affiliation as a response to marital stress. *European Journal of Social Psychology, 21,* 529–546.

Byrne, D. (1971). *The attraction paradigm.* New York: Academic.

Cameron, K. S., Dutton, J. E., & Quinn, R. E. (Eds.). (2003). *Positive organizational scholarship: Foundations of a new discipline.* San Francisco: Berrett-Koehler.

Campbell, A. (1981). *The sense of well-being in America: Recent patterns and trends.* New York: McGraw-Hill.

Campbell, A., Converse, P. E., & Rodgers, W. L. (1976). *The quality of American life.* New York: Sage.

Campbell, D. P. (1971). *Manual for the Strong Vocational Interest Blank.* Stanford, CA: Stanford University Press.

Campbell, D. T., & Fiske, D. W. (1959). Convergent and discriminant validation by the multitrait-multimethod matrix. *Psychological Bulletin, 56,* 81–105.

Cantril, H. (1965). *The pattern of human concerns.* New Brunswick, NJ: Rutgers University Press.

Cappella, J. N. (1993). The facial feedback hypothesis in human interaction: Review and speculation. *Journal of Language and Social Psychology, 12,* 13–29.

Carnelley, K. B., Pietromonaco, P. R., & Jaffe, K. (1994). Depression, working models of others, and relationship functioning. *Journal of Personality and Social Psychology, 66,* 127–140.

Carson, R. C. (2001). *Depressive realism: Continuous monitoring of contingency judgments among depressed outpatients and non-depressed controls.* Unpublished doctoral dissertation, Vanderbilt University.

Carter, C. S. (1998). Neuroendocrine perspectives on social attachment and love. *Psychoneuroendocrinology, 23,* 779–818.

Carver, C. S., Pozo, C., Harris, S. D., Noriega, V., Scheier, M. F., Robinson, D. S., Ketcham, A. S., Moffat, F. L., & Clark, K. C. (1993). How coping mediates the effect of optimism on distress: A study of women with early stage breast cancer. *Journal of Personality and Social Psychology, 65,* 375–390.

Carver, C. S., & Scheier, M. F. (1981). *Attention and self-regulation: A control-theory approach to human behavior.* New York: Springer-Verlag.

Carver, C. S., & Scheier, M. F. (1990). Origins and functions of positive and negative affect: A control-process view. *Psychological Review, 97,* 19–35.

Carver, C. S., & Scheier, M. F. (2003). Optimism. In S. J. Lopez & C. R. Snyder (Eds.), *Positive psychological assessment: A handbook of models and measures* (pp. 75–89). Washington, DC: American Psychological Association.

Cassel, J. (1976). The contribution of the social environment to host resistance. *American Journal of Epidemiology, 104,* 107–123.

Castro-Martin, T., & Bumpass, L. (1989). Recent trends in marital disruption. *Demography, 26,* 37–51.

Cattell, R. B. (1944). Psychological measurement: Normative, ipsative, interactive. *Psychological Review, 51,* 292–303.

Cawley, M. J., Martin, J. E., & Johnson, J. A. (2000). A virtues approach to personality. *Personality and Individual Differences, 28,* 997–1013.

Chang, E. C. (1996). Evidence for the cultural specificity of pessimism in Asians versus Caucasians: A test of a general negativity hypothesis. *Personality and Individual Differences, 21,* 819–822.

Chapin, M. H., & Kewman, D. G. (2001). Factors affecting employment following spinal cord injury: A qualitative study. *Rehabilitation Psychology, 46,* 400–416.

Chapman, L. J., Chapman, J. P., & Miller, E. N. (1982). Reliabilities and intercorrelations of eight measures of proneness to psychosis. *Journal of Consulting and Clinical Psychology, 50,* 187–195.

Cialdini, R. B. (1985). *Influence: Science and practice.* Glenview, IL: Scott, Foresman.

Clark, C., Worthington, E., & Danser, D. (1988). The transmission of religious beliefs and practices from parents to firstborn early adolescent sons. *Journal of Marriage and the Family, 50,* 463–472.

Clark, D., & Watson, D. (1999). Temperament: A new paradigm for trait psychology. In L. A. Pervin & O. P. John (Eds.), *Handbook of personality* (2nd ed., pp. 399–423). New York: Guilford.

Clark, M. S., & Mills, J. (1979). Interpersonal attraction in exchange and communal relationships. *Journal of Personality and Social Psychology, 37,* 12–24.

Clarke-Stewart, K. A., Friedman, S., & Koch, J. (1985). *Child development: A topical approach.* New York: Wiley.

Cobb, S. (1976). Social support as a moderator of life stress. *Psychosomatic Medicine, 38,* 300–314.

Cohen, A. B., & Rozin, P. (2001). Religion and the morality of mentality. *Journal of Personality and Social Psychology, 81,* 697–710.

Cohen, S. (1988). Psychosocial models of the role of social support in the etiology of physical disease. *Health Psychology, 7,* 269–297.

Cohen, S., Tyrell, D. A. J., & Smith, A. P. (1991). Psychological stress and susceptibility to the common cold. *New England Journal of Medicine, 325,* 606–612.

Cohn, M. A. (2004). Rescuing our heroes: Positive perspectives on upward comparisons in relationships, education, and work. In P. A. Linley & S. Joseph (Eds.), *Positive psychology in practice* (pp. 218–237). New York: Wiley.

Colin, V. L. (1996). *Human attachment.* New York: McGraw-Hill.

Collaborative for Academic, Social, and Emotional Learning (CASEL). (2002). *Safe and sound: An education leader's guide to evidence-based social and emotional learning programs.* Chicago: Author.

Collier, P. (2003). *Medal of Honor: Portraits of valor beyond the call of duty.* New York: Workman.

Collins, J. C. (2001). *Good to great.* New York: HarperCollins.

Collins, J. C., & Porras, J. I. (1997). *Built to last.* New York: HarperCollins.

Comfort, A. (1972). *The joy of sex: A gourmet's guide to lovemaking.* London: Mitchell Beazley.

Compton, W. C., Smith, M. L., Cornish, K. A., & Qualls, D. L. (1996). Factor structure of mental health measures. *Journal of Personality and Social Psychology, 71,* 406–413.

Comte-Sponville, A. (2001). *A small treatise on the great virtues* (C. Temerson, Trans.). New York: Metropolitan.

Confucius. (1992). *Analects* (D. Hinton, Trans.). Washington, DC: Counterpoint.

Costa, P. T., Jr., & McCrae, R. R. (1992). Trait psychology comes of age. In T. B. Sonderegger (Ed.), *Nebraska symposium on motivation: Psychology and aging* (pp. 169–204). Lincoln: University of Nebraska Press.

Cousins, N. (1976). Anatomy of an illness (as perceived by the patient). *New England Journal of Medicine, 295,* 1458–1463.

Cowan, P., Cowan, C., Coie, J., & Coie, L. (1978). Becoming a family: The impact of a first child's birth on the couple's relationship. In L. Newman & W. Miller (Eds.), *The first child and family formation* (pp. 296–324). Chapel Hill, NC: University of North Carolina Press.

Cowen, E. L. (1994). The enhancement of psychological wellness: Challenges and opportunities. *American Journal of Community Psychology, 22,* 149–179.

Cowen, E. L. (1997). Schools and the enhancement of children's wellness: Some opportunities and some limiting factors. In T. P. Gullota, R. P. Weissberg, R. L. Hampton, B. A. Ryan, & G. R. Adams (Eds.), *Healthy children 2010: Establishing preventive services* (pp. 87–123). Thousand Oaks, CA: Sage.

Cowen, E. L., & Kilmer, R. P. (2002). "Positive psychology": Some plusses and some open issues. *Journal of Community Psychology, 30,* 440–460.

Crews, D. J., & Landers, D. M. (1987). A meta-analytic review of aerobic fitness and reactivity to psychosocial stressors. *Medicine and Science in Sports and Exercise, 19*(Suppl. 5), S114–S120.

Cronbach, L. J. (1951). Coefficient alpha and the internal structure of tests. *Psychometrika, 16,* 297–334.

Crowne, D. P., & Marlowe, D. (1964). *The approval motive: Studies in evaluative dependence.* New York: Wiley.

Csikszentmihalyi, I. (1988). Flow in a historical context: The case of the Jesuits. In M. Csikszentmihalyi & I. Csikszentmihalyi (Eds.), *Optimal experience: Psychological studies of flow in consciousness* (pp. 232–248). New York: Cambridge University Press.

Csikszentmihalyi, M. (1990). *Flow: The psychology of optimal experience.* New York: Harper & Row.

Csikszentmihalyi, M. (1999). If we are so rich, why aren't we happy? *American Psychologist, 54,* 821–827.

Csikszentmihalyi, M. (2000). *Beyond boredom and anxiety.* San Francisco: Jossey-Bass. (Original work published 1975)

Cunningham, J. D., & Antill, J. K. (1994). Cohabitation and marriage: Retrospective and predictive comparisons. *Journal of Social and Personal Relationships, 11,* 77–93.

Cunningham, M. R. (1979). Weather, mood, and helping behavior: Quasi experiments with the sunshine Samaritan. *Journal of Personality and Social Psychology, 37,* 1947–1956.

Cunningham, M. R. (1986). Measuring the physical in physical attractiveness: Quasi-experiments on the sociobiology of female facial beauty. *Journal of Personality and Social Psychology, 50,* 925–935.

Curtiss, S. (1977). *Genie: A psycholinguistic study of a modern-day wild child.* New York: Academic.

Cushman, L. A., & Hassett, J. (1992). Spinal cord injury: 10 and 15 years after. *Paraplegia, 30,* 690–696.

Dahlback, O. (1991). Accident-proneness and risk-taking. *Personality and Individual Differences, 12,* 79–85.

Dahlsgaard, K., Peterson, C., & Seligman, M. E. P. (2005). Shared virtue: The convergence of valued human strengths across culture and history. *Review of General Psychology, 9,* 203–213.

Damon, W. (1988). *The moral child: Nurturing children's natural moral growth.* New York: Free Press.

Damon, W. (2004). What is positive youth development? *Annals of the American Academy of Political and Social Science, 591,* 13–24.

Danner, D. D., Snowdon, D., & Friesen, W. V. (2001). Positive emotions in early life and longevity: Findings from the nun study. *Journal of Personality and Social Psychology, 80,* 804–813.

Darling, C. A., Davidson, J. K., & Jennings, D. A. (1991). The female sexual response revisited: Understanding the multiorgasmic experience in women. *Archives of Sexual Behavior, 20,* 527–540.

Daruna, J. H. (2004). *Introduction to psychoneuroimmunology.* San Diego, CA: Elsevier Academic.

Darwall, S. L., Gibbard, A., & Railton, P. (1992). Toward fin de siècle ethics: Some trends. *Philosophical Review, 101,* 115–189.

Darwin, C. (1859). *The origin of species.* London: Murray.

Darwin, C. (1872). *The expression of the emotions in man and animals.* London: Murray.

Davidson, R. J. (1984). Hemispheric asymmetry and emotion. In K. R. Scherer & P. Ekman (Eds.), *Approaches to emotion* (pp. 39–57). Hillsdale, NJ: Erlbaum.

Davidson, R. J. (1992). Emotion and affective style: Hemispheric substrates. *Psychological Science, 3,* 39–43.

Davidson, R. J. (1993). The neuropsychology of emotions and affective style. In M. Lewis & J. M. Haviland (Eds.), *Handbook of emotions* (pp. 143–154). New York: Guilford.

Davidson, R. J. (1999). Neuropsychological perspectives on affective styles and their cognitive consequences. In T. Dalgleish & M. Power (Eds.), *The handbook of cognition and emotion* (pp. 103–123). Sussex, England: Wiley.

Deci, E. L. (1975). *Intrinsic motivation.* New York: Plenum.

Deci, E. L., & Ryan, R. M. (2000). The "what" and "why" of goal pursuits: Human needs and the self-determination of behavior. *Psychological Inquiry, 11,* 227–268.

Delle Fave, A., & Massimini, F. (1992). The ESM and the measurement of clinical change: A case of anxiety disorder. In M. deVries (Ed.), *The experience of psychopathology* (pp. 280–289). Cambridge: Cambridge University Press.

DeMartini, J. R. (1983). Social movement participation: Political socialization, generational consciousness, and lasting effects. *Social Forces, 64,* 1–16.

Dennett, D. C. (1991). *Consciousness explained.* Boston: Little, Brown.

Derryberry, D., & Tucker, D. M. (1992). Neural mechanisms of emotion. *Journal of Consulting and Clinical Psychology, 60,* 329–338.

Dewey, J. (1998). *Human nature and conduct.* Carbondale and Edwardsville: Southern Illinois University Press. (Original work published 1922)

Diener, E. (1984). Subjective well-being. *Psychological Bulletin, 95,* 542–575.

Diener, E. (1994). Assessing subjective well-being: Progress and opportunities. *Social Indicators Research, 31,* 103–157.

Diener, E. (2000). Subjective well-being: The science of happiness and a proposal for a national index. *American Psychologist, 55,* 34–43.

Diener, E. (2005, June 28). *Subjective well-being and marginal utility.* Lecture given at the Positive Psychology Center, University of Pennsylvania, Philadelphia.

Diener, E., & Diener, C. (1996). Most people are happy. *Psychological Science, 7,* 181–185.

Diener, E., Diener, M., & Diener, C. (1995). Factors predicting the subjective well-being of nations. *Journal of Personality and Social Psychology, 49,* 851–864.

Diener, E., Emmons, R. A., Larsen, R. J., & Griffin, S. (1985). The Satisfaction with Life Scale. *Journal of Personality Assessment, 49,* 71–75.

Diener, E., Horwitz, J., & Emmons, R. A. (1985). Happiness of the very wealthy. *Social Indicators Research, 16,* 229–259.

Diener, E., & Larsen, R. J. (1984). Temporal stability and cross-situational consistency of affective, behavioral, and cognitive responses. *Journal of Personality and Social Psychology, 47,* 871–883.

Diener, E., & Lucas, R. E. (2000). Explaining differences in societal levels of happiness: Relative standards, need fulfillment, culture, and evaluation theory. *Journal of Happiness Studies, 1,* 41–78.

Diener, E., & Seligman, M. E. P. (2002). Very happy people. *Psychological Science, 13,* 80–83.

Diener, E., & Seligman, M. E. P. (2004). Beyond money: Toward an economy of well-being. *Psychological Science in the Public Interest, 5,* 1–31.

Diener, E., & Suh, E. M. (2000). Measuring subjective well-being to compare the quality of life of cultures. In E. Diener & E. M. Suh (Eds.), *Culture and subjective well-being* (pp. 3–12). Cambridge, MA: MIT Press.

Diener, E., Suh, E. M., Lucas, R. E., & Smith, H. (1999). Subjective well-being: Three decades of progress. *Psychological Bulletin, 125,* 276–302.

Diener, E., Suh, E. M., Smith, H., & Shao, L. (1995). National differences in reported subjective well-being: Why do they occur? *Social Indicators Research, 34,* 7–12.

Dion, K., Berscheid, E., & Walster, E. (1972). What is beautiful is good. *Journal of Personality and Social Psychology, 24,* 285–290.

Dobson, K. S., & Pusch, D. (1995). A test of the depressive realism hypothesis in clinically depressed subjects. *Cognitive Therapy and Research, 19,* 170–194.

Doi, T. (1973). *The anatomy of dependence.* Tokyo: Kodansha International.

Doris, J. M. (2002). *Lack of character: Personality and moral behavior.* Cambridge: Cambridge University Press.

Duchenne, G.-B. (1990). *The mechanism of human facial expression* (R. A. Cuthbertson, Ed. & Trans.). Cambridge: Cambridge University Press. (Original work published 1862)

Dukes, W. F. (1955). Psychological studies of values. *Psychological Bulletin, 52,* 24–50.

Dulin, P., & Hill, R. (2003). Relationships between altruistic activity and positive and negative affect among lower-income older adult service providers. *Aging and Mental Health, 7,* 294–299.

Dunker, K. (1941). On pleasure, emotion, and striving. *Philosophy and Phenomenological Research, 1,* 391–430.

Durbin, D. L., Darling, N., Steinberg, L., & Brown, B. B. (1993). Parenting style and peer group membership among European-American adolescents. *Journal of Research on Adolescence, 3,* 87–100.

Dutton, D. G., Saunders, K., Starzomski, A., & Bartholomew, K. (1994). Intimacy-anger and insecure attachment as precursors of abuse in intimate relationships. *Journal of Applied Social Psychology, 24,* 1367–1386.

Dykema, K., Bergbower, K., & Peterson, C. (1995). Pessimistic explanatory style, stress, and illness. *Journal of Social and Clinical Psychology, 14,* 357–371.

Easterbrook, G. (2001, March 5). I'm OK, you're OK. *New Republic,* pp. 20–23.

Easterbrook, G. (2003). *The progress paradox: How life gets better while people feel worse.* New York: Random House.

Eccles, J. S., & Barber, B. L. (1999). Student council, volunteering, basketball, or marching band: What kind of extracurricular involvement matters? *Journal of Adolescent Research, 14,* 10–43.

Eccles, J. S., & Gootman, J. A. (Eds.). (2002). *Community programs to promote youth development.* Washington, DC: National Academy Press.

Egloff, B., Tausch, A., Kohlmann, C.-W., & Krohne, H. W. (1995). Relationships between time of day, day of the week, and positive mood: Exploring the role of the mood measure. *Motivation and Emotion, 19,* 99–110.

Eid, M., & Diener, E. (2004). Global judgments of subjective well-being: Situational variability and long-term stability. *Social Indicators Research, 65,* 245–277.

Eisenberger, R. (1992). Learned industriousness. *Psychological Review, 99,* 248–267.

Ekman, P. (1993). Facial expression and emotion. *American Psychologist, 48,* 384–392.

Elder, G. H. (1969). Appearance and education in marriage mobility. *American Sociological Review, 34,* 519–533.

Elias, M. J., & Weissberg, R. P. (2000). Wellness in the schools: The grandfather of primary prevention tells a story. In D. Cicchetti, J. R. Rappaport, I. Sandler, & R. P. Weissberg (Eds.), *The promotion of wellness in children and adolescents* (pp. 243–269). Washington, DC: CWLA.

Elias, M. J., Zins, J., Weissberg, R. P., Frey, K., Greenberg, M., Haynes, N., Kessler, R., Schwab-Stone, M., & Shriver, T. (1997). *Promoting social and emotional learning: Guidelines for educators.* Alexandria, VA: Association for Supervision and Curriculum Development.

Elicker, J., Englund, M., & Sroufe, L. A. (1992). Predicting peer competence and peer relationships in childhood from early parent-child relationships. In R. D. Parke & G. W. Ladd (Eds.), *Family-peer relationships: Models of linkage* (pp. 77–106). Hillsdale, NJ: Erlbaum.

Elkins, L. E., & Peterson, C. (1993). Gender differences in best friendships. *Sex Roles, 29,* 497–508.

Elliot, A. J., & McGregor, H. M. (2001). A 2 x 2 achievement goal framework. *Journal of Personality and Social Psychology, 80,* 501–519.

Elliot, T. R., & Frank, R. G. (1996). Depression following spinal cord injury. *Archives of Physical Medicine and Rehabilitation, 77,* 816–823.

Emmons, R. A., & Crumpler, C. A. (2000). Gratitude as a human strength: Appraising the evidence. *Journal of Social and Clinical Psychology, 19,* 56–69.

Emmons, R. A., & McCullough, M. E. (2003). Counting blessings versus burdens: Experimental studies of gratitude and subjective well-being in daily life. *Journal of Personality and Social Psychology, 84,* 377–389.

Emmons, R. A., & Paloutzian, R. F. (2003). The psychology of religion. *Annual Review of Psychology, 54,* 377–402.

England, G. W., & Whitely, W. T. (1990). Cross-national meanings of working. In A. P. Brief & W. R. Nord (Eds.), *Meanings of occupational work: A collection of essays* (pp. 65–106). Lexington, MA: Lexington.

Epstein, L. H., Wing, R. R., Koeske, R., & Valoski, A. (1987). Long-term effects of family-based treatment of childhood obesity. *Journal of Consulting and Clinical Psychology, 55,* 91–95.

Epstein, S. (1989). Values from the perspective of cognitive-experiential self-theory. In N. Eisenberg, J. Reykowski, & E. Staub (Eds.), *Social and moral values: Individual and social perspectives* (pp. 3–22). Hillsdale, NJ: Erlbaum.

Erikson, E. (1963). *Childhood and society* (2nd ed.). New York: Norton.

Erikson, E. (1968). *Identity: Youth and crisis.* New York: Norton.

Erikson, E. (1982). *The life cycle completed.* New York: Norton.

Eron, L. D., Huesmann, L. R., Lefkowitz, M. M., & Walder, L. O. (1972). Does television violence cause aggression? *American Psychologist, 27,* 253–263.

Estepa, A., & Sánchez Cobo, F. T. (2001). Empirical research on the understanding of association and implications for the training of researchers. In C. Batanero (Ed.), *Training researchers in the use of statistics* (pp. 37–51). Granada, Spain: International Association for Statistical Education and International Statistical Institute.

Evans, D. L., Foa, E. B., Gur, R., Hendrin, H., O'Brien, C., Seligman, M. E. P., & Walsh, B. T. (Eds.). (2005). *Treating and preventing adolescent mental health disorders: What we know and what we don't know.* New York: Oxford University Press, Annenberg Foundation Trust at Sunnylands, and Annenberg Public Policy Center of the University of Pennsylvania.

Eysenck, H. J. (1952). The effects of psychotherapy: An evaluation. *Journal of Consulting Psychology, 16,* 319–324.

Farquhar, J. W., Maccoby, N., & Solomon, D. (1984). Community applications of behavioral medicine. In W. D. Gentry (Ed.), *Handbook of behavioral medicine* (pp. 437–478). New York: Guilford.

Fatsis, S. (2001). *Word freak: Heartbreak, triumph, genius, and obsession in the world of competitive Scrabble players.* New York: Houghton Mifflin.

Feeney, J. A. (1999). Adult romantic attachment and couple relationships. In J. Cassidy & P. R. Shaver (Eds.), *Handbook of attachment: Theory, research, and clinical applications* (pp. 355–377). New York: Guilford.

Feingold, A. (1988). Matching for attractiveness in romantic partners and same-sex friends. *Psychological Bulletin, 104*, 226–235.

Feldman, D. H. (1980). *Beyond universals in cognitive development.* Norwood, NJ: Ablex.

Feldman, D. H. (1993). Child prodigies: A distinctive form of giftedness. *Gifted Child Quarterly, 37*, 188–193.

Felner, R. D. (2000). Educational reform as ecologically-based prevention and promotion: The project on high performance learning communities. In D. Cicchetti, J. R. Rappaport, I. Sandler, & R. P. Weissberg (Eds.), *The promotion of wellness in children and adolescents* (pp. 271–308). Washington, DC: CWLA.

Felner, R. D., Felner, T. Y., & Silverman, M. M. (2000). Prevention in mental health and social intervention: Conceptual and methodological issues in the evolution of the science and practice of prevention. In J. Rappaport & E. Seidman (Eds.), *Handbook of community psychology* (pp. 9–42). New York: Kluwer Academic/Plenum.

Festinger, L. (1954). A theory of social comparison processes. *Human Relations, 7*, 117–140.

Festinger, L. (1957). *A theory of cognitive dissonance.* Evanston, IL: Row, Peterson.

Fetzer Institute. (1999). *Multidimensional measurement of religiousness/spirituality for use in health research.* Kalamazoo, MI: Author.

Fineburg, A. C. (2004). Introducing positive psychology to the introductory psychology student. In P. A. Linley & S. Joseph (Eds.), *Positive psychology in practice* (pp. 197–209). New York: Wiley.

Finkel, D., & McGue, M. (1997). Sex differences in nonadditivity of the Multidimensional Personality Questionnaire scales. *Journal of Personality and Social Psychology, 72*, 929–938.

Fiorina, M. P., Abrams, S. J., & Pope, J. C. (2005). *Culture war? The myth of a polarized America.* New York: Pearson Longman.

Fiske, A. P. (1993). Social errors in four cultures: Evidence about universal forms of social relations. *Journal of Cross-Cultural Psychology, 24*, 463–494.

Fiske, S. T., & Taylor, S. E. (1984). *Social cognition.* Reading, MA: Addison-Wesley.

Flanagan, C. A., Jonsson, B., Botcheva, L., Csapo, B., Bowes, J., Macek, P., Averina, I., & Sheblanova, E. (1998). Adolescents and the "social contract": Developmental roots of citizenship in seven countries. In M. Yates & J. Youniss (Eds.), *Community service and civic engagement in youth: International perspectives* (pp. 135–155). New York: Cambridge University Press.

Flannelly, K. J., Ellison, C. G., & Strock, A. L. (2004). Methodologic issues in research on religion and health. *Southern Medical Journal, 97*, 1231–1241.

Fleeson, W., Malanos, A. B., & Achille, N. M. (2002). An intraindividual process approach to the relationship between extraversion and positive affect: Is acting extraverted as "good" as being extraverted? *Journal of Personality and Social Psychology, 83*, 1409–1422.

Fleshner, M., & Laudenslager, M. L. (2004). Psychoneuroimmunology: Then and now. *Behavioral and Cognitive Neuroscience Reviews, 3*, 114–130.

Foa, U. G., & Foa, E. B. (1975). *Resource theory of social exchange.* Morristown, NJ: General Learning Press.

Fölling-Albers, M., & Hartinger, A. (1998). Interest of girls and boys in elementary school.

In L. Hoffmann, A. Krapp, K. A. Renninger, & J. Baumert (Eds.), *Interest and learning: Proceedings of the Seeon Conference on interest and gender* (pp. 175–183). Kiel, Germany: IPN.

Folkman, S. (1997). Positive psychological states and coping with severe stress. *Social Science and Medicine, 45,* 1207–1221.

Folkman, S., & Moskowitz, J. T. (2000). Positive affect and the other side of coping. *American Psychologist, 55,* 647–654.

Forbis, E. (1996). *Municipal virtues in the Roman empire: The evidence of Italian honorary inscriptions.* Stuttgart, Germany: Teubner.

Fordyce, M. W. (1977). Development of a program to increase personal happiness. *Journal of Counseling Psychology, 24,* 511–520.

Forehand, R., & Nousiainen, S. (1993). Maternal and paternal parenting: Critical dimensions in adolescent functioning. *Journal of Family Psychology, 7,* 213–221.

Fox, R. A., Kimmerly, N. L., & Schafer, W. D. (1991). Attachment to mother/attachment to father: A meta-analysis. *Child Development, 62,* 210–225.

Fraley, R. C., & Waller, N. G. (1998). Adult attachment patterns: A test of the typological model. In J. A. Simpson & W. S. Rholes (Eds.), *Attachment theory and close relationships* (pp. 77–114). New York: Guilford.

Franken, A. (2003). *Lies and the lying liars who tell them: A fair and balanced look at the right.* New York: Dutton.

Fraser, S. (Ed.). (1995). *The bell curve wars: Race, intelligence, and the future of America.* New York: Basic.

Frederick, S., & Loewenstein, G. (1999). Hedonic adaptation. In D. Kahneman, E. Diener, & N. Schwarz (Eds.), *Well-being: The foundations of hedonic psychology* (pp. 302–329). New York: Russell Sage.

Fredrickson, B. L. (1998). What good are positive emotions? *Review of General Psychology, 2,* 300–319.

Fredrickson, B. L. (2000). Cultivating positive emotions to optimize health and well-being. *Prevention and Treatment, 3.*

Fredrickson, B. L. (2001). The role of positive emotions in positive psychology: The broaden-and-build theory of positive emotions. *American Psychologist, 56,* 218–226.

Fredrickson, B. L. (2004). The broaden-and-build theory of positive emotions. *Philosophical Transactions of the Royal Society of London (Biological Sciences), 359,* 1367–1377.

Fredrickson, B. L., & Branigan, C. (2005). Positive emotions broaden the scope of attention and thought-action repertoires. *Cognition and Emotion, 19,* 313–332.

Fredrickson, B. L., & Joiner, T. (2002). Positive emotions trigger upward spirals toward emotional well-being. *Psychological Science, 13,* 172–175.

Fredrickson, B. L., & Kahneman, D. (1993). Duration neglect in retrospective evaluations of affective episodes. *Journal of Personality and Social Psychology, 65,* 45–55.

Fredrickson, B. L., & Levenson, R. W. (1998). Positive emotions speed recovery from the cardiovascular sequelae of negative emotions. *Cognition and Emotion, 12,*

191–220.

Fredrickson, B. L., Mancuso, R. A., Branigan, C., & Tugade, M. M. (2000). The undoing effects of positive emotions. *Motivation and Emotion, 24,* 237–258.

Fredrickson, B. L., Tugade, M. M., Waugh, C. E., & Larkin, G. (2003). What good are positive emotions in crises? A prospective study of resilience and emotions following the terrorist attacks on the United States on September 11, 2001. *Journal of Personality and Social Psychology, 84,* 365–376.

Freud, S. (1953a). Humor and its relation to the unconscious. In J. Strachey (Ed. & Trans.), *The standard edition of the complete psychological works of Sigmund Freud* (Vol. 8, pp. 9–236). London: Hogarth. (Original work published 1905)

Freud, S. (1953b). Totem and taboo: Resemblances between the psychic lives of savages and neurotics. In J. Strachey (Ed. & Trans.), *The standard edition of the complete psychological works of Sigmund Freud* (Vol. 13, pp. 1–162). London: Hogarth. (Original work published 1913)

Freud, S. (1953c). *The future of an illusion.* In J. Strachey (Ed. & Trans.), *The standard edition of the complete psychological works of Sigmund Freud* (Vol. 21, pp. 1–56). London: Hogarth. (Original work published 1927)

Freud, S. (1964). Moses and monotheism: Three essays. In J. Strachey (Ed. & Trans.), *The standard edition of the complete psychological works of Sigmund Freud* (Vol. 23, pp. 36–53). London: Hogarth. (Original work published 1939)

Fridlund, A. J. (1991). Evolution and facial action in reflex, social motive, and paralanguage. *Biological Psychology, 32,* 3–100.

Fried, R. L. (1996). *The passionate teacher.* Boston: Beacon.

Fried, R. L. (2001). *The passionate learner: How teachers and parents can help children reclaim the joy of discovery.* Boston: Beacon.

Fries, J. F., & Crapo, L. M. (1981). *Vitality and aging.* San Francisco: Freeman.

Fromm, E. (1956). *The art of loving.* New York: Harper & Row.

Fulghum, R. (1986). *All I really need to know I learned in kindergarten: Uncommon thoughts on common things.* New York: Ballantine.

Gable, S. L., Reis, H. T., Impett, E. A., & Asher, E. R. (2004). What do you do when things go right? The intrapersonal and interpersonal benefits of sharing good events. *Journal of Personality and Social Psychology, 87,* 228–245.

Gadlin, H. (1977). Private lives and public order: A critical review of the history of intimate relations in the United States. In G. Levinger & H. L. Raush (Eds.), *Close relationships: Perspectives on the meaning of intimacy* (pp. 33–72). Amherst: University of Massachusetts Press.

Galton, F. (1869). *Hereditary genius.* London: Macmillan.

Gardner, H. (1983). *Frames of mind: The theory of multiple intelligences.* New York: Basic.

Gardner, H. (1985). *The mind's new science: A history of the cognitive revolution.* New York: Basic.

Gardner, H. (1991a). Assessment in context: The alternative to standardized testing. In B. R. Gifford & M. C. O'Connor (Eds.), *Changing assessments: Alternative views of aptitude, achievement, and instruction* (pp. 77–120). Boston: Kluwer.

Gardner, H. (1991b). The school of the future. In J. Brockman (Ed.), *Ways of knowing* (pp. 199–218). Englewood Cliffs, NJ: Prentice-Hall.

Gardner, H. (1993a). *Creating minds.* New York: Basic.

Gardner, H. (1993b). *Multiple intelligences: The theory in practice.* New York: Basic.

Gardner, H. (1997). *Extraordinary minds.* New York: Basic.

Gardner, H., Csikszentmihalyi, M., & Damon, W. (2001). *Good work: When excellence and ethics meet.* New York: Basic.

Gardner, P. L. (1985). Students' interest in science and technology: An international overview. In M. Lehrke, L. Hoffmann, & P. L. Gardner (Eds.), *Interests in science and technology education* (pp. 15–34). Kiel, Germany: IPN.

Garmezy, N. (1983). Stressors of childhood. In N. Garmezy & M. Rutter (Eds.), *Stress, coping, and development in children* (pp. 43–84). Baltimore: Johns Hopkins University Press.

Garofalo, K. (1994). Worksite wellness: Rewarding healthy behaviors. *American Association of Occupational Health Nurses Journal, 42,* 236–240.

Gebhardt, D. L., & Crump, C. E. (1990). Employee fitness and wellness programs in the workplace. *American Psychologist, 45,* 262–272.

Gentry, W. D. (Ed.). (1984). *Handbook of behavioral medicine.* New York: Guilford.

George, C., Kaplan, N., & Main, M. (1985). *The Adult Attachment Interview.* Unpublished manuscript, Department of Psychology, University of California at Berkeley. Cited in F. G. Lopez (2003), The assessment of adult attachment security. In S. J. Lopez & C. R. Snyder (Eds.), *Positive psychological assessment: A handbook of models and measures* (pp. 285–299). Washington, DC: American Psychological Association.

George, L. K., Ellison, C. G., & Larson, D. B. (2002). Explaining the relationships between religious involvement and health. *Psychological Inquiry, 13,* 190–200.

Georgia Skeptic. (1993, Fall). Ovulation vs. cretinism. *Georgia Skeptic Electronic Newsletter.*

Gilbert, D. T., Pinel, E. C., Wilson, T. D., Blumberg, S. J., & Wheatley, T. (1998). Immune neglect: A source of durability bias in affective forecasting. *Journal of Personality and Social Psychology, 75,* 617–638.

Gill, K. G. (1970). *Violence against children.* Cambridge, MA: Harvard University Press.

Gillham, J. E., Reivich, K. J., Jaycox, L. H., & Seligman, M. E. P. (1995). Prevention of depressive symptoms in schoolchildren: Two-year follow-up. *Psychological Science, 6,* 343–351.

Gladwell, M. (2000). *The tipping point.* Boston: Little, Brown.

Glantz, K., & Pearce, J. K. (1989). *Exiles from Eden: Psychotherapy from an evolutionary perspective.* New York: Norton.

Goetzel, R. Z., Kahr, T. Y., Aldana, S. G., & Kenny, G. M. (1996). An evaluation of Duke University's Live for Life health promotion program and its impact on employee health. *American Journal of Health Promotion, 10,* 340–342.

Goldberg, S. (1991). Recent developments in attachment theory and research. *Canadian*

Journal of Psychiatry, 36, 393–400.

Goldsmith, L. T. (1992). Wang Yani: Stylistic development of a Chinese painting prodigy. *Creativity Research Journal, 5,* 281–293.

Goleman, D., & Gurin, J. (Eds.). (1993). *Mind/body medicine: How to use your mind for better health.* Yonkers, NY: Consumer Reports Books.

Gorsuch, R. L. (1988). Psychology of religion. *Annual Review of Psychology, 39,* 201–221.

Gosling, S. D., Vazire, S., Srivastava, S., & John, O. P. (2004). Should we trust Web-based studies? A comparative analysis of six preconceptions about Internet questionnaires. *American Psychologist, 59,* 93–104.

Gottfredson, L. S. (1981). Circumscription and compromise: A developmental theory of occupational aspirations. *Journal of Counseling Psychology, 28,* 545–579.

Gottman, J. M., & Krokoff, L. J. (1989). The relationship between marital interaction and marital satisfaction: A longitudinal view. *Journal of Consulting and Clinical Psychology, 57,* 47–52.

Gottman, J. M., & Levenson, R. W. (1992). Marital processes predictive of later dissolution: Behavior, physiology, and health. *Journal of Personality and Social Psychology, 63,* 221–233.

Gould, S. J. (1981). *The mismeasure of man.* New York: Norton.

Gould, S. J. (1991). Exaptation: A crucial tool for an evolutionary psychology. *Journal of Social Issues, 47*(3), 43–65.

Greenberg, J., Pyszczynski, T., & Solomon, S. (1986). The causes and consequences of the need for self-esteem: A terror management theory. In. R. F. Baumeister (Ed.), *Public self and private self* (pp. 189–212). New York: Springer-Verlag.

Greenberg, S. B. (2004). *The two Americas.* New York: St. Martin's.

Greenberger, E., Josselson, R., Knerr, C., & Knerr, B. (1975). The measurement and structure of psychosocial maturity. *Journal of Youth and Adolescence, 4,* 127–143.

Greenwald, A. G. (1980). The totalitarian ego: Fabrication and revision of personal history. *American Psychologist, 35,* 603–618.

Griffin, J. (1986). *Well-being: Its meaning, measurement, and moral importance.* Oxford: Clarendon.

Grube, J. W., Mayton, D. M., & Ball-Rokeach, S. J. (1994). Inducing change in values, attitudes, and behaviors: Belief system theory and the method of value self-confrontation. *Journal of Social Issues, 50*(4), 153–173.

Guerra, N. G., & Williams, K. R. (2003). *Implementing school-based wellness centers. Psychology in the Schools, 40,* 473–487.

Guignon, C. (Ed.). (1999). *The good life.* Indianapolis, IN: Hackett.

Guilford, J. P. (1967). *The nature of human intelligence.* New York: McGraw-Hill.

Gupta, V., & Korte, C. (1994). The effects of a confidant and a peer group on the well-being of single elders. *International Journal of Aging and Human Development, 39,* 293–302.

Haaga, D. F., & Beck, A. T. (1995). Perspectives on depressive realism: Implications for cognitive theory of depression. *Behaviour Research and Therapy, 33,* 41–48.

Haberman, D. L. (1998). Confucianism: The way of the sages. In L. Stevenson &

D. L. Haberman (Eds.), *Ten theories of human nature* (3rd ed., pp. 25–44). New York: Oxford University Press.

Haidt, J. (2002). *Psychology 101 strengths/weaknesses project: Suggested daily activities.* Unpublished manuscript, University of Virginia.

Hall, G. S. (1882). The moral and religious training of children. *Princeton Review, 9,* 26–48.

Hamilton, W. D. (1964). The genetical evolution of social behaviour. *Journal of Theoretical Biology, 7,* 1–16.

Hannity, S. (2004). *Deliver us from evil: Defeating terrorism, despotism, and liberalism.* New York: Regan.

Hansen, J. C. (1984). The measurement of vocational interests: Issues and future directions. In S. D. Brown & R. L. Lent (Eds.), *Handbook of counseling psychology* (pp. 99–136). New York: Wiley.

Hansen, J. C. (1990). Interest inventories. In S. Goldstein & M. Hersen (Eds.), *Handbook of psychological assessment* (pp. 173–194). Elmsford, NY: Pergamon.

Hansen, J. C. (1994). The measurement of vocational interests. In M. G. Rumsey, C. B. Walker, & J. H. Harris (Eds.), *Personnel selection and classification* (pp. 293–316). Hillsdale, NJ: Erlbaum.

Hardin, G. (1968). The tragedy of the commons. *Science, 162,* 1243–1248.

Harker, L. A., & Keltner, D. (2001). Expressions of positive emotion in women's college yearbook pictures and their relationship to personality and life outcomes across adulthood. *Journal of Personality and Social Psychology, 80,* 112–124.

Harlow, H. F. (1958). The nature of love. *American Psychologist, 13,* 673–685.

Harlow, H. F. (1965). Sexual behavior in the rhesus monkey. In F. Beach (Ed.), *Sex and behavior* (pp. 234–265). New York: Wiley.

Harlow, H. F. (1974). *Learning to love.* New York: Aronson.

Harlow, R. E., & Cantor, N. (1994). Social pursuit of academics: Side effects and spillover of strategic reassurance seeking. *Journal of Personality and Social Psychology, 66,* 386–397.

Harris Poll. (2005, March 17). *Overall confidence in leaders of major institutions declines slightly.*

Hartup, W. W., & Stevens, N. (1997). Friendships and adaptation in the life course. *Psychological Bulletin, 121,* 355–370.

Haslam, N., & Kim, H. C. (2003). Categories and continua: A review of taxometric research. *Genetic, Social, and General Psychology Monographs, 128,* 271–320.

Hatfield, E. (1988). Passionate and companionate love. In R. J. Sternberg & M. L. Barnes (Eds.), *The psychology of love* (pp. 191–217). New Haven, CT: Yale University Press.

Hatfield, E. (2001). Elaine Hatfield. In A. N. O'Connell (Ed.), *Models of achievement: Reflections of eminent women in psychology* (Vol. 3, pp. 135–147). Mahwah, NJ: Erlbaum.

Hatfield, E., & Rapson, R. L. (1993). Historical and cross-cultural perspectives on passionate love and sexual desire. *Annual Review of Sex Research, 4,* 67–97.

Hatfield, E., & Walster, G. W. (1978). *A new look at love.* Lanham, MD: University Press of America.

Hathaway, S. R., & McKinley, J. C. (1943). *The Minnesota Multiphasic Personality Inventory.* Minneapolis: University of Minnesota Press.

Hatta, T., Nakaseko, M., & Yamamoto, M. (1992). Hand differences on a sensory test using tactual stimuli. *Perceptual and Motor Skills, 74,* 927–933.

Hawkins, J. D., & Lam. T. (1987). Teacher practices, social development, and delinquency. In J. D. Burchard & S. N. Burchard (Eds.), *Prevention of delinquent behavior* (pp. 241–274). Newbury Park, CA: Sage.

Hayes, J. R. (1989). *The complete problem solver* (2nd ed.). Hillsdale, NJ: Erlbaum.

Hazan, C., & Shaver, P. R. (1987). Romantic love conceptualized as an attachment process. *Journal of Personality and Social Psychology, 52,* 511–524.

Hazan, C., & Shaver, P. R. (1994). Attachment as an organizational framework for research on close relationships. *Psychological Inquiry, 5,* 1–22.

Heath, C. W. (1945). *What people are.* Cambridge, MA: Harvard University Press.

Hefner, H. (1956, April). What is a playboy? *Playboy,* subscription page.

Heider, F. (1946). Attitude and cognitive organization. *Journal of Psychology, 21,* 107–112.

Heine, S. J., & Lehman, D. R. (1995). Cultural variation in unrealistic optimism: Does the West feel more vulnerable than the East? *Journal of Personality and Social Psychology, 68,* 595–607.

Helgeson, V. S. (1994). Relation of agency and communion to well-being: Evidence and potential explanations. *Psychological Bulletin, 116,* 412–428.

Helson, R. (1967). Personality characteristics and developmental history of creative college women. *Genetic Psychology Monographs, 76,* 205–256.

Helson, R., & Srivastava, S. (2001). Three paths of adult development: Conservers, seekers, and achievers. *Journal of Personality and Social Psychology, 80,* 995–1010.

Helwig, A. A. (1998). Occupational aspirations of a longitudinal sample from second to sixth grade. *Journal of Career Development, 24,* 247–265.

Hendrick, S. S., & Hendrick, C. (1992). *Romantic love.* Thousand Oaks, CA: Sage.

Hendrick, S. S., & Hendrick, C. (2002). Love. In C. R. Snyder & S. J. Lopez (Eds.), *Handbook of positive psychology* (pp. 472–484). New York: Oxford University Press.

Henry, O. (1906). *The four million.* New York: McClure, Phillips.

Herrnstein, R. J., & Murray, C. (1994). *The bell curve: Intelligence and class structure in American life.* New York: Free Press.

Hess, U., Kappas, A., McHugo, G. J., Lanzetta, J. T., & Kleck, R. E. (1992). The facilitative effect of facial expression on the self-generation of emotion. *International Journal of Psychophysiology, 12,* 251–265.

Hetherington, E. M., Cox, M., & Cox, R. (1979). Stress and coping in divorce: A focus on women. In J. E. Gullahorn (Ed.), *Psychology and women: In transition* (pp. 95–128). New York: Wiley.

Hibbs, E. D., & Jensen, P. S. (Eds.). (1996). *Psychosocial treatments for child and adolescent disorders: Empirically based strategies for clinical practice.* Washington, DC: American

Psychological Association.

Highland Publishers. (2002). *United States of America's Congressional Medal of Honor recipients and their official citations.* Columbia Heights, MN: Author.

Hilgard, E. R. (1987). *Psychology in America: A historical survey.* San Diego, CA: Harcourt Brace Jovanovich.

Hill, P. C., & Hood, R. W. (Eds.). (1999). *Measures of religiosity.* Birmingham, AL: Religious Education Press.

Hill, W. F. (1960). Learning theory and the acquisition of values. *Psychological Review, 67,* 317–331.

Hills, P., & Argyle, M. (1998). Positive moods derived from leisure and their relationship to happiness and personality. *Personality and Individual Differences, 25,* 523–535.

Hitlin, S. (2003). Values as the core of personal identity: Drawing links between two theories of the self. *Social Psychology Quarterly, 66,* 118–137.

Hitlin, S., & Piliavin, J. A. (2004). Values: Reviving a dormant concept. *Annual Review of Sociology, 30,* 359–393.

Hobbes, T. (1982). *Leviathan.* New York: Penguin Classic. (Original work published 1651)

Hoffmann, L. (2002). Promoting girls' learning and achievement in physics classes for beginners. *Learning and Instruction, 12,* 447–465.

Hofstede, G. (2001). *Culture's consequences: Comparing values, behaviors, institutions, and organizations across nations.* Thousand Oaks, CA: Sage.

Holland, J. L. (1966). *The psychology of vocational choice: A theory of personality types and model environments.* Waltham, MA: Blaisdell.

Holland, J. L. (1985). *Making vocational choices: A theory of vocational personalities and work environments* (2nd ed.). Englewood Cliffs, NJ: Prentice-Hall.

Holmes, R. L. (1998). *Basic moral philosophy* (2nd ed.). Belmont, CA: Wadsworth.

Holmes, T. H., & Rahe, R. H. (1967). The Social Readjustment Rating Scale. *Journal of Psychosomatic Research, 11,* 213–218.

Homans, G. C. (1958). Social behavior as exchange. *American Journal of Sociology, 63,* 597–606.

Hood, R. W. (1998). Psychology of religion. In W. H. Swatos & P. Kvisto (Eds.), *Encyclopedia of religion and society* (pp. 388–391). Walnut Creek, CA: Altamira.

Hormuth, S. E. (1986). The sampling of experiences in situ. *Journal of Personality, 54,* 262–293.

House, J. S. (1981). *Work stress and social support.* Reading, MA: Addison-Wesley.

Howes, C. (1983). Patterns of friendship. *Child Development, 54,* 1041–1053.

Hubbard, E. (1927). *Note book of Elbert Hubbard: Mottoes, epigrams, short essays passages, orphic sayings, and preachments.* New York: Wise.

Huesmann, L. R., Moise, J., Podolski, C. L., & Eron, L. D. (2003). Longitudinal relations between childhood exposure to media violence and adult aggression and violence: 1977–1992. *Developmental Psychology, 39,* 301–321.

Huffman, T., Chang, K., Rausch, P., & Schaffer, N. (1994). Gender differences and factors related to the disposition toward cohabitation. *Family Therapy, 21,* 171–184.

Hull, C. H. (1945). Moral values, behaviorism, and the world crisis. *Transactions of the*

New York Academy of Science, 7, 80–84.

Hunt, E. (1995). The role of intelligence in modern society. *American Scientist, 83,* 356–368.

Hunter, J. D. (2000). *The death of character: Moral education in an age without good or evil.* New York: Basic.

Hunter, K. I., & Linn, M. W. (1981). Psychosocial differences between elderly volunteers and non-volunteers. *International Journal of Aging and Human Development, 12,* 205–213.

Hunter, L., & Elias, M. J. (1998). Violence in the high schools: Issues, controversies, policies, and prevention programs. In A. Roberts (Ed.), *Juvenile justice: Policies, programs and services* (2nd ed., pp. 71–94). Chicago: Nelson-Hall.

Huta, V., Park, N., Peterson, C., & Seligman, M. E. P. (2005). *Pursuing pleasure versus eudaimonia: Links with different aspects of well-being.* Unpublished manuscript, McGill University, Montreal.

Huyck, M. H. (1982). From gregariousness to intimacy: Marriage and friendship over the adult years. In T. M. Field, A. Huston, H. C. Quay, L. Troll, & G. E. Finley (Eds.), *Review of human development* (pp. 471–484). New York: Wiley.

Inglehart, R. (1990). *Culture shift in advanced industrial society.* Princeton, NJ: Princeton University Press.

Inglehart, R. (1993). *Modernization and postmodernization: Cultural, economic, and political change in 43 societies.* Princeton, NJ: Princeton University Press.

Inglehart, R., Basanez, M., & Moreno, A. (1998). *Human values and beliefs: A cross-cultural sourcebook.* Ann Arbor: University of Michigan Press.

Inglehart, R., & Klingemann, H.-D. (2000). Genes, culture, democracy, and happiness. In E. Diener & E. M. Suh (Eds.), *Culture and subjective well-being* (pp. 165–183). Cambridge, MA: MIT Press.

Inglehart, R., & Norris, P. (2004). *Sacred and secular: Religion and politics worldwide.* New York: Cambridge University Press.

Insel, T. R. (1997). A neurobiological basis of social attachment. *American Journal of Psychiatry, 154,* 726–735.

Izard, C. E. (1994). Innate and universal facial expressions: Evidence from developmental and cross-cultural research. *Psychological Bulletin, 115,* 288–299.

Jackson, S. W. (1986). *Melancholia and depression from Hippocratic times to modern times.* New Haven, CT: Yale University Press.

Jahoda, M. (1958). *Current concepts of positive mental health.* New York: Basic.

James, S. A., Hartnett, S. A., & Kalsbeek, W. D. (1983). John Henryism and blood pressure differences among Black men. *Journal of Behavioral Medicine, 6,* 259–278.

James, S. A., LaCroix, A. Z., Kleinbaum, D. G., & Strogatz, D. S. (1984). John Henryism and blood pressure differences among Black men: II. The role of occupational stressors. *Journal of Behavioral Medicine, 7,* 259–275.

James, S. A., Strogatz, D. S., Wing, S. B., & Ramsey, D. L. (1987). Socioeconomic status, John Henryism, and hypertension in Blacks and Whites. *American Journal of Epidemiology, 126,* 664–673.

James, W. (1985). *The varieties of religious experience.* Cambridge, MA: Harvard University Press. (Original work published 1902)

Jamieson, K. H. (2000). *Civic engagement conference.* Document available at http://www.positivepsychology.org/ppcivicengage.htm. Accessed July 20, 2005.

Jamison, K. R. (1993). *Touched with fire: Manic-depressive illness and the artistic temperament.* New York: Free Press.

Jang, K. L., McCrae, R. R., Angleitner, A., Riemann, R., & Livesley, W. J. (1998). Heritability of facet-level traits in a cross-cultural twin sample: Support for a hierarchical model of personality. *Journal of Personality and Social Psychology, 74,* 1556–1565.

Janis, I. L. (1982). *Victims of groupthink.* Boston: Houghton Mifflin.

Johansson, C. B., & Campbell, D. P. (1971). Stability of the Strong Vocational Interest Blank for men. *Journal of Applied Psychology, 55,* 24–26.

Johnson, B. R., Jang, S. J., Larson, D. B., & Li, S. D. (2001). Does adolescent religious commitment matter? A reexamination of the effects of religiosity on delinquency. *Journal of Research in Crime and Delinquency, 38,* 22–44.

Johnson, M. A., Dziurawiec, S., Ellis, H., & Morton, J. (1991). Newborns' preferential tracking of face-like stimuli and its subsequent decline. *Cognition, 4,* 1–19.

Johnson, S. M. (1996). *The practice of emotionally focused couples therapy.* New York: Brunner/Mazel.

Johnson, S. M., Hunsley, J., Greenberg, L., & Schlinder, D. (1999). Emotionally focused couples therapy: Status and challenges. *Journal of Clinical Psychology: Science and Practice, 6,* 67–79.

Johnston, W. A., & Dark, V. J. (1986). Selective attention. *Annual Review of Psychology, 37,* 43–75.

Jones, C. J., & Meredith W. (2000). Developmental paths of psychological health from early adolescence to later adulthood. *Psychology of Aging, 15,* 351–360.

Jung, C. G. (1933). *Modern man in search of a soul.* London: Kegan, Paul, Trench, Trubner.

Kahneman, D. (1999). Objective happiness. In D. Kahneman, E. Diener, & N. Schwarz (Eds.), *Well-being: The foundations of hedonic psychology* (pp. 3–25). New York: Russell Sage.

Kahneman, D., Diener, E., & Schwarz, N. (Eds.). (1999). *Well-being: The foundations of hedonic psychology.* New York: Russell Sage.

Kahneman, D., Fredrickson, B. L., Schreiber, C. A., & Redelmeier, D. A. (1993). When more pain is preferred to less: Adding a better end. *Psychological Science, 4,* 401–405.

Kahneman, D., Knetsch, J. L., & Thaler, R. H. (1991). The endowment effect, loss aversion, and status quo bias. *Journal of Economic Perspectives, 5,* 193–206.

Kahneman, D., Krueger, A. B., Schkade, D., Schwarz, N., & Stone, A. A. (2004). A survey method for characterizing daily life experience: The Day Reconstruction Method (DRM). *Science, 306,* 1776–1780.

Kahneman, D., & Tversky, A. (1973). On the psychology of prediction. *Psychological Review, 80,* 237–251.

Kalb, C. (2003, November 10). Faith and healing. *Newsweek,* pp. 44–56.

Kamen-Siegel, L., Rodin, J., Seligman, M. E. P., & Dwyer, J. (1991). Explanatory style and cell-mediated immunity. *Health Psychology, 10,* 229–235.

Kaplan, S., & Kaplan, R. (1982). *Cognition and environment: Functioning in an uncertain world.* New York: Praeger.

Karney, B. R., & Bradbury, T. N. (1995). The longitudinal course of marital quality and stability: A review of theory, method, and research. *Psychological Bulletin, 118,* 3–34.

Kasser, T. (2002). *The high price of materialism.* Cambridge, MA: Bradford.

Kasser, T. (2005, March 21). *Materialism: Consequences and alternatives.* Lecture delivered at the University of Michigan, Ann Arbor.

Katzman, R. (1973). Education and the prevalence of dementia and Alzheimer's disease. *Neurology, 43,* 13–20.

Kazdin, A. E., & Weisz, J. R. (Eds.). (2003). *Evidence-based psychotherapies for children and adolescents.* New York: Guilford.

Kelley, H. H., Berscheid, E., Christensen, A., Harvey, J. H., Huston, T. L., Levinger, G., McClintock, E., Peplau, L. A., & Peterson, D. R. (Eds.). (1983). *Close relationships.* New York: Freeman.

Kelley, H. H., & Thibaut, J. W. (1978). *Interpersonal relations: A theory of interdependence.* New York: Wiley.

Kelly, G. A. (1955). *The psychology of personal constructs.* New York: Norton.

Kelly, J. R., & Kelly, J. R. (1994). Multiple dimensions of meaning in the domains of work, family, and leisure. *Journal of Leisure Research, 26,* 250–274.

Keltner, D., & Haidt, J. (2003). Approaching awe, a moral, spiritual, and aesthetic emotion. *Cognition and Emotion, 17,* 297–314.

Kemp, B., Krause, J. S., & Adkins, R. (1999). Depression among African Americans, Latinos, and Caucasians with spinal cord injury: An exploratory study. *Rehabilitation Psychology, 44,* 235–247.

Kennedy, K. (Ed.). (2005, February 21). Players. *Sports Illustrated,* pp. 29–35.

Kessler, R. C., McGonagle, K. A., Zhao, S., Nelson, C. B., Hughes, M., Eshleman, S., Wittchen, H.-U., & Kendler, K. S. (1994). Lifetime and 12-month prevalence of DSM- Ⅲ -R psychiatric diagnoses in the United States. *Archives of General Psychiatry, 51,* 8–19.

Kiecolt-Glaser, J. (2005, Match 3). *Marriage, stress, immunity, and wound healing: How relationships influence health.* Lecture at the 63rd Annual Scientific Meeting of the American Psychosomatic Society, Vancouver, BC, Canada.

Kiecolt-Glaser, J. & Glaser, R. (1992). Psychoneuroimmunology: Can psychological interventions modulate immunity? *Journal of Consulting and Clinical Psychology, 60,* 569–575.

Kiecolt-Glaser, J. & Newton, T. L. (2001). Marriage and health: His and hers. *Psychological Bulletin, 127,* 472–503.

King, L. A., & Napa, C. N. (1998). What makes a life good? *Journal of Personality and Social Psychology, 75,* 156–165.

Kiyokawa, Y., Kikusui, T., Takeuchi, Y., & Mori, Y. (2004). Partner's stress status influences social buffering effects in rats. *Behavioral Neuroscience, 118,* 798–804.

Kleiber, D., Larson, R., & Csikszentmihalyi, M. (1996). The experience of leisure in adolescence. *Journal of Leisure Research, 18,* 169–176.

Klein, K. E., Wegmann, H. M., Bruner, H., & Vogt, L. (1969). Physical fitness and tolerances to environmental extremes. *Aerospace Medicine, 40,* 998–1001.

Klinger, E. (1977). *Meaning and void: Inner experience and the incentives in people's lives.* Minneapolis: University of Minnesota Press.

Kluckhohn, C. (1951). Values and value orientations in the theory of action. In T. Parsons & E. A. Shils (Eds.), *Towards a general theory of action* (pp. 388–433). Cambridge, MA: Harvard University Press.

Kniffin, K. M., & Wilson, D. S. (2004). The effect of nonphysical traits on the perception of physical attractiveness: Three naturalistic studies. *Evolution and Human Behavior, 25,* 88–101.

Kobak, R. R., & Hazan, C. (1991). Attachment in marriage: The effects of security and accuracy of working models. *Journal of Personality and Social Psychology, 60,* 861–869.

Kobasa, S. C. (1979). Stressful life events, personality, and health: An inquiry into hardiness. *Journal of Personality and Social Psychology, 37,* 1–11.

Kobasa, S. C. (1982). Commitment and coping in stress resistance among lawyers. *Journal of Personality and Social Psychology, 42,* 707–717.

Kobasa, S. C., Maddi, S. R., & Courington, S. (1981). Personality and constitution as mediators in the stress-illness relationship. *Journal of Health and Social Behavior, 22,* 368–378.

Kobasa, S. C., Maddi, S. R., & Kahn, S. (1982). Hardiness and health: A prospective study. *Journal of Personality and Social Psychology, 42,* 168–177.

Koenig, H. G., McCullough, M. E., & Larson, D. B. (Eds.). (2001). *Handbook of religion and health.* New York: Oxford University Press.

Kohn, M. L. (1983). On the transmission of values in the family: A preliminary reformulation. *Research in Sociology of Education and Socialization, 4,* 1–12.

Kono, T. (1982). Japanese management philosophy: Can it be exported? *Long Range Planning, 15*(3), 90–102.

Konty, M. A., & Dunham, C. C. (1997). Differences in value and attitude change over the life course. *Sociological Spectrum, 17,* 177–197.

Korzenik, D. (1992). Gifted child artists. *Creativity Research Journal, 5,* 313–319.

Kramer, P. D. (1993). *Listening to Prozac.* New York: Penguin.

Krantz, D. S., Grunberg, N. E., & Baum, A. (1985). Health psychology. *Annual Review of Psychology, 36,* 349–383.

Krapp, A., & Fink, B. (1992). The development and function of interests during the critical transition from home to preschool. In K. A Renninger, S. Hidi, & A. Krapp (Eds.), *The role of interest in learning and development* (pp. 397–429). Hillsdale, NJ: Erlbaum.

Krapp, A., & Lewalter, D. (2001). Development of interests and interest-based motivational orientations: A longitudinal study in vocational school and work settings. In S. Volet & S. Järvela (Eds.), *Motivation in learning contexts: Theoretical and methodological implications* (pp. 201–232). London: Elsevier.

Krause, N. M., Ingersoll-Dayton, B., Liang, J., & Sugisawa, H. (1999). Religion, social support, and health among Japanese elderly. *Journal of Health and Social Behavior, 40,* 405–421.

Kristiansen, C. M., & Zanna, M. P. (1994). The rhetorical use of values to justify social and intergroup attitudes. *Journal of Social Issues, 30*(4), 47–65.

Kubey, R., & Csikszentmihalyi, M. (1990). *Television and the quality of life.* Hillsdale, NJ: Erlbaum.

Kubovy, M. (1999). On the pleasures of the mind. In D. Kahneman, E. Diener, & N. Schwarz (Eds.), *Well-being: The foundations of hedonic psychology* (pp. 134–154). New York: Russell Sage.

Kuczynski, L., Marshall, S., & Schell, K. (1997). Value socialization in a bidirectional context. In J. E. Grusec & L. Kuczynski (Eds.), *Parenting and children's internalization of values* (pp. 23–50). New York: Wiley.

Kuhn, T. S. (1970). *The structure of scientific revolutions* (2nd ed.). Chicago: University of Chicago Press.

Kulik, J., & Mahler, H. I. (1989). Stress and affiliation in a hospital setting: Preoperative roommate preferences. *Personality and Social Psychology Bulletin, 15,* 183–193.

Kurtzburg, R. L., Safar, H., & Cavior, N. (1968). Surgical and social rehabilitation of adult offenders. *Proceedings of the 76th Annual Convention of the American Psychological Association, 3,* 649–650.

Lang, F. F., & Carstensen, L. L. (1994). Close emotional relationships in late life: Further support for proactive aging in the social domain. *Child Development, 67,* 1103–1118.

Langlois, J. H., Ritter, J. M., Casey, R. J., & Sawin, D. B. (1995). Infant attractiveness predicts maternal behaviors and attitudes. *Developmental Psychology, 31,* 464–473.

Langlois, J. H., & Roggman, L. A. (1990). Attractive faces are only average. *Psychological Science, 1,* 115–121.

Langlois, J. H., Roggman, L. A., Casey, R. J., Ritter, J. M., Rieser-Danner, L. A., & Jenkins, V. Y. (1987). Infant preferences for attractive faces: Rudiments of a stereotype? *Developmental Psychology, 23,* 363–369.

Larsen, R. J. (1987). The stability of mood variability: A spectral analytic approach to daily mood assessments. *Journal of Personality and Social Psychology, 52,* 1195–1204.

Larsen, R. J., & Fredrickson, B. L. (1999). Measurement issues in emotion research. In D. Kahneman, E. Diener, & N. Schwarz (Eds.), *Well-being: The foundations of hedonic psychology* (pp. 40–60). New York: Russell Sage.

Larsen, R. J., & Kasimatis, M. (1990). Individual differences in entrainment of mood to the weekly calendar. *Journal of Personality and Social Psychology, 58,* 164–171.

Larsen, R. J., Kasimatis, M., & Frey, K. (1992). Facilitating the furrowed brow: An unobtrusive test of the facial feedback hypothesis applied to unpleasant affect. *Cognition and Emotion, 6,* 321–338.

Larson, R. (1978). Thirty years of research on the subjective well-being of older Americans. *Journal of Gerontology, 33,* 109–125.

Larson, R. (2000). Toward a psychology of positive youth development. *American Psychologist, 55,* 150–183.

Larson, R., & Csikszentmihalyi, M. (1978). Experiential correlates of time alone in adolescence. *Journal of Personality, 46*, 677–693.

Larson, R., & Csikszentmihalyi, M. (1983). The experience sampling method. *New Directions for Methodology of Social and Behavioral Science, 15*, 41–56.

Lazare, A. (2004). *On apology.* New York: Oxford University Press.

Lazarus, R. S. (1966). *Psychological stress and the coping process.* New York: McGraw-Hill.

Lazarus, R. S. (1982). Thoughts on the relations between emotion and cognition. *American Psychologist, 37*, 1019–1024.

Lazarus, R. S. (1983). The costs and benefits of denial. In S. Benitz (Ed.), *Denial of stress* (pp. 1–30). New York: International Universities Press.

Lazarus, R. S. (1991). *Emotion and adaptation.* New York: Oxford University Press.

Lazarus, R. S. (2003). Does the positive psychology movement have legs? *Psychological Inquiry, 14*, 93–109.

Lazarus, R. S., & Folkman, S. (1984). *Stress, appraisal, and coping.* New York: Springer.

Lazear, E. P. (2004). The Peter Principle: A theory of decline. *Journal of Political Economy, 112*, S141–S163.

Leary, M. R., & Forsyth, D. R. (1987). Attributions of responsibility for collective endeavors. In C. Hendrick (Ed.), *Review of personality and social psychology* (Vol. 8, pp. 167–188). Newbury Park, CA: Sage.

Lee, J. A. (1973). *The colors of love: An exploration of ways of loving.* Don Mills, Ontario: New Press.

Lee, J. A. (1988). Love-styles. In R. J. Sternberg & M. L. Barnes (Eds.), *Psychology of love* (pp. 38–67). New Haven, CT: Yale University Press.

Lee, Y.-T., & Seligman, M. E. P. (1997). Are Americans more optimistic than the Chinese? *Personality and Social Psychology Bulletin, 23*, 32–40.

Lehman, D. R., & Nisbett, R. E. (1990). A longitudinal study of the effects of undergraduate training on reasoning. *Developmental Psychology, 26*, 952–960.

Lerner, R. M., Jacobs, F., & Wertlieb, D. (Eds.). (2003). *Promoting positive child, adolescent, and family development: A handbook of program and policy innovations* (Vol. 4). Thousand Oaks, CA: Sage.

Levenson, R. W., Carstensen, L. L., & Gottman, J. M. (1993). Long-term marriage: Age, gender, and satisfaction. *Psychology and Aging, 8*, 301–313.

Levering, R., & Moskowitz, M. (1993). *The 100 best companies to work for in America.* Garden City, NY: Doubleday.

Levine, G. F. (1977). "Learned helplessness" and the evening news. *Journal of Communication, 27*, 100–105.

Levitt, A. J., Hogan, T. P., & Bucosky, C. M. (1990). Quality of life in chronically mentally ill patients in day treatment. *Psychological Medicine, 20*, 703–710.

Lewin, K. (1935). *A dynamic theory of personality.* New York: McGraw-Hill.

Lewin, K. (1947). Frontiers in group dynamics: I. Concept, method, and reality in social sciences; social equilibria; and social change. *Human Relations, 1*, 5–41.

Lewin, K. (1951). *Field theory in social science: Selected theoretical papers.* New York:

Harper.

Liang, J., Krause, N. M., & Bennett, J. M. (2001). Social exchange and well-being: Is giving better than receiving? *Psychology and Aging, 16,* 511–523.

Lincoln, C., & Mamiya, L. (1990). *The Black church in the African-American experience.* Durham, NC: Duke University Press.

Linley, P. A., & Joseph, S. (2004a). Positive change following trauma and adversity: A review. *Journal of Traumatic Stress, 17,* 11–21.

Linley, P. A., & Joseph, S. (Eds.). (2004b). *Positive psychology in practice.* New York: Wiley.

Livingstone, S. M. (1988). Why people watch soap opera: Analysis of the explanations of British viewers. *European Journal of Communication, 3,* 55–80.

Locke, E. A., Shaw, K. N., Saari, L. M., & Latham, G. (1981). Goal setting and task performance: 1969–1980. *Psychological Bulletin, 90,* 124–152.

Loewenstein, G. (1994). The psychology of curiosity: A review and reinterpretation. *Psychological Bulletin, 116,* 75–98.

Loewenstein, G., & Schkade, D. (1999). Wouldn't it be nice? Predicting future feelings. In D. Kahneman, E. Diener, & N. Schwarz (Eds.), *Well-being: The foundations of hedonic psychology* (pp. 85–105). New York: Russell Sage.

Londerville, S., & Main, M. (1981). Security of attachment, compliance, and maternal training methods in the second year of life. *Developmental Psychology, 17,* 289–299.

Lorenz, K. (1937). The companion in the bird's world. *Auk, 54,* 245–273.

Lorenz, K. (1966). *On aggression.* New York: Harcourt Brace Jovanovich.

Lowenstein, M. K., & Field, T. (1993). Maternal depression effects on infants. *Analise Psicologica, 10,* 63–69.

Lu, L., & Argyle, M. (1993). TV watching, soap opera and happiness. *Kaohsiung Journal of Medical Sciences, 9,* 501–507.

Lucas, R. E., Clark, A. E., Georgellis, Y., & Diener, E. (2003). Reexamining adaptation and the set point model of happiness: Reactions to changes in marital status. *Journal of Personality and Social Psychology, 84,* 527–539.

Lucas, R. E., Clark, A. E., Georgellis, Y., & Diener, E. (2004). Unemployment alters the set-point for life satisfaction. *Psychological Science, 15,* 8–13.

Lundberg, C. D., & Peterson, M. F. (1994). The meaning of working in U.S. and Japanese local governments at three hierarchical levels. *Human Relations, 47,* 1459–1487.

Luthans, F. (2003). Positive organizational behavior (POB): Implications for leadership and HR development and motivation. In R. M. Steers, L. W. Porter, & G. A. Bigley (Eds.), *Motivation and leadership at work* (pp. 178–195). New York: McGraw-Hill/Irwin.

Luthar, S. S., Cicchetti, D., & Becker, B. (2000). The construct of resilience: A critical evaluation and guidelines for future work. *Child Development, 71,* 543–562.

Lykken, D. (2000). *Happiness: The nature and nurture of joy and contentment.* New York: St. Martin's.

Lykken, D., & Tellegen, A. (1996). Happiness is a stochastic phenomenon. *Psychological Science, 7,* 186–189.

Lynn, R. (1994). Sex differences in intelligence and brain size: A paradox resolved. *Person-*

ality and Individual Differences, 17, 257–271.

Lyons-Ruth, K. (1991). Rapprochement or approchement: Mahler's theory reconsidered from the vantage point of recent research on early attachment relationships. *Psychoanalytic Psychology, 8,* 1–23.

Lyubomirsky, S., King, L. A., & Diener, E. (2005). The benefits of frequent positive affect: Does happiness lead to success? *Psychological Bulletin, 131,* 803–855.

Lyubomirsky, S., & Lepper, H. S. (1999). A measure of subjective happiness: Preliminary reliability and construct validation. *Social Indicators Research, 46,* 137–155.

Lyubomirsky, S., Sheldon, K. M., & Schkade, D. (2005). Pursuing happiness: The architecture of sustainable change. *Review of General Psychology, 9,* 111–131.

MacCorquodale, K., & Meehl, P. E. (1948). On a distinction between hypothetical constructs and intervening variables. *Psychological Review, 55,* 95–107.

MacIntyre, A. C. (1984). *After virtue: A study in moral theory* (2nd ed.). Notre Dame, IN: University of Notre Dame Press.

Mackintosh, N. J. (1975). A theory of attention: Variations in the associability of stimuli with reinforcement. *Psychological Review, 82,* 276–298.

Maddux, J. E. (2002). Stopping the "madness." In C. R. Snyder & S. J. Lopez (Eds.), *Handbook of positive psychology* (pp. 13–25). New York: Oxford University Press.

Maehr, M. L. (1991). The "psychological environment" of the school: A focus for school leadership. In M. L. Maehr & C. Ames (Eds.), *Advances in educational administration: Vol. 2. School leadership* (pp. 51–81). Greenwich, CT: JAI.

Maehr, M. L., Ames, R., & Braskamp, L. A. (1988). *Instructional Leadership Evaluation and Development program (I LEAD).* Champaign, IL: MetriTech.

Maehr, M. L., & Braskamp, L. A. (1986). *The motivation factor: A theory of personal investment.* Lexington, MA: Heath.

Maehr, M. L., & Midgley, C. (1996). *Transforming school cultures.* Boulder, CO: Westview.

Maehr, M. L., Midgley, C., & Urdan, T. (1992). School leader as motivator. *Educational Administration Quarterly, 18,* 412–431.

Mahoney, J. L. (2000). School extracurricular activity participation as a moderator in the development of antisocial patterns. *Child Development, 71,* 502–516.

Mahoney, J. L., & Cairns, R. B. (1997). Do extracurricular activities protect against early school dropout? *Developmental Psychology, 33,* 241–253.

Mahoney, J. L., & Stattin, H. (2000). Leisure activities and adolescent antisocial behavior: The role of structure and social context. *Journal of Adolescence, 23,* 113–127.

Mahoney, J. L., & Stattin, H. (2002). Structured after-school activities as a moderator of depressed mood for adolescents with detached relations to their parents. *Journal of Community Psychology, 30,* 69–86.

Mahoney, J. L., Stattin, H., & Magnusson, D. (2001). Youth recreation center participation and criminal offending: A 20-year longitudinal study of Swedish boys. *International Journal of Behavioral Development, 25,* 509–520.

Maier, S. F., & Seligman, M. E. P. (1976). Learned helplessness: Theory and evidence. *Journal of Experimental Psychology: General, 105,* 3–46.

Maier, S. F., Watkins, L. R., & Fleshner, M. (1994). Psychoneuroimmunology: The interface between behavior, brain, and immunity. *American Psychologist, 49,* 1004–1017.

Main, M., & Solomon, J. (1990). Procedures for identifying infants as disorganized/disoriented during the Ainsworth strange situation. In M. Greenberg, D. Cicchetti, & M. Cummings (Eds.), *Attachment in the preschool years: Theory, research, and intervention* (pp. 121–160). Chicago: University of Chicago Press.

Maio, G. R., Olson, J. M., Bernard, M. M., & Luke, M. A. (2003). Ideologies, values, attitudes, and behavior. In J. DeLamater (Ed.), *Handbook of social psychology* (pp. 283–308). New York: Plenum.

Marini, M. M. (2000). Social values and norms. In E. F. Borgotta & R. J. V. Montgomery (Eds.), *Encyclopedia of sociology* (pp. 2828–2840). New York: Macmillan.

Markus, H. R., & Kitayama, S. (1991). Culture and the self: Implications for cognition, emotion, and motivation. *Psychological Review, 98,* 224–253.

Marlatt, G. A., & Gordon, J. R. (1980). Determinants of relapse: Implications for the maintenance of behavior change. In P. O. Davidson & S. M. Davidson (Eds.), *Behavioral medicine: Changing healthy lifestyles* (pp. 410–452). New York: Brunner Mazel.

Marmor, M. G., Shipley, M. J., & Rose, G. (1984, May 5). Inequalities in death: Specific explanations of a general pattern? *Lancet,* pp. 1003–1006.

Masheter, C. (1990). Postdivorce relationships between ex-spouses: A literature review. *Journal of Divorce and Remarriage, 14,* 97–122.

Maslow, A. H. (1954). *Motivation and personality.* New York: Harper & Row.

Maslow, A. H. (1962). *Toward a psychology of being.* Princeton, NJ: Van Nostrand.

Maslow, A. H. (1966). *The psychology of science: A reconnaissance.* New York: Harper & Row.

Maslow, A. H. (1970). *Motivation and personality* (2nd ed.). New York: Harper & Row.

Massimini, F., & Delle Fave, A. (2000). Individual development in a bio-cultural perspective. *American Psychologist, 55,* 24–33.

Masten, A. (2001). Ordinary magic: Resilience processes in development. *American Psychologist, 56,* 227–238.

Matas, L., Arend, R. A., & Sroufe, L. A. (1978). Continuity of adaptation in the second year: The relationship between quality of attachment and later competence. *Child Development, 49,* 547–556.

Matlin, M., & Stang, D. (1978). *The Pollyanna Principle.* Cambridge, MA: Schenkman.

Maton, K., & Pargament, K. (1987). The roles of religion in prevention and promotion. *Prevention in Human Services, 5,* 161–205.

Maton, K., & Wells, E. (1995). Religion as a community resource for well-being: Prevention, healing, and empowerment pathways. *Journal of Social Issues, 51*(2), 177–193.

Matthews, S. H. (1986). *Friendships through the life course.* Beverly Hills, CA: Sage.

McAdam, D. (1989). The biographical consequences of activism. *American Sociological Review, 54,* 744–760.

McAdams, D. P. (1993). *The stories we live by: Personal myths and the making of the self.* New York: Guilford.

McAdams, D. P. (2005). *The redemptive self: Stories Americans live by.* New York: Oxford

University Press.

McCann, I. L., & Holmes, D. S. (1984). Influence of aerobic exercise on depression. *Journal of Personality and Social Psychology, 46,* 1142–1147.

McClelland, D. C. (1961). *The achieving society.* Princeton, NJ: Van Nostrand.

McCombs, B. L. (1991). Motivation and lifelong learning. *Educational Psychologist, 26,* 117–127.

McCullough, M. E., Hoyt, W. T., Larson, D. B., Koenig, H. G., & Thoresen, C. (2000). Religious involvement and mortality: A meta-analytic review. *Health Psychology, 19,* 211–222.

McCullough, M. E., Kilpatrick, S. D., Emmons, R. A., & Larson, D. B. (1999). Gratitude as moral affect. *Psychological Bulletin, 127,* 249–266.

McCullough, M. E., Pargament, K., & Thoresen, C. T. (Eds.). (2000). *Forgiveness: Theory, research, and practice.* New York: Guilford.

McCullough, M. E., & Snyder, C. R. (2000). Classical sources of human strength: Revisiting an old home and building a new one. *Journal of Social and Clinical Psychology, 19,* 1–10.

McKenna, F. P. (1983). Accident-proneness: A conceptual analysis. *Accident Analysis and Prevention, 15,* 65–71.

McKillip, J., & Riedel, S. L. (1983). External validity of matching on physical attractiveness for same and opposite sex couples. *Journal of Applied Social Psychology, 13,* 328–337.

McWhirter, B. T. (1990). Loneliness: A review of current literature with implications for counseling and research. *Journal of Counseling and Development, 68,* 417–422.

Meehl, P. E. (1975). Hedonic capacity: Some conjectures. *Bulletin of the Menninger Clinic, 39,* 295–307.

Meier, A. (1993). Toward an integrated model of competency: Linking White and Bandura. *Journal of Cognitive Psychotherapy, 7,* 35–47.

Mellen, S. L. W. (1981). *The evolution of love.* San Francisco: Freeman.

Meyer, D. (1988). *The positive thinkers: Popular religious psychology from Mary Baker Eddy to Norman Vincent Peale and Ronald Reagan* (Rev. ed.). Middletown, CT: Wesleyan University Press.

Meyer, G. J., et al. (2001). Psychological testing and psychological assessment: A review of evidence and issues. *American Psychologist, 56,* 128–165.

Midgley, C., Anderman, E., & Hicks, L. (1995). Differences between elementary and middle school teachers and students: A goal theory approach. *Journal of Early Adolescence, 15,* 90–113.

Mikulincer, M., Florian, V., & Weller, A. (1993). Attachment styles, coping strategies, and posttraumatic psychological distress: The impact of the Gulf War in Israel. *Journal of Personality and Social Psychology, 64,* 817–826.

Milgram, S. (1963). Behavioral study of obedience. *Journal of Abnormal and Social Psychology, 67,* 371–378.

Miller, G. A. (1969). Psychology as a means of promoting human welfare. *American Psychologist, 24,* 1063–1075.

Miller, W. R., & Thoresen, C. (2003). Spirituality, religion, and health: An emerging research field. *American Psychologist, 58,* 24–35.

Mineka, S., & Henderson, R. W. (1985). Controllability and predictability in acquired motivation. *Annual Review of Psychology, 36,* 495–529.

Mischel, W. (1968). *Personality and assessment.* New York: Wiley.

Moneta, G. B., & Csikszentmihalyi, M. (1996). The effect of perceived challenges and skills on the quality of subjective experience. *Journal of Personality, 64,* 275–310.

Monk, R. (1990). *Ludwig Wittgenstein: The duty of genius.* New York: Free Press.

Mook, D. G. (1983). In defense of external invalidity. *American Psychologist, 38,* 379–387.

Morrow-Howell, N., Hinterloth, J., Rozario, P. A., & Tang, F. (2003). Effects of volunteering on the well-being of older adults. *Journals of Gerontology Series B: Psychological Sciences and Social Sciences, 58,* S137–S145.

Mortimer, J. T. (1976). Social class, work, and family: Some implications of the father's occupation for family relationships and son's career decisions. *Journal of Marriage and the Family, 38,* 241–256.

Mowbray, C. T., Oyserman, D., & Ross, S. (1995). Parenting and the significance of children for women with a serious mental illness. *Journal of Mental Health Administration, 22,* 189–200.

Mowrer-Popiel, E., Pollard, C., & Pollard, R. (1993). An examination of factors affecting the creative production of female professors. *College Student Journal, 27,* 428–436.

Mumford, D. B. (1993). Somatization: A transcultural perspective. *International Review of Psychiatry, 5,* 231–242.

Murray, C. (2003). *Human accomplishment: The pursuit of excellence in the arts and sciences, 800 BC to 1950.* New York: HarperCollins.

Murstein, B. I. (1974). *Love, sex, and marriage through the ages.* New York: Springer.

Murstein, B. I. (1976). *Who will marry whom.* New York: Springer.

Murstein, B. I., Merighi, J. R., & Vyse, S. A. (1991). Love styles in the United States and France: A cross-cultural comparison. *Journal of Social and Clinical Psychology, 10,* 37–46.

Myers, D. G. (1993). *The pursuit of happiness.* New York: Avon.

Myers, D. G. (2000). *The American paradox: Spiritual hunger in an age of plenty.* New Haven, CT: Yale University Press.

Myers, D. G., & Diener, E. (1995). Who is happy? *Psychological Science, 6,* 10–19.

Myers, J. E., Madathil, J., & Tingle, L. R. (2005). Marriage satisfaction and wellness in India and the United States: A preliminary comparison of arranged marriages and marriages of choice. *Journal of Counseling and Development, 83,* 183–190.

Myers, S. (1996). An interactive model of religiosity inheritance: The importance of family context. *American Sociological Review, 61,* 858–866.

Nakamura, J., & Csikszentmihalyi, M. (2002). The concept of flow. In C. R. Snyder & S. J. Lopez (Eds.), *Handbook of positive psychology* (pp. 89–105). New York: Oxford University Press.

Nathan, P. E., & Gorman, J. M. (1998). *A guide to treatments that work.* New York: Oxford University Press.

Nathan, P. E., & Gorman, J. M. (2002). *A guide to treatments that work* (2nd ed.). New

York: Oxford University Press.

Neill, A. S. (1960). *Summerhill: A radical approach to child rearing.* New York: Hart.

Neisser, U. (1967). *Cognitive psychology.* Englewood Cliffs, NJ: Prentice-Hall.

Nesse, R. M. (1990). Evolutionary explanations of emotions. *Human Nature, 1,* 261–289.

Nesse, R. M., & Williams, G. C. (1996). *Evolution and healing: The new science of Darwinian medicine.* London: Phoenix.

Neugarten, B. L. (1970). Adaptation and the life cycle. *Journal of Geriatric Psychiatry, 4,* 71–87.

Newberg, A., & d'Aquili, E. (2001). *Why God won't go away: Brain science and the biology of belief.* New York: Ballantine.

Newcomb, A. F., & Bagwell, C. (1995). Children's friendship relations: A meta-analytic review. *Psychological Bulletin, 117,* 306–347.

Nicholson, I. A. M. (1998). Gordon Allport, character, and the "culture of personality": 1897–1937. *History of Psychology, 1,* 52–68.

Nisbett, R. E., & Wilson, T. D. (1977). Telling more than we can know: Verbal reports on mental processes. *Psychological Review, 84,* 231–259.

Nock, S. L. (1995). A comparison of marriages and cohabiting relationships. *Journal of Family Issues, 16,* 53–76.

Noddings, N. (2003). *Happiness and education.* New York: Cambridge University Press.

Noller, P. (1996). What is this thing called love? Defining the love that supports marriage and family. *Personal Relationships, 3,* 97–115.

Norem, J. K. (2001). *The positive power of negative thinking.* New York: Basic.

Norem, J. K., & Cantor, N. (1986). Defensive pessimism: "Harnessing" anxiety as motivation. *Journal of Personality and Social Psychology, 51,* 1208–1217.

Norton, A. J. (1983). Family life cycle: 1980. *Journal of Marriage and the Family, 45,* 267–275.

Notarius, C. I., & Vanzetti, N. A. (1983). The marital agendas protocol. In E. E. Filsinger (Ed.), *Marriage and family assessment* (pp. 209–227). Beverly Hills, CA: Sage.

Novak, M. A., & Harlow, H. F. (1975). Social recovery of monkeys isolated for the first year of life: I. *Developmental Psychology, 11,* 453–465.

Nozick, R. (1974). *Anarchy, state, and utopia.* New York: Basic.

Nunnally, J. C. (1970). *Introduction to psychological measurement.* New York: McGraw-Hill.

Nussbaum, M. (1992). Human functioning and social justice: In defense of Aristotelian essentialism. *Political Theory, 20,* 202–246.

Oettingen, G. (1996). Positive fantasy and motivation. In P. M. Gollwitzer & J. A. Bargh (Eds.), *The psychology of action: Linking cognition and motivation to behavior* (pp. 236–259). New York: Guilford.

Ohira, H., & Kurono, K. (1993). Facial feedback effects on impression formation. *Perceptual and Motor Skills, 77,* 1251–1258.

O'Leary, K. D., & Smith, D. A. (1991). Marital interactions. *Annual Review of Psychology, 42,* 191–212.

Oliner, S. P., & Oliner, P. M. (1988). *The altruistic personality: Rescuers of Jews in Nazi*

Europe. New York: Free Press.

O'Neill, M. (2001, September). Virtue and beauty: The Renaissance image of the ideal woman. *Smithsonian,* pp. 62–69.

Orne, M. T. (1962). On the social psychology of the psychological experiment: With particular reference to demand characteristics and their implications. *American Psychologist, 17, 776–783.*

Ornstein, R. E. (1988). *Psychology: The study of human experience* (2nd ed.). San Diego, CA: Harcourt Brace Jovanovich.

Owen, T. R. (1999). The reliability and validity of a wellness inventory. *American Journal of Health Promotion, 13, 180–182.*

Paffenbarger, R. S., Hyde, R. T., & Dow, A. (1991). Health benefits of physical activity. In B. L. Driver, P. J. Brown, & G. L. Peterson (Eds.), *Benefits of leisure* (pp. 49–57). State College, PA: Venture.

Pargament, K. (1997). *The psychology of coping.* New York: Guilford.

Pargament, K. (2002). The bitter and the sweet: An evaluation of the costs and benefits of religiousness. *Psychological Inquiry, 13, 168–181.*

Parish, T. S., & McCluskey, J. J. (1994). The relationship between parenting styles and young adults' self-concepts and evaluations of parents. *Family Therapy, 21, 223–226.*

Park, N. (2004a). Character strengths and positive youth development. *Annals of the American Academy of Political and Social Science, 591, 40–54.*

Park, N. (2004b). The role of subjective well-being in positive youth development. *Annals of the American Academy of Political and Social Science, 591, 25–39.*

Park, N. (2005, August 21). *Congressional Medal of Honor recipients: A positive psychology perspective.* Paper presented at the 113th Annual Meeting of the Conference of the American Psychological Association, Washington, DC.

Park, N., & Huebner, E. S. (2005). A cross-cultural study of the levels and correlates of life satisfaction among children and adolescents. *Journal of Cross-Cultural Psychology, 36,* 444–456.

Park, N., & Peterson, C. (2003). Virtues and organizations. In K. S. Cameron, J. E. Dutton, & R. E. Quinn (Eds.), *Positive organizational scholarship: Foundations of a new discipline* (pp. 33–47). San Francisco: Berrett-Koehler.

Park, N., & Peterson, C. (2004). Early intervention from the perspective of positive psychology. *Prevention and Treatment, 6*(35). Document available at http://journals.apa.org/prevention/volume6/pre0060035c.html. Accessed February 15, 2004.

Park, N., & Peterson, C. (2005). The Values in Action Inventory of Character Strengths for Youth. In K. A. Moore & L. H. Lippman (Eds.), *What do children need to flourish? Conceptualizing and measuring indicators of positive development* (pp. 13–23). New York: Springer.

Park, N., & Peterson, C. (in press a). Methodological issues in positive psychology and the assessment of character strengths. In A. D. Ong & M. van Dulmen (Eds.), *Handbook of methods in positive psychology.* New York: Oxford University Press.

Park, N., & Peterson, C. (in press b). Assessing strengths of character among adolescents: The Values in Action Inventory of Strengths for Youth. *Journal of Adolescence.*

Park, N., & Peterson, C. (in press c). Character strengths and happiness among young children: Content analysis of parental descriptions. *Journal of Happiness Studies.*

Park, N., & Peterson, C. (in press d). The cultivation of character strengths. In M. Ferrari & G. Poworowski (Eds.), *Teaching for wisdom.* Mahwah, NJ: Erlbaum.

Park, N., Peterson, C., & Seligman, M. E. P. (2004). Strengths of character and well-being. *Journal of Social and Clinical Psychology, 23,* 603–619.

Park, N., Peterson, C., & Seligman, M. E. P. (2005). *Strengths of character and well-being among youth.* Unpublished manuscript, University of Rhode Island.

Park, N., Peterson, C., & Seligman, M. E. P. (in press). Character strengths in 54 nations and all 50 U.S. states. *Journal of Positive Psychology.*

Parke, R. D., & Collmer, W. C. (1975). Child abuse: An interdisciplinary analysis. In E. M. Hetherington (Ed.), *Review of child development research* (Vol. 5, pp. 509–590). Chicago: University of Chicago Press.

Patrick, C. L., & Olson, K. (2000). Empirically supported therapies. *Journal of Psychological Practice, 6,* 19–34.

Patton, J. (1999). *Exploring the relative outcomes of interpersonal and intrapersonal factors of order and entropy in adolescence: A longitudinal study.* Unpublished doctoral dissertation, University of Chicago.

Pavot, W., & Diener, E. (1993). Review of the Satisfaction with Life Scale. *Personality Assessment, 5,* 164–172.

Peirce, C. S. (1878, January). How to make our ideas clear. *Popular Science Monthly, 12,* 286–302.

Pennebaker, J. W., Kiecolt-Glaser, J., & Glaser, R. (1988). Disclosure of traumas and immune function: Health implications for psychotherapy. *Journal of Consulting and Clinical Psychology, 56,* 239–245.

Pepler, D. J., & Slaby, R. (1994). Theoretical and developmental perspectives on youth and violence. In L. Eron, J. Gentry, & P. Schlegel (Eds.), *Reason to hope: A psychosocial perspective on violence & youth* (pp. 27–58). Washington, DC: American Psychological Association.

Perrett, D. I., May, K. A., & Yoshikawa, S. (1994). Facial shape and judgments of female attractiveness. *Nature, 368,* 239–242.

Peter, L. J., & Hull, R. (1969). *The Peter Principle: Why things always go wrong.* New York: Morrow.

Peters, T. J., & Waterman, R. H. (1982). *In search of excellence: Lessons from America's best-run companies.* New York: Warner.

Peterson, B. E., & Stewart, A. J. (1993). Generativity and social motives in young adults. *Journal of Personality and Social Psychology, 65,* 186–198.

Peterson, C. (1991). Meaning and measurement of explanatory style. *Psychological Inquiry, 2,* 1–10.

Peterson, C. (1992). *Personality* (2nd ed.). Fort Worth, TX: Harcourt Brace Jovanovich.

Peterson, C. (1996). *The psychology of abnormality.* Fort Worth, TX: Harcourt Brace.

Peterson, C. (1997). *Psychology: A biopsychosocial approach* (2nd ed.). New York: Longman.

Peterson, C. (1999). Helplessness. In D. Levinson, J. J. Ponzetti, & P. F. Jorgensen (Eds.), *Encyclopedia of human emotions* (Vol. 1, pp. 343–347). New York: Macmillan Reference.

Peterson, C. (2000). The future of optimism. *American Psychologist, 55,* 44–55.

Peterson, C. (in press). The Values in Action (VIA) Classification of Strengths: The un-DSM and the real DSM. In M. Csikszentmihalyi & I. Csikszentmihalyi (Eds.), *A life worth living: Contributions to positive psychology.* New York: Oxford University Press.

Peterson, C., Bishop, M. P., Fletcher, C. W., Kaplan, M. R., Yesko, E. S., Moon, C. H., Smith, J. S., Michaels, C. E., & Michaels, A. J. (2001). Explanatory style as a risk factor for traumatic mishaps. *Cognitive Therapy and Research, 25,* 633–649.

Peterson, C., & Bossio, L. M. (1991). *Health and optimism.* New York: Free Press.

Peterson, C., & de Avila, M. E. (1995). Optimistic explanatory style and the perception of health problems. *Journal of Clinical Psychology, 51,* 128–132.

Peterson, C., & Lee, F. (2000, September–October). Reading between the lines: Speech analysis. *Psychology Today, 33*(5), 50–51.

Peterson, C., Maier, S. F., & Seligman, M. E. P. (1993). *Learned helplessness: A theory for the age of personal control.* New York: Oxford University Press.

Peterson, C., & Park, C. (1998). Learned helplessness and explanatory style. In D. F. Barone, V. B. Van Hasselt, & M. Hersen (Eds.), *Advanced personality* (pp. 287–310). New York: Plenum.

Peterson, C., & Park, N. (2003). Positive psychology as the evenhanded positive psychologist views it. *Psychological Inquiry, 14,* 141–146.

Peterson, C., & Park, N. (2004). Classification and measurement of character strengths: Implications for practice. In P. A. Linley & S. Joseph (Eds.), *Positive psychology in practice* (pp. 433–446). New York: Wiley.

Peterson, C., & Park, N. (in press). The psychology of religion. In A. Eisen & G. Laderman (Eds.), *Science, religion, and society: History, culture, and controversy.* Armonk, NY: Sharpe.

Peterson, C., Park, N., & Seligman, M. E. P. (2005a). Assessment of character strengths. In G. P. Koocher, J. C. Norcross, & S. S. Hill III (Eds.), *Psychologists' desk reference* (2nd ed., pp. 93–98). New York: Oxford University Press.

Peterson, C., Park, N., & Seligman, M. E. P. (2005b). Orientations to happiness and life satisfaction: The full life versus the empty life. *Journal of Happiness Studies, 6,* 25–41.

Peterson, C., Park, N., & Seligman, M. E. P. (2006). Strengths of character and recovery. *Journal of Positive Psychology 1,* 17–26.

Peterson, C., Schulman, P., Castellon, C., & Seligman, M. E. P. (1992). CAVE: Content analysis of verbatim explanations. In C. P. Smith (Ed.), *Motivation and personality: Handbook of thematic content analysis* (pp. 383–392). New York: Cambridge University Press.

Peterson, C., & Seligman, M. E. P. (1984). Causal explanations as a risk factor for depression: Theory and evidence. *Psychological Review, 91,* 347–374.

Peterson, C., & Seligman, M. E. P. (2003a). Character strengths before and after September 11. *Psychological Science, 14,* 381–384.

Peterson, C., & Seligman, M. E. P. (2003b). Positive organizational studies: Thirteen lessons from positive psychology. In K. S. Cameron, J. E. Dutton, & R. E. Quinn (Eds.), *Positive organizational scholarship: Foundations of a new discipline* (pp. 14–27). San Francisco: Berrett-Koehler.

Peterson, C., & Seligman, M. E. P. (2004). *Character strengths and virtues: A handbook and classification.* New York: Oxford University Press; Washington, DC: American Psychological Association.

Peterson, C., Seligman, M. E. P., & Vaillant, G. E. (1988). Pessimistic explanatory style is a risk factor for physical illness: A thirty-five-year longitudinal study. *Journal of Personality and Social Psychology, 55,* 23–27.

Peterson, C., Seligman, M. E. P., Yurko, K. H., Martin, L. R., & Friedman, H. S. (1998). Catastrophizing and untimely death. *Psychological Science, 9,* 49–52.

Peterson, C., Semmel, A., von Baeyer, C., Abramson, L. Y., Metalsky, G. I., & Seligman, M. E. P. (1982). The Attributional Style Questionnaire. *Cognitive Therapy and Research, 6,* 287–299.

Peterson, C., & Stunkard, A. J. (1989). Personal control and health promotion. *Social Science and Medicine, 28,* 819–828.

Peterson, C., & Vaidya, R. S. (2001). Explanatory style, expectations, and depressive symptoms. *Personality and Individual Differences, 31,* 1217–1223.

Peterson, C., & Vaidya, R. S. (2003). Optimism as virtue and vice. In E. C. Chang & L. J. Sanna (Eds.), *Virtue, vice, and personality: The complexity of behavior* (pp. 23–37). Washington, DC: American Psychological Association.

Philliber, W. W., & Hiller, D. V. (1983). Relative occupational attainments of spouses and later changes in marriage and wife's work experience. *Journal of Marriage and the Family, 46,* 161–170.

Piaget, J. (1950). *The psychology of intelligence.* New York: Harcourt, Brace.

Pierrehumbert, B., Iannotti, R. J., & Cummings, E. M. (1985). Mother-infant attachment, development of social competencies and beliefs of self-responsibility. *Archives de Psychologie, 53,* 365–374.

Pierrehumbert, B., Iannotti, R. J., Cummings, E. M., & Zahn-Waxler, C. (1989). Social functioning with mother and peers at 2 and 5 years: The influence of attachment. *International Journal of Behavioral Development, 12,* 85–100.

Pinker, S. (2002). *The blank slate: The denial of human nature and modern intellectual life.* New York: Viking.

Pinnacle Project. (2001–2002). *Winter Newsletter.*

Pinsker, H., Nepps, P., Redfield, J., & Winston, A. (1985). Applicants for short-term dynamic psychotherapy. In A. Winston (Ed.), *Clinical and research issues in short-term dynamic psychotherapy* (pp. 104–116). Washington, DC: American Psychiatric Association.

Pistole, M. C. (1989). Attachment in adult romantic relationships: Style of conflict resolution and relationship satisfaction. *Journal of Social and Personal Relationships, 6,* 505–510.

Pittman, T. S., & Heller, J. F. (1987). Social motivation. *Annual Review of Psychology, 38,* 461–489.

Pledge, D. S. (1992). Marital separation/divorce: A review of individual responses to a major life stressor. *Journal of Divorce and Remarriage, 17,* 151–181.

Plutchik, R. (1962). *The emotions: Facts, theories, and a new model.* New York: Random House.

Plutchik, R. (1980). *Emotion: A psychoevolutionary synthesis.* New York: Harper & Row.

Porges, S. W. (1998). Love: An emergent property of the mammalian autonomic nervous system. *Psychoneuroendocrinology, 23,* 837–861.

Porter, E. H. (1913). *Pollyanna.* London: Harrap.

Prenzel, M. (1992). The selective persistence of interest. In K. A. Renninger, S. Hidi, & A. Krapp (Eds.), *The role of interest in learning and development* (pp. 71–98). Hillsdale, NJ: Erlbaum.

Prochaska, J., DiClemente, C., & Norcross, J. C. (1992). In search of how people change. *American Psychologist, 47,* 1102–1114.

Prochaska, J., DiClemente, C., Velicer, W. F., & Rossi, J. S. (1993). Standardized, individualized, interactive, and personalized self-help programs for smoking cessation. *Health Psychology, 12,* 399–405.

Prochaska, J., Redding, C., & Evers, K. (1997). The transtheoretical model and stages of change. In K. Glanz, F. Lewis, & B. Rimer (Eds.), *Health behavior and health education* (2nd ed., pp. 60–84). San Francisco: Jossey-Bass.

Public Agenda. (1999). *Kids these days '99: What Americans really think about the next generation.* New York: Author.

Purtilo, D. T., & Purtilo, R. B. (1989). *A survey of human diseases* (2nd ed.). Boston: Little, Brown.

Putnam, R. D. (2000). *Bowling alone: The collapse and revival of American community.* New York: Simon & Schuster.

Quine, W. V., & Ullian, J. S. (1978). *The web of belief* (2nd ed.). New York: Random House.

Rachels, J. (1999). *The elements of moral philosophy* (3rd ed.). New York: McGraw-Hill.

Rachman, S. J. (1990). *Fear and courage* (2nd ed.). New York: Freeman.

Raimy, V. (1976). *Misunderstandings of the self: Cognitive psychotherapy and the misconception hypothesis.* San Francisco: Jossey-Bass.

Ralph, R. O., & Corrigan, P. W. (Eds.). (2005). *Recovery in mental illness: Broadening our understanding of wellness.* Washington, DC: American Psychological Association.

Rashid, T., & Anjum, A. (2005). *340 ways to use VIA character strengths.* Unpublished manuscript, University of Pennsylvania.

Rathunde, K. (1988). Optimal experience and the family context. In M. Csikszentmihalyi & I. Csikszentmihalyi (Eds.), *Optimal experience: Psychological studies of flow in consciousness* (pp. 343–363). New York: Cambridge University Press.

Rathunde, K. (1996). Family context and talented adolescents' optimal experience in school-related activities. *Journal of Research on Adolescence, 6,* 605–628.

Rathunde, K., & Csikszentmihalyi, M. (1993). Undivided interest and the growth of talent: A longitudinal study of adolescents. *Journal of Youth and Adolescence, 22,* 385–405.

Rawls, J. (1971). *A theory of justice.* Cambridge, MA: Harvard University Press.

Rean, A. A. (2000). Psychological problems of acmeology. *Psychological Journal, 21,* 88–95.

Redelmeier, D. A., & Kahneman D. (1996). Patients' memories of painful medical treatments: Real-time and retrospective evaluations in two minimally invasive procedures. *Pain, 116,* 3–8.

Redelmeier, D. A., & Singh, S. M. (2001). Survival in Academy Award–winning actors and actresses. *Annals of Internal Medicine, 134,* 955–962.

Reeves, D. J., & Booth, R. F. (1979). Expressed versus inventoried interests as predictors of paramedic effectiveness. *Journal of Vocational Behavior, 15,* 155–163.

Reis, H. T., & Gable, S. L. (2003). Toward a positive psychology of relationships. In C. L. M. Keyes & J. Haidt (Eds.), *Flourishing: Positive psychology and the life well-lived* (pp. 129–159). Washington, DC: American Psychological Association.

Reivich, K. J., Gillham, J. E., & Shatté, A. (2004). *Penn Resiliency Program for Parents.* Unpublished manuscript, University of Pennsylvania.

Reivich, K. J., & Shatté, A. (2003). *The resilience factor: Seven essential skills for overcoming life's inevitable obstacles.* New York: Random House

Renninger, K. A. (1990). Children's play interests, representation, and activity. In R. Fivush and K. Hudson (Eds.), *Knowing and remembering in young children* (pp. 127–165). New York: Cambridge University Press.

Renninger, K. A. (2000). Individual interest and its implications for understanding intrinsic motivation. In C. Sansone & J. M. Harackiewicz (Eds.), *Intrinsic and extrinsic motivation: The search for optimal motivation and performance* (pp. 375–407). New York: Academic.

Renninger, K. A., & Hidi, S. (2002). Student interest and achievement: Developmental issues raised by a case study. In A. Wigfield & J. S. Eccles (Eds.), *Development of achievement motivation* (pp. 173–195). San Diego, CA: Academic.

Renninger, K. A., & Leckrone, T. G. (1991). Continuity in young children's actions: A consideration of interest and temperament. In L. Oppenheimer & J. Valsiner (Eds.), *The origins of action: Interdisciplinary and international perspectives* (pp. 205–238). New York: Springer-Verlag.

Renninger, K. A., & Shumar, W. (2002). Community building with and for teachers: The math forum as a resource for teacher professional development. In K. A. Renninger & W. Shumar (Eds.), *Building virtual communities: Learning and change in cyberspace* (pp. 60–95). New York: Cambridge University Press.

Rescorla, R. A. (1968). Probability of shock in the presence and absence of CS in fear conditioning. *Journal of Comparative and Physiological Psychology, 66,* 1–5.

Robbins, A. (1992). *Awaken the giant within: How to take immediate control of your mental, emotional, physical, and financial destiny.* New York: Simon & Schuster.

Robins, L. N., Helzer, J. E., Weissman, M. M., Orvaschel, H., Gruenberg, E., Burke, J. D., &

Regier, D. A. (1984). Lifetime prevalence of specific psychiatric disorders in three sites. *Archives of General Psychiatry, 41,* 949–958.

Robinson, J. P. (1990). Television's effects on families' use of time. In J. Bryant (Ed.), *Television and the American family* (pp. 195–209). Hillsdale, NJ: Erlbaum.

Robinson-Whelen, S., Kim, C., MacCallum, R. C., & Kiecolt-Glaser, J. (1997). Distinguishing optimism from pessimism in older adults: Is it more important to be optimistic or not to be pessimistic? *Journal of Personality and Social Psychology, 73,* 1345–1353.

Roeser, R. W., & Eccles, J. S. (1998). Adolescents' perceptions of middle school: Relation to longitudinal changes in academic and psychological adjustment. *Journal of Research on Adolescence, 8,* 123–158.

Rogers, C. R. (1951). *Client-centered therapy: Its current practice, implications, and theory.* Boston: Houghton Mifflin.

Rogers, C. R., Gendlin, G. T., Kiesler, D. V., & Truax, C. B. (1967). *The therapeutic relationship and its impact: A study of psychotherapy with schizophrenics.* Madison: University of Wisconsin Press.

Rohan, M. J. (2000). A rose by any name? The values construct. *Personality and Social Psychology Review, 3,* 255–277.

Rokeach, M. (1971). Long-range experimental modification of values, attitudes, and behavior. *American Psychologist, 26,* 453–459.

Rokeach, M. (1973). *The nature of human values.* New York: Free Press.

Rokeach, M. (1979). *Understanding human values: Individual and social.* New York: Free Press.

Rokeach, M., & Grube, J. W. (1979). Can human values be manipulated arbitrarily? In M. Rokeach (Ed.), *Understanding human values: Individual and societal* (pp. 241–256). New York: Free Press.

Rosch, E., Mervis, C. B., Gray, W., Johnson, D., & Boyes-Braem, P. (1976). Basic objects in natural categories. *Cognitive Psychology, 8,* 382–439.

Rosenbaum, M., & Jaffe, Y. (1983). Learned helplessness: The role of individual differences in learned resourcefulness. *British Journal of Social Psychology, 22,* 215–225.

Rosenthal, R., & Rubin, D. B. (1982). A simple, general purpose display of magnitude of experimental effect. *Journal of Educational Psychology, 74,* 166–169.

Rosenwald, G. C. (1988). A theory of multiple-case research. *Journal of Personality, 56,* 239–264.

Ross, L., & Nisbett, R. E. (1991). *The person and the situation.* Philadelphia: Temple University Press.

Rotter, J. B. (1954). *Social learning and clinical psychology.* Englewood Cliffs, NJ: Prentice-Hall.

Rotter, J. B. (1966). Generalized expectancies for internal versus external control of reinforcement. *Psychological Monographs, 81*(1).

Rowe, D. C., & Osgood, D. W. (1984). Heredity and sociology theories of delinquency: A reconsideration. *American Sociological Review, 49,* 526–540.

Rozin, P. (1999). Preadaptation and the puzzles and properties of pleasure. In D. Kahneman, E. Diener, & N. Schwarz (Eds.), *Well-being: The foundations of hedonic psy-*

chology (pp. 109–133). New York: Russell Sage.

Rubenstein, A. J., Kalakanis, L., & Langlois, J. H. (1999). Infant preferences for attractive faces. *Developmental Psychology, 35,* 848–855.

Rubin, Z. (1970). Measurement of romantic love. *Journal of Personality and Social Psychology, 16,* 265–273.

Rubin, Z. (1973). *Liking and loving: An invitation to social psychology.* New York: Holt, Rinehart, & Winston.

Ruff, G. F., & Korchin S. J. (1964). Personality characteristics of the Mercury astronauts. In G. H. Grosser, H. Wechsler, & M. Greenblatt (Eds.), *The threat of impending disaster* (pp. 197–207). Boston: MIT Press.

Runyan, W. M. (1981). Why did Van Gogh cut off his ear? The problem of alternative explanations in psychobiology. *Journal of Personality and Social Psychology, 40,* 1070–1077.

Rupp, D. E., & Spencer, S. (in press). When customers lash out: The effects of interactional justice on emotional labor and the mediating role of discrete emotions. *Journal of Applied Psychology.*

Rusbult, C. E. (1980). Commitment and satisfaction in romantic associations: A test of the investment model. *Journal of Experimental Social Psychology, 16,* 172–186.

Rusbult, C. E., Zembrodt, I. M., & Gunn, L. K. (1982). Exit, voice, loyalty, and neglect: Responses to dissatisfaction in romantic relationships. *Journal of Personality and Social Psychology, 43,* 1230–1242.

Russell, B. (1930). *The conquest of happiness.* New York: Liveright.

Russell, B. (1945). *A history of Western philosophy, and its connection with political and social circumstances from the earliest times to the present day.* New York: Simon & Schuster.

Russell, R. J. H., & Wells, P. A. (1994). Predictors of happiness in married couples. *Personality and Individual Differences, 17,* 313–321.

Rutter, M. (1985). Resilience in the face of adversity: Protective factors and resistance to psychiatric disorder. *British Journal of Psychiatry, 147,* 598–611.

Rutter, M., & Garmezy, N. (1983). Developmental psychopathology. In P. H. Mussen & E. M. Hetherington (Eds.), *Handbook of child psychology: Vol. 4. Socialization, personality, and social development* (pp. 775–911). New York: Wiley.

Ryan, R. M., & Deci, E. L. (2000). On happiness and human potentials: A review of research on hedonic and eudaimonic well-being. *Annual Review of Psychology, 52,* 141–166.

Ryan, R. M., Sheldon, K. M., Kasser, T., & Deci, E. L. (1996). All goals are not created equal: An organismic perspective on the nature of goals and their regulation. In P. M. Gollwitzer & J. A. Bargh (Eds.), *The psychology of action: Linking cognition and motivation to behavior* (pp. 7–26). New York: Guilford.

Ryan, W. (1978). *Blaming the victim* (Rev. ed.). New York: Random House.

Ryff, C. D. (1989). Happiness is everything, or is it? Explorations of the meaning of psychological well-being. *Journal of Personality and Social Psychology, 57,* 1069–1081.

Ryff, C. D. (1995). Psychological well-being in adult life. *Current Directions in Psychological Science, 4,* 99–104.

Ryff, C. D., & Keyes, C. L. M. (1995). The structure of psychological well-being revisited. *Journal of Personality and Social Psychology, 69,* 719–727.

Ryff, C. D., & Singer, B. H. (1996). Psychological well-being: Meaning, measurement, and implications for psychotherapy research. *Psychotherapy and Psychosomatics, 65,* 14–23.

Ryff, C. D., & Singer, B. H. (1998). The contours of positive mental health. *Psychological Inquiry, 9,* 1–28.

Ryff, C. D., & Singer, B. H. (2001). *Emotion, social relationships, and health.* New York: Oxford University Press.

Ryff, C. D., Singer, B. H., & Love, G. D. (2004). Positive health: Connecting well-being with biology. *Philosophical Transactions of the Royal Society of London, 359,* 1383–1394.

Ryle, G. (1949). *The concept of mind.* Chicago: University of Chicago Press.

Sandage, S. J., Hill, P. C., & Vang, H. C. (2003). Toward a multicultural positive psychology: Indigenous forgiveness and Hmong culture. *Counseling Psychologist, 31,* 564–592.

Sandvak, E., Diener, E., & Seidlitz, L. (1993). Subjective well-being: The convergence and stability of self-report and non-self-report measures. *Journal of Personality, 61,* 317–342.

Sansone, C., Wiebe, D., & Morgan, C. (1999). Self-regulating interest: The moderating role of hardiness and conscientiousness. *Journal of Personality, 67,* 701–733.

Schachter, S. (1959). *The psychology of affiliation.* Stanford, CA: Stanford University Press.

Scheier, M. F., & Carver, C. S. (1985). Optimism, coping, and health: Assessment and implications of generalized outcome expectancies. *Health Psychology, 4,* 219–247.

Scheier, M. F., & Carver, C. S. (1987). Dispositional optimism and physical well-being: The influence of generalized outcome expectancies on health. *Journal of Personality, 55,* 169–210.

Scheier, M. F., & Carver, C. S. (1992). Effects of optimism on psychological and physical well-being: Theoretical overview and empirical update. *Cognitive Therapy and Research, 16,* 201–228.

Scheier, M. F., Carver, C. S., & Bridges, M. W. (2001). Optimism, pessimism, and psychological well-being. In E. C. Chang (Ed.), *Optimism and pessimism: Implications for theory, research, and practice* (pp. 189–216). Washington, DC: American Psychological Association.

Scheier, M. F., Matthews, K. A., Owens, J. F., Magovern, G. J., Lefebvre, R. C., Abbott, R. A., & Carver, C. S. (1989). Dispositional optimism and recovery from coronary artery bypass surgery: The beneficial effects on physical and psychological well-being. *Journal of Personality and Social Psychology, 57,* 1024–1040.

Scheier, M. F., Matthews, K. A., Owens, J. F., Schulz, R., Bridges, M. W., Magovern, G. J., Sr., & Carver, C. S. (1999). Optimism and rehospitalization following coronary artery bypass graft surgery. *Archives of Internal Medicine, 159,* 829–835.

Scheier, M. F., Weintraub, J. K., & Carver, C. S. (1986). Coping with stress: Divergent strategies of optimists and pessimists. *Journal of Personality and Social Psychology, 51,* 1257–1264.

Scherer, K. R., & Oshinsky, J. J. (1977). Cue utilization in emotion attribution from auditory stimuli. *Motivation and Emotion, 1,* 331–346.

Schimmack, U., Boeckenholt, U., & Reisenzein, R. (2002). Response styles in affect rating: Making a mountain out of a molehill. *Journal of Personality Assessment, 78,* 461–483.

Schimmack, U., Diener, E., & Oishi, S. (2002). Life-satisfaction is a momentary judgment and a stable personality characteristic: The use of chronically accessible and stable sources. *Journal of Personality, 70,* 345–384.

Schleifer, S. J., Keller, S. E., Siris, S. G., Davis, K. L., & Stein, M. (1985). Depression and immunity. *Archives of General Psychiatry, 42,* 129–133.

Schneider, C. D. (2000). What it means to be sorry: The power of apology in mediation. *Mediation Quarterly, 17,* 265–280.

Schneider, E. L. (1991). Attachment theory and research: Review of the literature. *Clinical Social Work Journal, 19,* 251–266.

Schneider, S. F. (2000). The importance of being Emory: Issues in training for the enhancement of psychological wellness. In D. Cicchetti, J. R. Rappaport, I. Sandler, & R. P. Weissberg (Eds.), *The promotion of wellness in children and adolescents* (pp. 439–476). Washington, DC: CWLA.

Schofield, W. (1964). *Psychotherapy: The purchase of friendship.* Englewood Cliffs, NJ: Prentice-Hall.

Schuessler, K. F., & Fisher, G. A. (1985). Quality of life research and sociology. *Annual Review of Sociology, 11,* 129–149.

Schull, W. J., & Rothhammer, F. (1981). The Multinational Andean Genetic and Health Program. In P. Baker & C. Jest (Eds.), *Environmental and human population problems at high altitude* (pp. 55–60). Paris: National Center for Scientific Research.

Schumaker, J. F. (Ed.). (1992). *Religion and mental health.* New York: Oxford University Press.

Schwartz, B. (2004). *The paradox of choice: Why less is more.* New York: HarperCollins.

Schwartz, B., & Sharpe, K. E. (in press). Practical wisdom: Aristotle meets positive psychology. *Journal of Happiness Studies.*

Schwartz, B., Ward, A., Monterosso, J., Lyubomirsky, S., White, K., & Lehman, D. R. (2002). Maximizing versus satisficing: Happiness is a matter of choice. *Journal of Personality and Social Psychology, 83,* 1178–1197.

Schwartz, C., Meisenhelder, J. B., Ma, Y., & Reed, G. (2003). Altruistic social interest behaviors are associated with better mental health. *Psychosomatic Medicine, 75,* 778–785.

Schwartz, S. H. (1992). Universals in the content and structure of values: Theoretical advances and empirical tests in 20 countries. *Advances in Experimental Social Psychology, 25,* 1–65.

Schwartz, S. H. (1994). Are there universal aspects in the structure and content of human values? *Journal of Social Issues, 50*(4), 19–45.

Schwartz, S. H. (1996). Value priorities and behavior: Applying a theory of integrated value systems. In C. Seligman, J. M. Olson, & M. P. Zanna (Eds.), *The psychology of values: The Ontario symposium* (Vol. 8, pp. 1–24). Mahwah, NJ: Erlbaum.

Schwartz, S. H., & Bilsky, W. (1987). Toward a universal structure of human values. *Journal of Personality and Social Psychology, 53,* 550–562.

Schwartz, S. H., & Bilsky, W. (1990). Toward a theory of the universal content and structure of values: Extensions and cross-cultural replications. *Journal of Personality and Social Psychology, 58,* 878–891.

Schwartz, S. H., Melech, G., Lehmann, A., Burgess, S., Harris, M., & Owens, V. (2001). Extending the cross-cultural validity of the theory of basic human values with a different method of measurement. *Journal of Cross-Cultural Psychology, 32,* 519–542.

Schwartz, S. H., & Sagiv, L. (1995). Identifying culture-specifics in the content and structure of values. *Journal of Cross-Cultural Psychology, 26,* 92–116.

Schwarz, N., & Strack, F. (1999). Reports of subjective well-being: Judgmental processes and their methodological implications. In D. Kahneman, E. Diener, & N. Schwarz (Eds.), *Well-being: The foundations of hedonic psychology* (pp. 61–84). New York: Russell Sage.

Scitovsky, T. (1993). The meaning, nature, and source of value in economics. In M. Hechter, L. Nadel, & R. E. Michod (Eds.), *The origin of values* (pp. 93–105). New York: de Gruyter.

Scott, D., & Willits, F. K. (1998). Adolescent and adult leisure patterns: A reassessment. *Journal of Leisure Research, 30,* 319–330.

Scott, W. A. (1958a). Research definitions of mental health and mental illness. *Psychological Bulletin, 55,* 29–45.

Scott, W. A. (1958b). Social psychological correlates of mental illness and mental health. *Psychological Bulletin, 55,* 65–87.

Scott, W. A. (1959). Empirical assessment of values and ideologies. *American Sociological Review, 24,* 72–75.

Scott, W. A. (1963). *Values and organizations: A study of fraternities and sororities.* Chicago: Rand McNally.

Sears, R. R. (1977). Sources of life satisfaction of the Terman gifted men. *American Psychologist, 32,* 119–128.

Seeman, J. (1989). Toward a model of positive health. *American Psychologist, 44,* 1099–1109.

Segerstrom, S. C., & Miller, G. E., (2004). Psychological stress and the human immune system: A meta-analytic study of 30 years of inquiry. *Psychological Bulletin, 130,* 601–630.

Segerstrom, S. C., Taylor, S. E., Kemeny, M. E., & Fahey, J. L. (1998). Optimism is associated with mood, coping and immune change in response to stress. *Journal of Personality and Social Psychology, 74,* 1646–1655.

Seligman, M. E. P. (1975). *Helplessness: On depression, development, and death.* San Francisco: Freeman.

Seligman, M. E. P. (1988). *Why is there so much depression today? The waxing of the indi-*

vidual and the waning of the commons. Invited lecture at the 96th Annual Convention of the American Psychological Association, Atlanta, GA.

Seligman, M. E. P. (1991). *Learned optimism.* New York: Knopf.

Seligman, M. E. P. (1994). *What you can change and what you can't.* New York: Knopf.

Seligman, M. E. P. (1998). Positive social science. *APA Monitor Online, 29*(4).

Seligman, M. E. P. (1999). The president's address. *American Psychologist, 54,* 559–562.

Seligman, M. E. P. (2002). *Authentic happiness.* New York: Free Press.

Seligman, M. E. P. (2003, September). Love and positive events. *Authentic Happiness Newsletter.*

Seligman, M. E. P. (2004). Can happiness be taught? *Dædalus, 133*(2), 80–87.

Seligman, M. E. P., Castellon, C., Cacciola, J., Schulman, P., Luborsky, L., Ollove, M., & Downing, R. (1988). Explanatory style change during cognitive therapy for unipolar depression. *Journal of Abnormal Psychology, 97,* 13–18.

Seligman, M. E. P., & Csikszentmihalyi, M. (2000). Positive psychology: An introduction. *American Psychologist, 55,* 5–14.

Seligman. M. E. P., & Pawelski, J. O. (2003). Positive psychology: FAQs. *Psychological Inquiry, 14,* 159–163.

Seligman, M. E. P., Peterson, C., Kaslow, N. J., Tanenbaum, R. J., Alloy, L. B., & Abramson, L. Y. (1984). Attributional style and depressive symptoms among children. *Journal of Abnormal Psychology, 83,* 235–238.

Seligman, M. E. P., & Royzman, E. (2003, July). Happiness: The three traditional theories. *Authentic Happiness Newsletter.* Document available at http://www.authentichappiness.org/news6.html. Accessed January 2, 2005.

Seligman, M. E. P., Steen, T. A., Park, N., & Peterson, C. (2005). Positive psychology progress: Empirical validation of interventions. *American Psychologist, 60,* 410–421.

Sen, A. (1985). *Commodities and capabilities.* Amsterdam: North-Holland.

Sethi, S., & Seligman, M. E. P. (1993). Optimism and fundamentalism. *Psychological Science, 4,* 256–259.

Shaver, P. R., & Hazan, C. (1993). Adult romantic attachment: Theory and evidence. In D. Perlman & W. Jones (Eds.), *Advances in personal relationships* (Vol. 4, pp. 29–70). London: Kingsley.

Shaw, M. E. (1981). *Group dynamics: The psychology of small group behavior.* New York: McGraw-Hill.

Shaw, R. B. (1997). *Trust in the balance.* San Francisco: Jossey-Bass.

Sherif, M. (1936). *The psychology of social norms.* New York and London: Harper.

Shernoff, D. J., Csikszentmihalyi, M., Shneider, B., & Shernoff, E. S. (2003). Student engagement in high school classrooms from the perspective of flow theory. *School Psychology Quarterly, 18,* 158–176.

Sifton, E. (2003). *The serenity prayer: Faith and politics in times of war and peace.* New York: Norton.

Silverstein, A. M. (1989). *A history of immunology.* San Diego, CA: Academic.

Simon, H. (1956). Rational choice and the structure of the environment. *Psychological Review, 63,* 129–138.

Simon, S. B., Howe, L. W., & Kirschenbaum, H. (1995). *Values clarification.* New York: Warner.

Simonton, D. K. (1984). *Genius, creativity, and leadership: Historiometric methods.* Cambridge, MA: Harvard University Press.

Simonton, D. K. (1992). Gender and genius in Japan: Feminine eminence in masculine culture. *Sex Roles, 27,* 101–119.

Simonton, D. K. (1994). *Greatness: Who makes history and why.* New York: Guilford.

Simonton, D. K. (1997). Creative productivity: A predictive and explanatory model of career trajectories and landmarks. *Psychological Review, 104,* 66–89.

Simonton, D. K. (2000). Creativity: Cognitive, developmental, personal, and social aspects. *American Psychologist, 55,* 151–158.

Simpson, J. A., Rholes, W. S., & Nelligan, J. S. (1992). Support seeking and support giving within couples in an anxiety-provoking situation: The role of attachment styles. *Journal of Personality and Social Psychology, 62,* 434–446.

Simpson, W. F. (1989). Comparative longevity in a college cohort of Christian Scientists. *Journal of the American Medical Association, 262,* 1657–1658.

Singer, B. H., & Ryff, C. D. (2001). *New horizons in health: An integrative approach.* Washington, DC: National Academy Press.

Singer, I. (1984a). *The nature of love: Vol. 1. Plato to Luther.* Chicago: University of Chicago Press.

Singer, I. (1984b). *The nature of love: Vol. 2. Courtly and romantic.* Chicago: University of Chicago Press.

Singer, I. (1987). *The nature of love: Vol. 3. The modern world.* Chicago: University of Chicago Press.

Singer, P. (1981). *The expanding circle: Ethics and sociobiology.* Oxford: Clarendon.

Singer, P. (1993). *How ought we to live? Ethics in an age of self-interest.* New York: Oxford University Press.

Smart, J. C. (1982). Faculty teaching goals: A test of Holland's theory. *Journal of Educational Psychology, 74,* 180–188.

Smith, C. P. (Ed.). (1992). *Motivation and personality: Handbook of thematic content analysis.* New York: Cambridge University Press.

Smith, H. L., Reinow, F. D., & Reid, R. A. (1984). Japanese management: Implications for nursing administration. *Journal of Nursing Administration, 14*(9), 33–39.

Smith, M. L., & Glass, G. V. (1977). The meta-analysis of psychotherapy outcome studies. *American Psychologist, 32,* 752–760.

Snowdon, D. (2001). *Aging with grace: What the nun study teaches us about leading longer, healthier, and more meaningful lives.* New York: Bantam.

Snyder, C. R. (1988). Reality negotiation: From excuses to hope and beyond. *Journal of Social and Clinical Psychology, 8,* 130–157.

Snyder, C. R. (1994). *The psychology of hope: You can get there from here.* New York: Free Press.

Snyder, C. R. (1995). Conceptualizing, measuring, and nurturing hope. *Journal of Counseling and Development, 73,* 355–360.

Snyder, C. R. (Ed.). (2000). *Handbook of hope: Theory, measures, and applications.* San Diego, CA: Academic.

Snyder, C. R. (2002). Hope theory: Rainbows of the mind. *Psychological Inquiry, 13,* 249–275.

Snyder, C. R., Cheavens, J., & Sympson, S. C. (1997). Hope: An individual motive for social commerce. *Group Dynamics, 1,* 107–118.

Snyder, C. R., Harris, C., Anderson, J. R., Holleran, S. A., Irving, L. M., Sigmon, S. T., Yoshinobu, L., Gibb, J., Langelle, C., & Harney, P. (1991). The will and the ways: Development and validation of an individual differences measure of hope. *Journal of Personality and Social Psychology, 60,* 570–585.

Solomon, R. L., & Corbit, J. D. (1974). An opponent process theory of motivation: I. The temporal dynamics of affect. *Psychological Review, 81,* 119–145.

Southwick, C. H., Pal, B.C., & Siddiqui, M. F. (1972). Experimental studies of social intolerance in wild rhesus monkeys. *American Zoologist, 12,* 651–652.

Spearman, C. (1904). "General intelligence" objectively determined and measured. *American Journal of Psychology, 15,* 201–292.

Spiegel, D., Bloom, J. R., Kraemer, H. C., & Gottheil, E. (1989, October 14). Effect of psychosocial treatment on survival of patients with metastatic breast cancer. *Lancet,* pp. 888–891.

Spilka, B., Hood, R. W., & Gorsuch, R. L. (1985). *Psychology of religion: An empirical approach.* Englewood Cliffs, NJ: Prentice-Hall.

Spillman, M. A. (1988). Gender differences in worksite health promotion activities. *Social Science and Medicine, 26,* 525–535.

Spranger, E. (1928). *Types of men.* New York: Strehert-Hafner.

Sprecher, S., & Regan, P. C. (1998). Passionate and companionate love in courting and young married couples. *Sociological Inquiry, 68,* 163–185.

Sroufe, L. A. (1983). Infant-caregiver attachment and patterns of adaptation in preschool: The roots of maladaptation and competence. In M. Perlmutter (Ed.), *Minnesota symposium in child psychology* (Vol. 16, pp. 41–81). Hillsdale, NJ: Erlbaum.

Sroufe, L. A., Fox, N. E., & Pancake, V. R. (1983). Attachment and dependency in developmental perspective. *Child Development, 54,* 1615–1627.

Starker, S. (1989). *Oracle at the supermarket: The American preoccupation with self-help books.* New Brunswick, NJ: Transaction.

Starr, C. G. (1985). *The ancient Romans.* New York: Oxford University Press.

Staw, B., Bell, N. E., & Clausen, J. A. (1986). The dispositional approach to job attitudes: A life-time longitudinal test. *Administrative Science Quarterly, 31,* 56–77.

Steinberg, L. (1985). *Adolescence.* New York: Knopf.

Stern, W. (1914). *The psychological methods of testing intelligence.* Baltimore: Warwick & York.

Sternberg, R. J. (1985). *Beyond IQ: A triarchic theory of human intelligence.* Cambridge:

Cambridge University Press.

Sternberg, R. J. (1998). A balance theory of wisdom. *Review of General Psychology, 2,* 347–365.

Sternberg, R. J., & Smith, E. E. (Eds.). (1988). *The psychology of human thought.* Cambridge: Cambridge University Press.

Stolzenberg, R., Blair-Loy, M., & Waite, L. (1995). Religious participation in early adulthood: Age and family life cycle effects on church membership. *American Sociological Review, 60,* 84–103.

Stone, A. A., Shiffman, S. S., & deVries, M. W. (1999). Ecological momentary assessment. In D. Kahneman, E. Diener, & N. Schwarz (Eds.), *Well-being: The foundations of hedonic psychology* (pp. 26–39). New York: Russell Sage.

Stotland, E. (1969). *The psychology of hope.* San Francisco: Jossey-Bass.

Strack, F., Martin, L. L., & Schwarz, N. (1988). Priming and communication: Social determinants of information use in judgments of life satisfaction. *European Journal of Social Psychology, 18,* 429–442.

Strack, S., Carver, C. S., & Blaney, P. H. (1987). Predicting successful completion of an aftercare program following treatment for alcoholism: The role of dispositional optimism. *Journal of Personality and Social Psychology, 53,* 579–584.

Strauch, B. (2003). *The primal teen: What the new discoveries about the teenage brain tell us about our kids.* Garden City, NY: Doubleday.

Strümpfer, D. J. W. (2005). Standing on the shoulders of giants: Notes on early positive psychology (psychofortology). *South African Journal of Psychology, 35,* 21–45.

Sun, S., & Meng, Z. (1993). An experimental study of examining [the] "facial feedback hypothesis." *Acta Psychologica Sinica, 25,* 277–283.

Sutton, W., & Linn, E. (1976). *Where the money was: The memoirs of a bank robber.* New York: Viking.

Swensen, C. H., Eskew, R. W., & Kohlhepp, K. A. (1981). Stage of family life cycle, ego development, and the marriage relationship. *Journal of Marriage and the Family, 43,* 841–853.

Symons, D. A. (1978). *Play and aggression: A study of rhesus monkeys.* New York: Columbia University Press.

Taylor, E. I. (2001). Positive psychology versus humanistic psychology: A reply to Prof. Seligman. *Journal of Humanistic Psychology, 41,* 13–29.

Taylor, H. (2001, August 8). *Harris Poll #38.*

Taylor, R., & Chatters, L. (1991). Religious life. In J. S. Jackson (Ed.), *Life in Black America* (pp. 105–123). Newbury Park, CA: Sage.

Taylor, R. B., Denham, J. R., & Ureda, J. W. (1982). *Health promotion: Principles and clinical applications.* Norwalk, CT: Appleton-Century-Crofts.

Taylor, S. E. (1985). Adjustments to threatening events: A theory of cognitive adaptation. *American Psychologist, 38,* 1161–1173.

Taylor, S. E. (1989). *Positive illusions.* New York: Basic.

Taylor, S. E., & Brown, J. D. (1988). Illusion and well-being: A social psychological perspective on mental health. *Psychological Bulletin, 103,* 193–210.

Taylor, S. E., Collins, R. L., Skokan, L. A., & Aspinwall, L. G. (1989). Maintaining positive illusions in the face of negative information: Getting the facts without letting them get to you. *Journal of Social and Clinical Psychology, 8,* 114–129.

Taylor, S. E., Klein, L. C., Lewis, B. P., Gruenewald, T. L., Gurung, R. A. R., & Updegraff, J. A. (2000). Biobehavioral responses to stress in females: Tend-and-befriend, not fight-or-flight. *Psychological Review, 107,* 422–429.

Taylor, S. E., & Lobel, M. (1989). Social comparison activity under threat: Downward evaluation and upward contacts. *Psychological Review, 96,* 569–575.

Teachman, J. D., Polonko, K. A., & Scanzoni, J. (1987). Demography of the family. In M. B. Sussman & S. K. Steinmetz (Eds.), *Handbook of marriage and the family* (pp. 3–36). New York: Plenum.

Tedeschi, R. G., & Calhoun, L. G. (1995). *Trauma and transformation: Growing in the aftermath of suffering.* Thousand Oaks, CA: Sage.

Tellegen, A., Lykken, D., Bouchard, T. J., Wilcox, K. J., Segal, N. L., & Rich, S. (1988). Personality similarity in twins reared apart and together. *Journal of Personality and Social Psychology, 54,* 1031–1039.

Tetlock, P. E. (1986). A value pluralism model of ideological reasoning. *Journal of Personality and Social Psychology, 50,* 819–827.

Thaler, R. (1980). Toward a positive theory of consumer choice. *Journal of Economic Behavior and Organization, 1,* 39–60.

Thayer, R. E. (1989). *The biopsychology of mood and arousal.* New York: Oxford University Press.

Thibaut, J. W., & Kelley, H. H. (1959). *The social psychology of groups.* New York: Wiley.

Thinley, J. Y. (1998, October 30). *Values and development: Gross national happiness.* Keynote speech delivered at the Millennium Meeting for Asia and the Pacific, Seoul, Republic of Korea.

Thomas, D. (1995, February 21). The world's firstborn: Guinness's record-holder turns 120 in France. *Washington Post,* p. D1.

Thurstone, L. L. (1938). Primary mental abilities. *Psychometric Monographs, 1.*

Tiger, L. (1979). *Optimism: The biology of hope.* New York: Simon & Schuster.

Tolman, E. C. (1932). *Purposive behavior in animals and men.* New York: Century.

Tomkins, C. (1976, January 5). New paradigms. *New Yorker,* pp. 30–36+.

Tomkins, S. S. (1962). *Affect, imagery, consciousness* (Vol. 1). New York: Springer.

Tomkins, S. S. (1963). *Affect, imagery, consciousness* (Vol. 2). New York: Springer.

Tomkins, S. S. (1982). *Affect, imagery, consciousness* (Vol. 3). New York: Springer.

Tooby, J., & Cosmides, L. (1989). Adaptation versus phylogeny: The role of animal psychology in the study of human behavior. *International Journal of Comparative Psychology, 2,* 175–188.

Tooby, J., & Cosmides, L. (1990). On the universality of human nature and the uniqueness of the individual: The role of genetics and adaptation. *Journal of Personality, 58,* 17–68.

Travers, R. M. W. (1978). *Children's interests.* Kalamazoo: Western Michigan University College of Education.

Triandis, H. C. (1995). *Individualism and collectivism.* Boulder, CO: Westview.

Troy, M., & Sroufe, L. A. (1987). Victimization among preschoolers: Role of attachment relationship history. *Journal of American Academy of Child and Adolescent Psychiatry, 26,* 166–172.

Tugade, M. M., & Fredrickson, B. L. (2004). Resilient individuals use positive emotions to bounce back from negative emotional experiences. *Journal of Personality and Social Psychology, 86,* 320–333.

Turner, A. N., & Miclette, A. L. (1962). Sources of satisfaction in repetitive work. *Occupational Psychology, 36,* 215–231.

Turner, R. H. (1976). The real self: From institution to impulse. *American Journal of Sociology, 84,* 1–23.

Twenge, J. M., & Im, C. (2005). *Changes in social desirability, 1958–2001.* Unpublished manuscript, San Diego State University.

Udelman, D. L. (1982). Stress and immunity. *Psychotherapy and Psychosomatics, 37,* 176–184.

Urban, H. B. (1983). Phenomenological-humanistic approaches. In M. Hersen, A. E. Kazdin, & A. S. Bellack (Eds.), *The clinical psychology handbook* (pp. 155–175). New York: Pergamon.

Urry, H. L., Nitschke, J. B., Dolski, I., Jackson, D. C., Dalton, K. M., Mueller, C. J., Rosenkranz, M. A., Ryff, C. D., Singer, B. H., & Davidson, R. J. (2004). Making a life worth living: Neural correlates of well-being. *Psychological Sciences, 6,* 367–372.

U.S. Department of Labor Statistics. (2004). *Occupational outlook handbook.* Document available at http://www.bls.gov/cps. Accessed April 24, 2005.

Vaihinger, H. (1911). *The psychology of "as if": A system of theoretical, practical, and religious fictions of mankind.* New York: Harcourt, Brace, & World.

Vaillant, G. E. (1977). *Adaptation to life.* Boston: Little, Brown.

Vaillant, G. E. (1983). *The natural history of alcoholism.* Cambridge, MA: Harvard University Press.

Vaillant, G. E. (1992). *Ego mechanisms of defense: A guide for clinicians and researchers.* Washington, DC: American Psychiatric Press.

Vaillant, G. E. (1995). *The wisdom of the ego.* Cambridge, MA: Harvard University Press.

Vaillant, G. E. (2000). Adaptive mental mechanisms: Their role in a positive psychology. *American Psychologist, 55,* 89–98.

Vaillant, G. E. (2002). *Aging well.* New York: Little, Brown.

Vaillant, G. E. (2003). Mental health. *American Journal of Psychiatry, 160,* 1373–1384.

Vaillant, G. E. (2004). Positive aging. In P. A. Linley & S. Joseph (Eds.), *Positive psychology in practice* (pp. 561–578). New York: Wiley.

Vaillant, G. E. (2005, May 26). *Religion and spirituality.* Lecture given at the Positive Psychology Center, University of Pennsylvania, Philadelphia.

Vandell, D. L., Owen, M. E., Wilson, K. S., & Henderson, V. K. (1988). Social development in infant twins: Peer and mother-child relationships. *Child Development, 59,* 168–177.

Van Ijzendoorn, M. H. (1992). Intergenerational transmission of parenting: A review of studies in nonclinical populations. *Developmental Review, 12,* 76–99.

Varey, C., & Kahneman, D. (1992). Experiences extended across time: Evaluation of moments and episodes. *Journal of Behavioral Decision Making, 5,* 169–186.

Velleman, J. D. (1991). Well-being and time. *Pacific Philosophical Quarterly, 72,* 48–77.

Verbrugge, L. M. (1989). Recent, present, and future health of American adults. *Annual Review of Public Health, 10,* 333–361.

Vernon, P., & Allport, G. W. (1931). A test for personal values. *Journal of Abnormal and ocial Psychology, 26,* 231–248.

Veroff, J., Douvan, E., & Kukla, R. A. (1981). *Mental health in America: Patterns of health-seeking from 1957 to 1976.* New York: Basic.

Viau, J. J. (1990). Theory Z: "Magic potion" for decentralized management? *Nursing Management, 21*(12), 34–36.

Volpicelli, J. R., Ulm, R. R., Altenor, A., & Seligman, M. E. P. (1983). Learned mastery in the rat. *Learning and Motivation, 14,* 204–222.

Voltaire, F. (1759). *Candide, ou l'optimisme.* Geneva, Switzerland: Cramer.

Wallach, M. A., & Wallach, L. (1983). *Psychology's sanction for selfishness: The error of egoism in theory and therapy.* San Francisco: Freeman.

Walsh, R. (2001). Positive psychology: East and West. *American Psychologist, 56,* 83–84.

Walster, E., Walster, G. W., & Berscheid, E. (1978). *Equity: Theory and research.* Boston: Allyn & Bacon.

Warr, P. B. (1987). *Work, unemployment, and mental health.* Oxford: Clarendon.

Wasserman, E. A., & Miller, R. R. (1997). What's elementary about associative learning? *Annual Review of Psychology, 48,* 573–607.

Waterman, A. S. (1993). Two conceptions of happiness: Contrasts of personal expressiveness (eudaimonia) and hedonic enjoyment. *Journal of Personality and Social Psychology, 64,* 678–691.

Waters, E., Wippman, J., & Sroufe, L. A. (1979). Attachment, positive affect, and competence in the peer group: Two studies in construct validation. *Child Development, 50,* 821–829.

Waters, M. C. (1990). *Ethnic options: Choosing identities in America.* Berkeley: University of California Press.

Watson, D. (2000). *Mood and temperament.* New York: Guilford.

Watson, D. (2002). Positive affectivity: The disposition to experience pleasurable emotional states. In C. R. Snyder & S. J. Lopez (Eds.), *Handbook of positive psychology* (pp. 106–119). New York: Oxford University Press.

Watson, D., Clark, L. A., & Tellegen, A. (1988). Development and validation of brief measures of positive and negative affect: The PANAS scales. *Journal of Personality and Social Psychology, 54,* 1063–1070.

Watson, D., Hubbard, B., & Wiese, D. (2000). General traits of personality and affectivity as predictors of satisfaction in intimate relationships: Evidence from self- and partner-ratings. *Journal of Personality, 68,* 413–449.

Watson, J. (1895). *Hedonistic theories from Aristippus to Spencer.* New York: Macmillan.

Watson, J. B. (1913). Psychology as the behaviorist views it. *Psychological Review, 20,*

158–177.

Watson, J. B. (1925). *Behaviorism*. New York: Norton.

Watson, R. E. L. (1983). Premarital cohabitation versus traditional courtship: Their effects on subsequent marital adjustment. *Family Relations, 32*, 139–147.

Watson, W. E., & Gauthier, J. (2003). The viability of organizational wellness programs: An examination of promotion and results. *Journal of Applied Social Psychology, 33*, 1297–1312.

Weil, A. (1988). *Health and healing* (Rev. ed.). Boston: Houghton Mifflin.

Weinstein, N. D. (1989). Optimistic biases about personal risks. *Science, 246*, 1232–1233.

Weiss, R. S. (1986). Continuities and transformations in social relationships from childhood to adulthood. In W. W. Hartup & Z. Rubin (Eds.), *Relationships and development* (pp. 95–110). Hillsdale, NJ: Erlbaum.

Weissberg, R. P., Barton, H., & Shriver, T. P. (1997). The social competence promotion program for young adolescents. In G. W. Albee & T. P. Gullotta (Eds.), *Primary prevention works* (pp. 268–290). Thousand Oaks, CA: Sage.

Weisse, C. S. (1992). Depression and immunocompetence: A review of the literature. *Psychological Bulletin, 111*, 475–489.

Werner, E. E. (1982). *Vulnerable but invincible: A longitudinal study of resilient children and youth*. New York: McGraw-Hill.

Wertheimer, M. (1912). Experimentelle Studien über das Sehen von Bewegung. *Zeitschrift für Psychologie, 61*, 161–265.

Whalen, S. A. (1999). Challenging play and the cultivation of talent: Lessons from the Key School's flow activities room. In N. Colangelo & S. Assouline (Eds.), *Talent development III* (pp. 409–411). Scottsdale, AZ: Gifted Psychology Press.

White, B. L. (1967). An experimental approach to the effects of experience on early human behaviors. In J. P. Hill (Ed.), *Minnesota symposium on child psychology* (Vol. 1, pp. 201–225). Minneapolis: University of Minnesota Press.

White, J. K. (2003). *The values divide*. New York: Chatham House.

White, R. W. (1959). Motivation reconsidered: The concept of competence. *Psychological Review, 66*, 297–333.

Wigfield, A., Eccles, J. S., MacIver, D., Reuman, D., & Midgley, C. (1991). Transitions at early adolescence: Changes in children's domain-specific self-perceptions and general self-esteem across the transition to junior high school. *Developmental Psychology, 27*, 552–565.

Williams, R. M. (1951). *American society: A sociological interpretation*. New York: Knopf.

Wilson, T. D., Meyers, J., & Gilbert, D. T. (2001). Lessons from the past: Do people learn from experience that emotional reactions are short lived? *Personality and Social Psychology Bulletin, 27*, 1648–1661.

Wilson, T. D., Wheatley, T. P., Meyers, J. M., Gilbert, D. T., & Assom, D. (2000). Focalism: A source of durability bias in affective forecasting. *Journal of Personality and Social Psychology, 78*, 821–836.

Wilson, W. (1967). Correlates of avowed happiness. *Psychological Bulletin, 67*, 294–306.

Winch, R. F. (1958). *Mate selection: A study of complementary needs*. New York: Harper &

Row.

Winett, R. A., King, A. C., & Altman, D. G. (1989). *Health psychology and public health: An integrative approach.* Elmsford, NY: Pergamon.

Wing, R. R. (1992). Behavioral treatments of severe obesity. *American Journal of Clinical Nutrition, 55,* 545–551.

Winn, K. I., Crawford, D. W., & Fischer, J. L. (1991). Equity and commitment in romance versus friendship. *Journal of Social Behavior and Personality, 6,* 301–314.

Winner, E. (2000). The origins and ends of giftedness. *American Psychologist, 55,* 159–169.

Winstead, B. A., Derlega, V. J., & Montgomery, M. J. (1995). The quality of friendships at work and job satisfaction. *Journal of Social and Personal Relationships, 12,* 199–215.

Wissing, M. P., & van Eeden, C. (2002). Empirical clarification of the nature of psychological well-being. *South African Journal of Psychology, 32,* 32–44.

Wong, P. T. (1989). Personal meaning and successful aging. *Canadian Psychology, 30,* 516–525.

Woodruff-Pak, D. (1988). *Psychology and aging.* Englewood Cliffs, NJ: Prentice-Hall.

World Health Organization. (1946). Preamble to the Constitution of the World Health Organization as adopted by the International Health Conference, New York, 19–22 June, 1946. In *Official Records of the World Health Organization.* Geneva, Switzerland: Author.

World Health Organization. (1990). *International classification of diseases and related health problems* (10th ed.). Geneva, Switzerland: Author.

Wright, R. (1994). *The moral animal: The new science of evolutionary psychology.* New York: Random House.

Wright, R. (1999). *Nonzero: The logic of human destiny.* New York: Pantheon.

Wright, T. A. (2003). Positive organizational behavior: An idea whose time has truly come. *Journal of Organizational Behavior, 24,* 437–442.

Wrzesniewski, A., McCauley, C., Rozin, P., & Schwartz, B. (1997). Jobs, careers, and callings: People's relations to their work. *Journal of Research in Personality, 31,* 21–33.

Wulff, D. W. (1991). *Psychology of religion: Classic and contemporary views.* New York: Wiley.

Yankelovich, D. (1981). *New rules.* New York: Random House.

Yearley, L. H. (1990). *Mencius and Aquinas: Theories of virtue and conceptions of courage.* Albany: State University of New York Press.

Young, L. J., Wang, Z., & Insel, T. R. (1998). Neuroendocrine bases of monogamy. *Trends in Neuroscience, 21,* 71–75.

Zajonc, R. B. (1965). Social facilitation. *Science, 149,* 269–274.

Zajonc, R. B. (1968). Attitudinal effects of mere exposure. *Journal of Personality and Social Psychology, 9,* 1–28.

Zeaman, D. (1959). Skinner's theory of teaching machines. In E. Galanter (Ed.), *Automatic teaching: The state of the art* (pp. 167–175). New York: Wiley.

Zimmerman, M. A. (1990). Toward a theory of learned hopefulness: A structural model analysis of participation and empowerment. *Journal of Research in Personality, 24,* 71–86.

Zullow, H., Oettingen, G., Peterson, C., & Seligman, M. E. P. (1988). Explanatory style and pessimism in the historical record: CAVing LBJ, presidential candidates, and East versus West Berlin. *American Psychologist, 43,* 673–682.

Zullow, H., & Seligman, M. E. P. (1990). Pessimistic rumination predicts defeat of presidential candidates, 1900 to 1984. *Psychological Inquiry, 1,* 52–61.

Zytowski, D. G. (Ed.). (1973). *Interest measurement.* Minneapolis: University of Minnesota Press.

社 会 与 人 格 心 理 学

《不被定义的年龄：积极年龄观让我们更快乐、健康、长寿》

作者：[美]贝卡·利维 译者：喻柏雅

打破关于老年的消极刻板印象，这将让人各方面受益，甚至能改变基因的运作方式，延长7.5年的预期寿命。

《友者生存：与人为善的进化力量》

作者：[美]布赖恩·黑尔 [美]瓦妮莎·伍兹 译者：喻柏雅

为了生存和繁荣，我们需要扩大"朋友圈"，把被视作外人的"他们"变成属于自己人的"我们"。

《我从何来：自我的心理学探问》

作者：[美]岁伊·F.鲍迈斯特 译者：梅凌婕

鲍迈斯特博士以清晰和富有洞察力的文字解释了复杂的概念，揭示了自我在使个人和文化蓬勃发展方面所发挥的核心作用。

《嫉妒与鄙视：社会比较心理学》

作者：[美]苏珊·T.菲斯克 译者：邓衍鹤

心理学×社会学×神经科学，揭秘社会性动物的比较天性。愿我们多一些看见与理解，少一些嫉妒与鄙视

《感性理性系统分化说：情理关系的重构》

作者：程乐华

一种创新的人格理论，四种互补的人格类型，助你认识自我、预测他人、改善关系，可应用于家庭教育、职业选择、企业招聘、创业、自闭症改善

心理学大师经典作品

红书

原著：[瑞士] 荣格

寻找内在的自我：马斯洛谈幸福

作者：[美] 亚伯拉罕·马斯洛

抑郁症（原书第2版）

作者：[美] 阿伦·贝克

理性生活指南（原书第3版）

作者：[美] 阿尔伯特·埃利斯 罗伯特·A.哈珀

当尼采哭泣

作者：[美] 欧文·D.亚隆

多舛的生命：
正念疗愈帮你抚平压力、疼痛和创伤（原书第2版）

作者：[美] 乔恩·卡巴金

身体从未忘记：
心理创伤疗愈中的大脑、心智和身体

作者：[美] 巴塞尔·范德考克

部分心理学（原书第2版）

作者：[美] 理查德·C.施瓦茨 玛莎·斯威齐

风格感觉：21世纪写作指南

作者：[美] 史蒂芬·平克